한국
주거의
공간사

한국 근현대 주거의 역사 3
한국 주거의 공간사

2010년 12월 27일   초판 1쇄 발행
2023년 1월 31일   초판 5쇄 발행

지은이   전남일

펴낸이   한철희
펴낸곳   돌베개
등록   1979년 8월 25일 제406-2003-000018호
주소   (10881) 경기도 파주시 회동길 77-20 (문발동)
전화   (031)955-5020
팩스   (031)955-5050
홈페이지   www.dolbegae.co.kr
전자우편   book@dolbegae.co.kr

책임편집   좌세훈
표지 디자인 민진기디자인
디자인   박정영·이은정
제작·관리   윤국중·이수민
마케팅   심찬식·고운성·조원형
인쇄·제본   상지사 P&B

ⓒ 전남일, 2010
ISBN 978-89-7199-417-7 94610
ISBN 978-89-7199-318-7 94610(세트)
이 책에 실린 글과 사진의 무단 전재와 복제를 금합니다.
책값은 뒤표지에 있습니다.

이 도서의 국립중앙도서관 출판시도서목록(CIP)은
e-CIP 홈페이지(http://www.nl.go.kr/cip.php)에서
이용하실 수 있습니다. (CIP제어번호:CIP2010004608)

한국 근현대
주거의 역사
03

한국
주거의
공간사

전남일 지음

돌베개

책머리에

2003년에 '한국 근현대 주거의 역사'를 집필하기로 기획한 이후, 거의 8년 만에 마지막 책인 『한국 주거의 공간사』가 나오게 되었다. 『한국 주거의 사회사』와 『한국 주거의 미시사』가 출간된 이후 과분한 칭찬과 격려, 때로는 따끔한 충고를 받았고, 『한국 주거의 공간사』에 대한 주변의 기대도 많았다. 따라서 이 책을 쓰면서 많은 부담감이 있었고, 혹시 역사적 사실에 관한 오류는 없을지, 편향된 시각이나 해석으로 인해 잘못 기술하는 것은 아닐지 무척 걱정이 되었다. 많은 시간 동안 자료들을 모으고 그것을 체계적으로 정리하고 서술하려고 노력했지만 작업하는 동안 능력의 한계를 느낀 적이 수없이 많았다. 하지만 일종의 책임감을 갖고 더욱 정성과 노력을 들여 역사적 사실을 확인하고, 신중하게 근거를 따지면서 집필하고자 했다.

이렇게 어려운 작업을 끝까지 할 수 있도록 도와준 힘은 처음부터 '한국 근현대 주거의 역사' 시리즈를 함께 시작한 이후 수년간 전체적 틀을 잡으며 좋은 학문적 성과를 위해 노력해 온 선배 연구자 세 분에게서 얻은 것이다. 홍형옥, 손세관, 양세화 교수님과 함께 세 권의 집필을 위해 노력한 시간들은 학자로서 정말 귀중한 시간들이었고, 앞으로의 학문활동을 위한 크나큰 자양분이 될 것이다. 사회사·미시사·공간사라는 멋진 이름을 붙이게 된 것도 그들의 덕이며, 이 책은 초기의 공동작업을 바탕으로 탄생한 것이다.『한국 주거의 공간사』를 혼자 집필하게 된 것 역시 소장 학자에게 기회를 주고자 했던 그들의 배려라 생각한다. 한국 주거의 역사를 공부하고 이것을 책으로 펴낼 수 있게 된 것은 우리에게 크나큰 행운이었으며, 그 마지막 책을 마무리하게 된 것은 내게는 더욱 영광이 되었다. 힘들었던 시간들이 연구 생애 중 가장 행복했던 시간들로 기억될 것 같다. 처음에 한국의 주거문화 및 주거환경에 대해 비판적 시각을 갖고 출발했지만, 집필을 진행하면서 그것은 점점 한국 주거에 대한 애정으로 변화했다. 이것은 역사책을 집필함으로써 얻을 수 있는 또 하나의 귀중한 소득이었다.

　『한국 주거의 공간사』는 이미 출간된『한국 주거의 사회사』및『한국 주거의 미시사』와 함께 완결된 체계를 이룬다. 각각 내용 및 서술방식, 서술의 시각이 다르고, 전체의 구성이 다르지만 각각의 틈새를 메우면서 서로 보완하는 역할을 하도록 되어 있다. 이로써 처음 의도했던 대로 어느 정도 빈틈없이 개항 이후 한국 주거의 근대화 과정을 착실하게 그려냈다고 자부한다. 그럼에도 불구하고 근현대 주거사를 서술하는 데 여전히 다루지 못한 미흡한 부분이 있을 것이고, 그것은 전적으로 연구자들의 한계라 생각한다. 특히 공간사를 기술할 때 직접 발로 뛰면서 지난 주거의 흔적들을 현장으로 찾아 나서지 못했고, 주로 문헌과 사료, 기존 연구에 의존했다는 것은 못내 아쉬운 부분이지만, 그 또한 연구자의 역량 부족이다.『한국 주거의 공간사』는 선행 연구자들이 현장의 자료들을 찾아 발굴하고 도면화해서 만들어놓은 구슬을 잘 꿰어낸 결과물인 것이다. 하지만 도면, 사진 등을 활용하면서 기존 연구결과에서 인용하기보다는 가능한 한 원자료에 접근하려고 노력했다. 그동안 수많은 자료를 찾아내고 정리하며 거듭 확인하고 또 확인했지만 그럼에도 많은 세세한 오류가 있을 것이다. 독자들의 날카로운 지적을 바란다.

'한국 근현대 주거의 역사' 시리즈를 처음 기획할 때 2000년대 이전까지를 다루기로 시기적으로 제한했는데, 집필에 시간이 오래 걸리다 보니 현재 2000년에서도 어언 10년이 더 지나게 되었다. 그 10년 동안에도 주거의 많은 변화가 있었지만 그것을 다루지 못했다. 즉, 현대 한국 주거에 대한 탐구 역시 또 다른 연구의 과제라 할 수 있다. 이것은 후학의 몫이 될 것이다.

이 책이 나오기까지 수많은 분들의 도움이 있었다. 앞서 언급한 세 교수님들의 공헌은 되풀이 강조해도 지나치지 않을 것이다. 그분들의 격려가 있었기에 이 책의 출간이 가능했다. 또한 이 시리즈를 출간하기로 결정하고, 『한국 주거의 사회사』를 시작으로 『한국 주거의 미시사』에 이어 끝까지 편집작업에 많은 공을 들여준 돌베개에 감사드린다. 연구 초기에 자료를 수집, 정리하고 집필을 도와준 이해경 선생님에게도 지면을 빌려 감사를 드린다. 그리고 자료 수집 및 정리, 사진 촬영을 도와준 가톨릭대 제자들에게도 고마움을 전한다. 또한 그동안 출간한 두 권의 책에 애정을 보여주고, 지금 나오는 책에 대해서도 미리부터 애정을 보여준 주변의 모든 분들과 독자 분들께 감사드린다. 이 책에 사용한 도면은 모두 직접 그렸으며 원본의 출처를 밝혔다. 사진 등의 도판들은 모두 저작권자의 허락을 받고자 노력했다. 간혹 그 출처를 확인할 수 없었던 것은 추후에 밝혀지는 대로 적법한 절차를 밟을 것임을 밝혀 둔다.

2010년 12월
전남일

차 례

책머리에		5
서론	공간으로 읽는 한국 근현대 주거사	10

제1장　**자생적 주거지에서 계획적 주거지로**　23
　　　　1. 전통주거의 길과 터 ... 25　　2. 도시화에 따른 가로와 필지의 변화 ... 30
　　　　3. 도시맥락의 인위적 조성 ... 45

제2장　**전통한옥에서 도시한옥으로**　61
　　　　1. 전통한옥의 공간질서 ... 63　　2. 구한말과 20세기 초 전통한옥의 변화 ... 68
　　　　3. 도시화에의 적응과 토착화 ... 81

제3장　**내향성 주택에서 외향성 주택으로**　99
　　　　1. 마당중심 공간구성과 집중식 논의 ... 101　　2. 양식주택의 수용과 절충 ... 105
　　　　3. 외향성 주택으로의 정착 ... 122　　4. 단독주택의 팽창과 포화 ... 131

제4장　**이문화와의 갈등으로부터 전통의 재발견으로**　139
　　　　1. 근대건축의 도입과 주택설계의 시작 ... 141　　2. 한국인 건축가의 등장 ... 144
　　　　3. 한국적 평면의 시도와 시행착오 ... 155　　4. 피상적 전통성 추구와 혼란 ... 166
　　　　5. 전통의 재해석 ... 188

제5장   **단위 생산에서 집합 생산으로**   211

       1. 근대적 생산체계로의 이양 ... 213   2. 주택의 집단 생산과 규격화 ... 217
       3. 단독주택의 대량생산과 표준화 ... 225   4. 공동주택의 양산 ... 239

제6장   **노동자 연립주택에서 초고층아파트까지**   249

       1. 공동주택의 시작 ... 251   2. 주거동과 단지의 형성 ... 254
       3. 아파트의 확산과 획일화 ... 273   4. 아파트의 고층화와 고밀화 ... 286

제7장   **공동생활 공간에서 개별화·분화된 공간으로**   301

       1. 최소한의 주거, 일실주거와 속복도형 ... 303   2. 초기 아파트의 단위세대 평면 ... 306
       3. 최적 평면의 탐색과정과 평면의 고정화 ... 320   4. 평면의 변화 ... 334

제8장   **획일성에서 다양성으로**   345

       1. 공동주택의 다양성 모색 ... 347   2. 단지계획의 변화 ... 352
       3. 공동주택 시장의 다변화 ... 366   4. 다양한 유형의 탐색 ... 374

결론   한국 근현대 주거공간이 말해주는 것   384

       주註 ... 391   참고문헌 ... 420   도판 목록 ... 431   찾아보기 ... 448

서론 | 공간으로 읽는 한국 근현대 주거사

한국 주거의 공간사를 쓰는 이유

주거는 인간 삶의 기본적 조건임과 동시에 그것을 지배하는 중요한 환경이다. 한국의 주거는 서양문화의 도입, 일제강점, 전쟁, 전쟁 후의 복구와 개발, 경제발전으로 이어지는 일련의 급격한 사회변화와 함께 변모해 왔으며, 그 변화의 정도가 매우 심해 오늘날에는 과거와 매우 다른 모습을 보이고 있다. 도시·주거지·단위세대·단위공간에 이르기까지 모든 범주에서 다양한 주거의 유형이 등장했고 사라졌으며, 또한 지금까지 계속 새로운 것이 나타나고 있다. 이렇게 빠른 기간 동안에 일어난 주거의 급격한 변화는 세계 어느 곳에서도 찾아보기 힘든 매우 독특한 현상이며, 이것이 우리의 삶 자체의 급격한 변화에서 기인한다는 것은 미루어 짐작하기 어렵지 않다.

　　19세기 말 서양의 문물이 한국에 유입된 이래 한국의 주거가 급격한 변화를 거치는 과정은 많은 부분이 '서구화'와 맞물려 있다. 적어도 외형적으로는 전통적 주거형태가 거의 소멸되었기 때문에 현재 우리가 거주하는 주거유형은 서양식인 것으로 보아도 무리가 없어 보인다. 따라서 주거를 통시적으로 고찰할 때는 주로 '전통과의 단절'이란 측면이 많이 부각된다. 이러한 우리 주거의 변화가 왜, 어떠한 과정을 거쳐서, 그리고 어느 정도의 변화 속도로 오늘날에 이르게 되었는지에 대해서는 세밀하고 정확한 사실을 알아야 할 필요성이 있다고 본다. 즉, 주거환경의 변화하는 궤적을 공간적·물리적 실체로 파악함으로써 그것의 공시적·통시적 흐름을 명쾌하게 정리할 필요가 있는 것이다. 이것이 『한국 주거의 공간사』를 서술하는 이유이다.

『한국 주거의 공간사』는 '한국 근현대 주거의 역사' 시리즈 중 마지막 완결 편으로, 우리가 몸소 체험하는 공간이라는 구체적 실체를 관찰했으며, 무엇보다도 그 변화의 과정에 초점을 맞추면서 서술하고자 했다. 또한 이러한 외형적 변화 이면에 한국사회가 근대화되는 변혁기에 한국 주거가 필연적으로 변화할 수밖에 없었던 인문적·사회적 요인이 무엇이었나, 그리고 자발적·내적 성숙으로 인한 발전에 대한 변화 요구는 무엇이었나를 알아야 하며, 이를 위해 『한국 주거의 사회사』와 『한국 주거의 미시사』가 쓰였다. 첫번째 책인 『한국 주거의 사회사』에서 우리는 주거를 사회적 배경 속에서 파악함으로써 어떤 요인들의 상호작용 속에 그것이 형성되고 변화했는지, 그렇게 형성된 주거환경의 사회적 존재 의미는 무엇인지를 파악하고자 했다. 두번째 책인 『한국 주거의 미시사』에서는 주거를 인간의 삶과 생활, 주변의 일상적 사건들, 그리고 그것들의 상호관계를 통해 바라보고자 했다. 이러한 상세한 추적이 선행되고 나서야 우리의 주거가 비로소 우리 자신의 것이 될 것이다. 그렇지 않고 민족주의적 정서에만 호소하여 막연히 서구화를 부정하고, 탈근대화·탈식민화 논의로 바로 건너뛰는 것은 매우 피상적이라 하겠다.

이 책에서는 공간에 대한 총체적 관찰과 분석을 통해 근현대 시기 한국 주거의 변화에서 내적·외적으로 존재하는 역사의 연속성을 찾아내는 작업을 시도했다. 이를테면 서구화라는 외적 요인, 자체적 변화 요구라는 내적 요인을 동시에 파악하는 것, 서구의 영향으로 인한 문화적 충돌과정에서 나타난 특이점, 한국 주거 특성이 유지 보존된 부분, 서양식 주거문화가 한국적 주거문화에 동화되는 과정 등을 살펴보는 것 역시 주요 관심사다. 주거라는 것이 원래 인간사의 다양한 단면을 다루는 것이기 때문에 주거에 대한 연구는 연구자들의 시각에 따라 매우 다양한 접근경로를 갖는다. 앞선 두 권이 보다 인문사회학적 시각을 갖고 작업한 것이었다면 『한국 주거의 공간사』는 좀더 건축학적 측면을 강조했다고 볼 수 있다. 이 세 책에서 다룬 대상을 서로 비교해 보면 다음 그림과 같이 서로 겹치는 부분과 분리된 부분으로 구성된다. 모든 연구대상은 '주거'라는 교집합에서 만나게 되는 것이다.

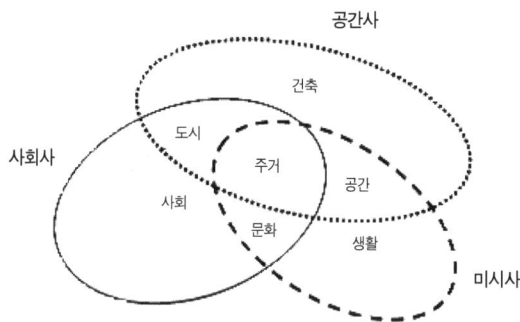

또한 이 공간사 연구는 몇 가지 측면에서 기존 연구와 차별성을 갖는다. 첫째, 기존 건축사에서 중요하게 다루는 양식style을 다루지 않고 평면과 배치도 등에서 읽을 수 있는 공간의 구조를 주로 파악하고 그것이 시간

에 따라 진행되는 변화의 흐름을 알아내고자 했다. 따라서 이 책은 공간사라는 제목을 붙이는 데 더욱 적합한 내용을 갖추게 되었고, 이것이 기존의 건축사 연구와 가장 다른 점이다. 둘째, 주거는 그 공간과 형태가 일정한 유형typology으로 범주화될 수 있다. 이 책에서는 시간을 두고 변화하는 주거의 유형이 어떤 일정한 형식으로 정착되고 보편화되기까지의 과정을 고찰했다. 이를 위해 한국 근현대 주거의 역사상 명멸했던 다양한 주거의 유형을 빠짐없이 살펴보고 각 유형들의 고유한 변화 특성을 찾아내고자 했다. 셋째, 공간에 대한 연구의 대상은 그 절대적 크기에 따라 도시적 차원에서부터 개별 공간에 이르기까지 매우 탄력적이다. 이 책에서는 이런 다양한 공간의 스케일 역시 일정 범주로 구분하여 빈틈없이 살펴보고 각 범주에서 볼 수 있는 고유한 변화 특성 또한 찾아내고자 했다. 마지막으로 공간사는 앞선 두 권에서 살펴보았던 사회사적 맥락 및 미시사적 행위패턴의 변화가 구체적인 공간으로 나타나고 그것은 평면 등으로 읽힐 수 있을 것이라는 전제를 갖고 출발했다. 즉, 인간 삶의 변화와 그것을 기반으로 하는 건축적·공간적 진화 사이에 존재하는 연관관계를 규명하는 것을 구체적인 탐색의 주제로 삼아, 공간의 변화 속에 내재된 한국 주거의 근대화 동력, 그리고 근대적 특성을 읽어내고자 했다.

한국의 근대적 주거공간이 갖는 특수성

한국의 주거공간은 근대화 과정에서 대도시 공간구조로 확장되고 근대적인 도시 개념이 유입되면서 주거지가 크게 변모하는 것으로부터 시작되었다고 할 수 있다. 토지구획정리사업과 신시가지 확대를 통해 집단주택지가 출현했고, 이로써 우리는 아파트로 대표되는 공동주택단지가 확산되고 분화되는 과정을 이해할 수 있다. 이러한 상황하에 일반 단독주택지 역시 큰 변화를 겪었는데, 공공에 의한 주거지의 보급을 통해 도시주거지의 공간구성 개념이 생성된 것이다. 이로써 주거지의 가구와 획지의 변화, 도로체계의 변화, 주택배치의 변화는 근대화 과정에서 상당히 극적으로 전개되었다. 특히 단독주거지에서 새로운 주거유형의 대안으로서 다가구·다세대 주택이 확산되는 과정은 한국 주거의 평면구조가 서양식 평면으로 전환되는 과정을 보여준다. 따라서 공간사 연구는 도시적 차원으로의 시각의 확장이 필요하다 하겠다.

한국 주거의 역사에서 일본식 및 서양식과 같은 외래주택의 갑작스러운 유입은 매우 독특한 현상이다. 이로 인해 근대주택을 바라볼 때 전통주택과의 단절이라는 시각이 지배적인 경향이 강했고, 근대주거에 대한 관심은 서양식 주택에 머무는 경우가 많다. 하지만 근대화 과정에서 한국 전통주택이 도시화와 함께 변모하는 현상은 전통과 근대 사이의 가교가 되는 주거유형의 존재를 말해줄 수 있다. 마찬가지로 근대 초기 일식주택의 영향과 단독주택의 근대화 과정 역시 외래주택의 영향으로부터 고유한 공간구조로 나아가는 점진적 변화를 보여줄 수 있다. 따라서 단절이 아닌 지속성의 관점에서 역사를 고찰하고 이를 위해 많은 과도기적 사례들에 대한 연구가 필요할 것이다. 특히 한 시대의 주거문화를 이끄는 역할을 하는 상류주택들의 과도기적인 진보적 성향은 이후에 큰 영향을 미친다는 측면에서 중요한 고찰의 대상이 된다.

아파트와 같은 공동주택 유형이 단기간에 확산되고 이것이 주거문화를 지배하는 것은 한국 주거에서만 볼 수 있는 유례없는 현상이다. 이러한 경향이 어디서부터 유래했는지에 대한 이해는 주거형식이 다양화되기 시작한 공동주택의 도입기, 그리고 아파트의 확산 시기 등을 거치면서 나타나는 여러 주거유형을 다각적으로 고찰함으로써 가능할 것이다. 특히 아파트 건설의 패러다임이 변화하는 경향, 그리고 근린주구론과 一자형 단지가 확산되고 아파트 주동형태와 외관이 변화하는 경향을 고찰하는 것은 현재의 획일화된 주거문화를 진단하는 중요한 근거를 제공해 준다. 따라서 공동주택에 대해서는 각 시기별로 단지 및 배치 개념과 주동구성의 형식 등을 면밀히 파악해야 한다. 이에 대한 사회적·문화적 배경을 『한국 주거의 사회사』에서 알아보았으며, 공간사를 통해 그 실체를 확인해 볼 수 있을 것이다.

한편 우리는 앞서 기술되었던 『한국 주거의 미시사』에서 한국 주거 안에서의 삶의 단편들을 살펴보았다. 주거의 내부공간은 이러한 미시적 관점에서의 근대적 주거변화를 실증적으로 뒷받침해 주는 역할을 한다. 다양한 요구에 대응해 온 평면형을 살펴봄으로써 공간과 생활의 변화를 파악할 수 있으며, 구체적으로는 공간의 집중화와 분화 과정, 내부공간의 획일화 과정을 통해 주거문화에서 전통적 요소가 소멸되고 지속되는 부분을 알아낼 수 있는 것이다. 한국 주거는 근대화 과정에서 주거 내부공간에서의 극심한 과밀을 경험했고 그것이 극복되는 과정을 겪었다. 이를 관찰함으로써 우리는 한국 주거문화와 삶이 공간과 어떻게 연동하고 상호작용하는지를 알 수 있다.

공간사적으로 주거를 기술하는 것은 이런 다양한 층위를 갖는 주거의 형식과 구축방법을 체계적으로 분석함으로써 이루어진다. 이처럼 한국 주거의 다양한 특질들을 보여주는 공간의 변화는 다음과 같은 스펙트럼을 갖고 연구대상을 포괄적으로 선정함으로써 공백 없이 그 흐름을 이해할 수 있다.

- 거시적 차원과 미시적 차원: 도시적 차원에서 단위주거 공간까지의 광범위한 주거의 범주, 즉 도시 및 마을 단위의 거주지, 주거단지, 근린주거환경, 단위주거 및 그 내부공간을 연구대상에 포함시켰다.
- 공동주택과 단독주택: 단위주호가 집적되는 다양한 양상들을 크게 공동주택과 단독주택으로 대별하고, 그 두 유형을 모두 고찰했다.
- 계층별 주거: 상류계층의 주거부터 보통 사람들의 주거에 이르기까지 다양한 계층의 거주자에 의해 선택된 주거유형들을 분류하고 파악했다.
- 지역별 주거: 시대의 주거문화를 이끄는 서울지역을 위주로 사례를 구성하되, 중요한 이슈가 되는 사례일 경우 그외의 지방을 일부 포함했다.

지난 100년 동안 우리의 주거환경은 몰라볼 정도로 급격한 변화를 거쳐 오늘날에 이르게 되었다. 이는 한편으로 지난날 우리의 주거환경을 이루었던 주택의 유구가 거의 사라져가고 있다는 것을 의미하기도 한다. 고급건축인 공공건축물, 또는 종교건축물 등과 달리 주거라는 건축물은 상류주택 일부를 제외하고는 대부분 민중들에 의해 지어져서 기술 및 재료 사용의 측면에서 볼 때 우수하지 못해 수명이 짧기 때문이며, 또한 한국적 개발의 논리로 허물고 다시 짓고 하는 과정을 지금까지 되풀이해 오기 때문이다. 그래서 이 책에서는 남아 있는 도면들이 매우 귀중한 자료로 활용되었고, 이를 체계적으로 정리하는 것 또한 연구의 중요한 작업 중 하나가 되었다.

공간사적 관점으로 한국 근현대 주거사 쓰기

『한국 주거의 공간사』에서는 커다란 시각 macro sight 으로 살펴본 『한국 주거의 사회사』와 세세한 시각 micro sight 으로 살펴본 『한국 주거의 미시사』가 서로 교차하면서 탄생시킨 주거공간의 실체에 접근하고자 했다. 각각은 등장한 시기, 연구대상의 스케일, 건물의 유형, 그곳에 거주하는 계층별로 상당히 다양하고 복잡하게 얽혀 있으며, 각각 다른 연구의 체계를 요구한다. 따라서 『한국 주거의 공간사』를 기술함에 있어서 통시적으로 전개해야 하는가, 주제별로 전개해야 하는가의 문제가 대두된다. 공간사에서는 사회사와 미시사와는 다른 좀더 복합적인 체계를 만들었는데, '변화의 속성'에 초점을 두어 각 장의 논제를 선정하고, 그에 해당하는 주거의 유형들을 고찰한 후, 그것이 의미 있게 등장한 시대별로 배열한 것이다. 다시 말해 한국 주거공간이 형성되고 발전하고 사라지는, 혹은 현재까지 존재하는 일련의 과정들에서 볼 수 있는 패러다임의 변화를 집중적으로 기술하는 방법을 택했다.

연구대상의 전체 시기적 범주는 1876년 개항기부터 2000년대까지로 설정했다. 그러나 공간사는 연구대상을 일정 범주로 나누었기 때문에 각 유형별, 각 공간의 스케일별로 중점적으로 탐구해야 할 시기가 각각 다르게 나타난다. 이에 따라 각 장의 논제에 따라 파악하고자 하는 내용의 시작 시점과 끝나는 시점을 다르게 했으며, 시기는 각 장별로 조금씩 중첩된다. 그러나 이 책을 시작부터 끝까지 보면 한국 주거의 근대화 시기 전체를 관통한다.

한국 주거의 공간사에서 다루는 내용

사회사·미시사·공간사라는 이름을 붙인 세 권의 책을 통해 우리나라 근현대 주거환경의 변천사를 총체적으로 다루었는데, 이 책은 '한국 근현대 주거의 역사' 시리즈 중 마지막 책이다. 각각의 책에서 다루는 세부적인 내용은 이미 출간된 두 권에서 대략 설명했지만 독자들의 이해를 돕기 위해 공간사의 내용을 다시 한번 상세하게 정리하면 다음과 같다.

- 자생적 주거지에서 계획적 주거지로: 전통 정주지의 공간질서를 파악하고, 이것이 도시화로 인해 변모하는 과정을 추적한다. 근대화 과정에서 도시맥락이 인위적으로 조성되는 시기에 거주지 구조가 변화하고 가로 및 필지 형태가 변화하는 현상이 한국 주거 변화에 미치는 전반적 영향력을 고찰한다.
- 전통한옥에서 도시한옥으로: 도시화와 근대화에 따른 전통주택의 과도기적 변화를 살펴보고, 한옥이 시대적 요구에 따라 새로운 유형으로 변모하는 양상을 파악한다. 한옥이 토착화할 수 있는 다양한 가능성을 엿보고, 전통주택과 현대주택 사이 존재하는 단절과 지속성이 무엇인지 알아본다.
- 내향성 주택에서 외향성 주택으로: 주거지 조직과 주택의 형태 및 배치 사이 접점에 존재하는 공간구성 방식이 변화하는 양상을 파악한다. 전통주택의 형식에서 도시 단독주택의 형식으로 변화하고, 나아가 다가구·다세대로 집합화하는 과정을 고찰한다. 이로써 건물과 외부공간의 관계를 설정하는 방식에 있어서 전통적 형식과 근대적으로 토착화된 형식과의 차이를 이해한다.

- 이문화와의 갈등으로부터 전통의 재발견으로: 외래의 주거형식이 도입된 시기부터, 건축가들에 의해 지어진 여러 고급주택들이 전통성과 근대성 사이에서 갈등하면서 한국적인 것으로 정착하기까지의 과정을 살펴본다. 건축가주택들이 일본식 및 서양식 평면과의 절충 시기를 거치면서 새로운 주거문화를 앞서 수용하고 한 시대의 주거문화를 선도하는 역할에 대해 고찰한다.
- 단위 생산에서 집합 생산으로: 근대적 기술 발달과 생산체계의 변화 속에서 나타나는 새로운 유형의 주거를 살펴본다. 주택의 대량생산과 산업화가 초래한 아파트의 확산과 고층화의 양상을 파악하고, 주택생산에 대한 근대적 요구가 가져온 한국 주거단지의 특성을 진단한다.
- 노동자 연립주택에서 초고층아파트까지: 공동주택의 등장과 함께 전개된 주거유형의 다변화를 고찰하고 이들의 공간구성 방식을 파악한다. 이때 원형과 변형, 그리고 대표적 유형과 지속적 유형을 추출함으로써 한국 고유의 공동주택 계획의 맥락을 추적한다.
- 공동생활 공간에서 개별화·분화된 공간으로: 단위세대 내부공간이 규모와 형식 측면에서 다양하게 변해 온 과정을 살펴본다. 각 실의 배치 변화, 각 실의 분화 양상을 고찰해 주거공간이 근대적 생활의 요구에 반응함과 동시에 한국식의 최적의 공간으로 정착해 온 특성을 이해한다.
- 획일성에서 다양성으로: 공동주택의 계획이 도시주거로의 변화 요구에 따라 다양하게 발전해 온 과정을 알아보고, 현대 주거공간에 적용된 여러 새로운 개념들을 파악한다. 새로운 주거 대안이 될 수 있는 발전적 사례를 살펴봄으로써 근대화 과정에서 보여온 획일적 주거문화에서 탈피하고자 하는 앞으로의 주거 변화를 전망한다.

『한국 주거의 사회사』, 『한국 주거의 미시사』에 이어 『한국 주거의 공간사』를 완성함으로써 근대 이후 한국 주거가 변화해 온 역사가 어느 정도 정리되었다고 할 수 있다. 학술적인 측면에서 보면, 이번 연구는 그동안 짜임새 없이 산발적으로 흩어져 있던 한국 근현대 주거에 관한 수많은 역사적 사실과 근거들을 통합하고 이를 체계적으로 분류하고 묶어서 완결한 것이다. 한국 주거의 근현대 역사는 이러한 학술적 의미 외에 어떤 의미가 있는가. 즉, 무엇을 위해 기술된 것인가. 그것은 우리가 처한 삶과 환경을 만들어온 지난날의 뿌리를 찾아보고, 오늘날의 현실에 대해 성찰과 비판을 해보며, 미래의 주거 발전에 대한 희망을 찾기 위함이었다. 결국 한국 주거에 대한 애정이라고 말할 수 있다. 그 어느 시대, 그 어느 나라에서보다 한국의 근대는 격동적이었으며, 그 안에서 성장하고 개발되어 온 주거 역시 사회변혁 못지않게 역동적인 변화를 통해 현재에 이르게 되었다. 때로는 부정적인 측면이 있었고, 한편으로는 배워야 할 좋은 경험들이 있었다. '한국 근현대 주거의 역사'는 우리 주거의 본질과 정체성에 대한 이해의 바탕 위에 앞으로 전개될 바람직한 주거상에 대해 더욱 진지하게 고민할 것을 요구한다. 이것이 '한국 근현대 주거의 역사' 연구가 추구해 온 목적이었으며, 동시에 앞으로의 연구에 또다시 주어진 과제일 것이다.

참고로, 독자들의 이해를 돕기 위해 이 책 전체의 구성을 표로 정리하면 다음 표와 같다.

장 제목과 논제	대상				시대적 범주			
	도시·마을	주거지	건물과 외부공간	내부 공간	1900년대 전후	일제강점기 (1910-1945)	전쟁·전후 (1950-1960년대)	경제개발 시기 (1970-1980년대)	현재 (1990년대 이후)

	장 제목과 논제	도시·마을	주거지	건물과 외부공간	내부공간	시대적 범주
제1장	**자생적 주거지에서 계획적 주거지로** 전통마을·북촌/남촌·도시한옥 필지·토지구획정리사업 주거지·1960년대 대형 필지 ■ 자생마을 → 도시화 → 집단적 필지계획 → 대규모 택지개발 → 단지화	O	O			1900년대 전후 → 경제개발 시기
제2장	**전통한옥에서 도시한옥으로** 전통한옥·가가·2층한옥·도시한옥·1960년대 한옥 ■ 전통 → 구조적 변화 → 형식 변화 → 도시주거화			O	O	1900년대 전후 → 경제개발 시기
제3장	**내향성 주택에서 외향적 주택으로** 도시한옥·집장수 주택·국민주택·다세대 다가구 주택 ■ 과도기 → 중정형 → ㄱ자 등 절충형 → 외향형 → 팽창과 포화		O	O	O	일제강점기 → 현재
제4장	**이문화와의 갈등으로부터 전통의 재발견으로** 초기 건축가 작품·1, 2세대 건축가주택·3세대 건축가 주택·현대적으로 구현된 전통 ■ 일본문화 수용 → 과도기 → 서구화 → 전통과의 조화			O	O	일제강점기 → 현재
제5장	**단위 생산에서 집합 생산으로** 전통주택·영단주택·공영 국민주택·단독주택의 대량생산·단지형주택지·공동주택의 대량생산 및 산업화·기술발달과 아파트의 확산 ■ 1대1 생산 → 집단생산 → 대량생산 → 규격화 → 재료·기술 발달 → 확산			O	O	일제강점기 → 현재
제6장	**노동자 연립주택에서 초고층아파트까지** 요·초기아파트·시민아파트·단지형 아파트·초고층아파트 단지·주상복합아파트 ■ 1실주택 → 주동 형성 → 단지 형성 → 고층화·고밀화 → 고층단지 구성		O	O		일제강점기 → 현재
제7장	**공동생활 공간에서 개별화·분화된 공간으로** 시민아파트 평면·주공아파트 평면·민간아파트 평면·새로운 평면 ■ 공공생활 지향 → 거실중심형과 공사영역 분리형 → 최적의 평면 → 독립적 공간				O	전쟁·전후 → 현재
제8장	**획일성에서 다양성으로** 주택공사 초기의 시도들·현상설계아파트·블록형아파트·뉴타운 ■ 다양한 유형 → 외형 변화 및 전략적 상품화 → 단지 변화 → 새로운 유형의 시도 → 근본적 발상 전환			O		전쟁·전후 → 현재

1
자생적 주거지에서
계획적 주거지로

1
전통주거지의 길과 터

조선시대 우리나라의 정신사상을 지배한 것은 성리학이었고, 대부분 조선시대에 만들어진 전통마을에서는 주거지를 정하는 데 있어서도 성리학의 영향을 많이 받았다. 성리학에서는 자연을 생명을 가진 유기체로 보았으며, 자연과 인간의 합일을 추구했다. 따라서 사람과 집을 포함하는 '마을'과 '도시'는 땅을 매개로 조화로운 관계를 맺을 수 있다고 여겼다.

전통마을에서는 대부분 산과 물, 방위 등 지리적 요소를 최대한 반영하고 땅의 이치를 살펴어 적합한 장소에 마을과 주택의 터를 정하고 배치했다. 이를 풍수지리사상이라 하는데, 이는 땅의 내부에 바람이 통하는 길과 물이 통하는 길, 즉 풍수가 있어 그 방향·기세·경로 등에 따라 그 위에 자리 잡은 묘지와 가옥 따위의 길흉과 명운이 결정된다고 여기는 사고방식이다.[1] 풍수지리사상에 따라 마을들이 자리한 곳은 대체로 전면前面을 제외한 세 면이 둘러싸인 입지로, 산과 물이 마을공간의 기초적인 틀을 만들고 있다. 전통마을은 주거지를 중심으로 뒤쪽에 높은 산이 버티고 좌우로 낮은 산이 마을을 두루 감싸면서 앞산에 연결되어 전체가 모나지 않은 형세를 띠게 된다. 이로써 앞쪽은 펑퍼짐하고 나지막한 산이 있고, 그 사이

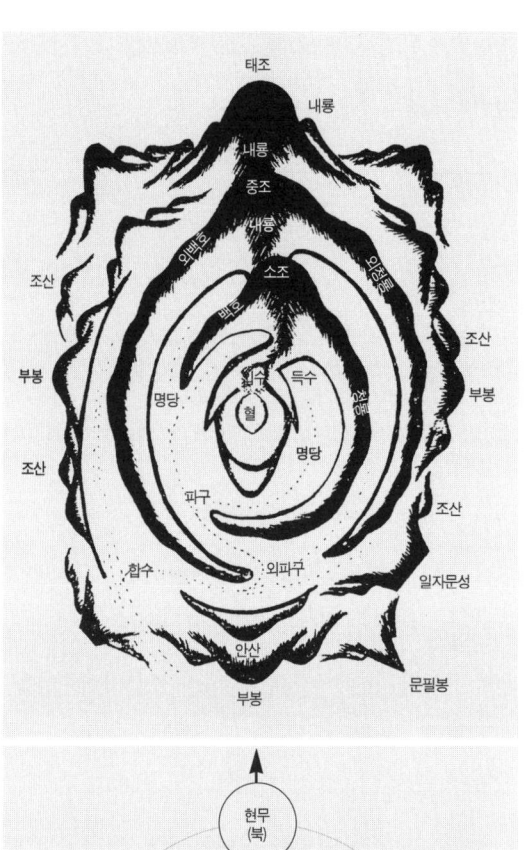

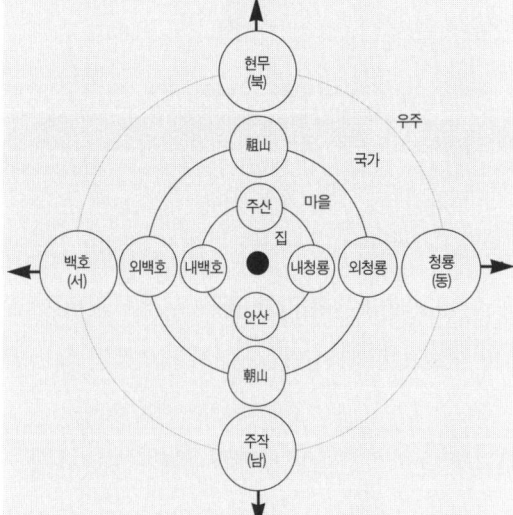

풍수지리사상에 따른 명당의 조건 (위). 주산·안산·청룡·백호 등의 산세와 수세가 조화롭게 어우러진 장소를 길지로 보았다.
전통주택의 주거관 (아래). 조상들은 집을 우주의 중심으로 보았고 이로부터 마을, 국가, 세계가 뻗어나간다는 동심원적 세계관을 갖고 있었다.

로 물이 흐르는 배산임수背山臨水의 기본 형태를 갖게 된다. 산과 물에 의해 한정된 생활영역은 아늑하고 포근한 공간이 되며, 산 능선은 자연스럽게 마을의 경계가 된다. 풍수지리사상은 자연의 흐름을 거스르지 않고 그 품에 안기는 기술로서, 전통마을을 형성하는 출발점이 된다.

전통마을은 또한 풍수지리사상과 함께 성리학적인 은일적隱逸的 복거관卜居觀에 영향을 받았다. 전통마을은 주요 교통로에서 한발 물러나 한 모퉁이 돌아선 곳에 위치하는 경우가 많고, 부득이 길가로 나앉은 경우는 누각으로 마을의 입구를 가려 길에서 마을이 바로 들여다보이지 않게 했다.2) 이러한 '물러남'의 관념은 주거지와 그 안의 주택에까지 이어져, 여러 단계를 거쳐야 비로소 단위주택에 이르는 위계를 형성한다. 공간의 위계성은 가로街路 체계로 완성되는데, 길은 큰길·안길·샛길 등의 단계를 보이며 마을과 마을, 이웃과 이웃을 순차적으로 연결하는 요소가 된다.3) 즉 전통마을은 흐르는 시냇물처럼 작은 줄기가 모여 보다 큰 줄기가 되고 다시 그것들이 모여 더 큰 줄기가 되면서 서로 감추어주는 자연적이면서도 명확한 위계질서를 갖는 것이다. 마을 입구에서 시작되는 어귀길은 안길과 이어지며, 안길 주변으로 주거지가 형성된다. 안길이란 주로 공동시설과 종가처럼 마을공간을 이루는 중요한 요소들을 서로 연결하는 도로로, 마을의 중심축이 된다. 따라서 안길은 가장 접근이 용이해 마을의 중심공간이 된다. 안길에서 갈라져 나온 샛길은 단위주택들이 모인 주거군住居群에 연결되고 그 안에는 골목길이 얽혀 있다. 전체 마을은 위계적 길을 따라 공적公的에서 사적私的까지의 단계적 공간체계를 갖는다고 할 수 있다. 전통마을에서 단위주택들은 보통 안길 내부에 10여 호 내외의 주거군을 형성하며, 불규칙하게 분산되어 자연스러운 배치를 하고 있다.

이러한 집촌集村 형식의 주거군 내에서 각 주택은 프라이버시를 필요

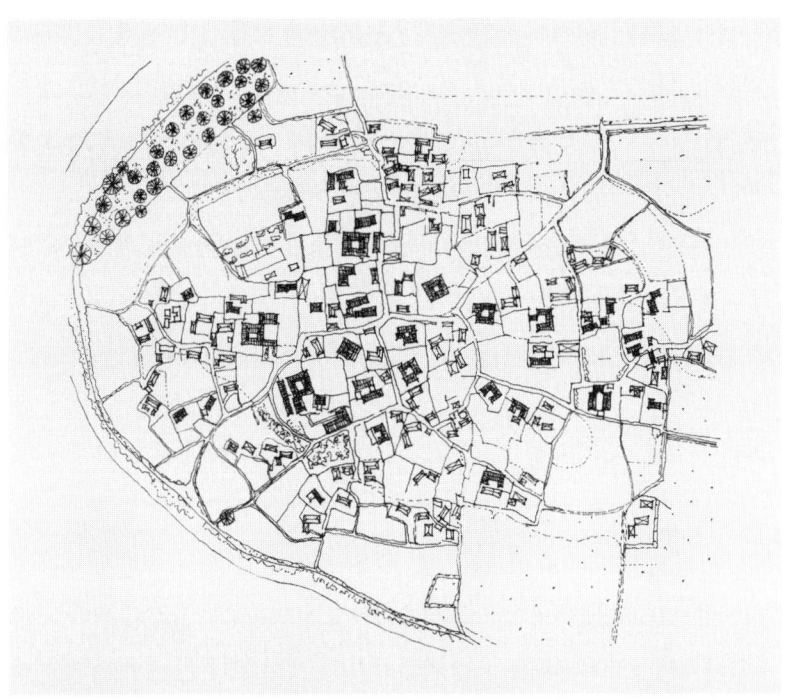

안동 하회마을의 주거지 배치방식. 안길이 마을의 중심을 관통하고 여기에서 샛길이 파생되며, 길 사이사이 집들이 군락을 이룬다.

로 하므로 주택들 사이에는 기본적으로 서로로부터 분리되려는 힘이 작용해 그 위치와 좌향坐向을 결정하게 된다. 전통주택들이 독립된 주생활을 확보하면서도 동시에 서로 밀접하게 연결될 수 있는 것은 앞서 설명한 대로 위계가 있는 특별한 가로체계와 밀접한 연관이 있다. 각각의 주거공간은 안길에서 직접 진입을 피하고 샛길이나 골목길 등을 구성해 공간을 더욱 깊숙하게 만든 후 자리를 잡는다. 주택은 안길에서 바로 연결되지 않고 항상 꺾여서 진입하도록 되어 있으며, 주택으로 접근하는 마지막 위계의 길은 막힌 골목이 되는 것이 일반적이다. 이렇게 해서 프라이버시가 확보되

길을 만들고 영역을 정해 주는 담장. 담장은 공적 외부공간과 사적 외부공간 즉, 마당을 구분지어 주며 여러 채로 이루어진 주거공간을 영역으로 묶어준다.
고샅. 샛길과 막다른 골목을 구성해 진입로를 후퇴시킨 한옥의 고유한 공간이다.

는데, 만약 막힌 골목이 구성되지 못할 경우 골목을 적당히 구부려 시각적 폐쇄성을 확보해 막힌 골목과 같은 효과를 얻었다. 전통마을에서는 주거지를 마련하는 데 있어서 집 위로 길이 나는 것과 큰길 옆에 자리하는 것을 꺼렸다. 또한 길이 곧게 뻗은 것을 흉하게 여겼으며, 집으로 들어오는 길은 곧바로 보이지 않도록 구부러진 형태로 완성되어야 길하다고 여겼다. 따라서 근대 이전의 전통마을에서는 항상 구부러지거나 꺾인 불규칙한 형태의 골목길이 존재한다. 그 결과, 도시를 포함하는 모든 전통주거지의 가로체계는 격자형(十자형)이 아닌 가지형(丁자형)으로 나타난다.[4]

이때 담은 영역을 나누고 건물을 둘러싸는 동시에 길을 형성하는 중요한 요소다. 담은 마을공간을 유기적으로 나누고 이어주는 매개체가 된다. 또한 동선이 만나는 곳에는 우물이나 작은 마을마당 같은 공동공간이 항상 존재해 작은 영역을 엮어주는 구심적 역할을 한다. 이렇듯 전통마을은 공간의 관계가 선적·면적으로 서로 응축해 있다고 볼 수 있다.

2
도시화에 따른 가로와 필지의 변화

도시주거지로서의 북촌

조선시대 한양의 도성도를 보면, 도성은 북악北岳·인왕仁王·목멱木覓·낙타駱駝 이렇게 네 산으로 둘러싸여 있고, 산의 능선을 따라 성곽이 길게 둘러쳐져 있다. 지도의 중심에서 약간 서쪽으로 치우쳐서 경복궁이 자리하고, 그 동편의 같은 축 선상에 창덕궁이 놓여 있다. 이 두 궁을 잇는 지역의 북측, 즉 북촌은 풍수지리 면에서 최고의 길지였다고 한다. 북쪽이 높고 남쪽이 낮아서 겨울에는 볕이 잘 들어 따뜻하고, 배수가 잘될 뿐 아니라 남쪽으로 전망이 넓게 트였기 때문이다. 그래서 북촌 일대는 도성 내에서 가장 좋은 주택지로 여겨졌고, 한양이 조선의 도읍으로 정해진 뒤 당대의 권문세가들이 모여들었다고 전해진다.5) 경복궁과 창덕궁을 잇는 도로를 사이에 두고 남쪽은 중인계층의 거주지가 형성되었다.6)

조선시대에 거주자의 신분에 따라 구분되었던 북촌과 율곡로 이남은 일제강점기에 들어서면서 그 운명이 뒤바뀌게 된다. 당시 조선에 거주하는 일본인을 위한 정책으로 일관되는 상황에서 일본인이 많이 거주한 율

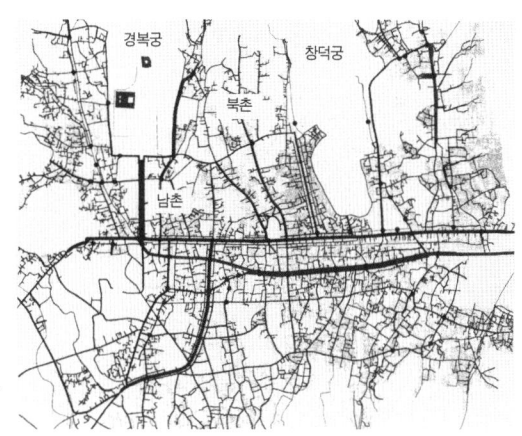

1900년대 서울지역의 도시구조와 북촌. 경복궁 동쪽이 북촌이다.

곡로 이남은 근대식으로 개발된 반면, 상대적으로 조선인이 많은 북촌은 개발이 이루어지지 않았던 것이다. 또한 1913년부터 1929년까지 '경성시구개수예정계획노선'京城市區改修豫定計畫路線에 의해 구체화된 계획들을 보면, 대상 지역이 일본인이 많이 거주한 지금의 율곡로 남쪽, 즉 인사동 지역임을 알 수 있다. 따라서 계획적으로 도시를 개발한 율곡로 남쪽 지역은 가로를 중심으로 근대적 변화가 일어난 반면, 조선인이 많이 거주하는 율곡로 북쪽 지역은 가로 정비가 아닌 필지분화를 통해 도시주거지로 변화했다. 이렇게 일본인 거주지역을 중심으로 도시가 정비되면서 북촌의 주거환경은 그 영향권 밖에 있게 되었고, 결과적으로 조선시대에 형성된 도시조직들이 변하지 않고 남아 있게 되었다.

북촌의 생김새는 물길과 관계가 깊다. 처음 북촌은 북악과 응봉應峯을 잇는 능선을 축으로 하여 남쪽으로 흐르는 경사지에 몇 줄기 물길을 중심으로 동네가 좁고 길게 형성되었다. 지금의 서울 가회동 35번지와 계동에 형성된 주거지는 조선 후기의 주거지 구조를 그대로 간직하고 있는 지역이다. 이 지역은 조선시대부터 자연발생적 성장과정을 통해 형성된 도시조직인 만큼 길은 구불구불 불규칙한 형태를 띠고, 필지는 소형 필지와 대형 필지가 확연하게 구분되며 부정不定의 형상을 갖는다. 길은 물길을 따라 형성되었는데, 지형조건이 양호한 물길 안쪽의 구릉지에는 양반이나 세력가들이 거주하는 중대형 필지가, 물길과 가까운 지역에는 물길을 따라서 길 양편으로 그보다 계층이 낮은 사람들이 거주하는 소형 필지가 분포했다고 짐작된다.[7] 이때 구릉지대에 위치하는 대형 필지는 막힌 골목 형태를 갖는다. 권문세가들의 집터였던 대형 필지가 막힌 골목에 접한 것은 풍수지리적 입지조건에 따라 대상지를 선택한 후에 대문 앞까지만 골목길을 내었기 때문이다. 이 주거지들은 주변의 맥락과 동질적이며, 전통마을에서처럼 가지형의 주거지 구조를 기본으로 하고 있다.

북촌의 한옥 주거지는 시간의 흐름 속에서 수많은 요구와 조건에 순응하며 전통과 근대의 변화하는 사회적 조건과 공간질서를 함께 담아 단

가회동(왼쪽)과 계동(오른쪽)의 가로. 북촌의 대표적 주거지로 조선시대부터 자연발생적인 구불구불한 가로 형태를 보인다.

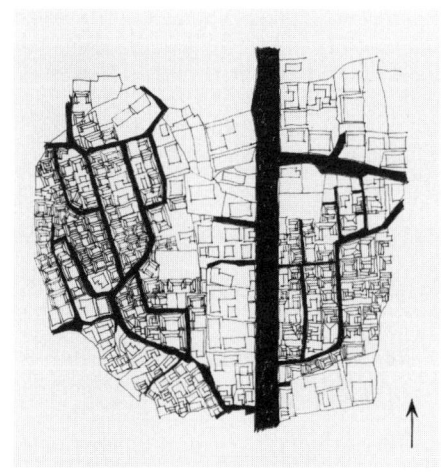
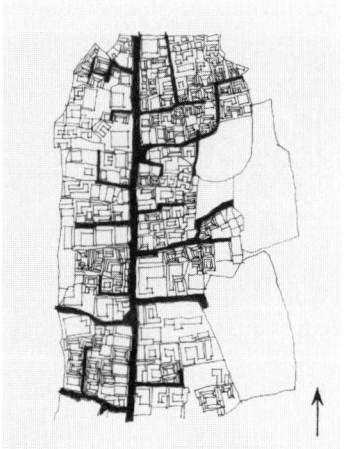

구릉을 따라 형성된 가회동 주거지. 가회동의 주거지에서는 계단과 막다른 골목길을 종종 볼 수 있다.

계적으로 형성되었다. 따라서 북촌의 주거지를 얼핏 보면 비슷한 형태들이 정연하게 엮인 조직처럼 보이지만, 자세히 들여다보면 개발시기, 개발단위 및 개발방식, 그리고 지형조건에 따라 각기 다른 조직들로 짜 맞추어졌음을 알 수 있다. 지형조건과 사회계층 분포에 따라 결정되었던 북촌 주거지는 일제강점기 이후 북쪽으로 좀더 확장되면서 일부 중대형 필지가 분화되기 시작하고 신축 한옥이 들어서면서 하루가 다르게 급격한 변화를 겪게 된다.[8]

오랜 시간을 두고 자연환경에 순응하는 방식에서 형성되기 시작한 주거지가 근대적 계획이라는 인위적 환경체계로 변화하기 시작했다. 1920년대 후반까지 남아 있던 권문세도가의 중대형 집터나 관공서 터 등이 주택경영회사에 의해 소필지로 나누어져 새로이 조성된 것이다.[9] 건축가 박길룡에 따르면, 1920~30년대 초 경성 도심부는 "전일(全日) 처처(處處)에 산재

제1장 자생적 주거지에서 계획적 주거지로 33

하였든 귀족계급의 소유였든 뜰 넓은 저택은 차차로 없어지고 그 자리에는 수백 호, 수천 호에 소주택 밀집군으로 변하여"10)가고 있었다. 현재 북촌에 남아 있는 한옥 대부분은 이러한 과정을 거쳐 1930년대에 조성된 도시한옥 주거지다. 북촌 같은 도성 내 도심부 주거지와 이곳에 지어진 주택들은 기존 도시조직 내에서 필지가 분화되어 만들어진 주거지이기 때문에 많은 변화 속에서도 주변의 도시맥락과 동질성을 유지하며, 가로도 기존의 가로체계와 연계되면서 비교적 자유스러운 형상을 가진다.

도시한옥 주거지의 유기적 구조

북촌 같은 도시한옥 주거지의 발생과 성장 과정에서 가로는 주거지 구조의 전체 틀을 구성하는 데 가장 큰 영향을 미치는 요인이다. 가로가 필지분할 및 주택의 배치에 있어서 핵심요소가 되는 이유는 도시한옥이 한정된 필지에 최대한 많은 주택을 건설하는 방식으로 형성되었기 때문이다. 북촌에는 지형의 조건과 필지의 규모, 그리고 필지의 분화에 따라 성격이 다른 두 가지의 가로와 주거지가 존재한다. 경제적 측면에서 유리한 큰길 쪽 필지가 먼저 분화되고 안쪽 필지는 나중에 분화되었는데, 이때 안쪽 필지가 어떻게 분화되느냐에 따라 가로체계는 가지형 혹은 격자형으로 구분된다. 우선 가지형 가로의 불규칙한 주거지를 보면, 좁고 구불구불한 길과 경사진 골목에 몇 개 한옥 켜들이 두서없이 매달린 형상으로, 이는 원래 조선시대부터 이어져 내려온 기존의 전통주거지에서 시작되었음을 알 수 있다. 원래부터 다양하고 복잡한 형태의 가로가 있는 기존의 전통적인 도시조직에서는 중대형 필지가 분화될 때 부정형의 가구街區 내부로 막힌 골목

가회동 31번지. 경사지형 때문에 주택 진입 부분에 계단이 설치된다.

길들이 침투하거나, 기존 가로에 골목길이 추가로 생겨나 새로운 가로가 형성되는 과정을 거치게 된다. 즉 또 하나의 골목길이 더해져 식물의 잎맥 같은 조직을 형성하는 것이다. 이러한 자연발생적 가로와 집터는 매우 복잡하고 불규칙해서 미로 같은 구성을 보이며, 종종 막다른 골목길에 다다르게 한다.[11]

원래 북촌의 도시한옥 주거지는 자연환경을 그대로 구조화하는 방식이어서 도시조직이 비정형적이었다. 이러한 주거지에서 가로체계는 자연지형에 순응하고 조직 내에 가지형 가로체계를 갖는다. 가로의 형성이 지형조건에 바탕을 두고 있기 때문에 주된 도로는 자연발생적으로 경사의 향, 즉 남북방향을 따라 뻗어나가는 경향을 보인다. 이러한 조직에서는 기능 면에서 접근로와 진입로라는 구분이 없고, 대부분 각각의 필지는 경사진 도로에서 바로 연결된다. 그래서 지세를 따라 배치된 필지 안에 자리 잡는 주택은 경사를 극복하기 위해 진입부분에 계단이 설치되는 경우가 많다. 전통적 방식으로 자연순응형 주거지가 형성되고 가구 내에 가지형 가로 패턴이 주로 나타나는 사례는 가회동 35번지 일대와 계동에서 흔히 볼 수 있으며, 이때 막다른 골목이 많이 나타난다.[12]

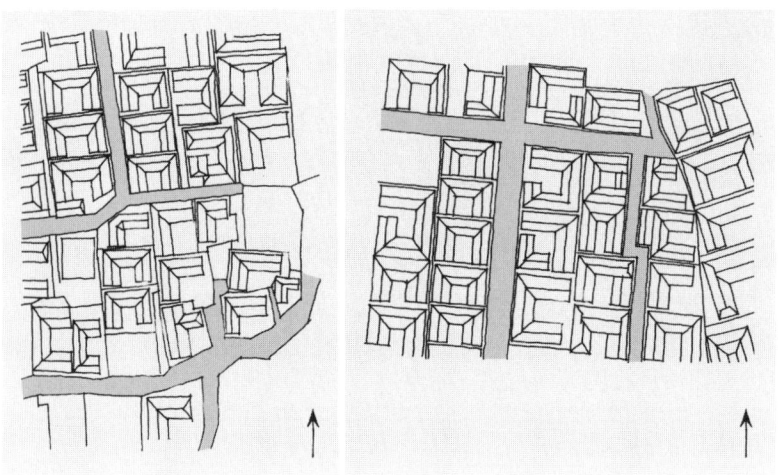

북촌의 대비되는 두 도로체계. 계동 2번지(왼쪽)의 가지형 도로체계와 삼청동 35번지(오른쪽)의 격자형 도로체계가 주거지 구조의 특성을 보여준다.

한편, 대형 필지가 근대적 방식으로 분할되어 형성된 주거지는 이와 대조적이다. 대형 필지가 계획적으로 분할되면서 길이 형성되고 그곳에 주택이 한꺼번에 지어졌기 때문에 비교적 규칙적인 필지에 형태가 비슷한 한옥이 같은 형식으로 모여 있는 공간구조를 보여주는 것이다. 이때 가로는 지형조건을 고려하지 않은 것이어서 위계 없이 격자형 체계를 갖는다. 자연순응적 조직에서 지형조건이 주거지를 형성하는 데 가장 커다란 조건이었다면, 근대의 인위적 방식에서는 필지분할의 효율성과 경제성[13]이 가장 중요한 전제조건이었을 것이다.

전통적으로 주택에서는 대지가 정해진 뒤 안채와 문간채가 지형조건에 따라 적절한 관계를 맺으면서 배치된다. 그러나 근대적 도시한옥을 담는 주거지는 도시화와 대량생산이라는 전제 아래 가로체계에 의해 주거지 구조와 필지가 먼저 형성되고, 그것이 주택의 규모와 공간의 구성 전체를 결정짓는다.[14] 서울 삼청동 35번지 도시한옥 주거지는 원래의 지형을 무시하고 축대로 인공대지를 조성한 후 격자형으로 가구를 분할한 경직된 패턴을 기본으로 한다. 격자를 이루는 기본단위는 가로 방향으로 필지 두 켜, 세로 방향으로 다섯 내지 여섯 열의 필지로 구성된 가구인데, 몇 개의 단으로 정리된 대지 위에 크기가 비슷한 가구들이 남북으로 길게 배치된다. 각 필지들은 격자형 도로망의 도로에서 직접 접근하는 근대적 주거지의 특성을 보인다.

토지구획정리사업과 도시조직의 파괴

1910년 8월 조선을 식민지화한 직후 일제는 수많은 법령을 발표하여 식민통치의 기틀을 잡았다. 그중 하나가 1912년 10월 7일 발표된 '시구개정'市區改正에 관한 훈령(조선총독부훈령 제9호)으로, 그 직후인 11월 '경성시구개수예정계획노선'(조선총독부고시 제78호)이 발표되었다. 이를 통해 경성의 주거지는 일제 식민지 행정체제의 정비와 더불어 급격히 변모했다. 일본 도쿄 시구개정의 예를 따른 경성 시구개정은 기존 한양의 도로망과는 무관하게 종로, 황금정黃金町(지금의 을지로), 본정本町(지금의 충무로)을 연결하는 남북도로의 계획 및 황금정 중심의 방사형 도로망 계획을 포함했다. 이는 단지 몇몇 도로를 정비하는 수준이 아니라 경성의 도로망과 그 중심부를 완전히 재편하겠다는 계획이었다. 이 시구개정안은 1921년부터는 경성도시계획연구회[15]의 주도로 더 세밀한 밑그림이 그려졌다. 연구회의 계획은 우리나라 최초의 근대적 도시계획이라 할 수 있는데, 이 도시계획에는 한국인이 집중 거주하는 시가지 약 48만 평을 구획정리한다는 내용도 포함되어 있었다.

토지구획정리사업은 도로뿐 아니라 도로에 의해 정해지는 가구 및 필지의 구획도 포함하는데, 이를 통해 전통적 시가지의 비정형 가로망 형태를 정형화하고자 했다. 이미 1928년부터 조선총독부는 경성도시계획안 제2차안을 통해 경성의 중심 시가지인 을지로 북쪽 5개 지구를 '그 가곽街廓(가구의 외곽)이 부정형 하며, 그 도로의 연곡軟曲(휘어짐), 장단長短(길고 짧음), 광협廣狹(넓고 좁음)이 불규칙해 막다른 골목 등이 많아 거의 도시로서의 체제를 구비하지 못하고 있어 (중략) 조속히 이의 구획정리를 단행할 필요가 있는 지역'[16]으로 규정했다. 이에 따라 중심지 5개 지구와 당시 외곽지인 한강리漢江里·신당리新黨里 두 지역에 대해 토지구획정리사업의 표준인 「가구 및 획지劃地에 관한 계획」을 발표했고, 이는 격자형 주거지 개발의 효시가 되었다.[17]

이 계획은 기존 조선의 전통적인 부정형 도로체계를 전근대적이고 비효율적인 도시구조로 정의하고 근대적인 새로운 격자형 도시구조를 조성하겠다는 조선총독부의 의지를 보여주는 것이었다. 당시 토지구획정리 사업은 '도시구역 내의 토지에 대하여 대지로서 이용가치를 증진시키기 위하여 자연상태의 토지를 정리하여 정리된 가구를 만들고 미건축지未建築地에 대해 통제 있는 개발을 실시코자 하는'[18] 목적이 있었다. 경성도시계획안 제2차안을 보면, 인사동 주변의 한 가곽을 계획하는 데에 기존의 가지형 구조 위에 격자형 구조를 중첩한 것을 볼 수 있다.

'일본의 가곽표준도[19])'에 의존한 가구의 규모는 장변 120m에 단변 66m, 54m, 44m, 36m, 30m, 24m, 20m, 16m를 채택했다. 이 가곽표준도에 의해 형성된 우리나라 주거지의 가구는 단변의 폭과 그에 따른 가구 내 필지의 분할방식에 따라 가구가 2분할되어 필지를 형성하는 두 켜형과, 네

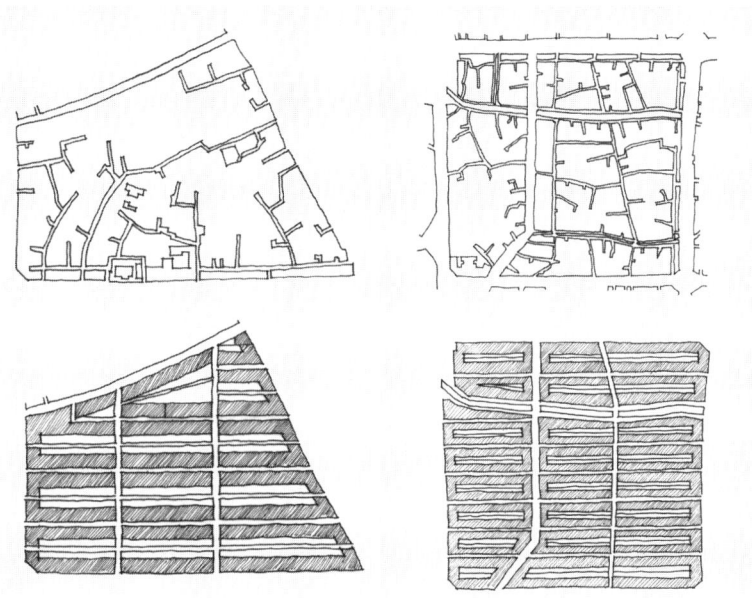

인사동 지역(왼쪽)과 무교정 지역(오른쪽)의 가곽 정리. 실핏줄 같은 미세한 도로조직과 막다른 골목이 없어진 대신 쭉쭉 뻗은 가로가 기하학적 도시구조를 만든다.

켜 이상으로 필지가 형성되는 대형 가구 방식으로 구분된다. 이때 단변이 44m, 54m, 66m에 이르는 대형 가구에서는 4~6켜로 가구가 구획됨으로써 막다른 골목길이 형성되어 큰 혼란을 야기하기도 했다.

　1934년 6월 우리나라 최초의 근대적 도시계획법인 조선시가지계획령이 제정되었다. 또한 1936년 조선총독부는 경성시가계획을 확정하고 일차적으로 도로망을 신설했다.[20] 이렇게 정리된 시가지계획 도로망에 이어 같은 해 12월에 토지구획정리지구가 확정 발표되었다. 이와 더불어 나온 구체적인 도시계획의 핵심은 기존 도심의 확장에 있었다. 도시계획은 당시 경성을 비롯한 도시 내 공업지역 주변의 주택수요가 증가하면서 주

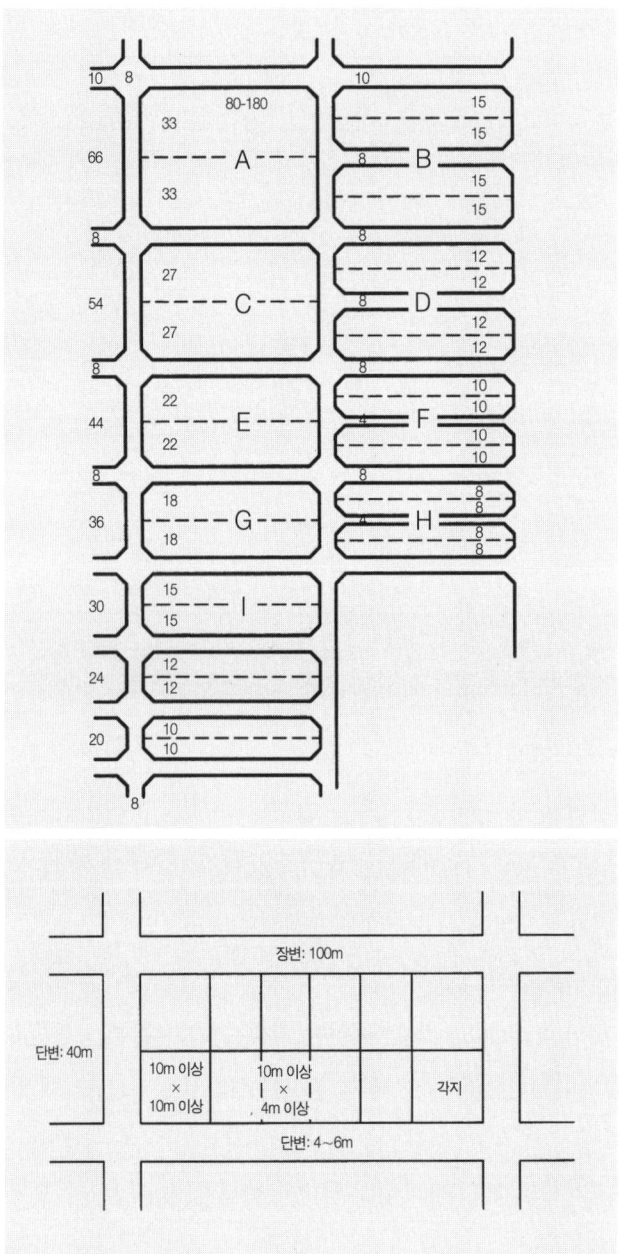

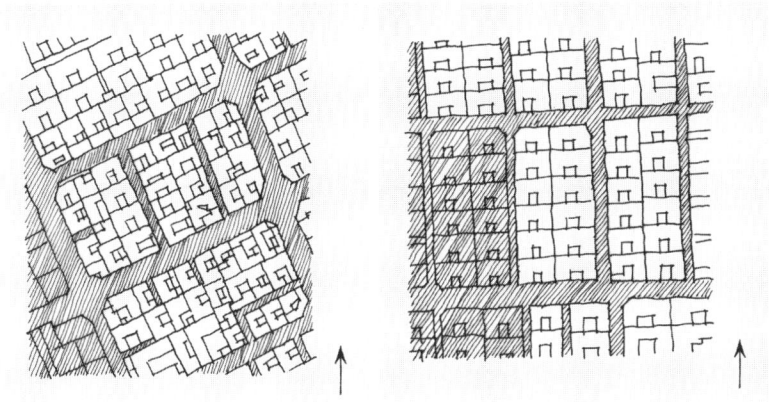

보문동(왼쪽)과 용두동(오른쪽)의 계획적 도시한옥 주거지. 북촌과 다른, 규칙적이고 반듯한 도로 및 필지구획 방식이다.

택 건설업자와 임대업자들에 의해 주택들이 난립하는 상황이 빚어지자 불량주택의 건축을 규제하고 계획적으로 주거지를 조성해 주택건설을 유도할 목적에서 수립되었다. 이 계획에 따르면, 경성 인근 영등포읍·연희면·은평면 등지를 경성부에 편입해 시가지계획 구역으로 결정했다. 경성부 경계 확장으로 새로이 편입된 지역은 돈암, 영등포, 대현, 한남, 용두, 사근, 번대, 청량리, 신당, 공덕 일대 10개 지구로 총면적은 563만 평에 달했다. 이곳에는 토지구획정리사업으로 신시가지 및 중산층 주거지가 조성되었다. 이에 따라 우리나라 자체적인 도시계획 법제를 갖추게 되는 1962년 이전까지는 조선시가지계획령에 따른 토지구획정리사업에 의존해 단독주택 건설을 위주로 한 택지개발이 이루어졌다.

일제강점기 1935년부터 사용한 가구표준도(위, 토지구획정리 기준)와 필지구획 방식(아래). 우리나라 근대 도시의 가구 형태와 크기에 큰 영향을 미쳤다.

계획적 토지구획정리사업 지역의 도시한옥. 정형적 필지에 밀집한 한옥들이 질서정연하게 들어서 있다.

　이와 함께 1930년대에는 전통적 주거지 내에서도 근대적 변화의 초기 현상으로 주거지를 개조하려는 노력이 부분적으로 있었다. 우선 1936년의 경성시가지계획령에 따라 필지분할 방식에서 전통적 방법과는 다른 기하학적 방법이 도입되었다. 필지분할은 당시의 주택수요를 충족시키기 위해 단기간에 계획적으로 이루어졌다. 이와 같이 근대적 주거지 성격을 띠는 곳에서는 격자형 도로가 균일하게 배분되고 가구는 사각형의 정형적 형태를 갖게 되었다.[21] 북촌 도시한옥 주거지의 변화 역시 근대적 주거지로의 변화와 그 궤를 같이한다. 이뿐 아니라 경성의 경계 확장 및 토지구획정리사업으로 근대적 도시한옥 주거지는 더욱 일반화되어 보급되었다. 1930년대 중반까지는 도심에 있는 대형 필지를 소형 필지로 나눈 곳에 도시한옥이 건축되고, 1930년대 후반부터는 과거 한성부의 도성 경계와 1936년에 설정된 경성부의 행정구역 경계를 기준으로 도성 밖에 더욱 대규모적으로 택지가 개발되어 계획적 주거지 위에 도시한옥이 대량으로 공급된 것이다. 도성 밖의 도시한옥 주거지는 북촌보다 더욱 규칙적이고 획일적인 모습을 보인다.[22]

　1936년 이후 토지구획정리사업으로 형성된 대표적인 도심 주변부의

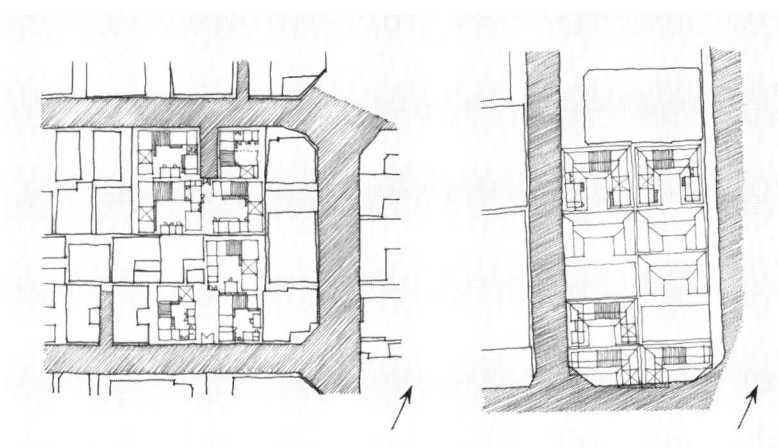

돈암지구(보문로5가 일대)의 네 켜형 가구(왼쪽). 동서가로가 나타나고, 막다른 골목이 형성된다.
돈암지구(보문로4가 일대)의 두 켜형 가구(오른쪽). 남북가로가 나타나고 모두 가로에서 직접 진입한다.

신주택지가 돈암동·안암동·선문동·동선동을 포함하는 돈암지구다. 이 지역에서는 토지구획정리 공사가 마무리 단계에 들어간 1939년부터 토지 소유자들에 의한 택지분양조합이 만들어져 70, 80평 단위의 택지거래가 이루어졌다. 이곳에 주택건축이 활발히 이루어져 1941년까지 주택 약 2,000여 호가 세워졌는데, 이 역시 도시한옥이라 불릴 수 있다.[23] 이곳의 주거지는 신주택지의 특징이 잘 드러난다. 가로와 필지는 격자형 진입로와 정방형 필지를 특징으로 하여, 부정형 필지와 막힌 골목이 특징인 안국동·봉익동·누상동 등의 구도심부와 큰 차이를 보인다. 돈암지구의 가구계획은 장변 120m에 단변이 66m부터 16m까지 여러 규모로 계획되었다. 안암동은 한 가구에 10~13개 필지가 들어선 규모다.[24]

보문동 역시 가구와 필지가 분할된 후에, 즉 주거지 구조가 먼저 완성되고 나서 주택업자에 의해 도시한옥이 집단적으로 공급된 주거지다.

직각으로 교차하는 통과도로망에 의해 가구가 평지에 형성되고, 그 가구 내에서 다시 직교하는 대지경계선으로 구분되는 격자형 필지가 생성되었다. 각 가구는 30~40개 정연한 필지로 구성되었다.25) 보문동 주거지에서는 가구 내에서 필지가 셋 또는 네 켜로 분할되어 후면의 주택으로 들어가기 위한 진입로가 형성된 사례도 있고, 두 켜로 분할되어 가로에서 직접 진입하는 가구도 있다. 즉, 주거지 형성에서 전통적 관성과 근대적 변화가 공존하는 경향을 보인다. 1960년대 형성된 용두동 주거지는 더욱 질서정연하고 정형인 구성으로 변화했다. 규칙적인 격자로 짜인 주거지는 주변의 도시맥락과는 무관하게 대규모로 형성되어 주변과 상당히 이질적인 환경이 되었다.

  일본의 가곽표준도는 일제강점기 당시 도시한옥 주거지를 형성하는 데도 그대로 적용되었을 뿐 아니라 이후에도 가구 구성의 강력한 표준으로 작용했다. 제2차 세계대전과 종전 직후의 혼란기에 이어 한국전쟁이 끝나는 1950년대 초까지 토지구획정리사업은 시가지복구사업에 대한 현실적 필요성으로 진행되었다. 토지이용 가치를 증진시키고자 합필合筆을 통해 토지를 정형화하고 도로를 정연하게 정비할 필요가 있었던 것이다. 또한 서울시내뿐만 아니라 전국에 걸쳐 주거지역 대부분이 이 표준에 따라 신시가지를 형성함으로써 실핏줄처럼 얽혀 있었던 전통적 도시조직의 섬세한 위계는 무너지게 되었다. 그리고 이러한 도시조직의 인위적 생성방식은 해방 후 1960년대 토지구획정리사업에서도 비판 없이 수용되었다. 이때부터 유래한 격자형 가로를 기본으로 하는 가구 형태는 현재까지도 서울시 일반 단독주택지의 기본 골격을 이룬다.

3
도시맥락의 인위적 조성

단지형 공동주택지의 탄생

토지구획정리사업은 단독주택지뿐 아니라 단지형 공동주택지 또한 공급했다. 1941년 7월 주택공급 대책을 본격적으로 마련하기 위해 조선주택영단朝鮮住宅營團이 설립되고, 동시에 주택건설 5개년 계획이 수립되어 대규모 공동주택 건설의 물꼬를 텄다. 때마침 조선총독부는 1937년 토지구획정리사업 실시 후 경성에 신시가지를 개발 중이었는데, 조선주택영단은 영등포지구 등 일본인 주거지에 우리나라 최초의 공동주택단지인 영단주택단지를 조성하기 시작했다.[26] 최초의 택지조성사업이자 최초의 계획적 단지조성공사는 경성의 도림道林(지금의 문래동), 번대방番大方(지금의 대방동·신길동), 상도上道(지금의 상도동)의 세 단지에서 이루어졌다. 이 사업은 조선시가지계획령에 따른 '일단一團의 주택지경영經營' 사업이었다. 경성 토지구획정리사업의 기준에 맞추어 계획된 도림단지는 북측 장변이 약 500m, 남측 장변이 약 400m, 단변이 약 230m인 사다리형 단지로, 북측과 서측은 25m 도로에, 남측과 동측은 15m 도로에 면하도록 되어 있다.

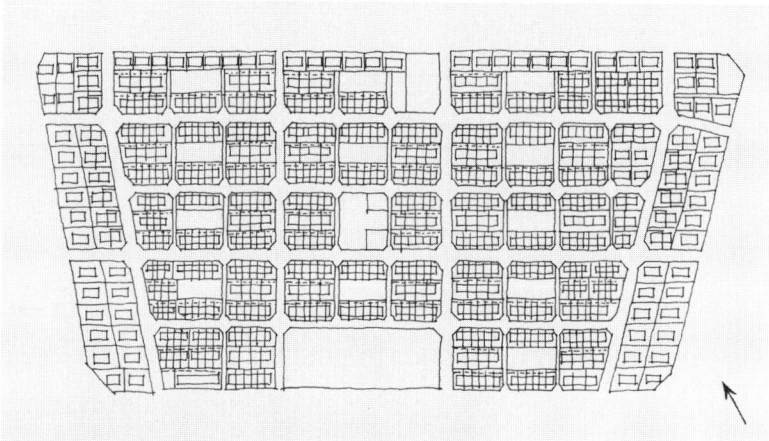

도림정(문래동)의 영단주택단지 배치도(위). 경성 토지구획정리사업에 맞추어 계획된 우리나라 최초의 공동주택단지다.
도림정 영단주택(아래). 일본식 구조로 연립주택 및 단독주택 669호가 건설되었다.

여기에 연립주택 및 단독주택 총 669호가 계획되었다.

    주거지를 구성하는 물리적 요소는 도로체계와 가구, 획지로 나눌 수 있다. 이 중 도로체계는 도로의 위계에 따라 간선도로, 구획도로, 접근로, 진입로[27] 등 네 요소로 나뉜다. 도림동 영단주택지의 경우, 단지 내부는 8m와 6m의 도로가 격자형으로 배치되어 대가구大街區를 구성하고, 그 내부는 다시 2~3m의 사도私道 즉 진입로로 구획되어 소가구를 구성한다. 각 단위세대는 이 진입로로부터 접근한다. 각 대가구의 중심에는 소공원小公園

상도동 단지계획도. 네 개의 원형 로터리를 중심으로 방사형 도로를 내었으며, 지형에 따라 다양한 가로체계를 갖는다.

의 기능을 하는 공지空地가 배치되어 각 가구에 대한 외부공간의 핵을 구성한다.28) 소가구에는 주거동이 한 켜만 배치되어 전·후면으로 통과형 진입로가 계획되었다. 그 결과 접근성이 높아지고, 통풍·채광 등 물리적 거주환경 또한 기존 토지구획정리사업의 주거지보다 개선되었다. 이 단지에는 목욕탕·이발소·잡화점 등 후생시설이 함께 계획되어 하나의 근린 공동생활권을 형성했다.

한편, 상도단지는 완만한 구릉지에 간선도로로 이어진 네 개의 원형 로터리를 만들고 그것을 중심으로 방사선 도로를 낸 1,000여 호 규모의 주택단지다. 이곳은 구릉지의 수목들을 살린 자연스러운 조경설계까지 곁들여 당시에는 가장 잘된 단지로 평가받았다.29) 로터리를 연결하는 간선도로를 중심으로 여기에 연결된 접근로에 의해 가구가 형성되는데, 자연지형에 따라 다양하게 나뉘었다. 가로 또한 지형조건에 의해 로터리형, 루프형, 쿨데삭cul-de-sac(막다른 가로 형태) 등 다양하게 계획되었다.30) 가구

청량리 부흥주택 전경. 4호 연립의 2층주택으로 지어졌으며, 시영주택 204호와 영단주택 283호로 구성되었다.

는 대부분 두 켜 필지로 나뉘지만, 지형에 따라 한 켜 또는 네 켜 필지도 나타난다.

한국전쟁 후 공공에 의해 조성된 공동주택지의 특성은 1950년대 중·후반 건설된 청량리 부흥주택단지를 통해 볼 수 있다. 1951년과 1952년 사이 서울시로부터 청량공원의 부지 일부를 사들인 대한주택영단은 그곳에 주택지를 위한 토지조성사업을 마치고, 1955년과 1957년에 각각 시영주택市營住宅 204호와 영단주택營團住宅 283호를 건설·공급했다. 단지에는 4호 연립 형식의 2층주택이 새로운 도시주거 유형으로 지어졌다.[31] 폭 15m의 T자형 구획도로가 주거지 내에서 동서남북의 큰 축을 형성하고, 폭 5~6m의 남북가로가 시영주택 및 영단주택을 녹지와 구분해 준다. 주거지 공간구조는 크게 가구와 필지를 구획한 후 각각의 필지에 독립된 주택을 건립하는 가로망식[32]과 아파트단지처럼 공동으로 필지를 사용하는 단지

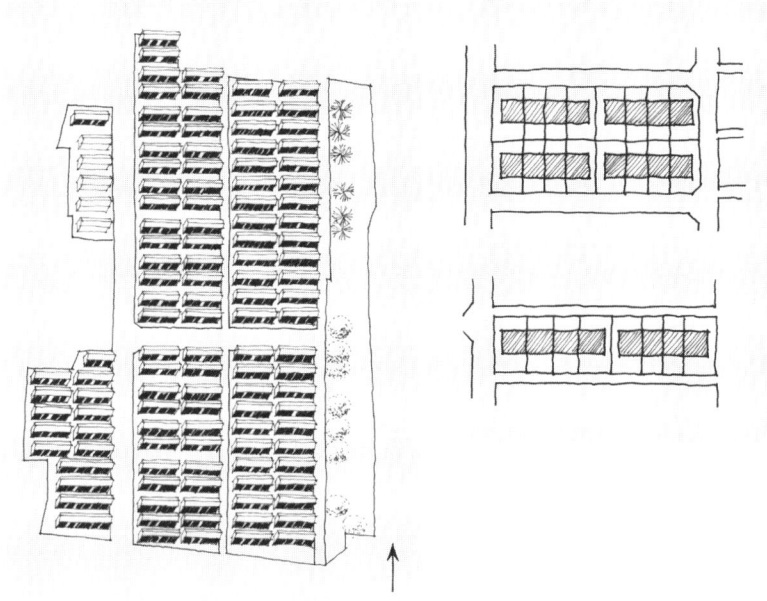

청량리 부흥주택 단지배치도(왼쪽). 필지 구성방식이 단독주택지와 공동주택지의 중간적 성격을 갖는다.
청량리 부흥주택의 두 켜 필지 및 한 켜 필지 배치도(오른쪽). 두 켜 가구는 4호 연립 네 동을, 한 켜 가구는 4호 연립 두 동을 기본으로 한다.

식이 혼합된 형태를 띤다. 즉, 단지와 필지의 구성에서 단독주택지와 공동주택지의 과도기적 성격을 갖는 것이다. 주요 가로체계가 미리 짜인 틀 속에서 가장 효율적인 주택을 건설하기 위해 주거동住居棟(공동주택 건물의 한 단위)을 규칙적인 一자형으로 배치해 주거의 단위 구성이 용이하게, 또한 인동간격隣棟間隔(주거동과 주거동 사이에 띄워야 하는 거리)과 향向을 균일하게 배분할 수 있게 했다.

    가구는 크게 두 가지로 나뉘는데, 하나는 필지가 한 켜로 구성되고 남북 양측의 가로에 접한 가구이며, 또 하나는 필지가 두 켜로 구성되고 남북의 어느 한쪽에만 접한 가구다. 한 켜 가구는 4호 연립 두 동, 즉 8세대를 기본단위로 하여 1.5~1.9m의 진입로를 통해 접근하도록 되어 있으며, 두 켜 가구는 4호 연립 네 동, 즉 16세대를 기본단위로 하여 3.5m의 진입로를 통해 접근하도록 되어 있다.

공영 단독주택지의 구성방식

한국전쟁 후 주택수요에 대응하기 위해 1950년대 후반부터 대규모 공영 단독주택지가 개발되었다. 1950년대 말과 1960년대까지 건설된 서울 불광동 재건주택(1956), 북가좌동 국민주택(1959), 상도동 국민주택(1959), 우이동 국민주택(1960~1961), 갈현동 국민주택(1964~1965) 등이 대표적이다. 대규모 주거단지의 효시는 1961년의 구로동 주택단지다. 서울시는 1961년에 구로동의 군용지 10만 평을 무상으로 대여 받아 국토개발사업비와 시비市費 등을 투입해 공영주택 600동과 간이주택 275동을 건립했

1962년도 구로동 공영주택단지 전경(왼쪽). 1961년 서울시가 건설한 주택단지로, 공영주택 600동과 간이주택 275동으로 구성되었다.
갈현동 국민주택(오른쪽). 1960년대 중반의 대표적 대규모 공영주택단지.

정릉 재건·희망주택 단지배치도. 일제강점기부터 내려온 조선시가지계획령에 준해 계획된 주거지로, 한 켜, 두 켜, 세 켜의 가구가 보인다.

다. 이 구로동 공영주택단지는 동일 지역에 대규모 주택을 세운 첫 사례라 할 수 있다.

1954년과 1955년에 각각 조성된 정릉의 재건·희망주택 단지는 건축법 제정 이전 일제강점기의 조선시가지계획령에 준해 계획된 주거지로, 총 7만 5,725m² 면적에 355세대가 건설되었다. 단지 중앙에 十자로 교차하는 12m의 구획도로를 두었으며, 여기서 파생되는 6m, 4m의 접근로를 갖는다. 구획도로가 만나는 단지 중앙부분에 주민들을 위한 공용의 원형 공지를 제공하는데, 이는 일제강점기 조선주택영단 때부터 주거단지 계획에서 지속적으로 보이는 것이다. 가구는 세 켜, 두 켜, 한 켜 필지로 구성되었는데, 각 세대로의 진입은 주로 접근로에서 이루어지도록 되어 있다. 그러나 세 켜 가구에서는 안쪽 필지로의 진입을 위해 가구를 관통하는 진입로를 두거나, 또는 바깥쪽 필지 사이를 파고드는 막다른 골목형 진입로가 구성되기도 한다. 후자는 가구 내부 단위주택의 집합에서 도시한옥 주거지의 유기적 구조를 어느 정도 답습한 것으로 볼 수 있다. 이 단지에서 각 단위주택으로의 진입은 동측·서측 혹은 남측·북측에서 다양하게 이루어진다. 또한 대지 내의 마당은 주로 남쪽에 위치하지만, 단지 북쪽에 있는 가구는 도로 양편을 따라 대칭으로 건물을 배치해 마당이 북측에 위치하는 사례도 나타난다는 점이 주목할 만하다. 전 세대가 1층으로 계획되고 주거에 필요한 최소 규모라 할 수 있는 9평(30m²)으로 계획되었다.

우이동 국민주택단지조성사업(1960~1961)은 주택단지개발사업 중 당시까지 최대 규모의 택지조성사업으로,[33] 주거지역이 시 외곽지로 팽창하는 데 가속화하는 계기가 되었다. 이 주택단지에는 서양의 단지계획 기법이 일부 적용되어 단지 내 놀이터, 교회, 유치원 등 공공시설이 배치되었다. 또한 규모가 큰 만큼 평면형을 다양하게 제시했는데, 단독주택뿐만 아니라 단지의 북측을 중심으로 연립주택도 함께 계획[34]했다. 총 32개 장방형長方形 가구엔 두 켜 필지마다 반드시 도로를 두어 각 필지로 쉽게 진입할 수 있도록 했다. 단지 내 도로는 기본적으로 직교체계를 유지하고 있다. 단지는 동서 측으로 긴 형상인데, 단지 중심부에 12m 폭의 구획도로가 있고, 이 도로와 평행한 4m 폭의 진입로가 각각의 필지를 연결한다. 또한 구획도로와 진입로를 연결하는 4m, 6m 폭의 접근로를 적절한 간격으로 두어 단지 내 도로 간의 위계를 갖추고 있다. 규칙적 도로체계에 둘러싸인 가구들은 일정한 방향성을 지니고 정형적인 형상을 보인다. 진입로를 통한 필지로의 진입은 전면 진입(남측 진입)과 후면 진입(북측 진입)으로 일관성이 있고, 이와 함께 필지의 형상은 대부분이 남북방향으로 장축을 형성하며 구성되었다.

1962년 도시계획법과 토지수용법이 제정되는 등 택지개발 관련 제도들이 정비되면서부터는 이를 근거로 한 토지구획정리사업과 일단의 주택지조성사업에 의한 택지개발이 시행되었다. 주택의 대량공급에 목표를 두고 주택정책이 추진되어 이 당시 개발된 주거지역은 기존 시가지의 주변지역에서 시 외곽지역에 이르기까지 평면적으로 확산되었다. 또한, 1962년 대한주택공사가 발족하면서 더욱 계획적인 택지개발과 주택건설이 이루어지고, 단지개발의 규모는 3만 평(9만 9,000m²), 10만 평(33만 m²), 30만 평(99만m²)으로 점차 확대되는 양상을 보였다. 1960년대 중반 공공에 의해 개발된 공영주택지는 수유동 국민주택단지(1963~1964), 갈현동 국민주택단지(1964~1965) 등으로, 단독주택지 위주였다.

공영주택지의 공통적인 특징은 대규모 단지 구성과 함께 나타나는 경직된 가로체계, 그리고 이로 인한 획일적 가구 구성과 필지의 배치다. 이는 기능적·경제적 원칙에 기인한 것이었다. 단위주택에서 표준형 평면을 채택해야 했기 때문에 건물의 배치와 건물로의 진입을 다양하게 구성할 수 없었다. 따라서 도로체계는 단지 내 대지조건을 동등하게 이루려는 방향으로 계획되었다. 대부분 구획도로를 주축으로 하고 여기서 파생되는 가구 내 접근로가 규칙적으로 배치되면서 그 위계 또한 명확히 설정하는 것이다. 이에 따라 진입도로에 면해 건물이 배치되고, 단위필지를 배치하는 데서 도로―대지―주택 내부로의 진입체계는 구성이 거의 동일하다. 또한 도로에서 대문을 통해 주택 내부에 이르는 현관까지의 외부공간을 최소화하고 대지 남쪽에 마당을 독립된 공간으로 확보해 주는 것이 일반적이었다. 이렇게 일시에 획일적으로 진행된 대규모 개발은 이전까지 전통주거지에서 점진적·자생적으로 발달해 온 기존 도시와 가로의 조직과는 상당히 달랐다.

약 8,000평(2만 6,000m²) 대지 위에 20평형 단독주택 97세대로 구성된 삼성동 시영주택단지[35]는 1972년 영동지구개발의 일환으로 서울시에 의해 건설된 것으로서, 총 15개 단지 중 하나다. 이 단지는 공공에서 서울시에 공급한 마지막 단독주택지가 된다.[36] 이 역시 집단주거지 개발방식

 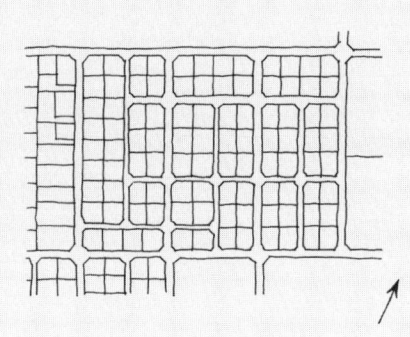

청담동 시영주택단지 전경(왼쪽). 영동개발의 일환으로 조성된 시영주택지 중 하나로, 반복적이고 획일적인 모습을 띤다.
삼성동 시영주택 단지배치도(오른쪽). 가로의 위계가 없고 모든 필지에 동일한 조건이 부여된 획일적 양상을 보인다.

의 연장선에 있는데, 정릉이나 우이동의 경우와 달리 중심도로나 중앙의 오픈스페이스가 없이 단지 내 도로망이 전 단지에 걸쳐 균일하게 분포되어 있으며 가로의 위계 또한 매우 약하다. 모든 세대에는 조건이 동일한 접근경로와 향이 취해지게 되어 단지계획·평면계획에서 최대한 경제적이고 효율적인 계획이 되었다. 시영주택단지의 건물 배치와 향, 가로계획, 외부공간에서 나타나는 이러한 특성은 후일 대거 등장할 1970년대의 전형적 아파트단지, 즉 판상형板狀形 건물의 一자배치로 이루어진 무미건조한 단지환경을 예고한다.

지금까지 살펴본 것과 같은 공영주택지는 이후의 우리나라 주거지 개발에 큰 영향을 미쳤다. 주거개발에서 대규모 단지를 구성하고 이것을 외부와 단절시키고 영역화하는 방식은 공영주택지에서 그 뿌리를 찾을 수 있다.

계획적 민간주택지의 가로와 필지

서울에서 1960년대 이후는 주거지역 확산의 시대라 할 수 있다. 도시의 인구집중으로 야기된 주택난 해소를 위해 주택의 대량공급에 목표를 둔 주택정책이 본격적으로 추진되었다. 이에 따라 대규모 주택지조성사업이 활발히 진행되어 기존 시가지의 일부와 외곽 지역이 본격적으로 개발되었다. 또한 1962년 제정된 도시계획법에 따라 토지의 합리적 이용을 높이고 지역환경의 향상을 꾀한다는 목적으로 미개발 지역에 대한 택지조성사업 및 토지구획정리사업이 시작되었다. 이에 따라 1957년부터 1965년까지 토지구획정리사업으로 고시되었던 서교, 동대문, 면목, 수유, 불광, 독도(뚝섬), 성산 등 7개 지역 총 660만m^2가 1972년에 택지로 완성되었다.[37]

    그다음에는 과밀한 도심지역의 인구와 산업시설을 주변지역으로 분산한다는 방침 아래 한강 남쪽의 광활한 지역이 토지구획정리지구로 지정되었다. 그밖에 1970년대에는 천호 및 잠실 지구와 논현동, 1980년대에는 개포 및 가락 지구와 문정동·양재동 등 주거지가 개발되었다. 이때 강남은 중산층 아파트 지구로서뿐만 아니라 고급 단독주택지로 조성되어 규모가 큰 단독주택들이 자리를 잡았다. 당시 토지구획정리사업은 주로 단독주택을 위한 택지개발에 집중되었고, 이렇게 1980년대까지 대규모 개발에 의해 조성된 주거지에는 주로 주택개발업자들, 소위 집장수들이 지은 서양식 단독주택들이 들어섰다.

    같은 계획적 주거지라 할지라도 도로체계 및 가구의 구성은 시기별로 차이를 보인다. 1960년대까지 조성된 주택지에서는 필지 대부분이 100~150m^2였던 반면, 1970년대 이후에는 200m^2 안팎에서 필지 면적이 결정되어 그 규모가 커졌다. 또한 대다수 필지가 정방형이거나 정방형에 가깝다. 1970년대 후반에는 일제강점기부터 사용해 온 가곽표준도를 대신해 새로운 가구표준도가 제정되었는데, 이는 주거지 가구의 규모를 장변 80 ~200m, 단변 40~60m로 그 범위만 설정해 준 것이었다.[38] 강남의 주거지는 이상적인 신시가지를 조성하겠다는 목표로 대지의 최소 면적을 50평(165m²)으로, 건축물의 최소 규모를 20평(66m²)으로 규정했다.

1960년대 조성된 주거지에서는 가구 규모가 상대적으로 크고, 가구 내 네 켜 이상의 필지가 배치되고, 건물이 가구를 채우는 형태가 많이 나타난다. 1960년대 조성된 역촌동과 면목동의 사례를 보면, 가구의 폭이 40~50m 내외이고 셋 또는 네 켜로 가구가 분할되는 것이 일반적이었다. 이때 가구 내 후면의 주택으로 진입하기 위한 또 다른 진입로 즉 골목길을 형성하는데, 진입로는 관통형과 막다른 골목형 등 다양한 형태로 구성된다. 도시한옥 주거지에서와 같이 골목을 구성하면서 가로의 위계를 형성하는 속성, 그리고 남쪽에 마당을 두는 고정관념이 남아 있음을 알 수 있다. 가로 형태가 직선으로 변화하고 가구와 필지는 정형적 형태를 띠는 방향으로 변했지만 전래 도시의 속성은 유지했던 것이다. 당시에는 자동차의 접근에 대한 고려가 크게 중요하지 않았기 때문에 가능했던 방식이었다. 이때 필지로의 출입은 접근로와 관계없이 필지의 남쪽에서 주로 이루어졌다.

1970년대 이후 서울 단독주거지의 변화는 가구의 켜가 얕아져 가구의 면적은 줄어들고, 반면 개별필지의 면적은 넓어지면서 가로의 위계가 사라지는 것으로 요약할 수 있다. 가구의 한 변은 30m 정도로 짧아지고, 서로 얽혀 밀집하게 군집되었던 단위세대의 집합체계는 보통 두 켜 필지의 배치로 변화했다.[39] 또한 1970년대 필지의 형태는 측면의 깊이보다 전면 폭이 확연하게 넓어져 정방형에 가까운 장방형이 선호되었다. 필지로의 출입은 입지 상황에 따라 달라져, 방위에 상관없이 도로에 면한 방향 즉

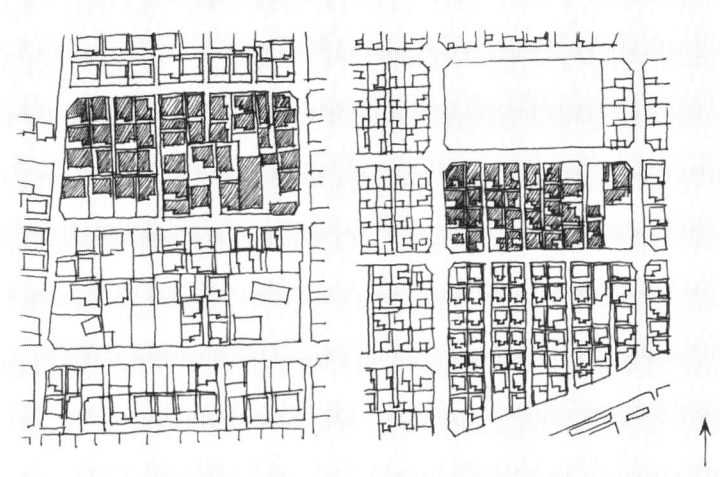

1960년대 조성된 서울지역 단독주택지. 역촌동(왼쪽)과 면목동(오른쪽)의 가구 구성방식은 여러 켜의 필지와 막다른 골목이 특징이다.

전면도로가 있는 주방향으로부터 이루어진다. 그러나 대지 내 공지는 접한 도로의 방향과 무관하게 주로 남쪽에 위치하는 것이 일반적이다.

 1980년대에 개발된 지역에서는 접근로나 진입로 없이 바로 필지로 연결되는 것이 특징이다. 1970년대 이전에 개발된 지역에서 구획도로, 접근로, 진입로가 나타나는 것과 대조적이다. 1970년대 이전에 개발된 지역의 경우, 대형 가구 내에서 주거지가 형성될 때 가구분할 및 필지분할에서 차량보다는 보행자를 위한 진입로가 형성된 반면, 1980년대에 들어서면서는 차량의 통행을 고려해 도로체계가 차량 접근을 위한 구획도로와 접근로를 기본으로 조성되었다. 따라서 차량교통이 활발해지는 1980년대에 조성된 주거지에서는 진입로가 거의 나타나지 않는다. 필지를 두 켜로 구성해 접근로에서 진입할 수 있도록 했기 때문이다. 즉, 골목을 통해 진입하는

제1장 자생적 주거지에서 계획적 주거지로

후면 주택들이 사라지게 된 것이다. 이로 인해 1980년대에는 진입로가 없으면서도 도로율이 다른 시기에 비해 높은 것으로 나타나 실핏줄 같은 미세한 도시 가로망이 사라졌음을 알 수 있다. 그렇지만 민간주택지에서는 각각의 주택이 개별적으로 건축되어서 공영주택지보다는 덜 획일적이다. 각 주택 출입구의 위치, 건물의 형태 및 배치, 공지의 위치 등에서도 얼마간 융통성 있게 계획될 수 있었다.

전통주거지에서 개별필지 내의 주택들은 그 안에서 일관된 질서를 내포하고 있었다. 그러나 이후 도시조직은 더욱 경직된 방향으로 변화했다. 전통적 관념이 남아 있는 주거지가 가구를 중심으로 하는 면적面的 구성이라면, 현대 주거지는 가로를 중심으로 하는 선적線的 구성이다. 가로는 더욱 확장되었고 가구 내 필지의 켜가 감소해 가로와 개별주택 사이의 공

1980년대 조성된 서울지역 단독주택지. 문정동(왼쪽)과 논현동(오른쪽)의 가구 구성방식은 가로의 위계가 사라지고 도로가 넓어진 것이 특징이다.

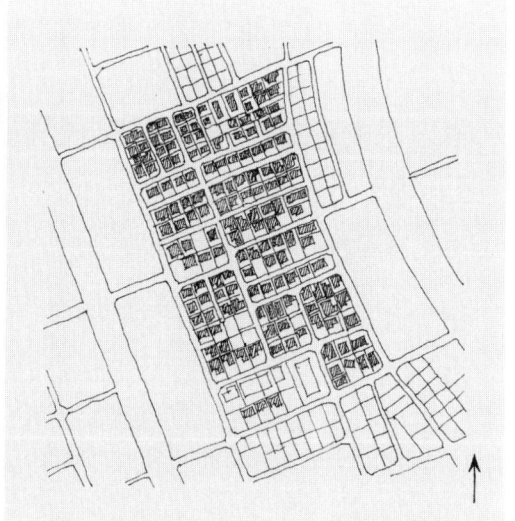

간의 층위層位가 얇아졌다고 할 수 있다. 또한 개별주택들은 진입로 없이 직접 접근로와 대면함으로써, 가구 내 개별주택들 사이의 응축된 관계는 미약해졌다.

2
전통한옥에서 도시한옥으로

1
전통한옥의 공간질서

우리나라의 전통적 개념에서 집이란 우주의 중심이자, 우주적 질서와 조화를 갖춘 작은 우주라 생각되었다. 그래서 우리 조상들은 풍수지리사상에 따라 주택의 위치와 방향을 설정하는 데 많은 노력을 기울였다. 음과 양의 조화로 생기가 충만한 장소에 집터가 선정되면 그곳에 건물의 위치와 방향을 잡는 일도 풍수적 방법에 따라 이루어졌다. 주택의 향과 배치는 햇볕을 충분히 받아들이고 찬바람을 막고, 공기의 흐름을 원활하게 해서 환경을 적절하게 조절하는 수단이었다. 집터가 등진 방위에서 정면으로 보이는 방향을 '좌향坐向'이라 하는데, 좌향은 양택론陽宅論에서 귀貴를 중요시하는 동사택東舍宅의 방위와 부富를 중요시하는 서사택西舍宅의 방위를 주로 따른다. 좌향은 대지의 경사·전망·풍향 등을 고려해 배치에 변화를 주되 주로 일조의 방향을 중요시 여겨 남향과 동향 사이를 위주로 향을 취하는 것을 원칙으로 한다.[1]

한편, 전통적인 음양사상은 주택 내의 공간도 음과 양으로 나누어 서로 유기적 관계를 이루도록 했다. 음양이 조화를 이루려면 마당이 반드시 존재해야 했는데, 좋은 양기를 받아들이기 위해 마당은 되도록 비우고 깨

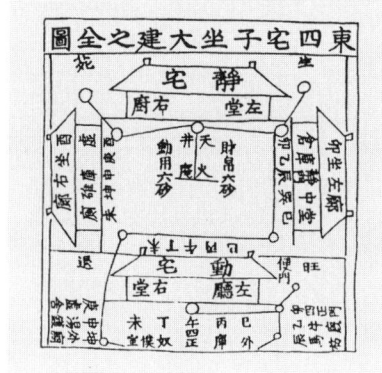
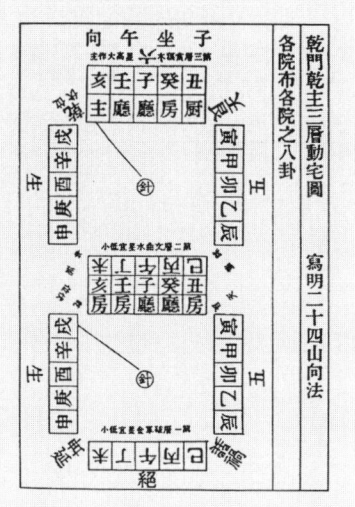

양택 배치도(왼쪽). 채가 마당을 둘러싸며 음과 양의 조화를 이루고, 좌·우, 정靜·동動이 서로 균형을 이루게 배치되어 있다.
민택삼요民宅三要(오른쪽). 대문·안방·부엌의 삼요가 남쪽을 향하게 하는 원칙을 유지하고, 방과 마루(청, 廳)로 이루어진 안채와 사랑채를 구성하는 간잡이의 기본을 이룬다.

끊이 치워야 했다. 이것이 바로 마당 가운데 수목을 심지 않는 전통적 정원의 모습이 되었다.[2] 마당 역시 독립된 형形으로 인식되어, 채(건물)는 양이요, 마당은 음이 된다. 안방에서 대청을 통해 마당으로 연결되는 내·외부 공간은 서로 침투하고, 폐쇄된 공간과 개방된 공간은 수시로 교차하면서 언제나 풍부한 공간감을 느끼게 한다. 마을의 구성에서도 음과 양이 교차 반복되어서, 이러한 채와 마당의 기본 구조는 집에서 이웃으로, 이웃에서 동네와 마을로 체계성 있게 이어진다. 기능 면에서도 양분된 것들이 상충하지 않고 서로 어울려 오순도순 모여 사는 전통마을을 구성하는 것이다.[3] 한편, 주택 내부의 각 공간 역시 서로 융통성과 침투성을 띠면서 강하게 결합되어 있었다. 공간 사이의 경계는 미세기(미세기문) 또는 분합으

경북 안동 농암종택(왼쪽). 전통주택은 채와 마당이 함께 어우러져 하나의 완성된 세계를 이룬다.
경북 안동 농암종택(오른쪽). 전통주택은 내·외부 공간이 상호 관입하고 교차함으로써 다양한 공간을 만들어낸다.

로 된 여닫이문으로 이루어져, 필요에 따라 개폐할 수 있으면서 한편으로는 매우 모호한 경계구조를 형성한다.

전통주택의 공간은 사회구조적 특성과 자연조건에 따라 계층별, 지역별로 차이를 보인다. 상류주택에는 풍수지리사상·양택론·음양론 등의 정신적 상징체계와 함께 남녀유별·장유유서·내외사상 등과 같은 유교적 이념에 따른 사회구조적 특성이 많이 반영되었다. 이에 따라 공간의 배치와 용도가 정해졌으며, 신분제도로 인한 권위가 강하게 드러났다. 양의 공간인 건물은 용도에 따라 안채·사랑채·행랑채·별당·사당 등으로 구성되었으며, 각각의 독립된 건물에는 음의 공간인 마당이 있어 안마당·사랑마당·행랑마당 등으로 구분되었다. 이와 달리 서민주택은 정신적 상징체계보다는 기후와 지형조건, 그리고 집 짓는 기술력에 영향을 많이 받았다. 따라서 서민주택은 지역별 특성이 더욱 뚜렷하게 드러나는 방식으로 발달했다. 또한 서민들은 경제력이 약하고 제도의 제한을 많이 받아서 충분한 공간을 갖기 어려웠다. 서민주택은 채와 마당의 관계에 따라 집중형·분산형·절충형 등으로 구분되며, 그 평면은 공간의 배치방식에 따라 ㅡ자형·

경북 봉화 쌍벽당. 음과 양이 조화를 이루도록 채와 채, 그리고 외부공간이 결합하고 중첩되어 이루어진 전통한옥의 특성이 잘 나타난다.

ㄱ자형·ㄷ자형·ㅁ자형으로 다양하게 나타난다. 특히 살림채는 홑집과 겹집으로 세분된다. 상류주택, 서민주택을 막론하고 우리나라 전통주택은 자연에 순응하는 구조적 특성을 보이는데, 사계절이 뚜렷하고 대륙성기후와 해양성기후가 모두 나타나는 특성 때문에 온돌과 마루라는 독특한 주택구조가 형성되었다.

서울지방 한옥의 원형인 중부지방의 서민주택을 자세히 살펴보면, 안채는 대부분 '곱은자집'이라고도 하는 ㄱ자형 홑집이다. 이때 동일한 곱은자집 중에서도 지역에 따라 평면유형이 서로 다르기도 하다. 경기지방에서는 평면이 부엌─웃방(안방)─대청─건넌방의 네 간(間)을 기본으로 하고, 웃방이 ㄱ자의 꺾이는 위치에 있으며 그 아래 부엌을 두는 전형적인 '웃방꺾음집'으로 나타난다.[4] 이와 달리, 호서지방에서는 부엌이 ㄱ자의

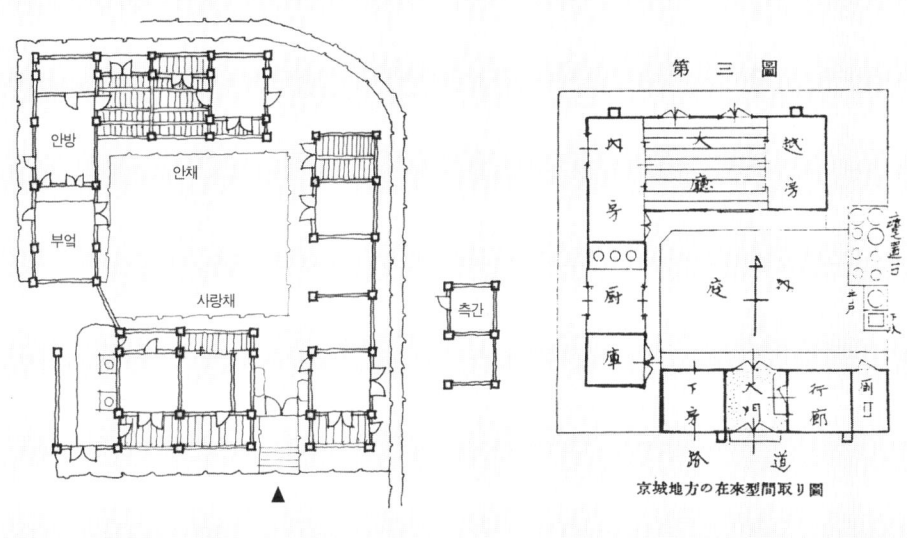

경기 화성 박희서가옥(왼쪽). 경기지방의 전형적 유형인 웃방꺾음집의 대표적 사례다.
경성지방의 재래식 배치(오른쪽). 경기형 민가의 웃방꺾음집에서 유래한 가구법架構法을 간략히 그린 박길룡의 도해다.

꺾이는 위치에 배치된 '부엌꺾음집'이 전형적으로 나타난다. 경기형 민가인 웃방꺾음집에서는 대청이 남향으로 놓이고 부엌이 동향을 취한다. 경기형 민가는 또 하나의 ㄱ자형 건물인 사랑채가 안채와 마주보며 마당을 위요圍繞하면서 전체로는 튼ㅁ자형을 구성한다. 사랑채는 대개 대문과 연결되어 있으며 안채와는 독립된 형태였다. 서울지방에 분포하는 튼ㅁ자형 한옥은 대청의 규모가 전면 두 간인 사례가 많아, 상류주택의 공간구성 규범을 많이 따른 것으로 보인다.

제2장 전통한옥에서 도시한옥으로 67

2
구한말과 20세기 초 전통한옥의 변화

서울 사대부가의 근대적 변화

사회가 급변하던 구한말과 일제강점기에는 전통한옥에도 많은 변화가 있었다. 새로운 생활을 수용해야 했고, 도시화의 물결 속에서 협소해진 필지에 필요한 공간을 담아내야 했다. 또한 서양과 일본의 영향하에 새로운 문화가 접목되어 이전의 전형적 공간구성 방식에서 탈피한 시도들이 다양하게 이루어졌다. 새로운 건축기술과 재료 등이 유입되면서 전통한옥의 형식을 많은 부분 유지하면서도 외형·배치·평면 등에서 눈에 띄는 변화가 나타나기 시작했는데, 이와 같은 특징을 보여주는 한옥을 근대한옥이라 부를 수 있을 것이다.[5] 이러한 변화는 사고방식이 진취적이며, 경제력이 있는 서울의 상류계층 주거에서 시작되었다. 이전에 없던 공간들이 부분적으로 생기고, 기존의 공간이 변형 또는 확장되며, 간살잡이(칸살잡기)에서 총체적으로 새로운 형식이 도입되고, 채의 구성이 도시적 상황에 대응하는 등의 변화를 보였다. 상류계층 한옥의 이러한 변화는 주거문화를 선도하는 역할을 하면서 여러 경로를 통해 확산되었다.

한옥의 변화는 크게 두 방향으로 전개되었다고 볼 수 있다. 우선, 전통적 칸살잡기의 형식을 유지하되 공간이 선적으로 나열되고 확장되는 유형으로, 주로 홑집을 유지하고 마당을 둘러싸면서 건물이 여러 채 배치되는 유형이다. 두번째는, 각각의 기능에 맞추어 실의 규모가 다양하게 계획됨으로써 전통적인 간의 개념을 적용한 질서에서 탈피해 불규칙하고 자유분방한 평면구성이다. 이러한 평면은 주로 규모가 거대해진 겹집 형태를 띤다.

19세기 말 지어진 삼청동 김홍기가옥金洪基家屋(오위장 김춘영가옥五衛將 金春榮家屋)은 경기형 민가의 웃방꺾음집의 안채 형식인데, 여기에 대문간채가 덧붙여져 ㄷ자형을 이루고, 또 사랑채가 덧붙여져 전체로는 ㄹ자형이다.6) 이 주택은 채의 분화가 일반적이던 이전 상류주택의 유형과 달

삼청동 오위장 김춘영가옥(김홍기가옥). 경기형 민가의 웃방꺾음집에 대문간채가 덧붙여져 ㄹ자를 이룬다.

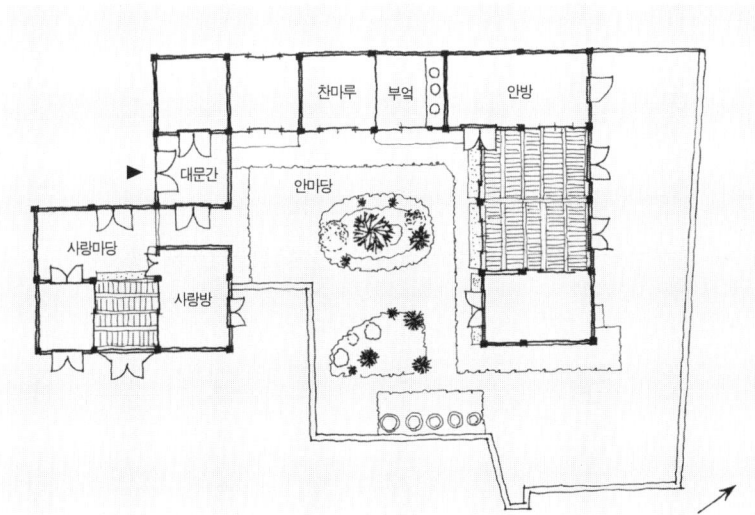

리 채가 결합된 것이 특징이다. 상류주택이면서도 서민주택의 유형이 결합된 형태라고 볼 수 있으며, 이는 도시화 경향 속에서 필지가 협소해지는 상황에 기인한 것이라 할 수 있다. 안마당과 바깥마당이 각각 존재하는데, 안마당은 내향적이고 바깥마당은 외부에 개방적이라 어느 정도 전통적 성향이 남아 있다. 또한 안방과 연결된 문간채는 담장 없이 가로에 직접 면해 담장으로 둘러싸인 너른 마당을 구성하기 어려운 도시적 상황을 설명해 준다. 한편 바깥마당은 남측의 대문으로 들어서기 전의 골목, 즉 고샅과 같이 축소되어 사랑마당으로서의 기능을 거의 잃고 도시공간으로 편입되어 있다. 여기서 마당이 더욱 축소되고 사랑채의 의미가 더욱 약화되는 도시한옥 유형으로 진행될 가능성을 엿볼 수 있다. 사랑채는 안채에 비해 규모가 매우 축소되었는데, 특히 1간의 사랑대청은 전면 2간 후면 1간 반의 안대청에 비해 매우 작은 규모다.

  1920년대에 건축된 것으로 추정되는 가회동 한씨가옥(옛 산업은행 관리가)은 규모가 상당히 큰데도 행랑채 외의 모든 채가 일체화된 형식이다. 안채와 사랑채는 ㄱ자형으로 연결되며, 여기서 안채의 건넌방과 사랑방이 연결된 방식은 마치 일본식 주택의 속복도와 같다. 이러한 복도 또는 툇마루는 모든 실들을 기능적으로 연결해 준다. 또한 사랑채 전면에는 현관이 있고, 연이어 홀이 배치되어 진입동선이 집중되는 큰 변화를 보인다. 이는 대청의 내실화에도 관계가 있다. 다시 말해, 과거에는 대청 전면이 개방되어 진입공간으로서 기능을 했으나, 여기에 유리 분합문이 설치되면서 그 기능이 불가능해지고 현관이 필요해진 것으로 볼 수 있다. 또한 부엌에서 안방과 건넌방으로 직접 출입할 수 있는 내부화된 동선[7]이 마련되어 생활동선과 가사노동을 절감하는 공간구성을 하고 있다. 이는 가사 운영이 직계가족 중심으로 바뀌면서 합리성과 편리성을 추구하는 근대적 특성

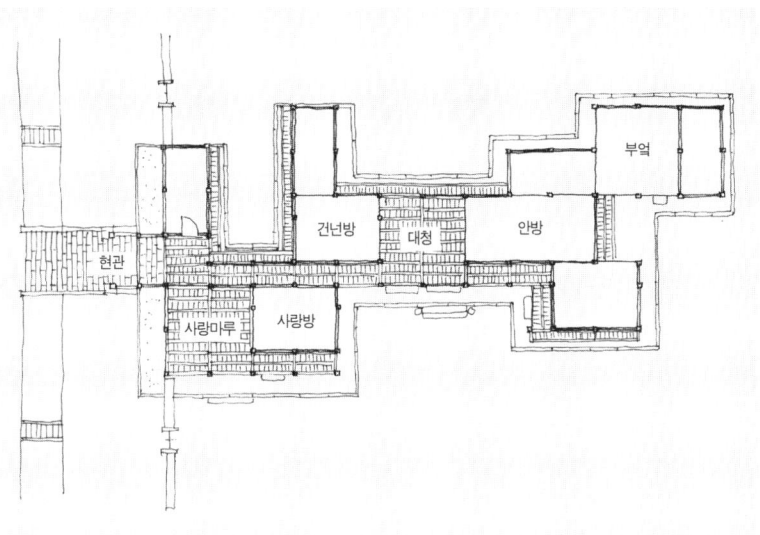

가회동 한씨가옥. 전통적 칸살잡기에서 탈피한 자유로운 공간구성과 기능적 실 배치가 특징이다.

이 반영된 것으로 볼 수 있다.[8] 평면은 전래의 규칙적 칸살잡기 형식에서 탈피해 기능에 따라 공간을 자유자재로 배치하고 공간의 크기도 필요에 맞게 조절해 계획했다. 전통적인 목조 가구木造架構 방식을 적용하면서도 건축기술의 발달로 평면의 불리함을 극복할 수 있게 된 것이다.

계동 105번지에 있는 민형기가옥閔亨基家屋[9]은 대궐목수를 고용해 창덕궁 비원에 있는 연경당을 본떠 지었다고 한다. 연경당처럼 내부에서는 사랑채와 안채가 하나의 채로 연결되어 있다. 하지만 연경당은 사랑채와 안채가 시각적·기능적으로 철저히 분리된 것과 달리, 민형기가옥은 안채와 사랑채가 내부에서 하나의 공간으로 거의 일체화된 모습이다. 이 또한 가족생활 위주로 주거공간을 기능적으로 배치해 합리성을 추구한 결과다. 안대청 역시 생활의 중심공간 역할에 걸맞은 규모다. 안행랑채, 뒤행랑

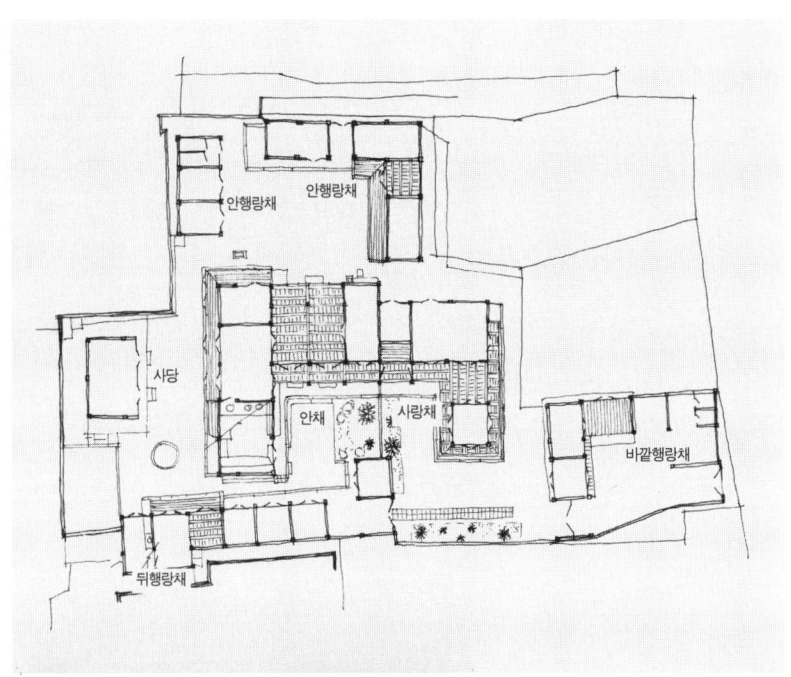

계동 민형기가옥. 안채와 사랑채가 결합되어 있고, 채들이 밀집 배치되었다. 현재 북촌문화센터로 사용된다.

채, 바깥행랑채 등이 중앙의 안채를 위요하면서 대지 내에서 다양한 외부공간을 만들어냄과 동시에 바깥으로는 대지 경계선에 근접 배치되어 가로 또는 인접 대지와 경계를 이룬다. 이것은 한옥이 도시적 문맥에 적응해 가는 과도기적 모습으로 볼 수 있다. 안채는 전형적 경기형 민가의 웃방꺾음 형식을 보이지만 안채에 비해 상대적으로 축소된 사랑채는 안채와 연결되어 전체적으로 ㄷ자형을 이루고 있다. 말하자면, 계동 민형기가옥은 안마당을 중심으로 생활공간이 내향적 성격을 띤다고 볼 수 있다. 뒤행랑채는 이러한 성격을 더욱 강화시켜 주는 것이다. 이 주택은 도시의 협소해진 필지 내에서 안채 주변의 부속채들이 대지를 채우는 방식을 보여준다.

전통한옥에 현관이 배치된 사례는 경운동 민병옥가옥閔丙玉家屋(민익두가옥), 그리고 도정궁 경원당都正宮慶原堂이라고도 불리는 사직동 정재문가옥鄭在文家屋 등에서 볼 수 있다. 또한 이들 주택에서는 안방이 전면에 배치되거나 여기에 누마루가 추가되어 격상된 안방의 위계를 짐작할 수 있다. 사직동 정재문가, 성북동 이태현가李太賢家, 이재준가李載濬家(이종석별장) 등에서는 부엌이 내실화되고 거주공간과 일체화되어 근접 배치된 사례를 찾아볼 수 있다. 여기에 가사노동을 편리하게 할 수 있는 찬마루가 덧붙여진다거나, 식사용 마루가 따로 계획된 것은 가사노동에서 동선을 줄이려는 의도다. 식사용 마루는 '식생활 중 여자는 여자끼리, 남자 어른은 어른끼리, 아이는 아이끼리 먹는 것을 없애자', '침실에서 밥 먹지 말고 부엌과 가까운 곳에 식당 등을 만들어 식사하자'라는 생활개선 주장을 받아들인 근대적 사고방식의 결과였다.[10] 가족단란 공간으로서 식사공간의 중요성을 인식한 것이라 하겠다.[11] 유리문을 설치하여 대청을 내부공간화해 사용하고 접객공간으로서의 기능을 더욱 강조한 것도 이 시기 전통한옥의 특징이다. 또한 많은 경우 변소도 내부에서 출입할 수 있게 배치했다. 과거

'측간'이라 하여 주거공간에서 되도록 멀리 배치했던 관습이 혁신적으로 타파된 것으로, 기능적 주거생활에 대한 욕구가 관습보다 우선했음을 알 수 있다.

지방 부농주거의 실용적 공간구성

근대 초기, 즉 개항부터 일제강점기까지는 새로운 농경지가 크게 확장되었으며, 발달된 기술로 농업이 경영화되어 쌀농사를 주로 짓는 남부지방을 중심으로 부농들이 등장했다. 이들은 도시의 중인계층과 마찬가지로 신분상은 농민이면서도 발달된 농업기술과 너른 토지를 기반으로 하여 부를 축적한 계층으로, 지역의 상류계층을 형성하며 주거문화에서도 많은 변화를 보이기 시작했다. 이들은 외부와의 교류도 활발해 서울의 상류주택들을 직간접적으로 경험할 수 있었던 덕분에 높은 담, 솟을대문, 누마루 등을 설치하는 등 상류주택을 모방하면서 체면치레와 권위를 지향했다. 시장경제에서 부를 추구하는 실질적 태도로의 변화가 보수적 농촌주택에도 변화의 계기를 마련했고, 신분타파로 인해 이것이 가능해졌기 때문이다. 또한 이들은 경제력 향상과 함께 개화사상을 수용할 만큼 사고방식에 융통성이 있어서[12] 유교적 관습보다는 실생활에 기반을 둔 생활밀착형 주거공간을 더욱 선호했다.

근대 시기 지방의 부농주거는 겹집화 현상[13]이 두드러지는데, 남부지방의 경우 전래의 전형적 서민주거가 홑집형임을 고려하면 매우 큰 변화다. 또한 서울지방의 한옥에서도 홑집형을 고수하면서 그 배열이 ㄷ자형, ㅁ자형으로 변화하는 경향이 종종 나타나는 것과도 대조적이다. 이것

전남 나주 홍기창가옥의 솟을대문. 지방 부농주거에서는 종종 과시적인 의장 요소를 볼 수 있다.

이 가능했던 것은 주거공간의 규모 확대 요구와 더불어, 지방상인들의 성장으로 목재공급이 수월해졌기 때문이다.

　　건축기술이 발달한 근대 시기에는 공간을 확충할 때 겹집을 구성하는 것이 채를 분화하는 것보다 더욱 선호되었다.14) 왜냐하면 이것이 대지 면적이 적게 들고 비용 면에서도 경제적이었기 때문이다. 채의 분화가 아니라 내부공간의 실 구획을 통해 공간의 다양한 기능을 수용하는 것은 근대적 공간으로 변화하는 매우 중요한 요인이라 할 수 있는데, 겹집은 이를 가능하게 해준다. 겹집화된 평면일지라도 칸살잡기는 일정한 규칙성을 띠는 것이 아니라 다양한 방식으로 변화된다. 예를 들어 1920년대 지어진 전라남도 무안의 박봉기가옥朴鳳基家屋은 측면 세 간의 겹집에서 부분적으로 두 개의 한 간 실과 반 간의 전퇴前退, 하나의 마루와 확장된 전퇴, 각각 한 간 반의 실과 마루 등으로 겹집의 열을 다양하게 변형·조절했다. 특히 전퇴가 발달한 사례를 많이 볼 수 있는데, 전퇴는 통로 역할을 함으로써 마당을 통해 채를 오가는 불편함을 없애고 한 건물 내에서 주생활이 완결될 수

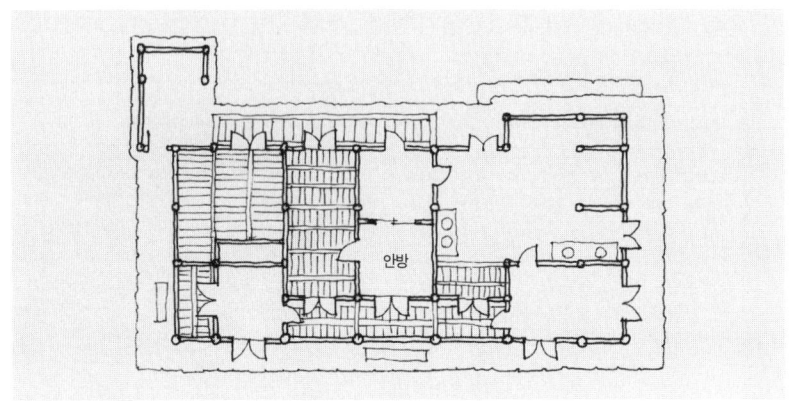
전남 무안의 박봉기가옥. 전퇴가 발달하고 내부공간이 다양한 주생활 기능을 흡수한다.

있도록 해준다. 이는 도시주택에서 채와 채를 복도로 연결한 것과 견줄 수 있다.15)

　　부농주거의 특징은 안채가 더 이상 폐쇄적인 은둔의 공간이 아니라 생활공간으로서 구심점 기능을 하게 되었다는 점이다. 농업생산 방식의 발달로 생산이 증가하고 농업이 상업화하면서, 생업은 주거 내의 일상생활로까지 침투하게 되었다. 따라서 고용인에 대한 식사수발 등 농업과 관련한 가사노동이 많아지고, 경영상 접대해야 하는 손님이 많아져 안채의 역할은 더욱 중요해졌다. 농업의 근대화는 생산주체로서 여성의 역할을 변화시켰다. 생산 및 그에 관련한 부수적 행위가 일상생활과 혼재되어 안주인이 적극적으로 이러한 역할을 수행하는 주도자로 나서게 된 것이다. 주생활, 엄밀히 말하면 주거 내 생산·재생산 활동의 전면에 여성이 등장하면서 안채는 개방되고 사회화되었다. 그뿐만 아니라 안방은 규모도 매우 커졌는데, 이는 안방에 모여 가족들이 식사하게 된 변화를 반영한다. 남녀가 각기 다른 공간에서 식사하던 관습이 직계가족이 함께 식사하는 것으

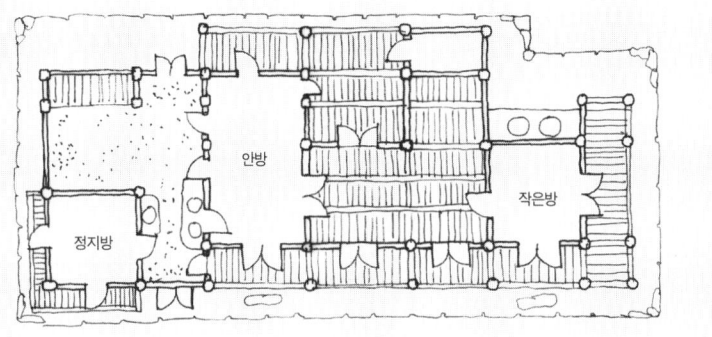

전남 나주 도래마을의 홍기응가옥. 부엌과 안방의 규모를 크게 하고, 가사노동 공간과 생활공간을 원활하게 연계하여 가사노동의 부담을 줄였다.

로 변화하고, 안방은 가족 공동공간으로서도 기능하게 되었다.16) 또한 주거공간은 작업장이면서 수장공간이기도 했다. 수장공간은 주로 안채 후면의 퇴를 확장시켜 고방 또는 골방 등을 설치하는 방법으로 확보했고, 혹은 안방의 전퇴·후퇴가 발달해 반개방의 작업공간으로도 활용되었다.

특히 부엌은 안채와 연계되어 그 칸살잡기에서도 형식이 더욱 자유로워지고, 공간의 규모도 매우 커진 것을 볼 수 있다. 이러한 변화는 무엇보다도 가사노동 공간을 합리화하려는 요구에서 출발했다. 부엌은 건물의 단부端部에 위치해서 기능에 따라 변형될 수 있었다. 전라남도 나주 홍기응가옥洪起膺家屋을 보면, 부엌에 매우 큰 규모의 정주간鼎廚間(정지방)을 설치했다. 이곳은 찬을 만들거나 상을 차리는 일을 하는 다목적 공간이었고, 일손을 도와주는 사람들이 기거하기도 하는 공간이었다. 또한 이 주택에서는 부엌과 안방 사이에 문을 설치해 두 공간을 연결했고, 부엌에서 안방 전퇴로의 동선도 연결되어 있다. 가사노동 공간과 생활공간을 밀접하게

제2장 전통한옥에서 도시한옥으로 77

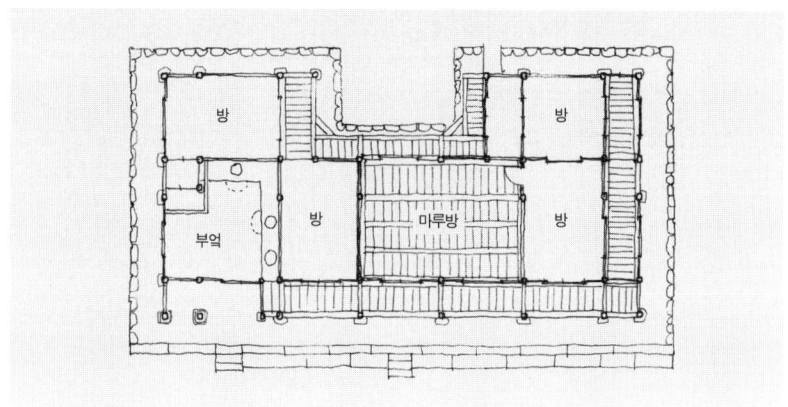
전남 보성 이금재가옥. 안채와 사랑채의 구분이 거의 없이 모든 공간을 통합해 사용하도록 구성되었다.

연계해 여성의 가사노동 동선을 단축하려는 배려였다. 같은 마을의 홍기창가옥에서는 부엌과 골방 사이에 밥청이 있었으며, 부엌의 찬광과 밥청의 문은 외부로 나 있어 외부공간으로 편리하게 출입하게끔 되어 있다. 전라남도 보성의 문형식가옥文瀅植家屋에서는 부엌의 바닥 높이가 외부지면과 같은 구조였는데, 이 역시 여성 가사노동의 편리함을 배려한 사례다.17) 부엌과 안방이 외부공간과 단절된 소외의 공간에서 탈피해 생활의 중심이 되고 각 공간과 원활히 연계된 공간으로 탈바꿈한 것이다.

　남녀공간의 구분이 약화되는 것 역시 근대 시기 지방의 부농주거에서 나타나는 특징이다. 凹자형 평면18)으로 알려진 전라남도 보성의 이금재가옥李錦載家屋 등에서는 사랑채의 기능이 안채에 통합되어 있다. 건넌방 쪽에 후면이 확장되어 실이 추가되고, 단부에는 툇마루가 설치되어 독립된 영역을 확보했는데, 이 공간은 안채와 결합되어 있으면서도 외향적으로 구성되어 사랑방의 성격을 띤다.19) 남성의 공간과 여성의 공간, 공적 공간과 가족의 공간을 동시에 수용하는 것이다.20) 이보다 더 소극적인 방

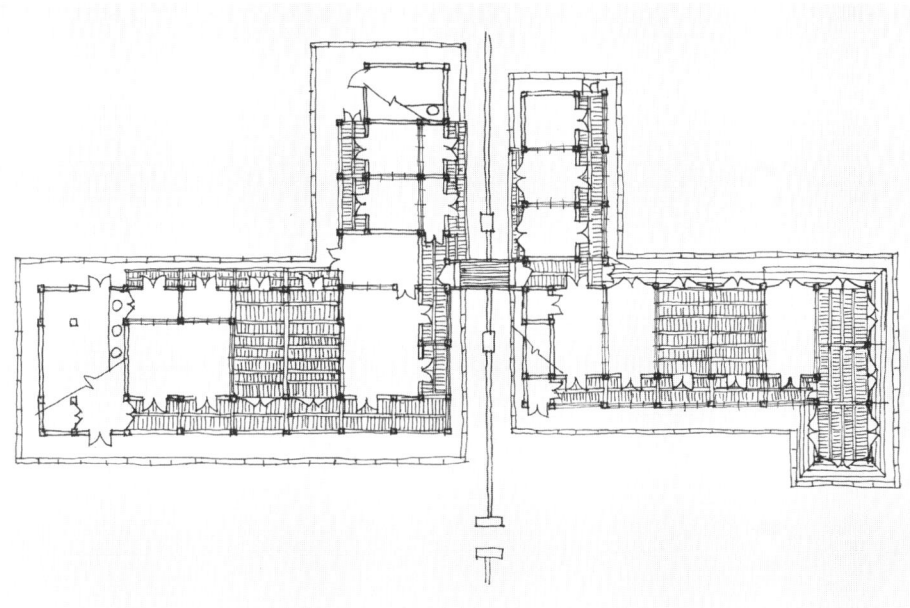

전북 익산 함라마을 김안균가옥의 안채와 사랑채 평면(위). 담으로 분리되었지만 그 사이 연결복도가 설치되어 동선을 이어주고 있다.
전북 익산 함라마을의 김안균가옥 안채와 사랑채의 연결복도와 그 내부(아래).

법으로 내·외의 공간을 연결시킨 사례는 전라북도 익산시 함라마을의 이배원가옥李培源家屋, 김안균가옥金晏均家屋에서 찾아볼 수 있다. 두 가옥의 안채와 사랑채는 담을 사이에 두고 분리되어 있지만 복도를 설치해 동선을 직접 연결했다. 김안균가옥은 사랑채에서 침실공간과 거실공간을 분리했고, 응접실도 따로 두어 기능에 따라 공간을 분화한 서양식 평면구성 개념을 적용했다.[21]

3
도시화에의 적응과 토착화

서울지방 도시한옥의 발달과정

일제강점기 1920, 30년대의 도시화 경향 속에서 도시주거지 내에 밀집해 지어진 도시한옥은 미리 잘라놓고 구획한 도시의 작은 대지 규모로 인해 가로·필지·주택이 서로 불가분의 관계를 형성하고 각 채가 조밀하게 구성되는 특성이 있다. 도시한옥은 몇 단계 과정을 통해 도시주거 유형으로서 완결성을 갖추게 된다. 1910년대에 지어진 것으로 추정되는 원서동 백홍범가옥白鴻範家屋은, 안채는 ㄱ자형이며 대문 옆에 사랑채가 별동으로 배치되어 마당을 위요하는 내향적 배치를 취하고 있다. 이러한 구성은 도시한옥의 선험적 유형이라 할 수 있지만 안채와 문간채가 한 몸을 이루지 않고 측간이 별동으로 처리되어 여전히 채가 분리된 모습이다. 한옥이 도시화에 적응하면서 변화하기 시작한 초기에는 사랑채와 사랑마당의 흔적이 있어, 바깥으로 향하는 작은 마당이 남아 있었다.

    북촌의 도시한옥은 필지의 규모 및 채의 축소 정도에 따라 크게 튼ㅁ자형과 ㄷ자형으로 나타난다. 두 유형 모두 도시화가 진행되면서 새로 분

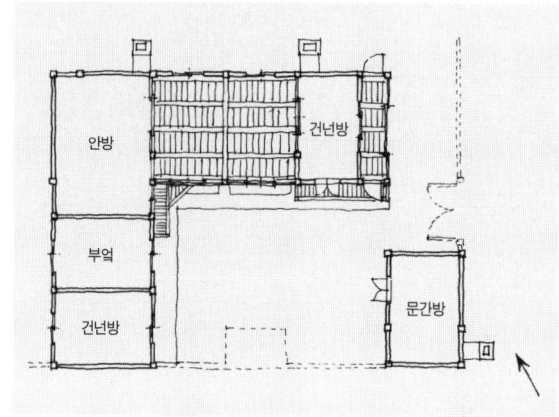

원서동 **백홍범가옥**. 사랑채가 퇴화해 문간채로 축소된 형태로, 도시한옥이 등장하기 이전의 과도기적 유형이다.

할된 필지 내에서 밀집한 도시적 문맥과 건물이 상응하면서 생성된 것이다. 북촌의 튼ㅁ자형 한옥은 근대 이전부터 북촌에 있던 주거유형으로 ㄱ자형 안채와 ㄴ자형 바깥채가 마주보면서 모서리가 열린 ㅁ자형을 이루는 한옥이다. 이는 건물 주변의 뒷마당·옆마당 등 분화된 외부공간이 점차 축소되고 결국 안마당만이 남겨지는 과도기적 유형을 보여준다. 안채는 전통한옥의 공간구성과 크게 다르지 않으나, 바깥채는 시간의 흐름에 따라 주어진 대지 상황에 적극적으로 대응하면서 변화하게 된다. 이와 달리 ㄷ자형 도시한옥은 서울 도성 안과 도성 주변부에 근대 주거지가 형성되는 1930년대에 새롭게 만들어진 도시주택 유형이라 할 수 있다.

튼ㅁ자형 한옥의 안채는 경기형 민가의 안채와 유사한 웃방꺾음집 유형을 기본으로 한다. 웃방꺾음집에서는 웃방(안방)·대청·건넌방으로 구성된 一자형 평면에서 웃방 아래 부엌이 결합되어 ㄱ자를 만들고 웃방은 ㄱ자의 꺾이는 곳에 위치한다. 웃방꺾음집의 특징은 부엌이 문간 또는 대문과 반드시 마주보도록 구성된다는 점이다. 즉 단위주택의 향 및 진입 방향이 결정되면 문간과 안채의 관계가 결정되고, 따라서 이미 결정된 부

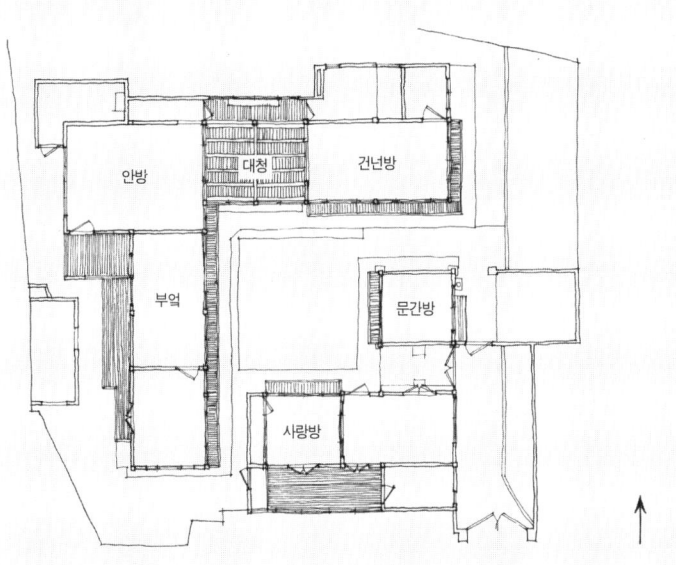

북촌(계동 104번지)의 튼ㅁ자형 도시한옥. 2001년 실측 당시 평면으로, 마당을 중심으로 채가 배치되고, ㅁ자의 두 모서리가 틔워져 있는 전형적 모습을 간직하고 있다.

얽·안방·대청·건넌방의 연속된 형식에 따라 자연히 전체 구성이 결정되는 것이다.[22] 대청을 중심으로 양쪽에 안방과 건넌방이 배치된 안채를 대지 안쪽에 남향으로 앉히는 배치방식 또한 일반적이어서, 대청은 남쪽으로 트인 안마당과 긴밀한 관계를 맺게 된다.

그러나 북촌의 한옥들은 뒷마당을 마련할 수 없는 대지조건 때문에 안방은 채광과 통풍이 매우 불리할 수밖에 없다. 따라서 안방과 대청의 주열柱列을 반 간 어긋나게 하여 안방이 어느 정도 직접 안마당에 면할 수 있도록 구성하는 것이 일반적인데,[23] 이것이 ㄴ자형 바깥채와 함께 안마당을 구성하는 튼ㅁ자형 한옥이다. 이때 안마당은 두 모서리가 바깥으로 열리면서 연속된 작은 마당들을 만든다. 건물 두 동을 엇갈려 배치해 좁은 대지 내에서 비교적 여유공간을 만들 여지가 생기는 것이다.

이때 바깥채는 도시와 건물이 만나는 필지의 경계에 놓인 것으로 사랑방과 문간으로 구성된다. 튼ㅁ자형은 안채에 대해 사랑채가 독립적으로 대등하게 구성되며 동시에 안마당과 구분되는 마당을 갖는 것이 특징이다.[24] 또한 보통 바깥채 앞쪽에 바깥마당을 구성하고 사랑채로서 규모와 기능을 유지해야 했으므로 60평 정도 이상의 필지가 필요하다.[25] 튼ㅁ자를 이루는 두 채 중에 안채는 거의 변하지 않고, 바깥채는 길과 만나는 방식과 필지 형태에 따라 적절한 양상으로 조정된다. 가회동과 계동의 튼ㅁ자형 한옥은 '남북방향의 골목과 남쪽으로 열린 안마당'을 기본 구성으로 한다. 이때 바깥채의 남쪽으로는 좁은 바깥마당이 남겨진다. 건물 바깥을 둘러싼 담장 안쪽의 외부공간 역시 옆 건물과 인접해 매우 좁고 긴 형태를 보인다. 바깥채의 일부는 종종 외부의 가로에 직접 면하기도 한다.

이후 도시한옥이 ㄷ자로 변화하면서 사랑방은 과도기에는 내향성과 외향성을 동시에 띠어 안마당 쪽으로도 열리게 되었으며, 점차 퇴화해 문

안채와 바깥채가 일체화된 도시한옥. 임대를 위한 문간채가 결합되어 ㄷ자로 완결된 도시한옥의 기본적 유형이다.

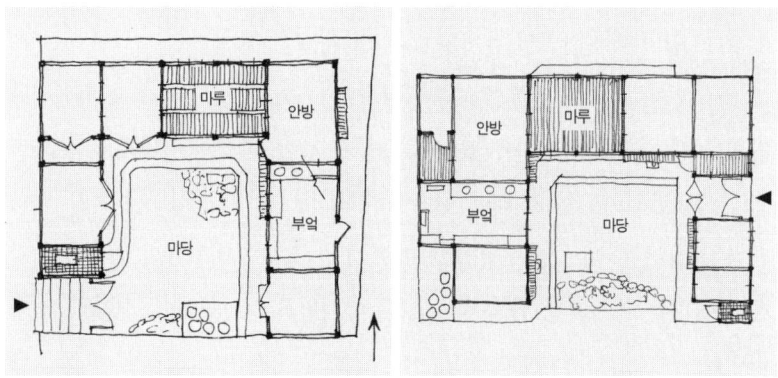

간채로 통합·흡수되었다. 도시한옥의 ㄱ자형 안채는 남녀공간의 구분이 약화된 도시의 소규모 가족을 위한 공간이 되었고, 문간채는 당시의 주택부족을 해결하는 대안으로서 차가借家를 위한 공간으로 용도가 변경되는 사례가 많았다. 직장과 주거가 분리되어 남성이 도시공간에서 많은 활동을 하게 된 근대적 상황에서 남성공간인 사랑채의 기능이 여러 가구가 거주할 수 있는 주거기능으로 대체된 것이다.26) 이후에 도시한옥의 대부분을 차지하는 ㄷ자형 도시한옥은 ㄱ자형 안채와 一자형 문간채가 일체화된 모습으로 진화하면서 완성되었다.27) 안채에는 방 두세 간과 부엌을, 바깥채에는 방 두 간 내외에 대문과 변소 등을 두었다.

주택부족이 심각했던 1930년대는 도시한옥이 경제적 이익을 극대화하는 방식으로 개발되고 급속히 확산되었다. 도시한옥 주거지는 이미 틀을 갖춘 기존의 대형 필지 내에 개발을 목적으로 필지가 다시 나누어지고, 그 위에 한옥이 앉혀진 것이다. 필지 구분은 원칙적으로 정형에 가까운데, 이러한 형태가 효율성이라는 건축의 목적에 부합하기 때문이다. 필지의 규모는 보통 16~45평(50~150m²)이 가장 보편적이다.28) 이때 더욱 높은 밀도를 얻을 수 있는 ㄷ자형과 ㅁ자형이 일반적인 유형으로 정착한 것이다.29) ㄷ자형 한옥은 튼ㅁ자형 한옥과 비교했을 때 대지가 협소해 바깥채와 담 사이의 사랑마당이 그 기능을 완전히 잃고, 사랑채 역시 축소되어 문간채만 남아 안채와 결합된 형태가 더욱 뚜렷이 나타난다. 결국 ㄷ자형에 이르면 바깥채와 담은 일체화되어 바깥채의 외피가 동시에 필지의 경계가 되는 구성으로 바뀌게 된다. 안채, 사랑채, 별채, 행랑채, 사당 등의 채들로 구성되던 관습적인 한옥의 구성은 도시한옥으로 진행되면서 건물들이 일체화된 결합으로 간소화되었다.

도시 속의 완결된 한옥

도시한옥[30]은 필지와 가로체계에 매우 민감한 주거유형이라 도시조직과 함께 파악되어야 한다. 일제강점기 이후 도시화가 진행되면서 이전과 달리 집이 지어지기 전에 단위필지들이 매매가 되는 상황에서는 필지의 크기와 경계를 명확하게 구획하고 설정하는 데 분명한 기준이 있어야 함은 당연했다. 이에 따라 채와 채가 적절히 결합 또는 분산되어 구성된 전통한옥의 형식이 새로운 조건에 맞게 변형된 것이 도시한옥이라 할 수 있다. 여기서 안채와 부속채들의 고유한 형식을 경계가 명확한 좁은 필지에 어떻게 집합시키느냐가 도시한옥의 구성에 중요한 문제로 대두했을 것이다.

  도시한옥의 특징은 중정형中庭形 마당을 갖는 내향적 평면구성, 그리고 가로에 면한 주택으로 요약할 수 있다. 즉, 도시 속에서 건물이 향에 대해 열려 있으면서 길에 대해 닫혀 있는 마당을 갖는 구성방식이다.[31] 전통한옥과 마찬가지로 여기서도 가장 중요한 것은 안채의 배치라 할 수 있다. 안채의 위치가 정해지면 나머지는 그에 따라서 조정된다. 또한 도시한옥은 도로체계, 진입로의 방향과 출입부의 위치 등 주거지의 구성체계에 따라 배치에 영향을 받는다.[32] 예를 들어 ㄷ자형 도시한옥에서 안채는 주거공간의 내부구성 필요에 따라 배치되고, 문간채는 도시적 요구조건에 대응한다. 안채가 북쪽에 놓인다면, 문간채는 진입로 위치와 대문 위치에 따라 달라진다. 길이 남쪽에 있으면 문간채는 필지의 남쪽에 형성되고, 길이 동쪽이나 서쪽에 있으면 또 그에 맞게 배치된다. 그리고 이러한 과정에서 마당이 열리는 방향이 결정된다.[33]

  일반적으로 도시한옥의 배치에서 주택이 동쪽 혹은 서쪽에서 진입해야 마당이 남쪽으로 열릴 수 있기 때문에 진입로는 남북방향이 가장 선호

도시한옥의 마당. 도시한옥의 대표적 특징인 채의 결합과 소규모의 내향적 마당을 볼 수 있다.

된다. 예를 들어 가회동 31, 33번지나 가회동 11번지의 도시한옥 주거지가 각각 남사면南斜面과 서사면의 주거지인데, 경사방향은 다르지만 두 경우 모두 남북방향의 가로를 중심으로 한옥들이 군집한다. 따라서 그 위에 놓인 도시한옥은 남쪽 또는 동쪽으로 열린 ㄷ자형 평면이 주를 이룬다. 그중에서도 도시한옥의 가장 기본이 되는 배치는 동쪽에서 필지로 진입해 마당이 남쪽으로 열린 구조를 가지는 ㄷ자형이다. 이는 양택론에서 3요三要 (대문, 안방, 부엌)의 방위로서 길흉을 논할 때 동쪽 진입에 남쪽으로 열린 ㄷ자형, 그다음으로 남쪽 진입에 동쪽으로 열린 ㄷ자형이 길택에 속한다는 설에 따른 것이라 볼 수 있다. 서쪽 진입에 남쪽으로 열린 경우 완전한 길택의 조건을 갖추지 못한 주택으로 여겨져서, 이럴 경우에는 별도로 진입을 위한 골목길을 내어 남쪽에서 진입하도록 하기도 했다. 즉, ㄱ자형 평면에 남향의 대청이 있는 전형적 안채의 유형을 유지하면서 그 간 구성이 최대한 변하지 않는 범위에서 진입로를 필지 내로 끌어들여 필지의 남쪽에서 출입하도록 만들기도 하는데, 이것이 곧 막다른 진입골목이 되는 것이다.

  ㄷ자형 도시한옥은 한 면이 도시의 가로에 면하는데, 개인영역인 주

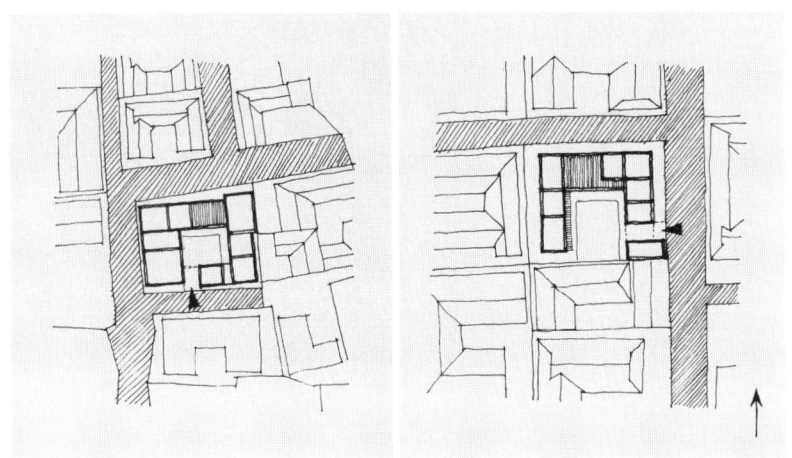

도시한옥의 두 가지 진입방식. 남측 진입(계동 32번지, 왼쪽)과 동측 진입(가회동 11번지, 오른쪽) 모두 마당이 남쪽으로 열리도록 대문간을 배치했다.

택의 외벽이 공공의 길과 면한 형태는 전통주택의 건물 및 외부공간 구성 방식과 상당한 차이를 보이는 것이다. 이때 면하는 4m 남짓한 폭의 '골목'이라는 주거지 내의 외부공간은 이전에는 없던 새로운 준공적 성격의 도시공간을 형성한다.[34] ㄷ자형 도시한옥에서 길과 면하지 않은 다른 세 면은 인접한 필지의 주택들과 면한다. 이는 같은 도시한옥인 튼ㅁ자형 한옥의 경계가 담으로 이루어진 것과도 상당한 차이가 있는 것으로, 도시에 적응하는 한옥이 절대적으로 밀집해지는 최적의 방식을 보여준다. 동시에 이웃한 주택과 서로 프라이버시가 침해되지 않도록 내향적 구성을 띠는 방식이다.

한옥의 기능과 유형 변화

도시화와 산업화의 진행으로 도시한옥은 경제적 변화에 따른 새로운 기능을 수용하게끔 요구되었다. 이에 따라 상업이나 공업의 기능도 주거공간 내에서 이루어지는 복합적인 성격을 갖는 주택들이 나타났다. 초기에는 주택의 일부를 생산공간 및 판매공간으로 용도 변경해 사용한 것이 일반적이었다. 서울 관수동 53번지[35]의 주택은 종로에 납품하던 물품을 제작했던 곳으로 재료상은 상대적으로 길목 좋은 곳에, 공방은 골목 안 후미진 곳에 있었을 것으로 추측된다. 이때 갓공방에서 일어날 수 있는 작업행위와 살림집의 기능을 모두 수용하도록 채가 구성되었다. 갓공방의 안채는

종로 관수동의 갓공방. 안채는 살림집으로, 행랑채와 문간채는 갓공방으로 사용된다. 공방의 실 배치는 갓이 만들어지는 공정에 의해 결정되었다.

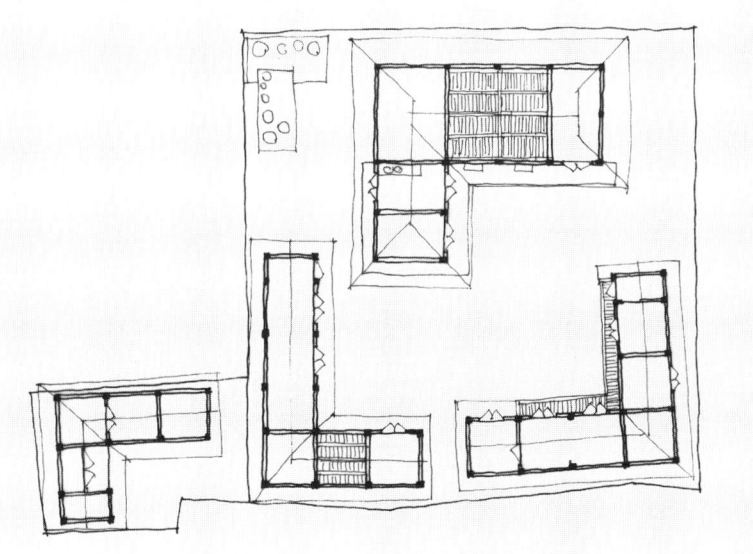

경기도와 서울 일대에 나타나는 ㄱ자형 안채 평면인 웃방꺾음을 기본으로 했으며, 나머지 두 행랑채는 갓 제조과정을 고려해 실을 구성했다.36) 이처럼 가내수공업 행위가 있었던 한옥은 살림공간과 분리된 행랑채의 실 확장이 두드러진 것이 특징이다.

상업행위가 이루어지는 공간은 전용상가도 있었지만, 주거공간과 붙어 있는 경우가 많았다. 이때 행랑채를 상업공간으로 사용했는데, 이것이 공방과 달리 번화한 가로에 면한 형태가 소위 행랑상가다. 그러나 행랑채의 좁은 폭으로는 수장공간으로 활용하기가 어려워 후면의 마당을 이용하거나, 다락을 설치해 공간을 확보했고, 상품의 진열을 위해서는 건물 밖으로 좌판을 설치하기도 했다. 공간 확장의 필요성에 의해 행랑채가 2층으로 수직 확장된 2층 한옥상가도 출현했다. 한옥은 전통적으로 채와 채가 분화해 수평적으로 분산된 배치를 기본으로 하고 있으며, 이것이 도시한옥처럼 도시의 고밀화에 대응할 때는 외부공간을 축소하고 채를 결합하는 방식으로 변화해 왔다. 즉 수직적 확장보다는 요구에 따라 수평적 확장을 우선했던 것이다. 하지만 고정관념의 극복과 건축기술의 발달로 2층 한옥도 가능해졌다.37)

2층 한옥상가는 서울의 도시구조 변화와 밀접한 관계가 있다. 1912년부터 시작한 시구개정사업으로 종로 같은 주요 상업도로의 노폭이 확장되었는데, 그후 이 길을 따라 새로 형성된 상점들이 2층 한옥상가다.38) 1900년대 초의 초기 2층 한옥상가는 단순한 점포만이 아니라 사업장의 기능도 띠고 있어 2층을 주로 사무실 및 영업장, 창고로 사용했다.39) 1920년대에는 남대문로와 종로에 2층 한옥상가가 대거 등장했고 이때 一자형 상점이 가로街路 전면에 적극적으로 대응하는 형태를 보인다. 살림채는 상가 후면에 위치했으며 진입공간은 점포와 분리되었다. 상업공간에서 2층으로

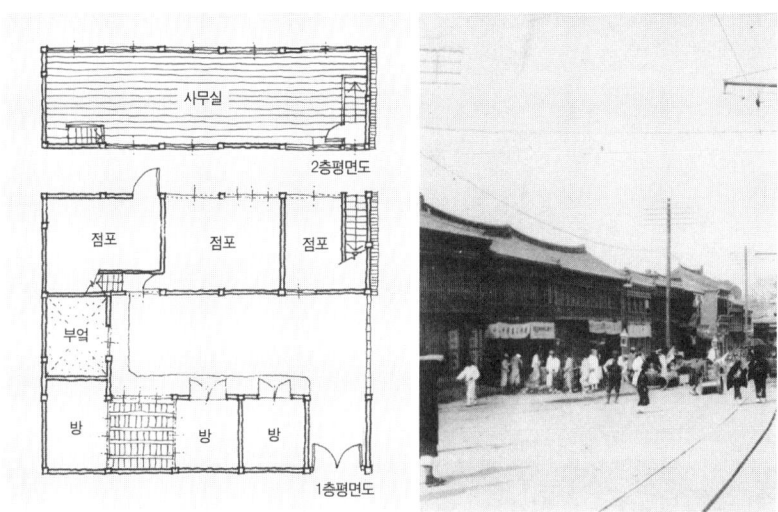

체부동의 2층 한옥상가(왼쪽). 가로에 면한 2층 건물의 아래층은 점포로, 위층은 창고 혹은 사무실로 주로 사용한다. 1920년경의 남대문로(오른쪽). 가로변을 따라 2층 한옥상가가 늘어서 있다.

의 계단은 내부에서 오르내리게 되어 있거나, 또는 외부에서 직접 출입할 수 있도록 되어 있다. 이러한 유형은 가로에 면해 연속으로 건축되어 한옥의 고밀화·집합화 측면에서 도시적 문맥을 고려하는 다층주택으로서의 발달 가능성을 보여준다. 2층 한옥상가 주택은 규모에 따라 공간구성에 차이가 큰데, 전면 행랑채의 전체를 점포로 사용하는 상당한 규모의 주택, 그리고 소규모의 ㄷ자형 주택의 바깥채를 확장해 점포로 사용하는 주택으로 크게 구분할 수 있다. 전자의 대표적 사례는 관훈동의 박원옥가옥으로, ㄱ자형의 긴 행랑채가 가로 전면에 배치되어 있다. 그중 전·후면 두 간 규모의 큰 행랑채가 점포와 사무실용이며 2층이다. 후면에는 ㄷ자형의 살림채, ㄱ자형의 부속채 및 행랑채 두 채가 배치되어 있다.

1935년 이후에는 토지구획정리사업에 따른 필지 변화에서 많은 영

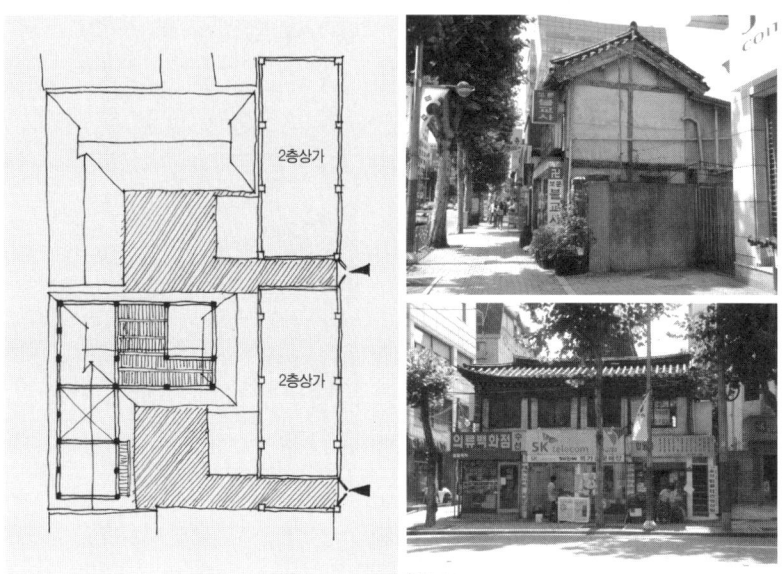

숭인동 일대 대로변 상가와 도시한옥(왼쪽). 후면의 살림채는 매우 작은 규모로 축소되었고, 특히 마루가 좁게 나타난다.
보문동 2층 한옥상가의 현재 모습(오른쪽). 2층 상가 부분이 전면 4간, 측면 2간의 규모인 것을 알 수 있다.

향을 받은 2층 한옥상가가 등장했다. 1940년대 돈암동·삼선동·숭인동 등 서울 변두리에는 대로변의 한 켜 필지가 노선상업지구로 지정되어 영세한 소매상점들이 소규모의 근린상가를 형성했다. 이 경우는 정형적인 필지의 형태에 따라 그 공간구성도 매우 일관된 성격을 띠며, 단순화된 평면과 일체화된 구조가 특징이다.[40] 전면에는 상업화된 건물로서의 기능이 더욱 강하게 요구되어서 이전의 상가주택에 비해 살림채 부분이 극소화되고, 2층 상가공간이 극대화된 형태다.[41] 살림채 출입은 점포를 통해서 하거나, 혹은 전면에 뚫린 건물 측면의 출입구로도 가능하다. 살림채는 도시한옥의 웃방꺾음집처럼 마루를 중심으로 안방과 건넌방이 마주보게 위치하고,

부엌은 안방이 꺾이면서 그 아래 배치된다. 이때 마루는 매우 축소되어 마치 복도처럼 좁은 폭을 갖는 경우도 있다.

더욱 고밀의 형식으로 나타나는 소규모 2층 한옥상가 주택은 전면 두 간, 후면 네 간의 대지 규모에 꽉 찬 형태로, 전면에는 一자형의 점포 및 창고가, 후면에는 이에 연계된 ㄱ자형의 살림채가 함께 길쭉한 ㄷ자형의 평면을 이룬다. 점포에 붙은 방은 쪽마루를 통해 점포와 바로 연결되어 있다. 필지의 전면 폭이 좁은 상황에서 후면의 주택은 필지의 깊이 방향으로 간이 확장되어 마루가 마당의 측면에 형성되는 사례가 많다. 또한 대지 가운데 좁고 긴 중정이 형성되어 이른바 세장형細長型과 비슷한 형태를 띤다. 이렇게 2층으로 지어진 상점은 '아래층은 작은 가게들이 들어서 있지만 가게 입구가 거리가 아니라 안마당으로 나 있고,

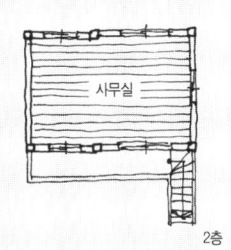
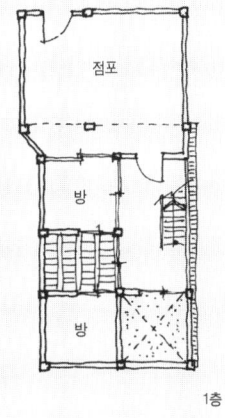

견지동의 세장형 2층 한옥상가. 마당이 거의 소멸되고, 점포 기능이 더욱 강화된 형태다.

그 안에 주인이 웅크리고 앉아서 안마당에 서 있는 손님에게 물건을 파는데, 이 가게들이 얼마나 협소한지 주인 혼자만이 그 안에 서서 겨우 움직일 수 있을 정도'로 묘사되고 있다.[42] 살림채 진입은 측면에서 이루어지기도 하지만 점포를 통하기도 한다. 이러한 유형은 가로에 연속하는 필지의 전면을 조밀하게 나누어 쓰고, 공간이 후면으로 확장되는 새로운 형식이라 할 수 있지만 이후 곧 사라지게 된다.

서울의 후기 도시한옥

일제강점기를 거쳐 해방과 전쟁을 겪으면서 그 이전까지는 없었던 다양한 주택들이 많이 등장했으나 1960년대까지도 여전히 사용가치가 있는 주택의 대부분이 한옥이었다.[43] 한국전쟁 후의 주택수요는 대량생산을 요구했고, 전래의 주택 건축기술을 더욱 발전시킴으로써 한옥도 대량생산되어 주택공급에 큰 역할을 했다. 도시주거지 개발은 토지구획정리사업의 근간에서 계속되었고, 1940년대에 형성된 돈암지구도 그중 하나였다. 건축가 박길룡은 '그런데 작년쯤(1940)에 택지조성공사도 대부분 준공되었고 조성된 택지에는 주택건축이 다수 착공되고 있는 현상이다. 이 건축되는 주가住家에 대하여 그 다수인 것을 통계하여 보면 택지가 50평 전후에 건축물은 대지의 5할 5분[44] 전후인 것이 많게 되었다. 역시 공지의 여유가 없고 그 평면이나 구조나 외관을 보아도 재래 구舊경성부 내에 있는 대로의 복사에 지나지 않았다. 충실하게 천편일률의 같은 전형에 집어넣을 수 있

보문동4가 도시한옥. 남북가로에 면한 두 켜 필지이므로, 동·서쪽으로 진입하고 남쪽에 마당을 두는 것이 수월하다.

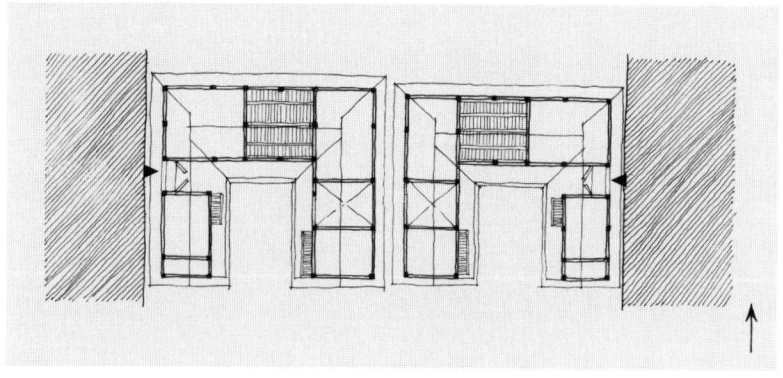

는 건축군의 가구街區를 형성하여 가는 경향이다'라고 하면서 그 특징을 묘사했다.45)

　돈암지구의 가로 역시 길택吉宅의 배치가 가능한 남북방향을 선호한다. 가로망이 어떻게 구성되든 진입은 가능한 한 동향이나 서향이 되게 하고 건물의 주향은 남향으로 하여 소위 남향동문南向東門의 주택을 만들려는 문화적 특성이 나타나는 것이다.46) 따라서 남북방향 가로에 접한 주택은 동측 또는 서측에서 문간채로 진입하고 남쪽으로 열린 중정과 남향의 대청을 갖는다. 즉, 보편적 도시한옥의 기본 여건을 가장 잘 충족시키는 전형적 도시한옥 유형이라 할 수 있다. 남북가로, 동서가로 어느 경우에서나 ㄱ자형의 안채에 문간과 측간이 있는 一자형의 문간채가 이어져 일체화된 ㄷ자형 평면구성을 보인다.

　다른 지역에서는 북측 진입 때문에 꺼리게 되는 동서가로 격자형이 돈암지구에서 나타나기도 하는데, 동서가로에 면한 필지들은 남북가로의 경우와 달리 가로에 면한 면, 즉 문간채의 길이가 짧은 세장형이 많다. 또한 북측 진입이 되면 대청이 남향을 취할 수 없어서 그 대신 동향을 취하게 되며, 남측 진입일 때도 방·대청·방을 구성하기에는 좁은 단면 때문에 대청의 향이 동향 또는 서향으로 바뀌게 된다.47) 이때 문간채에는 방을 여럿 배치하기 어렵고, 방 하나와 대문 옆에 화장실을 배치하기에 꼭 맞는 규모다. 안암동2가 일대의 주거지는 이러한 세장형 주택들이 한 방향을 바라보며 일렬로, 또는 두 채씩 대칭을 이루면서 반복적으로 건축되어 거의 연립주택화된 것을 볼 수 있다. 이는 한옥이 집합주택으로 진행되는 과도기 유형이라 할 수 있는데, 이후에는 서양식 주택에 밀려 더는 나타나지 않는다.

　돈암지구 남북가로의 대로변 주거지에는 단층 또는 2층의 한옥상가가 위치하고, 동서가로의 주거지에는 연립한옥이 등장했다.48) 똑같은 형

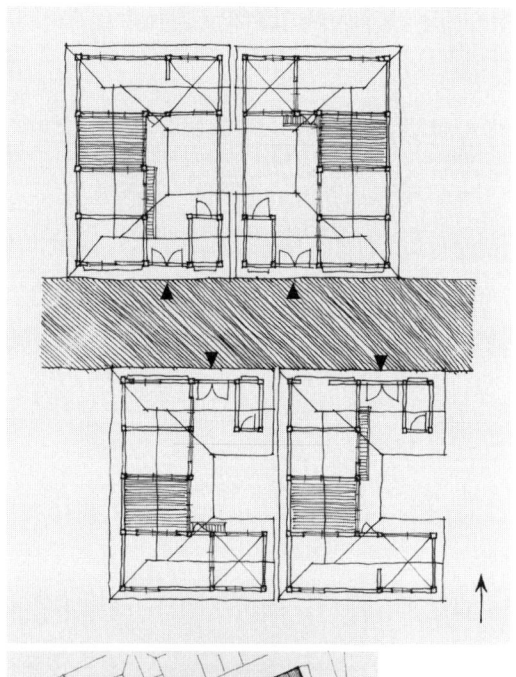

동서가로에 면한 안암동2가의 한옥(위). 가로에 면한 문간채의 길이가 짧은 세장형이다.
보문동 일대의 연립한옥(아래). 인접한 주택들의 지붕이 연결되어 일체화된 건물이 되었다.

식의 도시한옥들이 연속으로 열을 지어 배치되어 집합주택과 같이 발전했으므로 소위 연립한옥이라 부를 수 있다. 이 주거지는 각 주택이 배면과 배면 혹은 측면과 측면이 서로 거의 맞대어 지어져, 내부의 중정 외에는 외부 공간이 전혀 없이 마당이 최소화되었다. 또한 동질의 단위주택들이 최소한의 외부공간으로 밀집되어 대규모로 집합화한 것은 한옥의 저층고밀형 주거로의 가능성을 보여준다고 할 수 있다. 보문동1가 60번지는 가구 내에 필지 전면마다 동서방향의 진입로를 두어 필지가 한 켜로 연속된 조직을 만들었다. 약 50m² 남짓한 소규모 필지에 ㄱ자형의 안채가 벽을 공유하는 형태로 남향배치 되고 대문 또한 모두 남쪽에 면한다.[49] 지붕의 구조와 가로에 면한 담장이 일체화된 본격적인 집합주택의 면모를 갖추고 있다.

용두동 일대는 한옥으로서는 마지막으로 집단 건축된 1960년대의 주거지로, 한옥이 표준화되어 대량생산된 사례다.[50] 가구 형태는 남북가로에 면하고, 가구는 두 켜 필지로 이루어졌으며, 거의 모든 필지가 동일한 규모와 형태다. 또한 모든 주택이 도시한옥에서 최적의 진입과 평면구성을 충족하는 조건, 즉 '동·서측 진입과 남쪽으로 열린 마당'이라는 조건에 맞게 계획될 수 있도록 가구 및 필지가 구성되었다. 다시 말해, 이 경우는

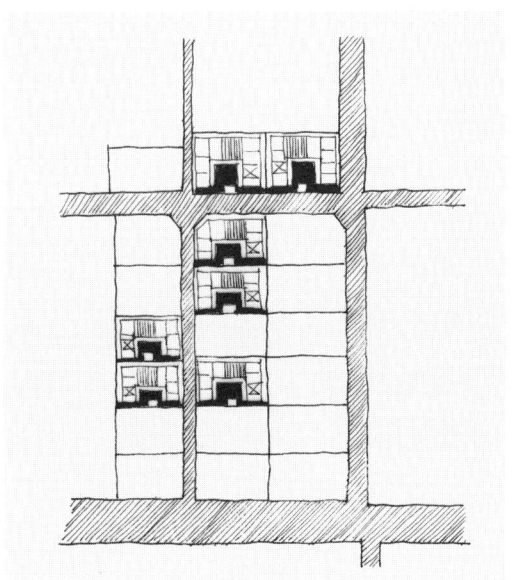

용두동의 세장형 ㄷ자 한옥군. 남북 가로에 면하기 때문에 안암동의 경우와 달리 남측 변이 가로로 긴 형태를 취한다.

대규모 개발에서 계획 및 건축의 효율성을 추구하고자 창출된 균질한 주거지 유형의 전형적 특성을 보인다. 또한 건폐율도 65% 정도에 달해 상당히 고밀화되었다.[51] 또한 북촌의 도시한옥이 ㄱ자형 안채와 一자형 문간채가 결합될 때 지붕구조에서는 분절된 모습을 띠어 그 발생의 흔적을 보여주는 것과 달리, 이곳의 도시한옥은 지붕구조도 ㄷ자형으로 완결된 형태를 하고 있다. 또한 평면은 표준화되어 일정한 치수와 면적을 갖는다. 이렇게 간소화된 주택의 구조와 평면은 한옥이 대량생산으로 발전하는 단계라 할 수 있다. 그러나 반복적인 대량생산이 가져오는 획일적이고 건조한 환경이라는 부정적 현상 또한 피할 수 없는 상황이 되었다.

용두동 도시한옥의 필지는 남북측 변邊이 가로로 긴 형태로 구획되어 남측 면을 많이 확보할 수 있다. 따라서 ㄱ자형의 안채에 대청을 중심으로 한쪽에는 안방, 맞은편에는 방 두 개를 배열하기에 무리가 없는 조건을 갖추었다. 여기서 대문간채의 문간방에는 임대를 고려해 독립적인 부엌과 변소를 마련했다. 또한 한옥의 단점인 생활의 불편함을 기능과 설비 측면에서 많이 개선했는데, 예를 들어 목욕탕을 안방 뒤편에 설치했고, 부엌 내에 장독대·찬마루·광·작업대 등을 설치해 가사노동이 한곳에서 모두 이루어지게 했다.[52] 이렇게 후기 한옥들은 한옥이 근대화하면서 생활에 대응하고 변화·발전하는 경향을 보인다. 그러나 서양식 주택의 조류에 밀려 그 생산성의 한계 때문에 더는 지어지지 않게 되는 상황을 맞이한다. 목재가격의 상승, 수공예적 건축에 드는 고비용과 긴 공사기간 등이 단기간에 주택을 보급하는 데에는 서양식 주택의 합리성과 경쟁할 수 없었던 것이다.

3
내향성 주택에서
외향성 주택으로

1
마당중심 공간구성과 집중식 논의

도시한옥의 특성은 도시의 협소한 대지조건에 따라 농사작업 등에 필요한 기능을 갖는 공간들이 퇴화되고, 대문간과 행랑방·창고·화장실 등이 있는 부속채를 도로와의 경계에 배치해 합리적이며 경제적인 형식으로 만들어진 주거유형이라는 점이다. 도시한옥은 길과 집이 잘 짜인 도시주거로서, 안마당을 중심으로 구심적 내외관계를 형성한다. 길에 대해서는 닫혀 있되 햇볕에 대해서는 열리는,[1] 즉 외부와의 관계는 폐쇄적이고 안을 향해서만 열리는 특성을 보인다. 도시한옥의 가장 독자적인 특성은 대지 중앙에 형성되는 마당공간으로서, 모든 실들은 마당을 둘러싸면서 구성된다.

    도시한옥에서 필지 외곽에 접한 실들은 인접 대지 또는 가로와 밀착되어 프라이버시 문제로 창을 낼 수 없거나, 내더라도 아주 작게 낼 수밖에 없다. 따라서 모든 실들은 마당을 통해 채광을 해결하고, 동선 역시 마당 둘레로 집약된다. 안마당에는 장독대·수도 등이 설치되고 부엌과 긴밀하게 연결되어 가사노동 공간으로서의 기능도 강화되었다. 또한 남녀공간이 통합되면서 가족의 생활공간으로서의 역할 역시 중요시되었다. 부엌으로부터는 안방·대청으로의 동선인 쪽마루가 형성되어 편리성이 높아졌고,

마당과의 시각적인 연계를 유지하면서 마당을 순환하는 동선이 형성된다. 즉, 쪽마루는 외부로 난 복도와 같은 기능을 함으로써 홑집의 특성상 선형線形으로 배열된 공간들을 이어준다. 대청은 조건이 가장 좋은 위치에 있고, 개방된 반외부 공간으로서 안방 및 건넌방과 안마당을 매개하는 공간이 된다.

1930, 40년대는 전통주택 형식에 뿌리를 둔 이러한 도시한옥이 한창 보급되던 시기였고, 동시에 건축가들에 의해 새로운 주택형식에 대한 연구 및 시도가 활발했던 시기였다. 따라서 전통과 외래의 주거유형을 둘러싼 갈등이 표출되기도 했다. 건축가 박동진은 1931년 3월부터 『동아일보』에 「우리주택에 대하야」라는 글을 통해 현대건축의 추세에 대한 이해를 전제로 우리 주택의 개선방향을 구체적으로 제시했다. 그 내용은 주택지의 입지를 선택할 때 주거환경의 측면을 고려할 것, 주택의 건폐율을 제한해 공지空地를 확보하고 정원을 둘 것, 집중식 평면을 택할 것, 부엌과 변소·온돌의 설비를 개량할 것 등이었다.2) 도시한옥이 전래의 도시조직 내에서 점진적·자생적으로 변화해 온 것과 달리, 박동진의 주장은 개별주택의 계획에 더욱 비중을 둔 것이다. 이를테면 단위주택의 조건은 불리한 측면이 있어도 전체 주거지의 조직에 순응해 유기적 관계를 맺는 도시한옥의 형식에 반하는 것으로, 단위주택의 조건을 전체보다 우선해 충족하고자 한 것이다.

이러한 제안은 결국 박길룡의 중정식·집중식 논의로 이어졌다. 박길룡이 1933년 재래의 중정식 평면 개념과 일본식의 집중식 평면 개념을 비교 연구한 내용은 전통주택과 외래주택의 차이를 명료하게 보여준다. 집중식은 주로 겹집형으로 마당을 남겨두고 건물이 대지의 가운데를 차지하는 방식이고, 중정식은 반대로 대지의 가운데에 마당을 두고 외곽에 건물

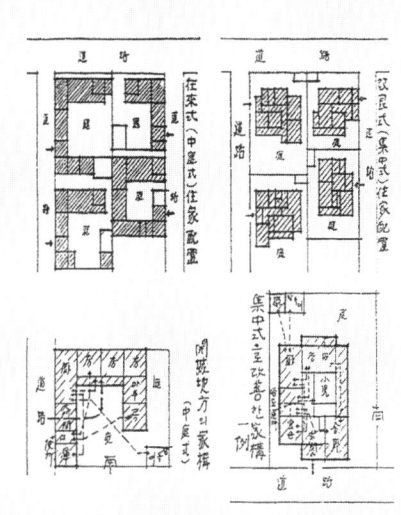

재래식과 개량식 가구배치. 중정식 평면과 집중식 평면을 비교한 박길룡의 도해로, 대지와 건물의 두 대비되는 구성을 보여준다.

이 배치되는 것으로, 주로 홑집형을 띠게 된다.[3] 홑집 형태와 분산형 동선이 특징인 중정식과, 겹집 형태와 집약적 동선 그리고 현관의 존재가 특징인 집중식은 한국 주택의 변화과정에서 지속적인 논의대상이 되었다. 박길룡은 '개선주택 1안'을 통해 집중식 평면과 대비되는 중정식 주택의 개념을 도입해 전통주택의 특성을 계획안에 적극적으로 반영하기도 했다. 이렇게 도시주거와 관련해 동전의 양면 같은 두 형식은 수용과 갈등 과정에서 지속적인 쟁점이 되었다.

1941년에 조선건축회가 제안한 공영 표준주택인 '조선주택개량시안'朝鮮住宅改良試案에서는 안채의 부엌 전면에 욕실을 ㄱ자형으로 붙여 내부 화장실을 배치한 재래식 평면형의 변형안(제1안), 당시 흔했던 속복도 주택과 달리 편복도를 적용해 전면부에 세 개 온돌방을 두고, 배면부의 복도 양 끝에 위생공간과 서비스공간을 둔 ㄷ자형(제7안), 그리고 속복도를 없

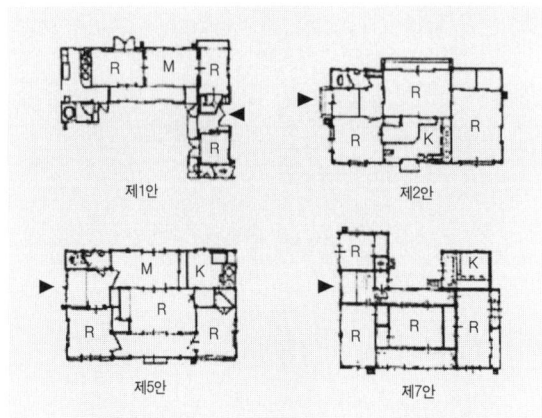

1941년 조선주택개량시안의 계획안. 한식·일본식·겹집형·홑집형·집중형·분산형 등 다양한 과도기적 성격의 평면이 제시되었다.

애거나 전면부 중앙에 부엌을 배치한 안(제2안) 등이 제시되었다. 일본식 평면과 서양식 혹은 전통식 평면을 절충하는 과정에서 복도의 구성이 과도기적 형태를 띠고 다양하게 나타나는 것을 볼 수 있다. 조선주택개량시안 중 제1안과 제7안에서는 복도가 있는 홑집형, 그리고 이것이 실을 확장하면서 마당을 감싸 안는 평면, 즉 중정식으로의 변형을 볼 수 있다. 제2안과 제5안에서는 복도 없이 겹집을 구성한 집약적 평면, 즉 집중식으로 변화하는 형식을 볼 수 있다.

2
양식주택의 수용과 절충

서양식 도시 단독주택으로의 과도기적 전환

1960년대 대한주택공사가 '서울의 경우 재래식 주택의 점유율은 광복 전후와 유사한 약 65% 전후로 추정된다'4)라고 발표한 것으로 보면, 1960년대 초까지 서울지역 일반 서민주택은 대부분 재래식 한옥이었음을 알 수 있다. 단지 일부에 한해 일본과 서양 주거양식으로부터 영향을 받아 절충형 평면을 갖는 주택이 개별적으로 건축되었다고 볼 수 있다. 그러나 이후 벽돌·기와·시멘트 등 근대적 건축재료가 점점 값싸게 보급되면서 서양식 주택이 많이 지어졌다. 하지만 전후 복구 시기에는 초보적인 기술력과 자재난 등으로 간이주택으로서의 성격이 강하게 나타났다. 건축관 또한 정립되지 못해 미숙한 형식의 주택이 지어질 수밖에 없었다. 1960년대 중반까지도 민간에서 지어진 주택들은 재료와 구법構法은 양옥이되, 공간구성은 도시한옥의 특성을 다수 간직한 과도기적 형태가 많았다.

전쟁 직후 지어진 서울지역 민간 도시 단독주택의 평면은 전통 경기형 민가를 답습한 ㄱ자형을 주된 유형으로 한다.5) 그렇지만 근대적 사회

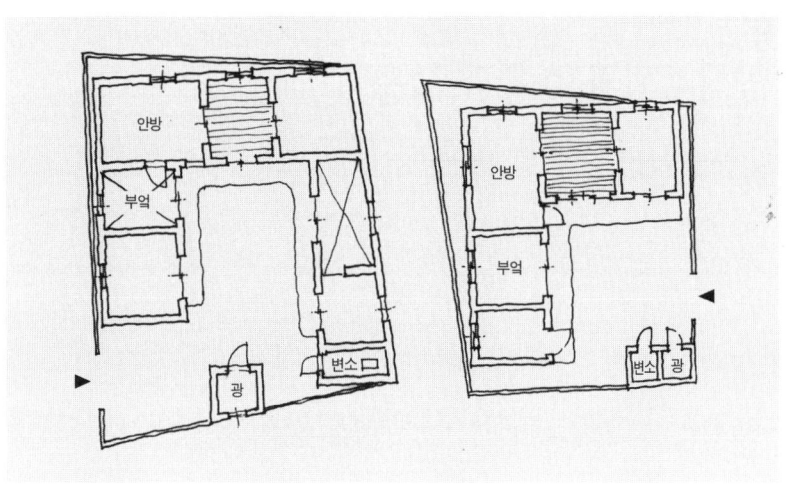

한국전쟁 직후 1950년대 말과 1960년대 초의 단독주택. 면목동(왼쪽)과 전농동(오른쪽)의 사례로, 마당을 둘러싸는 도시한옥 구성방식과 비슷하다.

에서 가족이 중심이 되는 문화적 변화로 인해 남성공간인 사랑방이 없어지고 채의 분화도 거의 사라지는 경향을 보인다. 안방은 가장 크지만 가장 깊숙한 곳에 위치하고 바로 옆에 부엌이 붙어 있어 샛문을 통해 음식을 반입하도록 되어 있다. 부엌과 마루 및 방들은 모두 마당을 통과해 진입한다. 마루는 안방 및 다른 방들을 마당과 이어주는 매개공간 역할을 하며 생활공간의 중심이 된다. 각 실로 진입하는 동선의 구성은 대문·마당·마루를 통해 이어지는 방식인데, 이 역시 도시한옥의 전형적 특성을 답습한 것으로 보인다. 그런데 이때 변소나 광 등은 안채에서 분리되어 배치되었다. 수세식 화장실이 보급되지 않았던 데 그 이유가 있기도 하고, 채 분화의 흔적이라고도 할 수 있다.

1960년대 중반부터 1970년대 중반은 사회적 쇄신의 분위기와 함께 생활양식의 서구화로 새로운 평면 형식을 채용하려는 시도들이 나타난 시기다. 또한 민간부문에서 본격적인 주택건설 체계를 형성해 상업성을 띤 주택들이 생산되기 시작했다. 이 시기 주택의 특성은 겹집화가 진행되면서 마루가 마당 쪽으로 돌출되었다는 점이다. 따라서 평면의 전체 형태는 ㅋ자형을 취한다. 도시한옥의 안채 구성을 기본으로 하고 여기에 마루 뒤로 작은방을 두어 겹집화시키고 이에 따라 마루가 마당 쪽으로 돌출된 것이다. 이와 같은 사례를 답십리·면목동·장위동·이문동 등의 주택에서 볼 수 있다. 이렇게 해서 마루 모퉁이에 현관이 배치된다. 또한 부엌부터 마루까지의 연결동선이 생겨 가사노동의 편리함을 도모한 것도 눈에 띈다. 마루는 부엌을 비롯해 사방으로 동선이 연결되어 매우 개방적인데, 이는 한옥의 대청과 비슷하다. 이러한 사례들은 마당중심의 공간구조에서 거실중심의 공간구조로 변화해 가는 과도기적 현상을 보여준다. 그러나 그때까지도 거주공간으로서의 거실의 기능이 약했던 것을 반영하듯이, 거실은 다른 방들보다 작은 크기로 배분되어 있으며 독립성이 떨어진다. 안방은

1960년대 초반 **이문동의 단독주택(왼쪽).** 안방이 ㄱ자형의 꺾인 부분에 위치한다. 또한 건넌방 자리에 임대를 위한 공간을 부엌과 함께 배치했다.
1960년대 초반 **장위동의 단독주택(오른쪽).** 안방이 ㄱ자형의 끝단에 위치한다. 역시, 건넌방 자리에 임대를 위한 공간을 부엌과 함께 배치했다.

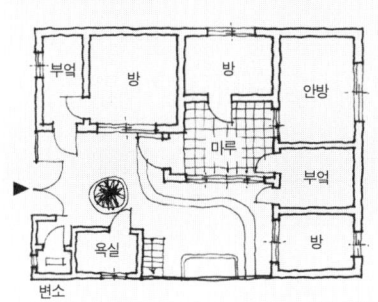 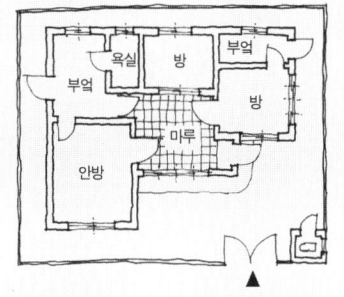

1961년 서울 단독주택가 전경.
ㄱ자형의 단독주택들이 보인다.

1960년대 초까지는 도시한옥의 웃방꺾음 유형처럼 ㄱ자형의 꺾인 부분에 위치했으나, 1960년대 중·후반으로 가면 부엌과 자리가 바뀌게 된다. 부엌은 안마당과의 연계가 약해지고, 대신 안방은 마당에 면한 곳에 위치해 거주실로서 채광과 전망이 좋은 자리를 차지하게 된다.

이 시기인 1960년대 중·후반에는 현관이 출현한 것을 볼 수 있다. 마루가 내실화되어 신을 벗어놓는 장소가 필요했고, 마루가 통과공간이 아닌 거주공간으로 변화하기 시작한 때문이다. 초기에는 마루와 현관의 관계가 분명하지 못했다. 전면부 모서리에 현관이 형성되어 마루공간을 어느 정도 확보해 준 사례에서는 거실과 현관이 독립적이다. 이와 달리, 현관이 마루의 전면에 위치해 마루공간을 침범하는 사례도 상당히 많이 발견된다. 마루의 전면 폭이 넓을 경우 그 일부가 현관에 할애된 사례도 있지만, 마루의 전면 폭이 좁아 아예 전면 모두 현관으로 만든 사례도 있었다. 이렇게 마루 전면에 현관이 구성된 것은 전통한옥 또는 도시한옥에서 대청의 전면이 통과공간 및 진입공간이었고, 대청이 각 실로의 동선을 분배해 주던 형식과 거의 다르지 않다.

또 하나 주목할 만한 점은 도시한옥의 문간채가 사라진 대신 건넌방

위치에 간이 부엌을 부가해 임차가구를 들일 수 있도록 한 점이다. 말 그대로 단칸방의 셋집으로, 마당·수도·장독대·변소 등을 주인집과 함께 쓰게 되어 있는, 독립성이 없고 불완전한 최소 주거공간이었다. 1960년대 초기의 셋집은 마루 및 현관을 주인집과 함께 사용하는 경우도 많아, 거실에 면해서는 안방·셋집·변소·부엌 등으로 통하는 출입문이 분산해 배치되어 있었다. 셋집의 경우, 부엌은 현관도 겸했다.

최소 삶의 공간

한국전쟁 후의 공영주택은 민간주택과는 달리 계획·구조·재료에서 합리성을 추구하며 대량건설과 대량보급을 목적으로 추진되었다. 전쟁 후 기본적인 삶의 질 향상을 목표로 했지만 경제가 어려워 공영주택은 최소한의 공간으로 보급되었다. 1954년도 지어진 서울 정릉 및 휘경동의 재건·희망주택은 9평(30m^2) 면적에 마루, 침실 두 개, 부엌으로 구성된 단순한 정방형의 田자형이다. 田자로 나누어진 공간에서 마루와 침실 하나가 전면에 배치되고, 다른 침실 하나는 전면의 침실과 교차 배치되어 부엌과 마루는 차단되었다. 이때 침실로 동선이 형성된 부엌과 찬마루는 식침 분리가 진행되지 않았음을 짐작케 한다. 마루 측면에는 현관이 부가되었는데, 마루는 채 2평(6.6m^2)도 되지 않아 거주공간으로서 의미를 상실하고 통로 기능만 가졌다고 볼 수 있다. 또한 변소와 부엌은 외부로 문이 나 있어, 내실화가 완전히는 이루어지지 않았다. 마루와 침실 사이의 문은 여닫이문보다는 미세기로 구성된 사례가 많이 나타나, 전통주택에서 개방적인 공간 간의 연계가 남아 있음을 볼 수 있다. 이는 또한 좁은 면적 내에서 공

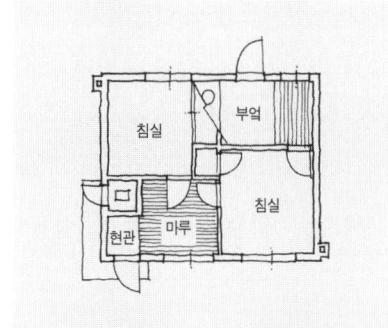 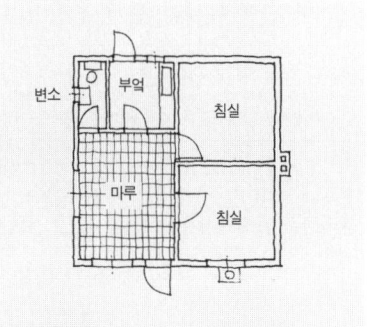

1954년도의 **휘경동 재건·희망주택**(왼쪽). 최소한의 주거 규모로 집약적 구성을 보인다.
1964년도의 **갈현동 국민주택**(오른쪽). 후열의 침실과 부엌의 위치가 바뀐 것을 볼 수 있다.

을 효율적으로 사용하려는 의도이기도 하다. 이러한 田자형 평면도 1960년대 중반에 이르면 마루가 거실로 바뀌고 부엌이 거실과 연결되는 구성으로 변화한다.

최소한의 삶의 공간에서는 방과 부엌이 있으면 온전한 주택이 되기 위한 필요충분조건이라 할 수 있을 것이다.6) 한국전쟁 후에 건설된 주택에서는 마루 없이 기본 생활에 필수적인 공간만이 마련되어, 방 두 개와 부엌으로만 이루어진 최소 규모의 一자형 평면도 종종 등장한다. 조선시대부터 흔했던 서민주택의 대표 유형인 '초가삼간'의 형식과 유사하다고 할 수 있지만, 후면에는 현관이 있어 쪽마루로 연결되고 방으로 출입하는 형

1954년도의 **안암동 재건주택**. 정돈된 형태의 주택들이 질서정연하게 들어서 있다.

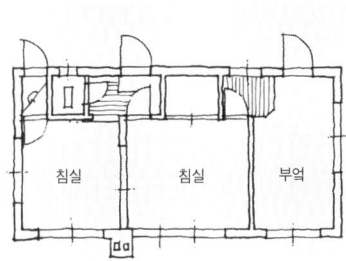

1959년도의 불광동 국민주택. 거실 없이 방 두 개와 부엌으로 이루어진 최소한의 평면이다.

식이다. 이밖에도 좁은 면적에 방 세 개를 배치할 경우에도 마루를 포기하고 대신 복도 겸용의 쪽마루를 채택하는 사례가 종종 있다. 1950년대 말 이후 잠시 나타난 이러한 평면형, 즉 전면이 세 간 이상으로 발달하고 측면이 한 간 반 정도로 구성된 평면은 외형적으로는 재래식 홑집과 유사하나 내부공간은 일본식 주택의 속복도를 도입한 형태다. 일본식 주택의 다다미방처럼 방 두 간 또는 세 간 사이를 미세기로 연결했으며, 후열부에는 보조기능의 위생공간이나 갓복도, 현관 등을 반 간 폭으로 접합한 것이었다.

공영주택이 13평(43m²) 이상이 되면 田자형 평면에서 전열前列이 확장된 구성이 된다. 서울 우이동 국민주택 15평(50m²)형의 공간구성을 보면 침실 세 개와 부엌, 마루, 그리고 화장실과 분리된 욕실이 9.3m×5.3m 직사각형 속에 배치되어 있다. 13평형과 18평형도 공간구성은 15평형에 기준을 두고 있으며, 단지 침실 수와 후열後列 구성이 약간 다를 뿐이다. 여기서 현관은 평면의 후면배치와 전면배치 두 가지로 나타나는데, 전자는 현관에 면해 짧은 복도가 설치되고, 후자는 마루에 현관이 돌출되어 부가된다. 기본 구조가 전면 3간 측면 2간인 이러한 평면이 한국전쟁 후 보급된 가장 보편적인 공영 표준형 주택의 유형이다. 마루를 중심으로 좌우에 안방과 건넌방이 배치된 재래식의 전열에 근대적인 위생공간, 서비스공간

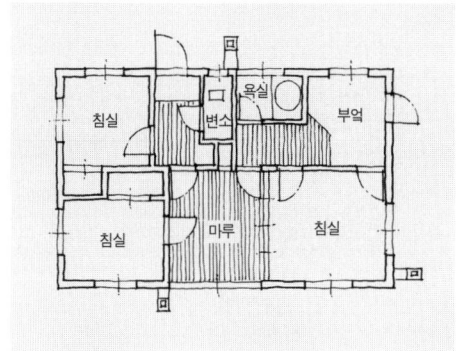

1960년도의 우이동 국민주택 15평형의 전면 3간, 측면 2간형. 한국전쟁 후 보급된 가장 보편적인 공영주택 평면이다.

과 하나의 추가된 침실을 갖춘 후열이 결합된 형태로,[7] 소규모 면적에 합리적이고 효율적인 공간배치를 보여준다.

겹집화와 외향형 주택의 출현

공영주택에서 초기부터 나타난 현관은 전통주택과 서양식 주택의 차이를 명확히 보여준다. 1950년대의 공영주택은 방 두 개와 마루·부엌의 네 간을 기본으로 구성되었다. 우선 대지가 여유 있는 상황이라 마당이 전면에 형성되어 도시한옥처럼 내향적이지 않아 모든 실이 마당을 향하지는 않는다. 이때 부엌은 뒷마당 쪽을, 두 방은 마루 쪽을 향해 출입문을 내었다. 이처럼 외부에서 출입하는 동선은 부엌과 마루로 압축되어, 전통주택에서 여러 경로를 통해 외부와 연계되는 구조와는 사뭇 다르다. 앞마당으로는 진출입 공간이 하나면 충분했는데, 이것이 바로 이 시기부터 명확히 구성된 현관이다. 과거에는 대청과 툇마루 혹은 쪽마루가 있어 각 개실에서 외부공간으로 나갈 수 있는 통로가 많았지만 서양식 주택의 영향으로 현관이라는 매개·진입 공간이 등장한 이후 외부 진출입이 하나로 집중되기에 이른 것이다. 마당을 통해 갈 수 있었던 변소도 마루에서 직접 출입하는 것으로 변화해 갔다. 이렇게 해서 주거 내부공간은 외부와의 관계가 미약해졌다.

공영주택의 평면에서는 최소한의 면적 내에 공간을 효율적으로 배분하고 건설하는 데에서 수월성을 확보하는 것을 목표로 했고 외부공간과의 관계는 고려대상이 되지 못했다. 즉, 전래 주택에서와 같이 생활공간으로서 마당의 효용성을 염두에 두지 않았는데, 이렇게 해서 대지와 건물, 내부공간과 외부공간의 유기적 관계는 사라지게 되었다. 도시한옥 혹은 민간 단독주택이 내향적 공간구조였던 반면 공영 단독주택은 외향적이었는데, 이러한 특성은 한편으로 주거지 전반의 채광과 통풍이 잘되는 방향으로 물리적 여건이 개선된 것이기도 했다. 공영주택이 등장한 초기에는 건물과 마당의 관계, 그리고 대청 혹은 마루로서 공간의 성격이 명확하게 정립

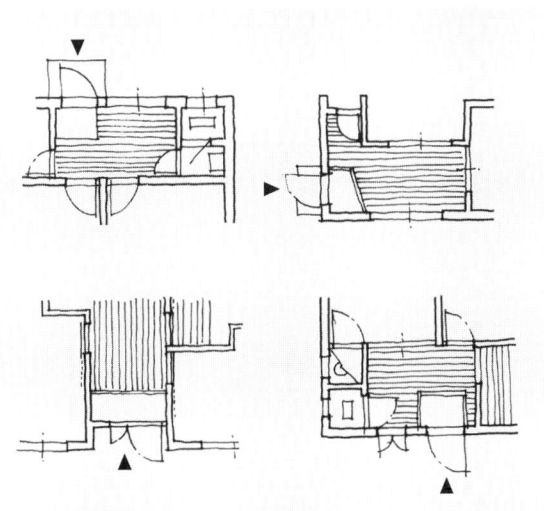

1956년도의 공영주택에 나타난 다양한 현관의 위치와 형태. 주로 마루 또는 쪽마루의 한쪽 귀퉁이를 현관으로 할애해 계획했다.

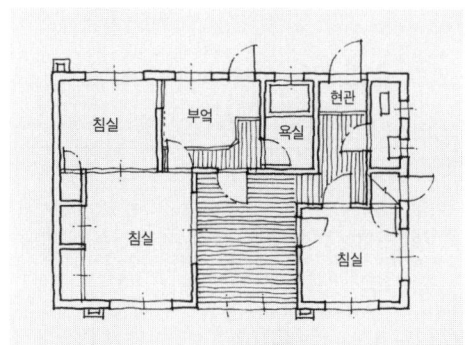

1958년도의 정릉 국민주택. 마루·쪽마루 등이 여럿 나타나고, 공간과 공간이 서로 얽혀 있다.

되지 못한 상황에서 현관이 매우 다양한 형태로 혼란스럽게 계획된 것을 볼 수 있다.

    1957년 이후 현관은 주로 후면 혹은 측면에 고정되는데, 마루까지 직접 연결되는 것이 아니라 전실前室과 같은 쪽마루 혹은 짧은 복도를 통하게 되어 있다. 이는 일본의 속복도형 주택의 영향으로 보인다. 쪽마루를 통해 내부에 위치한 변소로 통하게 되어 있으며, 이 쪽마루에는 방으로 통하는 문도 하나 더 설치되어 있다. 이 방은 마루로도 통하게 되어 있어 결국 방에서 나가는 동선이 두 개 형성되어 있었다. 이 시기 공영 단독주택은 이렇게 방 하나에 연결된 동선이 하나가 아니라 여러 개 형성되어 공간들이 서로 강하게 결합된 것이 특징이다. 예를 들어 이렇게 쪽마루와 마루 두 곳으로 통하는 방이 있는가 하면, 마루와 인접한 방으로 동시에 통하는 방도 있었다. 특히 안방은 그 시기까지도 식침 혼용의 습관 때문에 부엌에서 직접 통하는 동시에 마루로도 열리게 되어 있었다. 마루·부엌을 포함한 모든 실들은 서로 교차하는 동선으로 얽혀 있었으며, 방 하나에 진출입문이 하나만 배치된 경우에 비해 독립성이 훨씬 떨어질 수밖에 없었다. 또한 이 시기의 마루는 인접한 방과 적어도 한 면 이상이 미세기로 연계되어 있어 전통

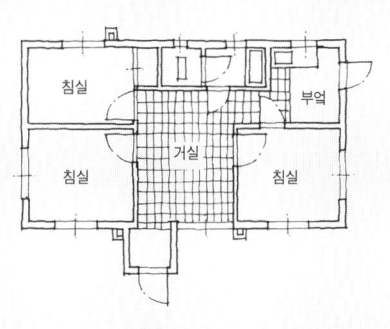

1962년도의 **불광동 국민주택**. 거실이라는 명칭을 사용하고 부엌과 거실의 동선이 좀더 열려 있다.

주택의 특성도 어느 정도 유지되는 것을 볼 수 있다.

　1960년대의 공영주택은 광복 직전 조선주택영단에서 제안했던 속복도식 표준형 주택과 유사한 형태지만 여기에 전통적인 안방의 질서를 유지한 안채구조에 근대적 요소를 부가시켜 도시형 주택으로 일반화시킨 것이다. 이때, 부엌의 바닥은 안방보다 낮아 부엌의 상부에 안방에서 들어갈 수 있는 다락을 설치해 수납공간으로 활용했고, 그 하부에는 아궁이가 있다. 위생공간으로는 화장실만 있는 것이 일반적이다. 민간주택이 재래식의 안채구조를 거의 그대로 유지하면서 부분적인 겹집화가 진행되고, 건물의 외곽이 이에 맞추어 요철을 형성한 것과는 달리, 공영주택에서는 생리공간·위생공간·현관 등이 후열의 켜를 완성해 완전한 겹집을 이루고, 효율적 건설이 가능한 장방형의 건물 형태를 갖춘 것이 큰 차이다.

　이러한 공영주택의 전형적인 형태에서 전열부의 기본 구성은 오래 지속되었으나, 후열부는 생활의 변화에 따라 여러 단계를 거치면서 달라지게 된다. 여기서는 부엌의 위치, 부엌과 안방 및 거실의 관계 변화가 가장 크게 달라지는 부분이다. 초기의 평면을 보면 부엌이 안방과는 연결되지만 마루와는 직접 연결되지 않았다. 하지만 안방을 거쳐 부엌으로 진입

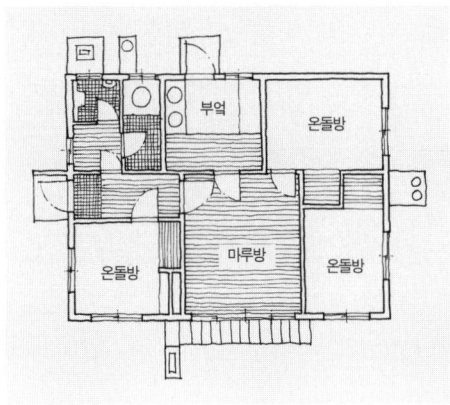

1962년도의 서울시 공영주택인 ICA주택. 현관이 측면에 있고 거실(마루방)을 중심으로 한 환상형 평면의 전 단계를 보여준다.

해야 하는 불편한 동선구조 때문에 1960년대 이후에는 부엌이 점차 생활공간에 접근하고 연결되는 추세를 보인다. 1960년 우이동 국민주택의 사례에서 후열의 위생공간인 화장실과 욕실이 서서히 구분되는 경향을 볼 수 있는데, 이때 부엌 모서리의 쪽마루를 통해 거실과 연결되게 위생공간이 후퇴하거나 폭이 좁아진 것을 볼 수 있다. 이는 나중에는 거실과 부엌 간에 여닫이문으로 직접 이어지는 평면으로 발전하게 된다. 1962년도 평면에서는 부엌에서 거실에 연계된 동선이 완전히 개방되기에 이르며, 이때부터는 마루 대신 거실이라는 용어가 등장한다. 부엌과 안방의 연결관계가 차츰 해체되고, 부엌과 거실이 가족중심의 생활공간으로 전환됨을 보여주는 것이다.

　1958년의 정릉 국민주택과 1962년의 ICA표준주택8) 설계도에서는 전통적인 안방과 부엌의 관계가 더욱 달라진다. 부엌이 후열의 중앙에 설치되고 좌우에 방이나 위생공간이 배치되면서 부엌에서 마루로 직접 통행할 수 있게 부엌을 마루 쪽으로 확장하고 문을 설치한 것이다. 하지만, 난방은 여전히 연탄아궁이 방식이어서 거실과의 바닥 차이는 여전했다. 또한 취사공간은 생활공간과 격리된 공간이라는 주의식도 작용했으리라 보인다. 거실, 혹은 마루는 내부공간 전체의 중심이 되고, 이를 중심으로 환상형環狀形으로 실이 배치되는 전형적인 거실중심 평면형으로 변화하게 된다.

거실중심 공간의 정착

1960년대 중반 이후부터는 민간에서도 서양식 단독주택에 대한 관심과 수요가 증가했으나 새로운 건축재료와 기술이 개인 단독주택에 적용될 만큼 충분한 것은 아니었다. 따라서 대부분 도시인들은 생활하는 데 불편함은 있었지만, 관에서 주도·개발해 공급한 공영 표준형 도시주택을 받아들였다. 그후 차츰 대도시를 중심으로 민간에서도 표준형 주택의 평면 개념과 원리를 유지하고 그 구조를 공유하면서도 개별 조건과 요구에 맞는 다양한 평면을 개발했다. 공영 표준형 주택과 달리 외곽이 정형적인 형태에서 벗어나 살림 규모와 입지조건에 따라 실의 종류나 크기가 자유롭게 조합된 평면이 등장해 차츰 도시 단독주택의 주된 유형으로 자리 잡았다. 하지만 공영주택과 민간주택에서는 공통적으로 전열부에 안방—마루—건넌방의 연결구조가 강력하게 지켜지고 있었다.

1970년대에 들어서면 생활양식이 바뀌어 평면상에서 내용적인 변화가 많이 일어났다. 종래의 대가족 구성에서 벗어나 가족 개개인의 독립성이 확보되고, 부부가 평등해지고 주부의 지위가 높아지는 등 근대적 가족 개념이 유입되어 주거 개념에 변화를 가져온 것이다.[9] 주요 변화는 안방이 전면에 자리하고, 후면의 ㄱ자형으로 꺾이는 자리에 안방 대신 부엌이 위치하게 된 것이다. 경제성장과 함께 안방과 마루에 입식형 가구가 도입되어 가구가 차지하는 폭이나 깊이만큼 실이 커졌기 때문에 장방형 외곽에서 일부가 돌출되기도 했다. 가장 큰 특징은 안방이 남향을 취하며 마루 옆에 위치하고, 부엌·방·욕실 등이 그 후면에 배치된 점이다. 따라서 남측에 면한 마루와 안방을 제외하고 후면의 공간들은 채광상 매우 불리한 조건에 위치하게 된다.

민간 단독주택의 가장 일반적인 평면 유형은 전면 세 간 측면 두 간의 틀에 서너 개 방이 있고, 외형이 공영주택과 달리 요철 형태인 것이다. '표준형' 개념에서 벗어나 도시서민들의 가구 구성원 수나 살림 규모, 생활형이나 주의식 등의 내적 요인을 반영하려는 요구 때문으로 보인다. 또한 경제성장으로 인한 주택 규모의 증가, 그리고 여기에 동반된 다양한 실에 대한 수요를 반영해 공영주택보다 좀더 큰 규모로 계획되었다. 전열은 대부분 안방―마루―건넌방의 세 간으로 구성되고, 후열은 주로 부엌―방―방의 세 간, 혹은 부엌―화장실―방―방의 네 간으로 구획된다. 실이 많아지는 경우 전열 세 간은 그대로 유지한 채 마루를 중심으로 둘러싸는 형태로 실들이 연결되어 요철 형태의 외곽이 생긴다. 또한 1960년대부터 콘크리트가 건축재료로 사용되면서 과거 목조 가구식에서의 규칙적인 간 결합방식과 달리 자유로운 면의 분할과 구성이 가능해진 것도 평면계획에서 융통성이 생겨난 원인이다.

민간 단독주택에서는 외부공간에서 내부공간까지 연결하는 현관이 대부분 주택의 전면부 혹은 측면부에 위치해 직접 거실로 들어가도록 되어 있다. 일본식 주택의 영향을 받아 후면 또는 측면의 복도와 홀을 통해 거실로 들어가도록 한 공영주택 및 도시형 표준주택과는 큰 차이를 보인다. 민간 단독주택에서는 마당을 통과해 출입하고 마당이 항상 마루나 거

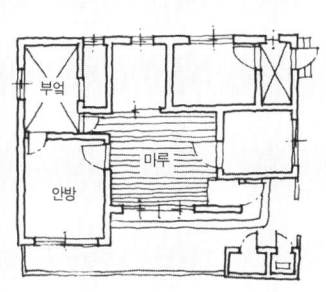
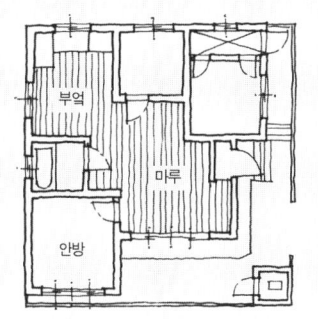
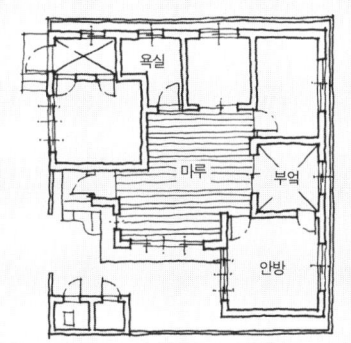

1970년대 중반의 불규칙한 평면형. 면목동, 장안동, 장안동(왼쪽 위부터 시계 방향)의 사례로, 마루를 중심으로 실들이 둘러싸여 있고 건물 외곽에 요철이 많이 있다.

실의 전면에 위치해 안마당으로서 성격을 유지하려는 전통적인 공간구성을 고수하고 있음을 알 수 있다. 이렇게 해서 대문―마당―현관―각 실로 이어지는 순차적 동선 이동이 확보되었다. 이는 도시한옥의 공간구성 특성이 지속된 것으로서,[10] 민간주택에서 주거공간의 속성이 보수적으로 느리게 변화하는 현상을 보여준다.

    1970년대 중·후반의 평면은 집약적인 장방형, 혹은 정방형으로 발전한 것이 특징이다. 부엌에 식사공간이 배치된 DK$^{Dining\ Kitchen}$ 형식도 나타난다. 대가족 중심이 아닌 핵가족 중심[11]에 맞는 새로운 주생활이 도입된 영향으로 거실이 가족의 중심공간으로 정착되고, 능률적인 부엌의 형

1976년도의 **북가좌동 단독주택**(위). 지붕의 형태가 과도기적 특성을 보인다.
1970년대 중반 지어진 **단독주택**(아래). 신월동의 2층 단독주택으로, 당시 고급 민간 단독주택의 전형적인 모습을 하고 있다. 2001년 모습이다.

식이 갖추어진 것이다. 이렇게 해서 부엌은 마당과의 연결관계가 단절된 대신 거실과의 연결관계만 유지한다. 또한 외부에서 행해지던 가사노동이 모두 주거공간 내부에서 이루어지게 되어 더욱 편리해졌다. 이렇게 부엌과 안방의 연결고리가 끊어지고 부엌의 규모도 점차 커지는 것은 전래의 취사 위주 공간에서 취사 및 식사 공간으로 기능이 변화되는 단계를 보여준다. 또한 난방방식과 설비의 개선[12]으로 외부에 있던 변소는 수세식으로 개선되어 내부의 욕실과 통합되고 부엌 가까이에 배치되면서 주거공간은 모두 내실화되었다.

　　1970년대 이후에는 공간구성이 상호 관통적이고 유기적으로 흐르는 데 중요한 구실을 하는 창호지 마감의 분합식 여닫이문이나 벽면 자체를

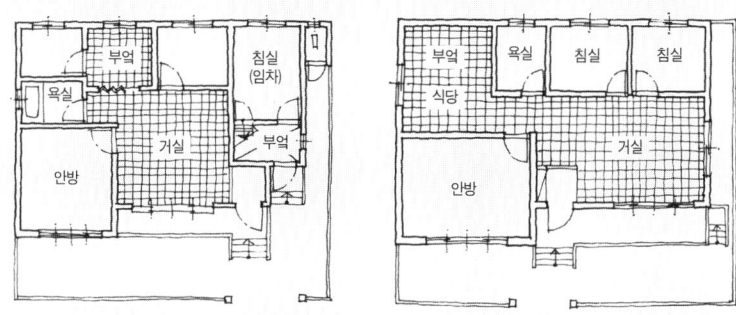

1970년대 후반의 정형화된 평면형. 장안동(왼쪽)과 면목동(오른쪽)의 사례로, 거실의 형태가 정형화되면서 실 규모는 이전보다 커졌지만 건물은 좀더 콤팩트한 형태가 되었다.

형성하는 미세기가 점차 사라졌다. 서양식 주택처럼 철근콘크리트, 또는 벽돌 조적조組積造 벽체에 목재 외짝여닫이문이 보편적으로 설치되었는데, 이는 폐쇄성이 매우 강한 것이 특징이다. 각 실로의 동선은 미세기처럼 넓은 면에 분산되는 것이 아니라 여닫이문이 있는 좁은 부분으로 집중되었다. 하지만 방들은 그 문이 모두 거실로 향해 거실은 모든 동선이 모이는 집합장소가 되고 독립성이 떨어진다. 동선이 모인다는 것은 가족 구성원들의 교류와 접촉이 이곳에서 자연스럽게 이루어졌다는 것도 의미한다.

3
외향성 주택으로의 정착

외부공간의 축소와 공간 확장

1970년대 중반 이후 관 주도의 공영 표준형 주택은 사라지고 그 대신 일반 민간 단독주택이 전국에 광범위하게 지어졌다. 생활양식은 서구화되어 식탁이 도입되고 부엌은 완전 입식화되어 면적이 넓어졌다. 이 시기 부엌은 공영주택에서처럼 거실과의 관계를 더욱 밀접하게 하기 위해 후열의 중앙부로 자리해 LDK Living Dining Kitchen 형식으로 정착하거나 DK 형식을 구성하는 것이 보편화되었다. 또한 난방방식의 개선으로 부엌 바닥이 마루와 같아졌으며, 수세식의 보급으로 욕실·변소·세면실이 모두 통합된 화장실이 내부에 배치되었다. 이전에는 변소도 마당을 통과해서 다녔고 마루는 안마당을 향해 열리고 부엌도 외부로 통했지만, 모든 실이 내부화되면서 이러한 특성은 사라졌다.

거실과 마당의 연계가 약화된 것은 비단 여러 공간이 내부화된 때문만이 아니라 거실과 마당의 지면 차에서도 원인을 찾을 수 있다. 건물의 평면은 지면에서 약 120cm 정도 올라가 마당과의 관계가 약해졌다. 거실 앞

신월동의 **단독주택**. 지하실로 인해 1층이 지면에서 상승하고 발코니가 설치되었다.

에 폭 60cm 정도의 발코니가 생기고 거실 밑에 지하실이 추가된 것이다. 이를 소위 미니 2층집이라 하여 1970년대부터 상당히 유행했다.[13] 이때 마당은 생활을 위해 사용하는 공간이 아니라 비워두고 바라보는 정원으로 변화해 잔디와 나무를 심어 가꾸는 장소가 되었다.[14] 또한 공간이 확장되어 측면의 깊이가 깊어지면서 평면의 겹집화 추세가 더욱 심화되었고 전체로는 정방형으로 변화했다. 또한 생활수준의 향상으로 필요한 실들이 늘어나 침실의 수가 증가하고, 가구의 사용으로 면적도 더 필요해져서 건물의 규모는 확장되었고, 이로 인해 건물이 대지 전체를 거의 채우게 되었다. 이로써 건물이 마당을 위요하던 형태가 없어지고, 마당은 한쪽에 일부 남겨지는 상황이 되었다. 즉, 주택의 내향적 성격은 외향적으로 바뀌었다.

1980년대 이후의 단독주택은 미니 2층집에서 발달해 대부분 온전한 2층으로 수직 확장된 것이 특징이다. 2층주택이 일반화하면서 콘크리트 슬래브구조가 사용되기 시작했고, 지붕틀도 목재에서 콘크리트로 바뀌게 된다. 또한 수세식 화장실과 보일러 등이 발달해 주택이 내용과 형태 면에서 모두 현대적인 면모를 갖추는 시기다. 이때 안방은 가족단란 및 손님 접대, 취침의 기능이 혼재된 복합공간이 되고, 거실은 보다 공적인 성격을 띠

1987년도 강남 주거지. 박공이 전면에 있는 경사지붕과 2층의 백색 난간, 지붕돌림띠 등이 당시 전형적 단독주택의 모습이었다.

면서 핵가족 생활의 중심이 되는 다목적 공간이 된다.15) 또한 여성에 대한 배려로 부엌이 중요해지고 능률적인 가사노동을 위해 다용도실이 새롭게 출현한 것도 큰 특징이다. 이는 마당에서 이루어지던 일들이 모두 실내로 들어오면서 생겨난 현상인데, 외부공간이 없는 아파트 평면에서 영향을 받은 것으로 볼 수 있다.

이렇게 건물의 몸집이 팽창하고 외부공간의 여유가 사라지는 현상은 합필과 공동개발 등을 통해 규모가 좀더 커진 주택들을 과밀하게 개발하면서부터 나타났다. 실제로 단독주택의 건폐율과 용적률은 점점 상향되는 방향으로 진행되었다.16) 일부 도시조직은 길의 폭이 넓어지고 건물 규모가 커지면서 가구街區 내 두 켜 내지 세 켜였던 필지 켜가 한 켜로 변화하기도 했다. 이때 둘 이상의 필지가 합필되는 경우 기존의 정방형에 가까웠던 필지는 장방형으로 변화했다.17) 1970년대 이후에는 대지 규모와 함께 건물 규모도 확장되어 대지 내 건물이 배치되는 양상도 다르게 나타나기 시작했다. 인접 대지 경계선에서 이격해 건축하는 방식으로 변화하면서 대지 외곽에 공지空地가 생기고 인접 대지와는 담장으로 구획되었다. 즉, 건물은 완전히 대지 경계로부터 독립하고 마당은 건물 몸채의 일부와 담

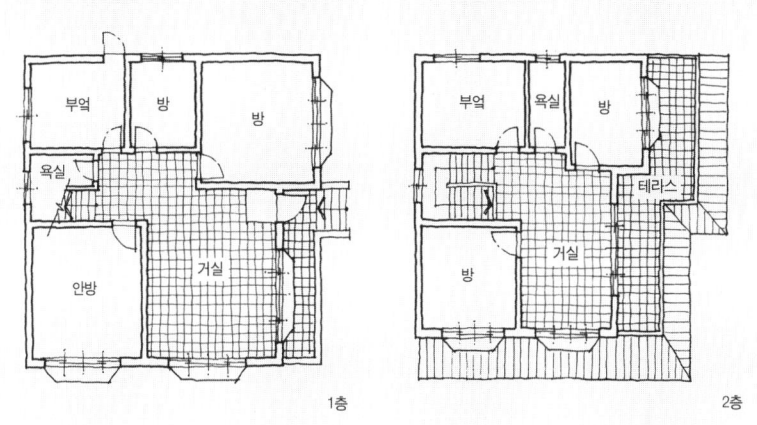

1980년대 초 북가좌동의 2층 단독주택. 1층의 거실 전면에 발코니가 있는 것이 특징이다. 2층은 임대하기도 했다.

장 사이의 공간으로 한정되었다.[18] 좁은 대지 내에서 건물 외곽이 대지와 경계를 이루고 중앙에 마당이 있었던 도시한옥 또는 1950, 60년대의 민간 단독주택과는 상당히 달라진 모습이다.

셋집의 수용과 수직·수평 분화

한 주택 내에 여러 가구가 함께 사는 주거유형은 문간채를 세 주었던 도시한옥에서부터 있었으며, 시대가 바뀌면서 여러 변화과정을 거쳐왔다. 다가구주택[19]은 단독주택에 셋방을 들이는 것에서 시작되었고 단독주택의 2층화 경향과 함께 대지 내 건물 몸집이 더욱 커지는 포화상태로 진행된다. 또한 처음에는 셋집 즉 임차세대가 소위 주인집 즉 임대세대와 하나의 건물을 공유하면서 대문과 출입 현관뿐만 아니라 화장실도 함께 사용하는 경우도 많았으나 사생활 보장에 대한 욕구가 강해지면서 점차 분화과정을 겪게 된다. 1960년대의 셋방은 단층 단독주택에서 수평적으로 세대가 분리되어 임대세대가 단독주택의 방 하나를 세 주는 가장 단순한 형태다. 이때 임차세대는 문간방, 또는 후면의 후미진 북쪽의 방 한 간과 그에 딸린 부엌 한 간을 사용하게 되어 가장 원초적인 일실一室주거 형태를 가진다. 방의 출입은 주로 부엌을 통해 이루어졌다. 또한 주인세대와 현관을 같이 쓰면서 주인세대의 거실을 통해 한 간의 임대공간으로 진입하는 경우, 즉 사생활이 전혀 보장되지 않는 동거형 거주방식도 흔했다. 한 조사에 따르면, 다세대거주 단독주택에서 셋집의 경우 방당 거주인은 3.06명으로 나타났다. 여기서 방 한 간에 부부와 어린 자녀가 함께 거주하면서 화장실은 주인세대와 공동으로 사용하며 모든 주생활을 한 공간에서 해결하는 소위 '단칸방 셋방살이'의 불완전한 주거형태를 볼 수 있다.[20]

단독주택이 다층으로 수직 확장되면서 임대세대와 임차세대 간에 본격적인 수직 분리가 이루어졌다. 수직 분리는 1970년대 지가의 상승으로 나타난 반지하주택이 있는 형태, 즉 미니 2층집에서 시작되었다. 이때 반지하실을 셋집으로 활용하고 각층을 임대하기 쉽게 별도로 계단을 두는 단독주택들이 많이 지어졌다. 이후 완전한 형태의 2층주택이 도입되면서 세대 간 분리가 더욱 확실하게 이루어졌다. 초기에는 현관을 같이 사용하되, 2층으로 올라가는 계단과 1층 현관을 가깝게 배치함으로써, 1층의 통과동선을 짧게 해 층별 거주자의 사생활을 보장하고자 했다.[21] 나중에는 1층에 주인집과 셋집 한두 세대가 있고 2층에 셋집이 한 세대 더 있는 경우, 또는 1층에 주인집이 있고 2층에 셋집 두 세대가 배치되는 경우 등 분리방식이 수평적·수직적으로 다양하고 복합적으로 나타난다. 미니 2층집의 출입동선은 주인집과 셋집이 같은 대문을 쓰고 현관만 따로 쓰는 방식

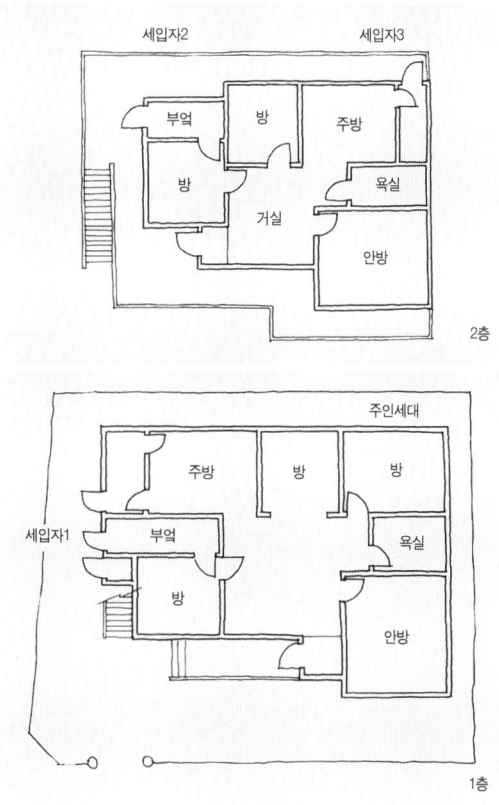

4세대형 다세대거주 단독주택. 아래층에 주인집과 셋집 한 세대, 위층에 셋집 두 세대가 살도록 지어진 단독주택이다.

이었는데, 차츰 대문도 따로 쓰는 방향으로 변화했다.

다세대·다가구 주택은 유형상 단독주택의 원형을 계승한 것이어서 외관에서도 민간 단독주택의 외관 변화와 같은 선상에 있다고 할 수 있다. 또한 다세대주택은 하나의 필지 내에서 최대한의 공간 활용을 목적으로 지어진 것으로, 대개 영세주택 공급업자에 의해 공급되었다. 그래서 기술수준이 다른 주거유형보다 상대적으로 낮으며, 보편적인 재료와 공법으로 저렴하게 짓는 방법을 택하게 된다. 때문에 새로운 형태를 시도하기보다는 기존의 무난한 형태를 답습하는 경향이 강하다. 1960년대는 주로 우진각지붕이 사용되다가, 1970년대 초반에는 '불란서식', '스위스식'으로 불리는 박공식 등 형태가 다양한 지붕이 등장했다. 서양식을 모방하고 부분적으로 집을 크게 보이고자 하는 과시적 욕구에서 출발한 것이라고 짐작되며, 이러한 지붕은 물매가 무척 급해서 더욱 높아 보인다. 1970년대 후반에는 박공이 전면에 나타나면서 물매가 완만해졌는데, 이때 지붕 밑에는 두꺼운 슬래브를 치는 것이 일반적이었다.[22]

1980년대에 나타난 중요한 특징은 다세대거주 단독주택이 도시화에 의해 다세대주택으로 변화하고, 수평 분리되었던 셋집이 건물의 적층화積層化에 의해 수직 분리로 변화했다는 점이다. 이때부터는 대문과 현관도 세대별로 분리되어 2층의 셋집도 골목에서 바로 진입할 수 있는 개별 출입문을 갖게 되었다. 이 과정에서 화장실 등을 주인집과 함께 사용하던 불편함은 점차 사라지고 임차세대도 독립적인 단위세대 형식을 갖추기 시작했다. 즉, 단독주택이 공동주택으로 변화해 나가는 과도기에 등장한 형태가 다세대주택이다.

다가구주택이 다세대주택으로 변화하면서 나타난 가장 큰 특징은 건물이 수직 확장된 상태에서 규모가 커졌고 동시에 수평적으로도 확장되었다는 점이다. 이때 밀도를 최대한으로 채우려는 욕구는 대지 내 외부공간을 거의 없애고 건물로 채우는 결과를 낳았다. 세대가 적층되면서 각 세대로의 진입은 개별 진입이 아니라 공동의 진출입 공간을 통해 이루어지기 시작했다. 현관과 내부계단이라는 주거동 내 공용공간이 형성되어 공동주택의 주거동 구성과 비슷하게 변화한 것이다. 외부계단으로 출입하는 유형은 없어지고 내부공간은 아파트나 연립주택의 축소판처럼 되었으며, 상부층에 있는 세대의 접지성은 감소했다. 단독주택으로서 임대를 목적으로

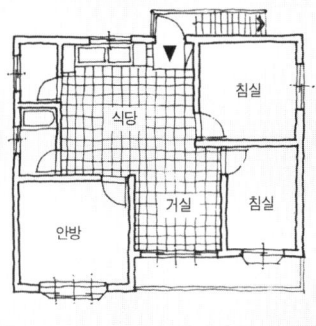

2층

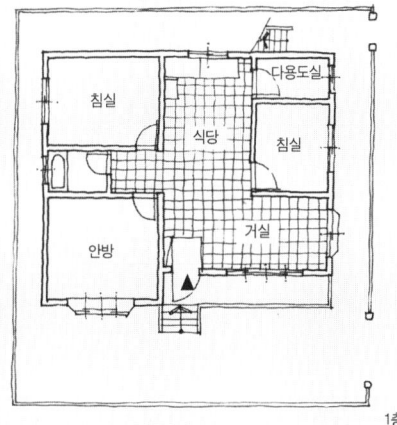

1층

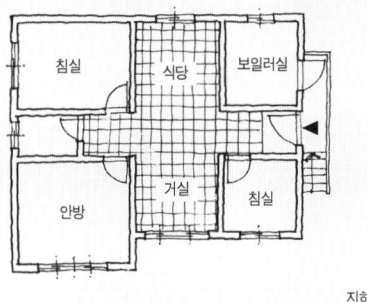

지하층

1980년대의 장안동 다세대거주 단독주택. 지하층, 1층, 2층으로 건물이 더욱 적층화되고 세대 간에 수직 분리되었다.

지어지던 다가구주택의 규모 및 가구 수가 법적으로 완화된 1990년 이후에는 처음부터 독립적인 세대를 임대할 수 있는 주택, 즉 본격적인 공동주택으로 지어졌다. 층수가 높아지면서 주거동 현관과 공용계단도 일반화되었다. 주거동 내부에는 아파트 평면과 거의 유사한 2호 연립, 한 층에 한 세대가 배치된 경우, 그리고 원룸형 평면에 이르기까지 다양한 평면이 계획되었다. 특히 임대가 주목적인 원룸형은 1990년대 이후 서울 강남지역과 대학가에 독신자나 젊은 세대를 대상으로 상당히 많이 지어졌다. 이는 1970년대 지어졌던 단독주택을 허물고 다시 지으면서 수익을 창출하려는 목적에서 개발된 것이었다.

4
단독주택의 팽창과 포화

주거지 조직과 주택유형의 불협화음

민간 도시 단독주거지는 일제강점기 토지구획정리 기법에 의해 계획된 가구와 획지가 기본 틀로 적용되어 내려온 역사가 있다. 다세대·다가구 주택은 이러한 단독주택지에 생성된 주택이라는 기본 속성이 있어서 단독주택이 갖고 있던 주거지 구조의 질서를 그대로 답습했다. 주거지가 형성되고 필지가 나누어져 분배되는 기준은 가로가 아니라 가구街區 단위의 면面으로서, 기본적으로 접근로와 진입로(골목), 진입로와 마당, 마당과 단위주택이라는 순차적 단계를 갖는 공간체계를 유지한다. 하나의 가구 면이 분할된 형태로 질서가 부여되고 구획되어, 건물과 외부공간은 가구 내에서 혼합되는 배치구조다. 각각의 필지는 그 안의 단위건물에 가능한 좋은 조건이 부여되도록 분할되는데, 이때 가장 바람직한 조건은 건물이 남향을 향하고 대지 전면에 마당이 위치하도록 하는 것이다. 이러한 조건들을 각 필지에 골고루 부여하면서 각 단위주택에 출입할 수 있게 하려고 만들어진 공간이 진입로, 즉 골목이다. 골목으로 인해 각 단위주택 진입은 전이공

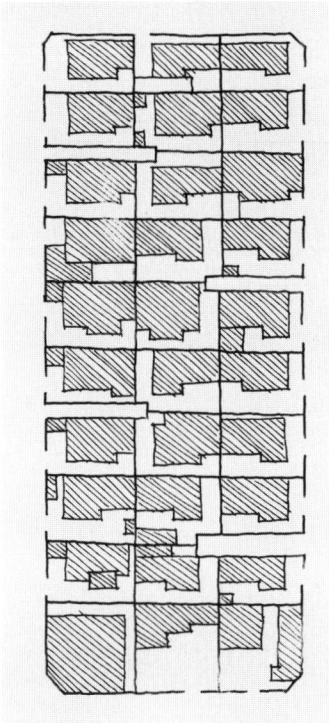

막다른 골목을 형성하는 거주지 조직 및 가구의 형태(왼쪽). 세 켜로 가구가 형성될 경우, 건물의 몸집이 팽창하면 안쪽 필지의 주택들은 매우 답답한 상황이 된다.
가구 내 필지를 채우는 방식(오른쪽). 막다른 골목 주변으로 정방형에 가까운 건물들이 외부공간을 거의 남기지 않고 들어서게 배치된다.

간을 통해 간접적으로 이루어진다. 즉, 반공적半公的·반사적半私的 성격을 갖는 골목이 가구에 파고드는 것이다.

다세대·다가구 주거지에서 필지는 정방형에 가까운 형태를 유지했으며 남북방향으로 열을 지어 구획되어서 각 필지 진입은 도시한옥과 같이 남북방향의 접근로를 통해 동향이나 서향에서 이루어지는 것이 대부분이다. 이러한 구조 아래 정해진 필지에서 건물의 밀도가 포화상태가 되면 마당은 점차 사라지게 된다. 다세대·다가구 주택의 도입 초기에는 정방형 필지에서 마당을 형성하고자 건물이 ㄱ자형인 경우가 대부분이었던 반면, 시간이 지나면서 건물은 필지 전체를 채우게 되는데, 그 결과 건물 역시 정방형을 띠게 된다. 따라서 외부공간은 건물과 담장 사이에 남겨진 법적 인 동간격뿐일 경우가 허다해졌다. 그나마 남아 있는 외부공간은 주차공간으로 채워질 경우가 많아 외부공간의 존재가 무의미해졌다. 각 대지에서 건물이 남향인 것은 거의 의미가 없어졌고, 채광과 일조, 건물과 건물 간의 프라이버시 침해 문제가 심각하게 대두되었다. 특히 정방형 건물의 형태 내에서 여러 단위세대 평면을 배치해야 하므로 주거동의 깊이가 늘어나고 전면 및 측면이 세 간 이상으로 늘어나는 과도한 겹집화가 이루어지는 경우가 많아 내부공간의 채광에도 문제점이 드러났다.

　이렇게 단독주택의 거주지 조직을 고수하면서 층수가 올라가고 밀도가 높아진 결과는 거주환경의 질적 악화로 나타났다. 새로운 도시주거 유형으로 발전하기보다는 기존의 일반 단독주택이 단순히 규모가 팽창된 모습을 보임으로써 한계를 보일 수밖에 없었다. 이로 인해 건물은 외향적인 공간구성을 보이며, 용도가 불분명한 분산된 외부공간을 갖는 부조화스러운 형식으로 변화했다. 1930~60년대 도시한옥이 과거의 한옥에서 발전해 도시의 과밀화에 대응하고 중정 형식의 내향적 공간구성 유형으로 정착한 것과는 상당히 대조적이다.

다세대주택 밀집지역. 건물이 팽창되어 외부공간을 거의 확보하지 못한 상태에서 건물의 층수도 높아지고 있다.

다세대·다가구 주택[23]의 공간구성

다세대거주 단독주택은 대지의 전면 또는 측면에 대문이 위치하고, 남쪽에 마당이 있으며, 마당을 향해 거실이 배치되는 것이 일반적이다. 마당은 작업·수납·교류 등 생활공간으로 기능한다. 특히 여러 세대가 세 들어 있는 경우, 마당은 주인집과 셋집의 공존·공유 공간이라 할 수 있는데 화장실·수돗가·장독대 등이 외부공간에 배치되어 함께 사용하는 사례가 대부분이었다. 2층으로 세대가 분리된 경우 보통 2층은 1층보다 규모가 작아, 그 차이만큼 2층에서 여유공간 소위 베란다가 형성된다. 단위세대를 빙 둘러가며 형성된 이 공간은 마당을 대신해 매우 유용한 생활공간으로 활용되었다.

특히 옥상은 빨래 널기, 장독 보관 등 과거 마당의 작업공간 기능을 대신하기도 한다. 가스보일러가 등장한 1980년대 후반 이후에는 옥상을 가스탱크의 설치공간으로 이용해야 해서 경사지붕은 사라지고 평지붕이 대세가 되었다. 이때 옥상진입 계단을 유리와 알루미늄새시로 막아 외부

다가구주택의 옥상(왼쪽). 1, 2층의 규모 차이로 만들어지는 외부공간을 생활공간으로 사용한다.
외향적 성격의 공간구성(오른쪽). 평면이 겹집화하면서 창들은 대지 중앙의 마당이 아니라, 대지 바깥쪽을 향하게 된다.

1980년대의 금호동 주거지 전경.
단독주택의 필지가 다가구·다세대 주택으로 채워지고 있다.

공간을 내부공간화하고 수납공간으로도 확장해서 사용하는 사례도 많이 볼 수 있다. 이러한 특징들은 결국 최소한의 비용을 들여 법규가 허용하는 한도에서 토지를 최대한으로 이용하고 협소한 내부공간을 최대한 확장해 사용하기 위한 것이었다. 이러한 특징은 거의 모든 다세대거주 단독주택에 적용되어 똑같은 모습을 띠게 되었으며, 국적 불명의 형태로 유행처럼 번져간 주거형태는 단독주거지의 모습을 크게 바꾸어 놓았다.

1985년 다세대거주 단독주택이 다세대주택으로 합법화된 이후 건축법에서는 다세대주택의 단위세대를 가구당 전용면적 23㎡ 이상, 80㎡(서울지역은 67㎡) 이하로 규정하고 있다. 또한 가구별로 독립된 출입문을 두고 침실이 두 개 이상이되, 침실 단변의 길이는 2.4m 이상이어야 하며 1.8㎡ 이상의 부엌 및 화장실을 갖추어야 한다고 했다. 이에 따라 다세대주택은 다세대거주 단독주택과는 공간구성에서 많은 차이를 보인다. 우선 법규에 따라 각 세대는 완전히 독립적으로 분화된 공간을 갖게 되었다. 또한 단독주택의 임대가구용 평면이 적층되어 나타난 유형이 지배적으로, 각층은 유사한 평면으로 구성되었다.

연립형 다세대주택은 일반 연립주택에 비해 소규모의 단위세대 평면

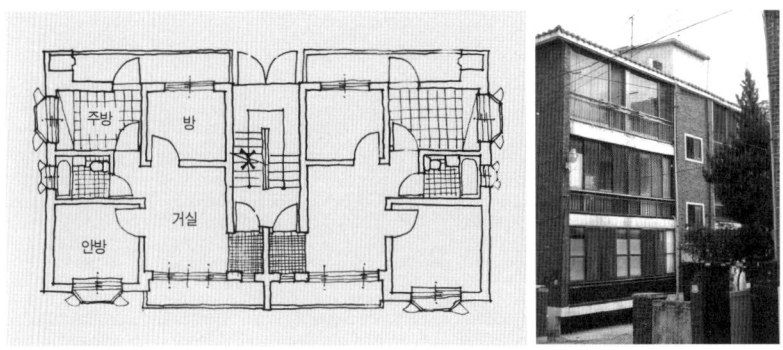

1986년 망원동에 지어진 **연립형 다세대주택(왼쪽).** 계단실형 아파트 형식과 비슷해졌다. 건물의 규모 때문에 2호 연립의 형식을 띤다.
연립주택과 같이 변화한 다세대주택(오른쪽). 아파트의 축소판처럼 계획되어 상위층 주거형식을 답습한 경향을 보인다.

이 계단을 중심으로 배치된다. 제한된 대지 여건상 하나의 측벽을 공유하는 2호 조합의 형태로 많이 나타난다. 일반적으로 공용의 주거동 현관이 있고 단위세대 측벽에 창문이 없이 전·후면이 개방된 형태로 나타나는데, 아파트나 연립주택의 주거동 구성방식을 그대로 답습한 것이다. 아파트 평면에서 그 면적만이 축소된 듯이 보이는 2(L)DK 평면에서 거실공간은 방으로서의 기능이라는 부차적 역할을 고려해 반투명 미세기로 구획하기도 한다. 이렇게 거실이 침실화되는 사례는 주로 가족 구성원의 증가나 자녀들의 성장으로 방 개수의 증가가 불가피한 가구에서 찾아볼 수 있다. 규모가 약간 늘어난 3LDK 평면에서는 거실과 안방을 독립적으로 구분했다. 그러나 이 경우는 제한된 공간 규모에서 실만 증가한 것이어서 각 방은 1인실 최소기준 면적에도 못 미치는 매우 작은 방일 경우가 많다.[24]

　가족세대를 위해서는 규모가 좀더 커진 유형이 등장했는데, 이때 단위세대의 규모는 커졌지만 대지 규모의 제한으로 2호 조합이 불가능한 경우가 많아서 한 층을 한 세대만이 사용하는 형태도 종종 나타난다. 이 경우

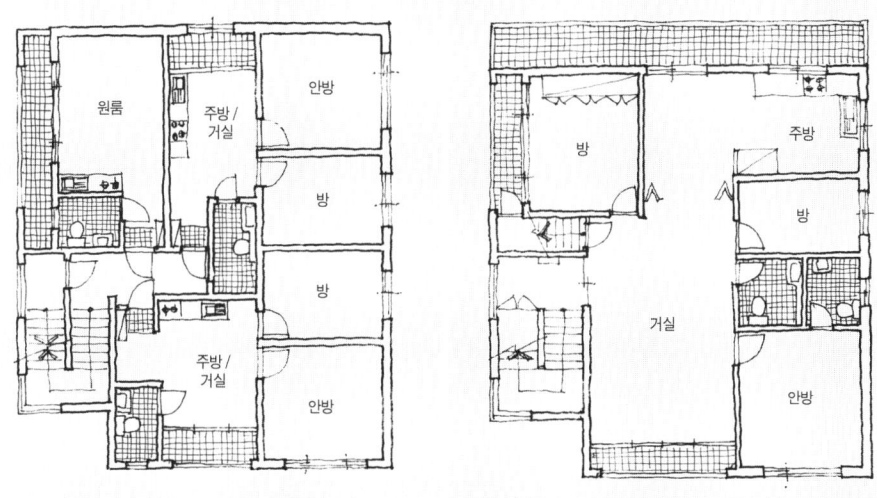

2002년 강남의 수직 분화형 다가구주택. 하부층은 여러 세대로 나누어 임대하고 상부층은 임대인이 사는 구성으로, 전체 평면은 정방형이 많다.

에도 외부와 연계된 계단보다는 주거동 내 공용계단이 더욱 선호되었다. 1990년대 이후에는 하부층은 원룸 형식으로 임대를 주고 최상층은 임대세대가 단독주택처럼 사용하도록 계획된 복합적 평면도 많이 나타난다. 평면유형은 3LDK, 4LDK 등으로 세대당 면적이 넓어지는 경향을 보인다. 안방과 거실은 주로 남쪽을 향해 배치되고 거실은 평면의 중심에 위치해 민간 단독주택의 보수성을 그대로 반영한다. 내부공간의 특징은 거실이 가족 공용공간으로 정착되었다는 점, 그리고 부엌과 식사공간이 통합되어 개방된 DK 형식으로 변화했다는 점이다. 이는 아파트의 기능적이고 주부 중심적인 평면구성을 수용한 것으로 보인다.

4
이문화와의 갈등으로부터 전통의 재발견으로

1
근대건축의 도입과 주택설계의 시작

과거에는 집을 짓는 데 관여하는 사람들의 역할이 오늘날과 사뭇 달랐다. 전통한옥은 무거운 나무를 구조체로 하고 구조체가 건물의 윤곽을 결정했기 때문에 집을 짓는 데에서 이를 다루는 기술이 우선했다. 따라서 목재 기술자는 목재를 다루는 일과 함께 건물의 전체 공간을 구성하는 역할을 동시에 했다. 이렇게 건축 설계 및 시공 전반에 걸쳐 공사를 총괄한 이들을 조선 초기부터 대목大木이라고 불렀다. 대목은 조선 후기부터는 편수片手로 불렸고, 이들에게는 건물의 배치·규모·형태·재료 등을 결정하고 건축물의 설계를 담당하는 고유의 역할이 주어졌다.

  대규모 건축물을 공사할 때는 대목이 설계도면을 그리고, 소목 등 여러 기술자의 작업을 총지휘하며 공사를 진행했다. 상류주택을 지을 때도 설계 및 시공에 참여하는 전문가가 많고 다양했는데, 이때 집주인의 취향과 안목이 반영되기도 했다.[1] 그러나 소규모 건축물일 때는 대목 한 사람에게 설계부터 시공까지 모든 세부과정이 위임되어, 도면 없이도 대목의 머릿속 구상대로 설계와 시공이 진행되었다. 시공작업은 대부분 집주인과 동네 사람의 손으로 이루어지는 경우가 많았다. 서민주택은 거주할 사람

김홍도의 〈기와 이기〉. 설계와 시공이 분리되지 않고, 수공예적 공사 방식으로 진행하는 옛날의 집 짓는 과정을 보여준다.

의 취향과 요구보다는 집주인의 경제사정에 따르고, 지역적 특성을 반영해 기존의 전형적 형식에 맞추어 지어졌다.

집을 설계하는 사람과 짓는 사람의 역할이 크게 구분되지 않았던 전통적인 건축행위는 서양의 건축이 들어와 지어지면서부터 달라지기 시작했다. 가장 큰 변화는 서양식 건축물을 지을 때는 설계자와 시공자가 구분된다는 점이었다. 따라서 건축설계만을 전문으로 하는 직업인, 즉 건축가가 등장했는데, 이는 일제강점기 이후 근대적 건축교육에서 시작되었다. 한국인 건축가들의 본격적인 활동은 우리나라 최초의 건축가인 이기인과 박길룡이 1919년 경성공업전문학교[2]를 졸업하면서 시작했다고 볼 수 있으며, 이들이 활발히 작품활동을 시작한 것은 조선건축회가 발족한 이후 1920년대부터다. 이 시기는 건축생산이 근대적 방식으로 전환되어 건축가들의 새로운 역할이 필요한 때였다. 또한 자본을 축적한 몇 개 민족기업이 독자적 시설을 갖추면서 이들에게 설계를 위촉하기 시작해 한국인 건축가의 작품이 실현될 기반을 조성하는 데 한몫했다. 이러한 사회 분위기 속에서, 부를 축적한 일부 상류계층은 개인주택의 설계도 건축가에게 의뢰하기 시작해 주거건축 분야에서 새로운 설계수요를 창출했다.

한 시대의 주택이 변화하는 동력은 크게 둘로 구분할 수 있다. 우선 건축가·지식인 등 주거문화를 선도하는 계층이 표면에 있다면, 그 저변에는 생활 속에서 서서히 변화를 시도하려는 대다수 민중이 있을 것이다. 특히 근대화 시기 건축가는 '작품'으로서 근대적 주택을 설계해 일반 대중에게 당시대 고급 주거문화의 전달자로서 의무를 갖게 된다. 우리나라는 근대화 과정에서 건축가들이 일본의 건축교육 제도에 따라 교육을 받았던 만큼 이들에 의해 지어진 주택은 서양식, 혹은 서양의 영향을 받은 일본식이었고, 그것이 주거문화의 선두에 서게 된 점이 독특한 현상이었다. 결국 초기 건축가들로부터 시작된 근대적 건축활동은 외래 주거형식을 그대로 수용하면서 출발한 것이라 할 수 있다.[3] 특히 일제하의 통치정책이 문화정책으로 바뀌면서부터는 전통주택에 대한 부정적 시각이 더욱 확산되었고, 일본식·서양식의 주거문화가 상류계층에 침투하기 시작했다. 이때 새로운 형식으로 지어지는, 전통한옥이 아닌 고급주택에는 '문화적'이라는 수식어가 붙었다.

그뿐만 아니라 일제강점기의 한국인(조선인) 건축가들은 1920년대 초반부터 근대적 생활개선의 일환으로 본격 논의된 주택개량운동에서도 두드러진 활동을 했다. 초기의 주택개량운동은 전통한옥의 기능에 문제의식을 갖고 그 주거방식을 막연히 부정하던 시각이 있었다. 그러다가 1920년대 중반 이후에는 근대적 교육과정을 거친 건축가 또는 전문 지식인들에 의해 주택개량에 대한 구체적 대안이 제시되는 데 이르렀고, 전체 주택형식의 변화를 가져왔다.

2
한국인 건축가의 등장

개량주택안에서 전통과의 갈등

한국인 최초로 근대적 건축교육을 받은 건축가로 알려진 박길룡은4) 주택 개량에 관한 연구도 많이 했을 뿐더러 실제 지어진 작품도 많이 남겨 한국 근대 주거건축의 여명기에서 중요한 위치를 차지한다. 무엇보다도 일제강점기 전통식 주거와 근대 주거, 전통식 주거와 일본식 및 서양식의 외래 주거와의 치열한 갈등 속에서 해법을 구하고자 많은 노력을 기울였다. 이러한 측면에서 그는 한국 주거의 정체성을 인식하는 데 중요한 화두를 제공했다고 할 수 있다.

　　박길룡의 개량주택안은 1920년대부터 1930년대 후반까지 서양식 평면을 도입하는 단계, 일본식 주택의 평면형을 적극적으로 수용하는 단계, 서양식과 일본식을 조선식과 절충하는 단계로 순차적으로 변화한다. 초기에 선보인 안은 뾰족한 박공지붕을 한 소규모의 서양식 주택으로, 슬레이트지붕에 외벽은 벽돌로, 내벽은 목조로 마감했다. 박길룡은 한옥에서 각 실 간의 동선에서 오는 문제점을 감안할 때 '일본식 현관'을 모방하는 것이

정면 　　　　　　　　　　　　　　　　　측면

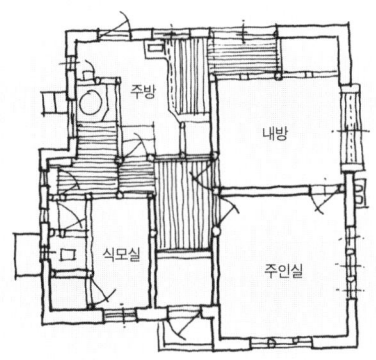

C군주택. 서양식 외관에 집중식 겹집 마루형의 콤팩트한 주택이다.

좋을 것이라 제안했는데, 1926년에 선보인 계획안인 C군주택에는 이러한 개념이 뚜렷이 나타난다. '양관에 조선식을 가미한 형식'인 이 주택의 평면에서는 내부공간에 대청 없이 복도, 또는 대청이 약간 확장된 작은 마루만이 배치되는 매우 집약적인 동선 연결방식을 보여준다. 이렇게 모든 실을 집중적으로 배치한 겹집 형태의 평면에서 공통점은 모두 현관을 둔 것인데, 이를 요약하면 '집중식 겹집 마루형'이라 할 수 있다. 그는 이러한 겹집형 평면을 작은 주택의 공간구성에 매우 합리적이라 여겨 1932년의 문화식 별장에서도 같은 원칙을 적용했다.

1932년의 소액수입자 주택시안 역시 이러한 평면구성을 보인다. 이러한 유형의 주택안은 전통주택처럼 안방과 사랑방을 분리해 전통적 실 사용 규범을 지속시킨 가운데, 침실이라는 사적 기능과 손님접대라는 공적 기능을 명확히 구분하고, 이들 공간을 전면과 후면에 배치해 겹집 형태의 기본을 이루었다. 집중식 평면은 일본식 주택의 영향도 많이 받은 것으로서, 방과 방이 미세기로 통하게 된 쓰즈키마續き間 구성도 종종 보인다. 또한 툇마루 역시 일본식 툇마루의 엔가와緣側와 비슷한 특성을 보이며, 세

소액수입자 주택시안. 속복도 없이 마루가 확장된 집중식 겹집 마루형이다.

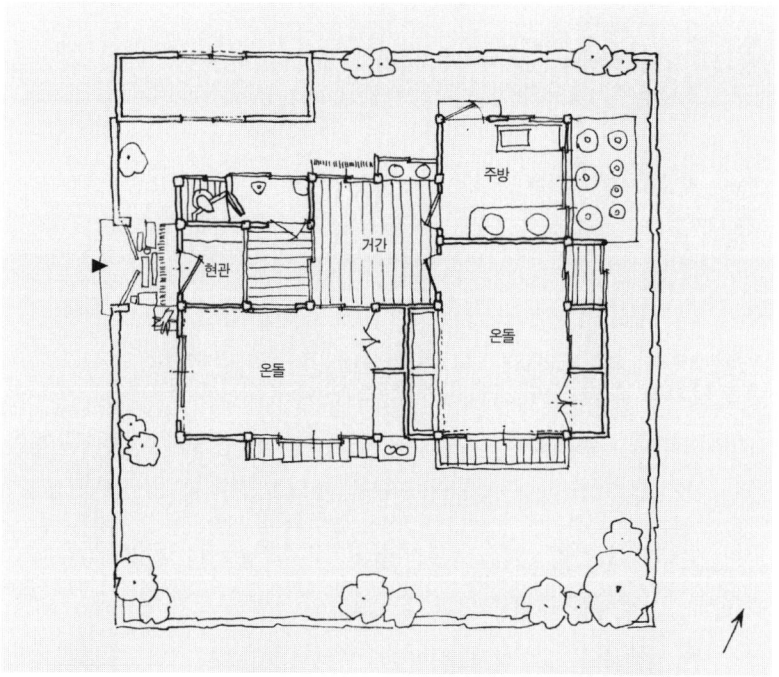

공간으로 분화된 세면소, 욕실, 일본식 변소도 일본식 주택의 구성과 같다. C군주택의 경우, 부엌에는 찬마루와 붙박이장 등을 설치해 기능 면에서 개량을 이루었다.

1936년의 개량주택 1안에서는 일본식의 외관에 일본식 속복도형을 그대로 적용한 평면이 등장한다. '집중식 겹집 속복도형'이라 할 수 있는 이 유형의 가장 큰 특징은 현관에 이어진 속복도를 이용해 공간의 영역을 구분함으로써 '집중식 겹집 마루형'에 비해 각 실의 독립성을 높인 점이다. 주택의 공간을 '거주부분'과 '종속부분', '교통부분'으로 구분해 교통부분인 속복도를 중심으로 전면부에는 거주부분인 주부실·아동실·그리고 가장家長의 기거 및 접객 공간인 양실洋室의 응접실을 두었고, 후면부에는 종속부분인 주방·위생공간·식모방 등을 배치했다. 아동실과 주부실이 따로 등장하는 등 근대적 주의식을 보여주는 것도 공통된 특징이었다.[5]

박길룡은 주택개량안을 제시하면서 각 실의 배치방식이나 동선관계

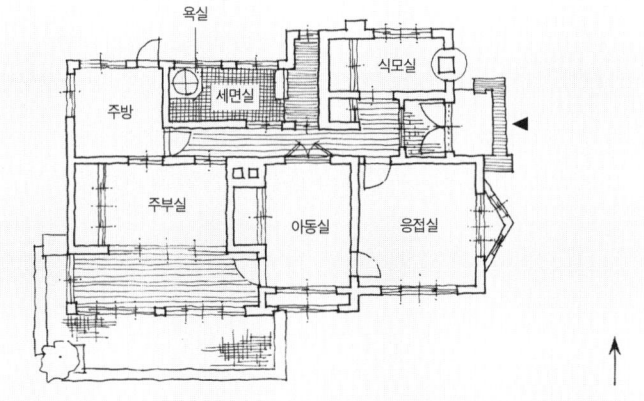

개량주택 1안. 전면부와 후면부가 속복도로 나누어진 집중식 겹집 속복도형이다.

에 대해 많은 연구를 했고 전통주택의 개선 문제에도 많은 관심을 기울였다. 또한 활동 초기에 서양식 주택을 모방하고 일본식 주택의 특성을 가미했던 차원에서 변화해 이후에는 '주체적 수용'을 모색하기 시작했다. 그는 연구결과6)인 중정식 주택을 좀더 구체적으로 발전시켜 1937년 '개선주택 1안'으로 소개했다. 이 계획안은 집중형 평면에 비해 큰 규모로, 한식기와와 팔작지붕을 쓰는 등 외관에서는 전통한옥의 모습을 재현한 것이었다. 가장 큰 특징은 속복도 대신 후면의 편복도가 동선을 연결한다는 점이다. 이 편복도에 면해 주인실·안방·식당·주방이 차례로 배열되었으며, 전면에는 툇마루와 그 연장인 마루가 한쪽 끝에 계획되었다.

개선주택 1안의 특징은 당시 일·양 절충식 주택에서 흔했던 겹집형에서 탈피해 기본적으로 홑집형을 유지한다는 점과, 기능 면에서 명확히 규정된 공간들이 각각 독립적으로 계획된 점이다. 집중식 겹집과 대비되는 이러한 평면형을 '중정식 홑집 편복도형'으로 규정할 수 있다. 이렇게 외관과 평면의 틀은 조선식을 유지하면서 내용에서는 조선식과 서양식을 절충한 개선주택 1안에 대해, 박길룡은 "이 시안은 양풍구조로 하여 각 실의 배치라든지 온실의 창호 기타 장식에 조선식을 가미한 요사이 유행하는 문화식 주가의 일안이다"7)라고 말했다. 그는 이렇게 근대 주거문화의 이식 초기단계에서 외래 주거양식과 조선식의 절충 문제를 진지하게 고민했고, 결국 절충식이 최적의 대안임을 확인하게 된다.

하지만 박길룡은 1930년대 말에는 결국 조선식을 완전히 버리고 일본식에 한국인의 생활양식에서 우러나오는 수법을 가미하는 길이 빠르다

개선주택 1안 평면도(위)와 입면도(가운데, 아래). 후면에 편복도를 설치한 중정식 주택으로, 전통주택의 외관을 유지한다.

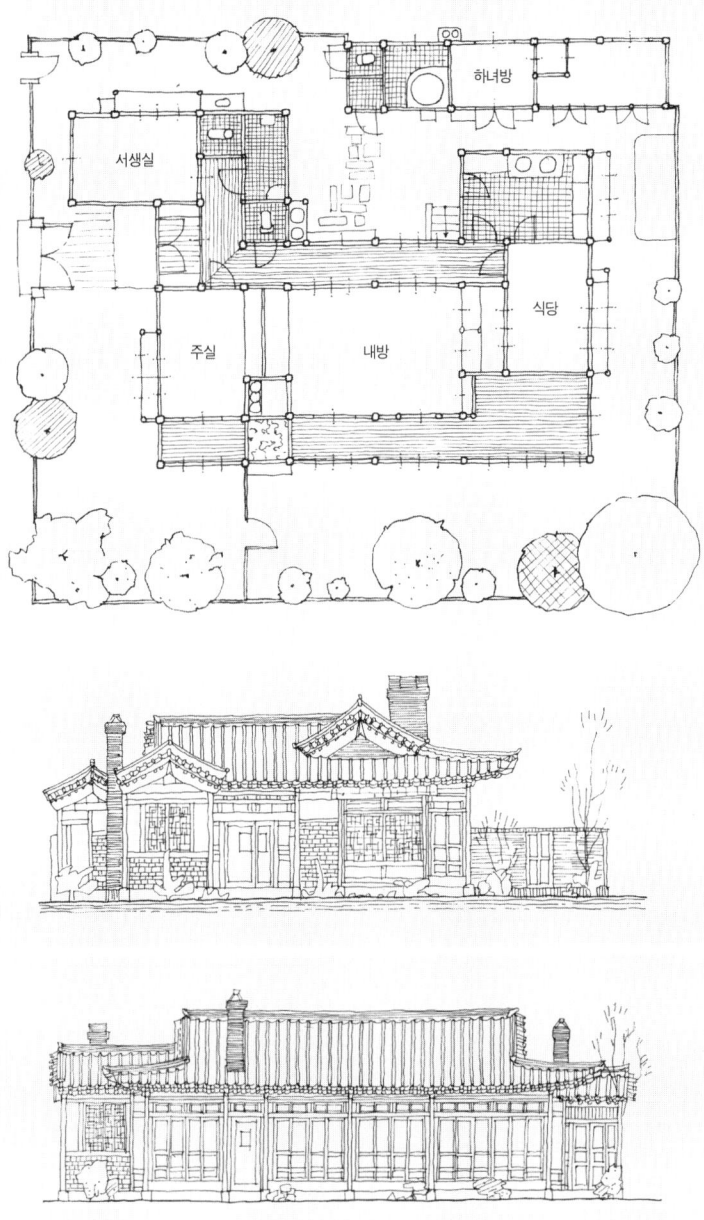

제4장 이문화와의 갈등으로부터 전통의 재발견으로

는 주장으로 주택개량에 대한 자신의 입장을 명백히 표명하기에 이른다. 1946년의 글에서는 재래의 중정식 배치에서 신발을 신고 중정을 통해 마루·변소 등에 오가도록 된 동선구조와, 서측에 면하며 평면의 꺾인 곳에 위치해 통풍 및 채광에 불리한 실, 즉 안방을 비판했다. 그리고 집중식 배치가 훨씬 합리적이고 위생적이라고 주장한다.8) 집중식 배치를 다시 적용한 개선안에 대해 그는 결국 조선식을 포기하고 다시 일본식 주택을 추종하는 경향을 보인다. 그의 설계로 실제로 지어진 주택들은 거의 모두 서양식 외관에 집중식9) 절충형 평면을 보인다. 다음 글을 보면 집중식 배치의 특성이 잘 나타나 있다.

이 안은 부지 둘레로 공지를 남기고 건물을 부지 중앙에 통합해서 짓는 소위 집약적 방 배치다. 거실은 전부 남측하게 하고 주방, 변소 등은 북측에 두고 속복도를 취해 각 부분 연결을 도모한 평면이다. 중정식을 집약시킨 것, 마루를 폐지한 것 등 지금까지의 개선안에 비해 비약적인 방식이다.10)

한·일 양식이 혼재된 박길룡의 문화주택

박길룡은 1932년까지 조선총독부 건축과에서 근무할 때부터 내직內職으로 상당히 많은 주택작품을 설계했는데, 같은 해 경성에 자신의 이름을 딴 건축설계사무소를 열고 활발히 활동하기 시작했다.11) 박길룡에게 설계를 의뢰했던 건축주들은 당시 높은 관직에 있었거나 식민수탈을 기회로 큰 사업을 하던 조선인들로, 일제와 어느 정도 결탁했던 계층이라 할 수 있다. 그의 계획안이 소규모 주택을 대상으로 한 것과 달리 실제 지어진 건물이 상당히 큰 규모였던 것은 이러한 이유에서였다. 조선인 건축주들은 일본식의 문화주택을 수용하는 것에도 당연히 적극적이었다. 당시 조선 내 일본인들의 주택은 총독부에 의해 서양풍의 주택이 장려되었고 관사에서도 벽돌 조적식을 많이 사용했는데, 이에 따라 조선인의 단독주택도 그 영향을 많이 받아 대부분 일·양 절충식으로 지어졌다. 일본식 시멘트기와, 인조슬레이트 지붕 등을 사용해 당시 조선 내 일본인들이 선호하던 서양식 재료들을 거의 답습해 사용했으며[12] 발달한 건축기술 덕분에 거의 2층으로 지어졌다.

박길룡이 설계한 주택작품을 살펴보면 공간구성이 시기적으로 한·일 절충식, 서양식, 일본식 등으로 다양하게 변해갔음을 볼 수 있다. 1929년 지어진 성북동의 김연수[13] 주택은 한국인 건축가가 지은 우리나라 최초의 서양식 주택이다. 이 주택은 콘크리트 기초 위에 2층의 지상구조로 벽돌조였으며 부분적으로 목조도 사용되었다. 외관은 변색 벽돌과 채색벽, 스크래치 타일 등 과감히 새로운 재료를 사용해 마감했다.[14]

박길룡 건축의 초기 사례인 김연수주택은 외형과 재료는 서양식 건축방식을 따랐지만 공간구성에서는 전통적 중정식 평면형의 흔적이 남아 있으며 한·일 절충식을 따르고 있다. 우선 안채와 사랑채를 분리하듯이 접객공간과 가족공간이 구분되어 있으면서 현관 또한 손님용 주현관과 가족용 내현관으로 따로 마련되었다. 평면은 두 가지 대비되는 집중식 평면과 중정식 평면이 결합된 형태다. 이때 집중식인 접객공간은 속복도 형식을 취한다. 주현관을 들어가면 각 실은 복도로 연결되는데, 복도를 중심으로 서생실書生室, 그리고 식당과 객실이 마주보며 배치되어 있다. 복도 끝에는 중문이 있어 응접실이 있는 접객공간과, 내방과 노인실로 구성된 ㄷ자형의 가족공간으로 통한다.[15] ㄷ자형 중정형 부분은 후면의 편복도로 동선이

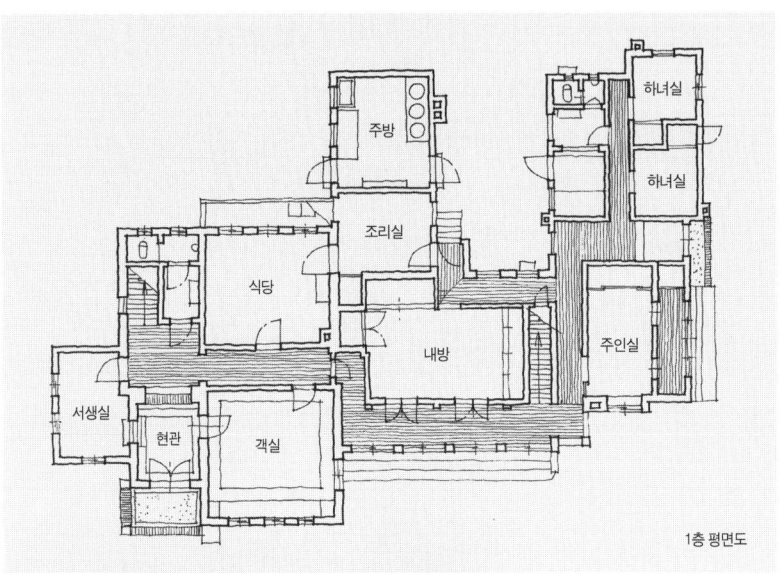

박길룡, 성북동 김연수주택(1929)의 1층 평면도(위)와 전경(아래). 조선식과 일본식, 집중형과 중정형, 겹집과 홑집이 다양하게 결합한 절충식이다.

연결되는 홑집형의 형태를 볼 수 있다.

　김연수주택 이후 박길룡에 의해 설계되고 실제로 지어진 작품에서는 전통적 평면형은 더 이상 나타나지 않고 모두 일본식의 '집중형 겹집 속복도형'으로 통일된다. 1932년도 지어진 김명진주택의 1층에는 안방·주방·식당·아동실 등 가족의 생활공간이, 2층에는 침실·사무실·서재 등 주로

박길룡, 윤씨주택(1939). 외관은 서양식이지만 전형적 속복도 형식에 일본식 주택의 여러 요소들을 가미한 절충식이다.

주인남성이 사용하는 공간이 배치되었다. 전형적인 속복도형과 비교해 볼 때 복도가 짧게 나타나고 중간중간 복도가 확장된 형태의 작은 마루가 나타나는 점, 그리고 현관이 전면에 배치된 점이 그의 계획안 중 C군주택과 같은 '마루형'에 가깝다. 전면에 배치된 현관은 매우 넓게 계획되어 마치 큰 홀과 같으며, 여기에 이층의 사무실로 오르는 계단이 있다. 방위에 따라 아동실과 안방은 남쪽 및 동쪽의 채광이 좋은 곳에 서로 인접해 배치했고 북쪽에는 주방 및 욕실, 서남쪽에는 식당 등을 배치했다.

1930년대 후반으로 갈수록 박길룡이 설계한 주택들은 일본식 평면의 영향을 더욱 많이 받게 된다. 특히 내부공간에서 거주부분과 종속부분이 전·후면으로 나누어지는 속복도형이 주류를 이루는데, 대표적인 사례가 1939년의 윤씨주택이다. 이 주택은 현관부터 연결된 속복도를 사이에 두고 남측의 거주공간과 북측의 종속부분이 나뉘어 있고, 주택의 주요 공간에 일본식 미닫이문을 사용한 쓰즈키마 구성을 보이는 전형적인 속복도형이다. 또한 가족용 내현관과 접대용 주현관이 분리되었으며, 주현관 바로 옆에는 서양식 응접실을 배치했다. 주인실 남쪽에 엔가와를 두고 테라스를 거쳐 정원으로 연결되게 한 것 역시 일본식 주택의 전형적 평면구성

기법이다.

당시 박길룡이 설계한 도시 단독주택에서는 현관을 반드시 배치해 주거공간을 모두 내부화함으로써 전통주택에서 신발을 신고 오가는 불편한 동선을 해결하고자 한 점, 식당·아동실 등 기능에 따라 실들을 배치한 점 등 근대주택으로 전이하는 과도기의 합리적 특성을 많이 보인다. 그러나 박길룡이 설계한 주택의 특징은 일본식 특성이 많이 나타나면서도 당시 일본에서 유행하던 서양식의 거실중심형 평면은 나타나지 않는다는 점이다. 이는, 그가 서양식보다는 일본식이 조선식과 절충하는 데 더욱 적합하다고 판단했기 때문일 것이다. 결국 그는 당시대의 선도적 건축가로서 내선일체內鮮一體 사상에 부합하면서, 한·일 절충식으로 대표되는 근대적 주택을 도입하고 정착시키는 역할에 충실하고자 한 것이다.

3
한국적 평면의 시도와 시행착오

서양식 주택의 도입과 전통주택과의 절충

한국전쟁 이후 도로와 주거지가 다시 정비되던 1950년대 후반은 국내에서 교육받은 건축가들이 본격적으로 활약하기 시작한 시기다. 전쟁 직후 1950년대 말부터 1960년대 초까지는 국가와 공공기관이 공영주택을 대량 보급하는 데 힘쓴 시기로, 각종 주택 관련 사업에 건축가들도 적극적으로 참여했다.[16] 또한 보건사회부에서 새로운 주택을 보급하려는 노력의 일환으로 1958년과 1959년 두 차례에 걸쳐 개최한 '전국 주택설계 현상모집'은 젊은 건축가들의 등용문이 되기도 했다. 1950년대에는 어려운 경제사정으로 인해 건축가에 의해 개별적으로 지어지는 주택은 그다지 많지 않았지만 몇몇 사례를 통해 한국 주택이 근대적 주택으로 변화하는 과도기에 정체성을 찾고자 했던 고민들을 엿볼 수 있다.

　이 시기 주택에서 가장 두드러진 현상은 일제강점기 일본식 주택의 잔재를 많이 털어버렸다는 점이다. 그렇지만 다시금 한옥으로 회귀한 것이 아니라 서양식 주택 일변도로 지어지게 된 것 또한 큰 변화였다. 전쟁 후의 주택 평면에서는 많은 경우 일본식의 흔적이 남아 있고 서양의 영향 도[17] 많이 받았지만, 이는 결국 전형적인 한국식의 새로운 평면으로 나아가기까지의 과도기였음을 알 수 있다. 또한 이 시기 이후 건축가주택에서 나타나는 대표적인 양상은 거의 모두 집중형의 겹집형이라는 점이다. 같은 시기 대량으로 지어지던 도시한옥이 모두 중정형을 택한 것과는 매우 대조적이다.

'새로운 집, 사교적인 K씨저택'이란 부제가 붙은 김순하 설계의 K씨주택(1956)은[18] 한·일·양식의 다양한 공간적·의장적 요소가 적절히 적용된 과도기적 평면형을 보여준다. 평면은 접객공간과 가족공간이 분리된 형식이며, 두 영역은 접객공간인 사랑방 후면의 속복도로 연계되어 있다. 또한 전면에는 일본식 주택의 엔가와처럼 덧문이 설치된 툇마루가 있어 일본의 영향이 약간은 남아 있음을 알 수 있다. 그러나 이 주택은 안방은 대청, 사랑방은 응접실이라는 각각의 마루를 갖고 있어 전통주택의 안채·사랑채를 연상시키는 구성을 하고 있다. 식당은 안방과 사랑방 사이의 대청에 연이어 배치되어 가족생활의 중심공간으로 마련된 것을 볼 수 있다.

남성과 여성의 공간에서 각각 분리되어 나타났던 마루가 하나의 공간으로 통합되는 과도기 사례가 같은 시기 지어진 이명철 설계의 김원회 주택이다. 여기서도 마루는 K씨주택처럼 가족용·응접용으로 두 개인데, K씨주택과 다른 점은 응접실 기능을 하는 마루가 상당히 축소된 점이다. 반면 또 하나의 마루는 매우 크게 계획되었는데, 이 공간을 가족실이라 칭하며 '일가단란을 누리는 공간'이라고 정의한 것으로 보아 가족의 공동생활 공간으로 마련되었음을 보여준다. 공적인 응접실이 사라지면서 접객과 가족단란 기능, 그리고 남성의 생활과 가족의 생활이 통합되는 것이다. 그러나 이 경우에도 명칭상으로는 주부실·주인실이 분리되어 전통적인 남·

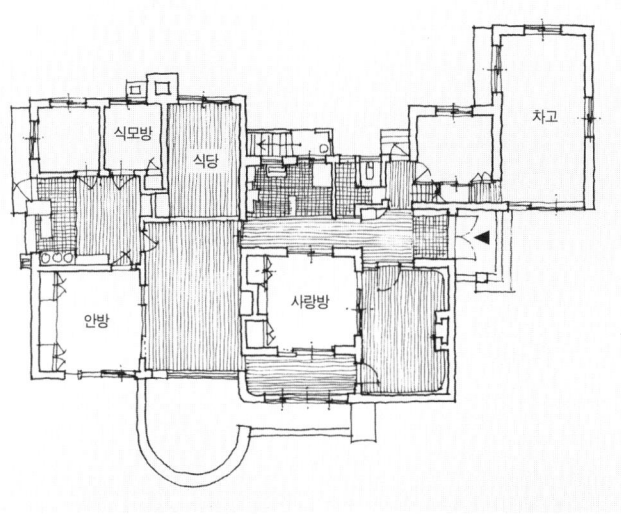

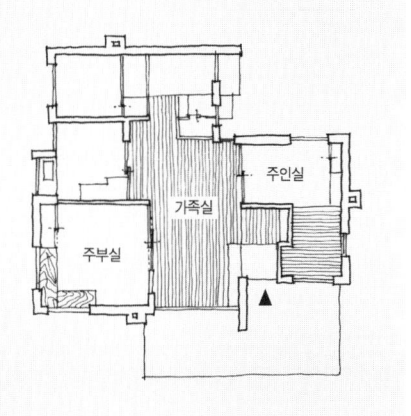

김순하, K씨주택(1956, 위). 전통식과 일본식이 남아 있는 주택이지만, 사랑방이 축소되고 가족 공동생활 공간이 있는 근대적인 변화를 볼 수 있다.
이명철, 김원회주택(1956, 아래). 서양식 평면에 가족단란 공간이 형성되었다. 다만 명칭상으로는 남, 녀의 분리의식이 남아 있다.

녀 구분 개념이 완전히 사라지지는 않았다. 김원회주택에서 나타난 평면 구성 원리, 즉 '겹집형―마루중심의 전면출입형'은 1960년대에 이르면 국민주택에서 많이 채택하는 전형적 평면구성 원리로 확산·정착되어 한동안 유행했다.

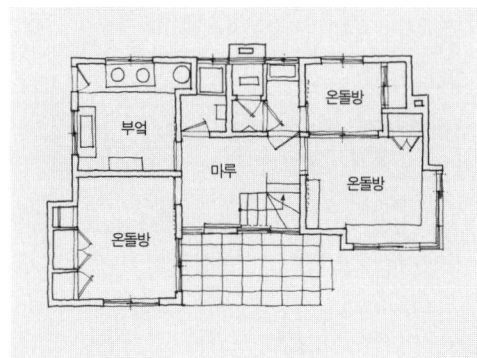

김태식, 김태식주택(1956). 마루가 평면의 중심에 위치하는데, 현관이 없어 마루가 대신한다.

김태식은 1949년, 해방 후 우리나라 최초로 개인 설계사무실을 연 건축가다.[19] 그는 약 94m² 규모의 2층주택인 자신의 소주택(1956)을 설계했는데, 이 주택 역시 '겹집형—마루중심의 전면출입형'이다. 이 평면의 특징은 마루가 가족의 공용공간으로 자리 잡아 내부공간의 중심에 위치하고 현관 없이 마루 전면에서 출입할 수 있게 된 점이다. 전체로는 겹집형을 따르지만 겹집이면서 속복도가 나타나지 않는 점, 현관이 없는 점은 일본식 주택의 자취가 완전히 사라진 것이다. 또한 이때 안방, 사랑방의 구분 없이 마루를 중심으로 양측에 방을 배치한 것을 보면, 가족 구성원에 따라 영역이 분리된 전통주택에서도 벗어나 새로운 방식으로 공간을 재편성했음을 알 수 있다. 서울식 전통한옥 평면에서 불합리하게 여겨졌던 안방의 후면배치를 전면으로 바꾸고, 후면에 내실화된 부엌을 둔 것 역시 합리적인 공간으로 변화한 중요한 요소다.

이상에서 살펴본 대로, 거실은 등장 초기에는 명칭이 명확히 정착되지 않아 대청, 가족실, 마루, 리빙룸 등으로 상이하게 불렸지만 그 성격이 점차 전형적인 한국식으로 정착해 나가는 과정은 한국 주택의 평면 변화에 중요한 요소가 된다. 일제강점기에는 나타나지 않았던 이러한 여러 종류의 마루가 나중에는 통합되어 가족 공용공간이 되고, 또 더욱 발전해 근대적 성격의 거실로 정착하게 된다.

건축가주택의 전형적 평면구성

건축가에 의해 창조된 주택의 평면, 의장적 요소, 외관 등은 하위의 주거문화 즉 보통 수준의 주거문화를 누리는 사람들에 의해 모방되고 반복·확산된다. 건축가주택은 한 시대의 고급 주거문화를 선도하는 것이다. 경제수준이 향상되면서 건축가에게는 새로운 고급 주거문화를 전파하는 역할이 요구되었고, 끊임없이 하위 주거문화와 차별화되는 주택들을 선보였다. 서민주택이 한국적 평면형을 정착시키던 1960년대 후반부터 건축가들에 의해 지어지는 주택은 좀더 다채로운 방향으로 변화를 모색했고, 그 변화를 수용할 수 있는 상류계층 또한 층이 더욱 두터워졌다. 이때 완전히 서양식 평면으로 일찌감치 전환한 것은 일반 단독주택과 차별되는 가장 중요한 요소였다.

1960년 지어진 건축가 강명구의 자택은 서양식 평면으로 넘어가는 과도기 형태를 보인다. 경기형 민가를 연상시키는 ㄱ자형 평면에 전면으로 테라스를 넓게 두었으며, ㄱ자형의 꺾어진 모서리 부분에 현관을 돌출시키고 작은 툇마루를 통해 거실로 진입하도록 했다. 거실은 주방 및 화장실로 동선이 개방되었으며 안방과는 미세기로 구획되었다. 부엌은 주방이라는 명칭으로 변화했고, 주방과 분리된 식사실을 계획했다. 1960년대 후반 상류계층을 대상으로 하는 건축가주택에서 본격적으로 정착한 서양식 평면의 특징은 현관이 있고, 가족 공용공간이 '거실'이란 명확한 명칭과 함

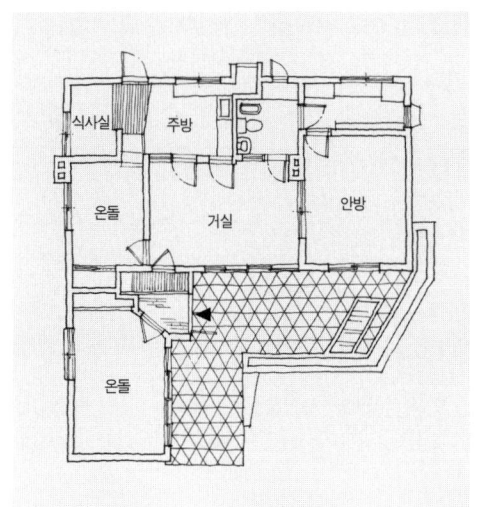

강명구, 강명구주택(1960). ㄱ지형 평면이 전통 경기형 민가를 연상시키는데, 각 실의 위치가 달라져 있다.

께 가장 중요한 공간으로 인식된 점이다. 거실은 입식 소파를 사용하는 생활에 걸맞게 가구 배치를 적절히 할 수 있게 계획되었다. 1960년대 이후 상류주택에서는 식탁과 함께 따로 마련된 식당 공간 역시 보편적이었다.

안영배[20] 설계의 오씨주택(1960년대 초반 추정)에서 1층 평면은 거실과 식사실 겸 다용도실이 있는 공동생활 공간과 부부침실의 사적 공간으로 크게 분리했으며, 2층에는 자녀들의 침실만 3개 배치했다. 이렇게 가족의 공동생활 공간과 침실이 수직적으로 분화한 것은 각 방의 프라이버시를 많이 배려하는 서양식 공간구성 원리를 적용한 것이었다. 강명구주택과 오씨주택은 여러 면에서 대비되는 구성을 하고 있다. 강명구주택은 거실을 중심으로 양편에 안방과 또 하나의 방이 배치되고 거실이 개방적으로 구성되어 독립성이 떨어지는 반면, 오씨주택은 거실 및 가족의 공공공간이 사적 공간과 분리된 독립적 구성을 보인다. 또한 강명구주택에서는 현관이 전면에 있어, 전통주택의 대청에서의 진입방식이 남아 있는 반

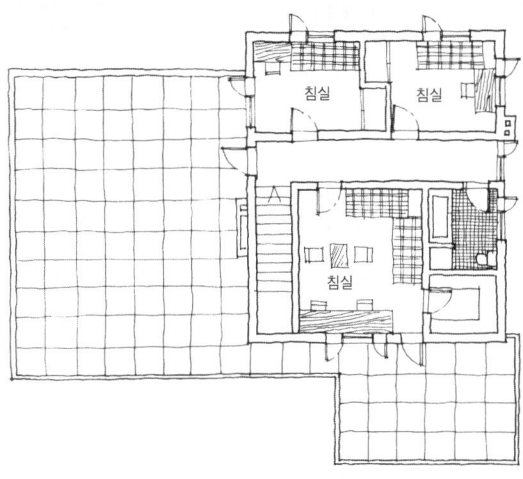

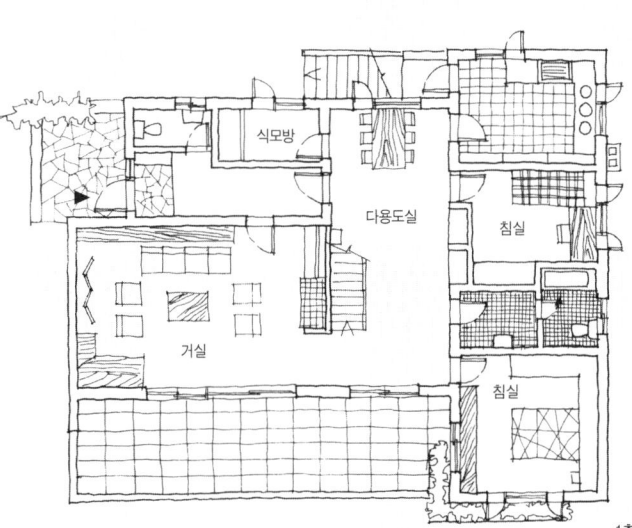

안영배, 오씨주택(1960년대 초). 2층에 자녀실을 두고, 현관이 있으며, 공적 공간과 사적 공간이 분리된 서양식 주택이다.

면, 오씨주택은 현관이 후면에 명확히 구성되고 동선의 구별이 뚜렷하다. 이 두 대조적인 면은 한국 주택의 평면이 발전하는 과정에서의 갈등구조, 즉 거실중심형과 공·사영역 분리형, 현관의 전면 진입형과 후면 진입형, 개방적 공간구성과 독립적 공간구성, 한국적 계획원리가 적용된 평면과 서양식 평면의 갈등을 뚜렷하게 보여준다. 이렇게 대비되는 두 계획원리는 단독주택 및 공동주택에서 1970, 80년대까지도 계속 같이 나타나면서 서로 충돌과 보완 과정을 거치게 된다.

안영배 설계의 주택들은 1960년대 이후 건축가주택의 전형적 특징을 보이며, 오랫동안 영향을 미쳤다. 평면은 전체적으로 정돈된 사각형 형태를 띠고 있고, 내부공간의 구획이 그리드상에서 이루어져 명료한 질서를 보인다. 평면은 모두 공·사영역 분리형인데, 대지의 상황에 따라 '가로 방향의 긴 장방형'과 '정방형에 가까운 변형'의 두 유형으로 크게 분류할 수 있다. 전자는 하부층에 배치된 거실·식당 및 부엌 등 가족 공용공간이 서로 인접한 곳에 위치해 뚜렷하게 분리된 영역을 확보하며, 주인침실이 욕실·드레스룸과 함께 또 하나의 영역인 마스터존master zone(부부침실, 부부욕실, 드레스룸 등으로 이루어진 부부전용 공간)을 형성한다. 이러한 배치방식은 1970년대 건축가주택에서 가장 많이 채택하는 유형으로 자리잡는다.[21] 후자는 주택의 규모가 비교적 작은 경우에 해당하는 유형이다. 하부층에 마스터존 외의 침실이 추가로 하나 배치되고 거실과 식당이 리빙 다이닝Living-Dining을 형성한다. 이때, 현관은 주로 평면의 전면에 배치된다.

안영배 설계의 주택에서 나타나는 평면의 명료함은 외관에도 반영되어 매우 정돈된 형태로 나타난다. '가로 방향의 긴 장방형'은 보통 박스형의 평지붕을 취하며 수평성이 강조된다. 2층의 발코니 상부에 설치되는 백

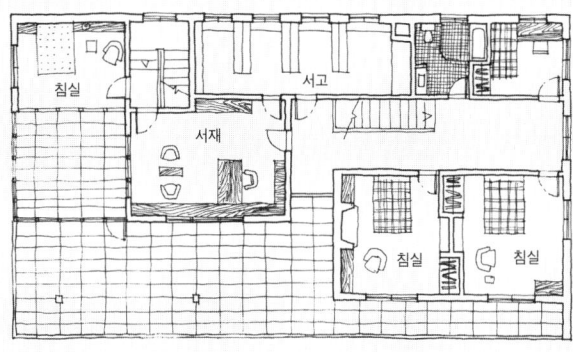

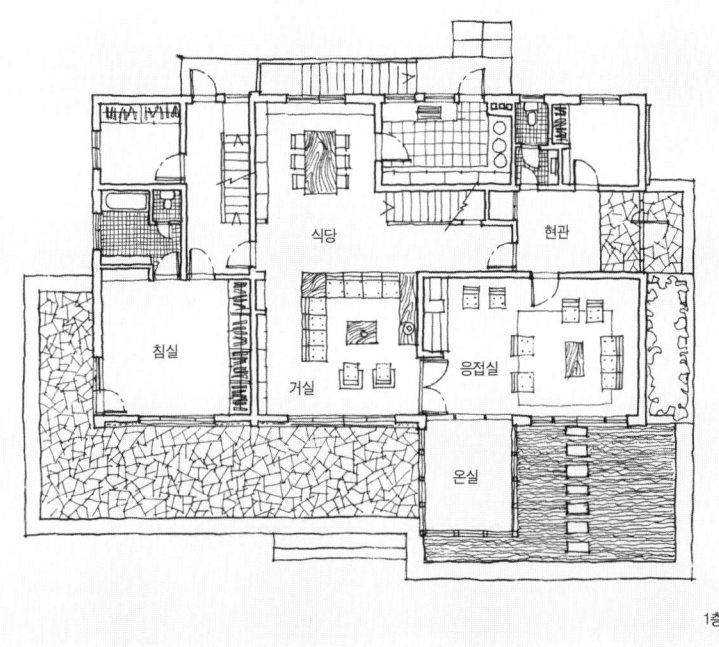

안영배, 필동 Y씨주택(1960년대 초). 가로 방향의 긴 장방형으로, 현관이 측면에 위치하고 동선이 공동생활 공간을 관통한다.

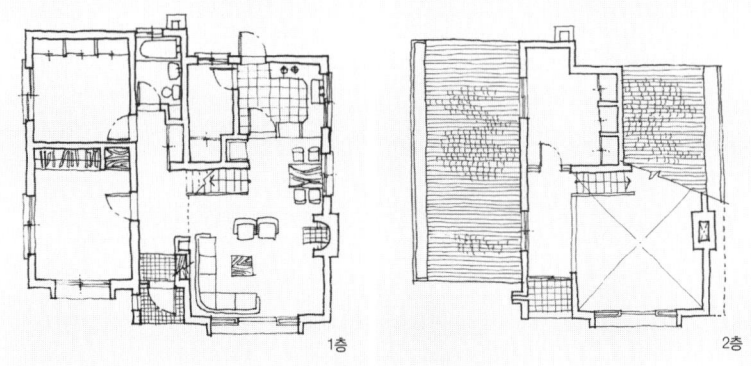

안영배, 휘경동 C씨주택(1960
년대 초)의 평면도(위)와 내부
모습(가운데). 정방형에 가까
운 변형으로, 현관이 정면에
위치하고 동선이 공동생활 공
간과 마스터존을 분리한다.

안영배 주택의 외관. 서교동
M씨주택의 사례로 1960년대
이후 고급주택의 외관에 영향
을 미쳤다.

색의 차양은 외관상 박스형을 유지시키는 수단으로 활용된다. '정방형에 가까운 변형'의 경우, 박공지붕이 종종 사용되어 수직성이 강조된다. 이러한 주택 형태와 함께 외벽의 벽돌 마감, 백색의 발코니 난간 및 백색 차양, 박공지붕 전면의 백색 돌림띠 등 외관의 의장적 요소들은 후대의 건축가 주택에서 상당히 많이 차용되는 건축요소가 된다. 그뿐만 아니라 소위 집장수집에서도 많이 채택되어, 안영배의 초기 작품들이 우리나라 주택 평면과 외관에 매우 중요한 영향을 미쳤음을 알 수 있다.

4
피상적 전통성 추구와 혼란

건축적 표현과 전형성典型性의 갈등

우리나라 초기 건축가 그룹은 일제강점기에 교육을 받았거나 일본에서 건축교육을 받은 건축가, 국내 대학에서 최초로 건축교육을 받은 1세대 건축가, 미국·유럽 등 구미에서 건축교육을 받은 건축가 등 세 그룹으로 크게 분류할 수 있다.22) 이들 중 특히 구미에서 건축의 시야를 확장한 건축가들은 때마침 한창 발달하는 건설기술과 함께 서양식 외양과 내용을 갖춘 새로운 주택의 양식을 국내에 정착시키는 데 큰 역할을 했다. 단독주택은 건축가들이 나름대로 자신의 철학과 작품성을 표현하는 창구로 각광을 받았다. 이러한 활동이 가능했던 것은 생활수준이 높아지면서 건축가에게 주택설계를 맡길 만큼의 경제력과 안목이 있는 계층이 더욱 두터워졌기 때문이다.

    1960년대 후반의 건축가주택은 크게 두 경향으로 나눌 수 있다. 1960년대 초반에 비해 조형성을 훨씬 충실하게 추구한 낭만적 경향의 주택들, 그리고 안영배 작품의 계열을 잇는 보수적 성향의 주택들이다. 전자

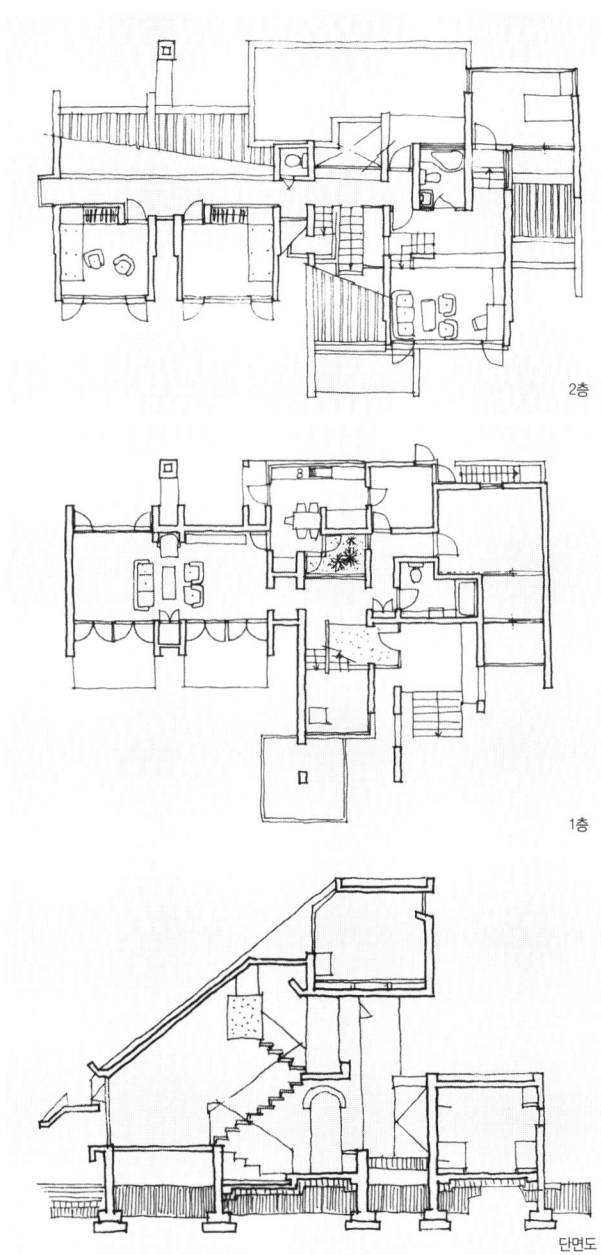

유걸, 성북동 K씨주택(1968). 내부공간의 구성이 복잡하고 아기자기하며, 건물은 조형성이 강하게 드러나는 1960년대 후반의 경향을 볼 수 있다.

의 경우, 내부공간은 거주자의 개성이 적극적으로 반영되어 이전 시기보다 훨씬 다양하고 복잡한 평면형으로 나타난다. 변화 있는 평면은 건물 매스의 조형적 디자인으로 표현되어 외관에 요철과 변형이 나타났다. 또한 내부공간과 외부공간 사이에 발코니·옥상정원과 같은 중간적 성격을 갖는 공간이 다양하게 만들어져 변화 있는 외형이 창조되었으며, 내부 또는 내·외부 전이영역에서의 공간체험은 더욱 풍부해졌다. 내부공간에서도 다양한 공간감을 갖도록 공간들을 서로 중첩시키고 얽히게 하는 방법이 자주 시도되었다. 예를 들어 건축가 유걸의 성북동 K씨주택에서는 스킵skip을 구성해 모든 실들을 사이사이 위치한 복도로 연결함으로써 공간들이 분리되면서도 지루하지 않게 연계했고, 이로써 개별성 또한 최대한 확보했다.

한편, 보수적인 작품들은 대부분 집중적 공간구성을 보인다. 보통 1층에는 거실을 중심으로 이에 연계된 식당과 부엌을 배치하고, 부부침실을 두며, 상부층에 자녀침실을 두는 것이 전형적인 공간구성 원칙이다. 또한 부부침실에는 드레스룸과 부부욕실이 배치되어 부부의 프라이버시가 점차 중요시되고 마스터존이 확대되는 경향을 보인다. 직사각형 평면에 거실을 중심으로 양편에 베이bay가 증가하도록 구성하는 것 역시 전형적인 기법이다. 내·외부 공간 사이에 완충공간을 적절히 두어 공간적 변화를 주지만, 전체 외관은 장방형을 유지하는 경향이 짙다. 보통 2층이 1층보다 면적이 작고 2층에는 테라스가 있는데, 테라스를 둘러싸는 1·2층 처마의 수평돌림띠는 건물의 수평적 요소를 더욱 강조하고 의장적으로 완결시키는 역할을 한다. 이러한 특징들은 1960년대 후반부터 1970년대 초반까지의 단독주택에서 유행했던 평지붕 2층주택의 전형적인 모습을 보여준다.

1970년대 초의 많은 소장파 건축가들의 주택작품에서 외관이 장방

김정철, K씨주택(1968). 1960년대 말, 직사각형 평면의 평지붕 2층주택의 전형적인 모습을 띠고 있다.

형으로 일반화하는 현상을 볼 수 있으며, 평면구성은 정형화·대칭화 경향이 강하게 나타난다.23) 보통 하부층에 안방과 거실·식당이 배치되고 상부층에는 자녀실이 배치되는 것이 기본이다. 여기서 공통적으로 나타나는 것은 안방으로서의 부부침실이며, 이는 항상 거실과 연계되어 있다. 공간의 규모가 커질지라도 응접실이나 사랑방이 나타나지 않는 대신, 대개 2층에 발코니와 연계된 가족실이 계획되어 가족의 공동생활에 상당한 비중을 두었음을 알 수 있다.

이렇게 작가의 창의성을 과감히 표현하며 공간의 변화와 매스의 변형으로 다양한 실험을 하는 경향, 그리고 전형적인 한국적 공간을 재창조해 토착화시키고 보수적으로 공간을 구성하는 경향은 1960년대 후반과 1970년대 초반까지 대립하면서 건축가주택의 큰 두 흐름을 형성해 나갔다. 이 시기는 때마침 한국전쟁 후 국민주택이 보급되는 등 급박한 물량 위주의 건설활동이 활발했고, 초기에는 서양식 근대 건축물이 양산되는 것이 당연시되었다. 그러나 어느 정도 지난 시점부터는 주택의 형식과 내용 양면에서 전통성 논의가 대두되었다. 따라서 새로운 양식의 도입은 조심스럽고 신중하게 진행되었고, 결국 나름대로 한국적 정서에 맞추려는 탐색과정을 겪었다고 볼 수 있다.

1970년대 주택들에서는 1960년대 유행했던 슬래브 평지붕이 사라지고 경사지붕이 다시 등장했다. 경사지붕은 내부공간에서 변화감을 줄 수 있으며, 경사의 방향성으로 동적인 느낌을 주고 지붕의 질감과 형태가 정서적 안정감을 준다는 이유로 많이 사용되었다. 또한 주택의 외부 마감재 사용은 절제되어 벽돌·전돌 등 자연재료를 많이 쓰게 되었다. 벽돌을 주조로 한 매스, 경사지붕, 난간의 수평선과 깊이 파인 발코니 등의 건축적 요소는 충실한 내부공간의 기능과 함께 한국인의 생활상과 정서가 반영된 것이었으며 민족적·지역적 특성을 그 표현수단의 근거로 삼은 것이었다.[24]

김중업과 김수근의 주택작품

1960년대 이후의 한국 주택건축을 언급할 때 중요하게 거론되는 건축가가 김중업과 김수근이다. 둘은 이전 시기의 건축가들과는 다른 독자적 성향을 보인다. 그때까지 대부분의 건축가들은 외래의 주거문화와 고유의 주거문화가 충돌하는 가운데 생활에 대응하는 기능적 공간구성에 대해 고민하고 한국적 특성을 반영한 평면 형식을 정착시키기 위해 노력하는 보수적 성향을 보였다. 이에 반해 서양 또는 일본에서 서구식 근대 건축교육을 받은 김중업과 김수근은 주택설계에서 공간의 내용과 질서를 고민하기보다는 자신들의 건축적 개성과 철학을 자유분방하게 표출했고, 나아가 주택작품을 예술적 대상으로 승화시켰다. 이에 따라 건물의 외관과 형태가 다양해졌으며 평면 역시 어떠한 규범에 맞추기보다는 매우 자유롭게 구성되었다. 또한 이들은 한국적이고 전통적인 요소들을 공간의 내용보다는 혁신적이고 조형성이 강한 외관을 통해 표현했다.

김중업은[25] 서구에서 활동 후 1956년 귀국해 많은 작품을 남겼는데, 그 주택들의 수요자는 한국사회에서 해방 이후 자생적으로 형성된 최초의 부르주아계층, 즉 고급 소비계층이라 할 수 있다. 따라서 김중업의 주택작품은 이들의 다양한 취향에 부응했고, 과도하게 장식적으로 흐른다는 비판을 받기도 했다.[26] 건축가를 예술가로 추대하며 마음껏 설계하도록 한 건축주의 호방함과 김중업 건축의 장식성과 화려한 조형성은 잘 부합하는 것이었다. 그러나 김중업이 한참 활동하던 1960년대의 사회 분위기는 민족주의적 성향이 강했고, 그도 당시 한국 건축계에서 한창이던 전통성에 관한 논의의 한가운데 서게 되었다. 주택작품에서도 전통에 대한 의식과 지역적 특성에 대한 깊은 고민이 드러나며, 시기에 따라 다양한 방식

김중업, 가회동 이경호주택(1967). 한국 전통주택의 서까래와 기둥에서 유추한 처마 밑의 선적 요소들이 보인다.

제4장 이문화와의 갈등으로부터 전통의 재발견으로

김중업, 한남동 이강홍주택(1979). 곡선과 원형, 부정형의 공간들이 곡면의 지붕과 함께 조각과 같은 형태로 표출된다.

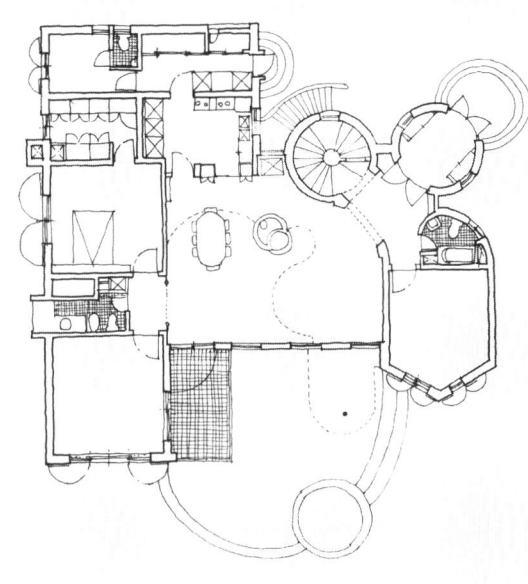

김중업, 방배동 민씨주택(1980). 원형의 계단실·현관, 다각형의 침실 등이 그동안 볼 수 없었던 파격적인 공간의 조형성을 표현한다.

으로 표출되었다.

　1967년에 김중업이 설계한 가회동 이경호주택은[27] 독자적 방식으로 한국미를 표현하고자 했다. 콘크리트를 주재료로 사용해 근대건축의 표현에 충실했지만 전통식 담과 같은 한국적 의장요소를 가미했다. 또한 한옥의 선(線)적 요소를 연상케 하는 전면의 기둥과 서까래, 그리고 처마를 통해 한국미를 은유적으로 표현하고자 했다. 한편 1978년 이후[28] 주택작품은 이전 시기와는 상당히 다른 성향을 보여 더욱 자유분방하고 과감해졌다.[29] 예를 들어 이강홍주택(1979, 서울 한남동)은 원형의 공간들이 불규칙하게 배열된 독특한 구성이며, 각 공간은 조각작품 같은 형태에 녹아들어 존재한다.[30] 이때 외부에 그대로 표현되는 내부공간의 구성은 기능

제4장 이문화와의 갈등으로부터 전통의 재발견으로　173

적이지 못해 공간이 건물의 형태와 조형적 원리에 귀속된 듯이 보인다. 또한 지붕을 통해 토속미를 표현하고 원시적 형태미를 재현하고자 했다. 전통 초가지붕이 갖는 특징을 직관적 태도로 추상 형태로 추출해 내고자 했지만, 이러한 직설적 표현은 전통성과 지역성을 추구하는 데에서 단편적 은유[31]에 그치고 말았다는 비판을 받기도 했다.

김수근 또한 김중업과 함께 대표적인 2세대 건축가로, 한국 건축계에 큰 발자취를 남겼다.[32] 그 역시 초기에는 전통에 대한 국수주의적 입장보다는 진보적 사고[33]를 보였다. 하지만 김수근은 1960년대 국립부여박물관의 설계로 한국건축의 전통성 시비를 불러일으킨 이후 건축작업에서 전통성, 한국성, 시대성, 그리고 지역성의 구현에 부담감을 가질 수밖에 없었다.[34] 그는 새로운 방식으로 한국성을 찾기 시작했고, 한편으로는 근대적 건축과 한국적인 것 사이에서 계속 줄타기를 하는 경향을 보였다. 그 이후 주택작품은 전통재료인 전돌 또는 토속성이 강한 벽돌 등을 사용하는 방향으로 변화했다.

김수근이 유년시절을 북촌에서 보냈다는 배경은 무의식적인 공간체험이 되어 지속적으로 그의 '건축적 자아'[35]를 형성했고, 이것이 나아가 한국건축의 자아를 찾고 전통성을 추구하는 그의 건축적 기초 양분이 되었음은 부인하기 어렵다. 초기 대표작품으로는 부정형의 공간들이 불규칙하게 배열된 우촌장(1971, 서울 삼선동)과 정형적 공간이 규칙적으로 배열되면서 정형적 형태를 보이는 세이장(1973, 서울 신영동)이 있다. 이 두 사례에서 보면 김수근 설계의 주택에서는 내부공간의 구성방식과 외적 표현방식이 작품마다 다르게 나타나지만, 재료의 사용에서는 전돌과 같은 토속재료를 사용하는 일관성을 보인다. 이 중 세이장은 우촌장보다는 절제된 디자인으로 단순하면서도 지루하지 않은 내부공간을 갖고 있다. 특

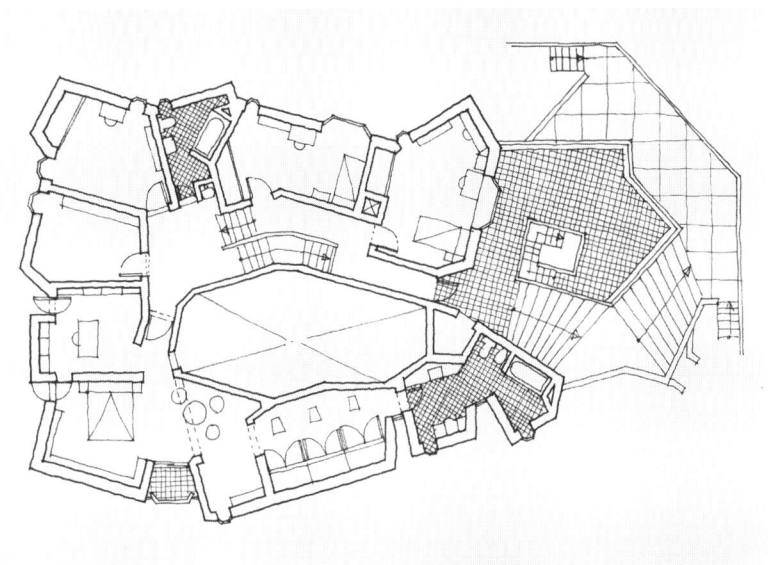

김수근, 우촌장 전경과 2층 평면도(1971). 부정형의 공간들이 복잡하게 얽혀 있으면서 벽돌을 사용해 토속적 정서를 표현한다.

히 세이장은 모서리창으로 자연과의 교감을 의도해, 자연이 내부공간으로 유입되고 건물과 주변환경이 유기적으로 소통하도록 했다. 또한 좌식생활을 염두에 두고 실을 계획했으며, 창살과 창호지를 사용해 전통성을 표현했다.

김수근, 세이장(1973, 왼쪽). 절제된 디자인과 함께 재료와 창호의 창살 등이 잘 어우러지면서 전통성을 표현한다.
김원석, 아리장(1978, 오른쪽). 김수근의 영향을 받은 작품으로, 세이장과 같은 느낌으로 전통성을 표현한다.

      김수근의 주택작품은 조형성보다는 재료와 질감을 중요시하는 표현주의적 특성을 보이며, 이를 통해 정서적 측면에 더욱 호소하는 경향을 보인다. 이는 지붕이나 기둥 등의 조형적 요소로 전통성을 구현하고자 했던 김중업과는 대조적이다. 1970년대에 김수근은 "전통이란 형식화되고 고정화되기 쉬운 것이다. 고전 형식의 되풀이나 모방이 전통의 계승이라 할 수 없다. 전통의 계승은 전통의 창조적인 계승을 말한다"[36] 라고 주장했다. 이러한 태도의 결과로 '자연과의 교감'이라는 한국의 전통적 공간 특성을 추출해 그 가치를 추상적으로 재창조한 창암장(1974, 서울 평창동)이 탄생했다.
      이 주택에서는 수려한 주위환경과 경사진 대지의 조건이 건물의 배치와 공간구성에 적극적으로 고려되어, 대지의 경사 차이를 이용해 공간

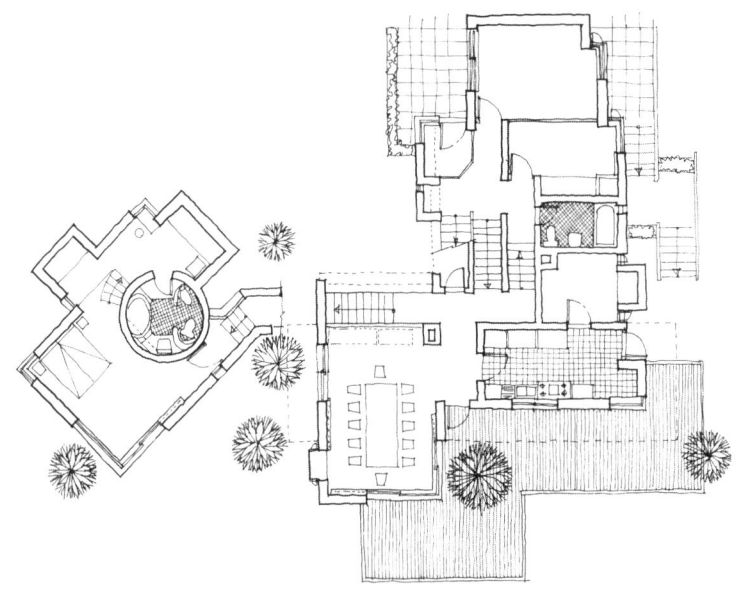

김수근, **창암장**(1974). '자연과의 교감'이라는 한국의 전통적 공간특성을 추출하여 추상적으로 재창조했다.

을 자연스럽게 상·하로 연결했다. 이를 통해 한국 전통공간에서 김수근이 주목했던 문방공간이 갖는 공간적 특성, 즉 마당과 대청의 매개적 특성, 외부공간에서 단위공간이 갖는 실존성과 그들 공간의 순차적 시퀀스[37]가 입체적으로 구현되었다. 자연재료의 사용과 지형에의 순응은 그가 생각하는 한국 전통주택에서 추출한 중요한 전통성 중의 하나로,[38] 돌출된 발코니 및 넓은 테라스는 외부공간과 건물을 하나의 전체로 완성시키는 매개체 구실을 한다. 또한 회색 전돌과 목재가 주변과 가장 잘 조화되는 마감재로 선택되었다. 김수근 작품에서 특히 벽돌은 한국 자연환경의 토양에서 생성된 토속성을 표현하는 대표적 재료로 사용되었다. 친근하고 투박한 질

제4장 이문화와의 갈등으로부터 전통의 재발견으로 177

감이 한국적 정서에 잘 부합되는 벽돌 마감의 외관은 이후에 다른 건축가들도 즐겨 사용했다.

양식의 범람과 전통성의 망각

1970년대 후반에 이르면 건축가주택은 더욱 과감해져, 공간구성이 더욱 복잡·다양해지고 외관도 혁신적으로 변화한다. 또한 창의성 있는 주택작품에 대한 건축가의 의욕을 읽을 수 있다. 이 시기 작품들에서는 한 시대를 아우르는 뚜렷하고 일관된 경향과 흐름보다는 다양한 양식들이 산발적으로 나타나서 혼돈스러운 특징을 보인다. 하물며 같은 시기 같은 작가의 주택작품 중에서도 일관된 건축어휘를 찾아보기 어려운 경우도 있었다. 이 시기의 건축가주택들은 정형적인 입방체에서 탈피한 입체적이고 역동적인 디자인이 특징으로, 조각적 지붕 디자인과 건물의 사선 배치, 원형 평면 등을 도입한 혁신적인 작품들이 등장했다.

예를 들어 김원 설계의 S씨주택(1971, 서울 흑석동), K씨주택(1971, 서울 봉원동) 등은 공간을 배분하는 데서 다른 주택들과는 전혀 다른 접근방식을 보여준다. 형식에 얽매이지 않고 공간을 다양하게 개방하거나 바닥에 단차를 두거나, 또는 공간의 형태를 변형해 변화감 있는 공간을 연출했다. 또한 흑석동 S씨주택에서는 내부공간 벽체의 축을 변형시키고 단차를 두어 공간의 흐름을 극적으로 구성했다. 봉원동 K씨주택은 세 영역으로 분리된 정방형 매스 내에 리빙룸과 마스터존 그리고 부엌 및 기타 공간을 각각 축약해 배분하고, 각 영역을 계단실 및 짧은 복도로 연결해 외관에 조각작품 같은 볼륨감을 형성했다. 주거공간은 기능적 요구를 충족시켰을

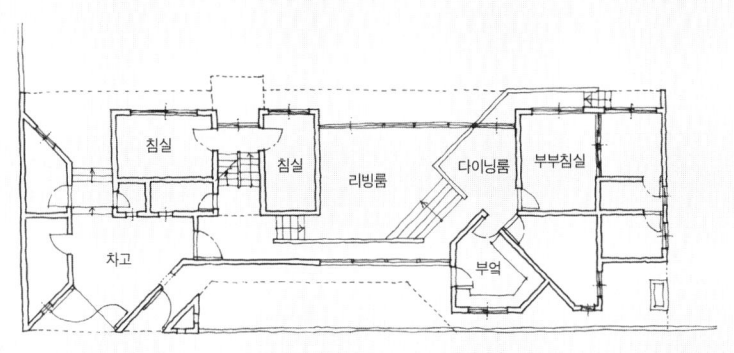

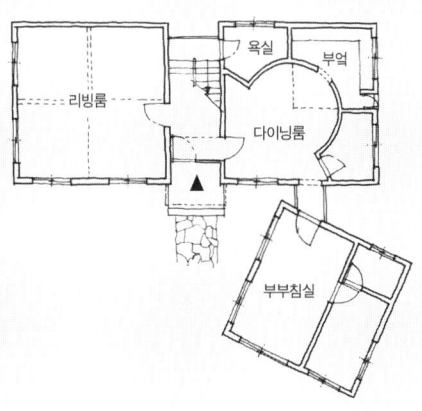

김원, 흑석동 S씨주택(1971, 위)과 봉원동 K씨주택(1971, 아래). 주거공간을 통해 건축가의 예술적 개성이 드러난다.

뿐만 아니라 예술적 개성을 풍부하게 표출하고, 그 외형은 건축가의 조형적·심미적 감성을 더욱 뚜렷하게 표현해 주는 도구가 된 것이다.

    황일인 설계의 P씨주택(1975, 부산 남천동)에서와 같이 전망, 채광, 통풍, 시선의 열림과 닫힘, 공간의 상호관입 등 다양한 건축적 요소들은 기능에 앞서 공간을 창조하는 가장 중요한 요소였다. 이때 건축가는 각 실의 고유한 기능보다 공간의 접속과 전이가 더욱 중요하다고 강조한다. 내부

황일인, 부산 남천동주택(1975). 내·외부의 중간적 성격을 갖는 부분에 프레임, 기둥, 캐노피 등을 사용해 건물의 외관을 조형적으로 완성한다.

는 공간경험의 흥미를 불러일으키도록 다양한 바닥 레벨과 층고의 차이를 두었다. 요철이 두드러진 평면과 함께 여기에 부가된 콘크리트 프레임, 기둥, 돌출된 발코니, 길게 돌출시킨 캐노피 canopy, 프레임 없이 뚫린 픽처윈도 picture window 등은 건물의 조형성을 배가시킨다. 그 결과 건물은 수직과 수평의 조화가 조각적으로 표현된 형태가 되었다.

황일인의 작품이 외관의 부분적인 의장적 요소를 이용해 조형을 표현한 것이라면, 공일곤의 J씨주택(1975, 서울 반포동)은 매스를 다루는 데

공일곤, 반포동 J씨주택(1975). 건물의 매스를 자유롭게 변형시켜 조각과 같은 외관을 만들어낸 사례다.

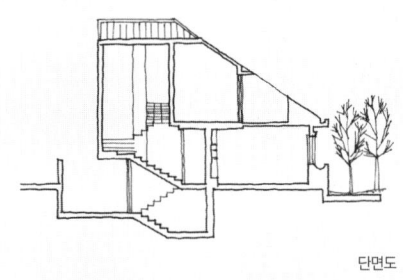

단면도

에서 좀더 과감하다. 작가는 스스로 "적당히 반죽된 진흙덩이를 칼로 썩썩 베어내고 숟갈 같은 것으로 긁어내고 또 덧붙이기도 하여 어떤 것을 만들어내는 재미란 일품이다. 곧잘 나는 이러한 상황하에 설계를 하곤 한다. (중략) 어떻든 간에 이것은 설계자의 특권이랄까, 덩치가 큰 집이, 아니 흙덩이를 나의 작은 손아귀에서 자유자재로 주무를 수 있으니 이 얼마나 통쾌한가"39)라고 말하고 있다. 경우에 따라 조형성이 공간의 기능성에 앞서기도 했다. 강석원 설계의 L씨주택(1975, 인천 송현동)은 공간의 기하학적 질서가 강하게 드러난다. 뾰족한 경사지붕이 리듬감을 타고 하늘로 비상하는 듯한 건물은 내부공간이 사선으로 양분된 결과다. 외관과 평면이 동시에 건물의 조각적 표현에 충실하고자 계획되었고, 이때 평면상에서 면구성composition을 하듯이 공간들을 관통하는 사선의 절개는 역동성을 더욱 강조한다. 그러나 이 사선의 공간은 나머지 공간들을 침범해 실의 기능들을 훼손한다.

지금까지의 사례에서 1970년대의 경향을 요약하면, 작품에 대한 의욕으로 주거공간을 하나의 생활시스템으로 조직하려는 목표 대신 조각작품화한 경향이 강했다. 많은 건축가들은 '하모니·밸런스·콘트라스트' 등 조형적 입장에서 공간적 감동을 구현하는 데 작업목표를 두었고, 때문에 건축가가 자의로 창조해 낸 이러한 공간은 시대의 생활을 담지 못했다는 비판을 받기도 했다.40) 이러한 분위기 속에서 '한국적인 것' 또는 '서구적인 것'을 구분하는 것조차 무의미했으며 전통에 대한 논의는 회피되었다. 따라서 이 시기의 건축가주택에서는 1970년대 초반까지 근근이 이어온 한국 주거의 명맥, 즉 한국의 주거문화와 공간질서를 작품에 투영시키고자 한 고민의 흔적을 찾기 어려웠다. 다만, 일각에서 주택의 질적 측면이 강조되기 시작하면서 이러한 서구적 이미지에 대한 반향으로 '한국성'을 모색

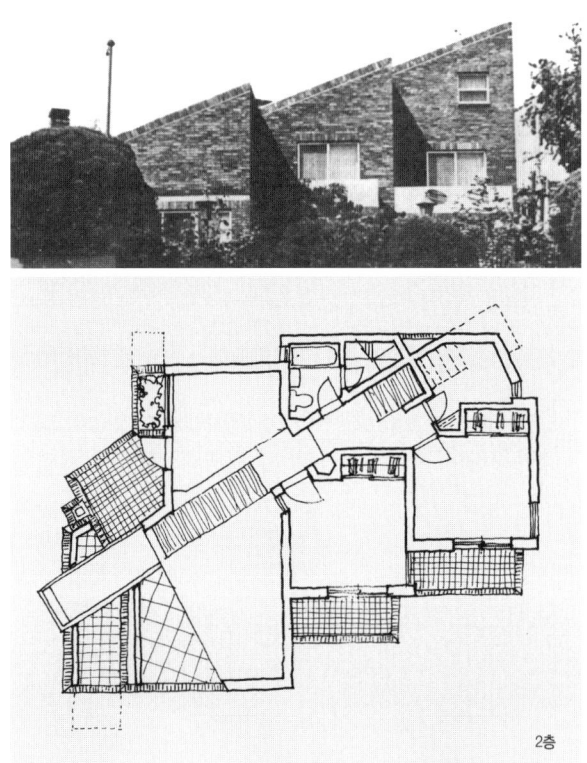

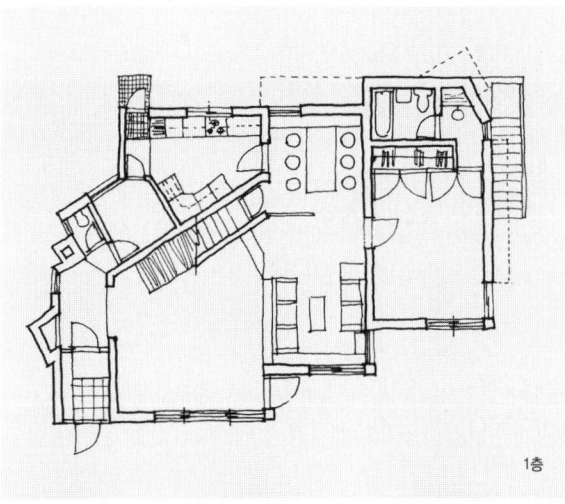

강석원, L씨주택 전경과 2층 평면도, 1층 평면도(1975). 건물 외관의 사선 요소가 내부공간에서도 기하학적 질서로 나타난다.

하려는 일련의 시도가 이루어졌다. 주로 콘크리트의 조소성을 이용한 유동적 곡면 혹은 거친 재질감을 통해 한국적 조형성을 유추해 적용했으며, 전통적인 형태적 모티브를 직접 인용한 역사주의적 해석도 보인다.[41]

전형적 상류주택의 표본과 전통성 논의

과감한 디자인의 주택과 함께 한편으로는 토속적 감성을 표현하는 경향들이 나타났다. 1970년대 중반은 한동안 주택작품들에 적벽돌을 유행처럼 사용하고 수공예적 수법들을 적용했던 시기가 있었으며[42] 한쪽은 높고 한쪽은 낮은 ㅅ자형 지붕 형태, 박공지붕, 또는 오지기와지붕도 유행했다.[43] 오택길·민현식 설계의 3세대를 위한 집(1973, 서울 삼성동), 윤승중 설계의 K씨주택(1976, 이태원), 민현식 설계의 서씨주택(1980, 방배동) 등이 대표적으로 여기에 속한다. 이러한 계열의 주택들은 상류 단독주택의 전형으로 각인되고 확산되었다. 내부공간은 비교적 보수적으로 구성되었는데, 다음과 같이 암묵적인 원칙들이 있었다.

첫째, 거실과 그에 인접한 부부중심의 공간, 자녀공간, 그리고 경우에 따라 노인공간은 분리되면서도 순차적인 연속성을 형성한다. 둘째, 현관은 측면에 배치되고, 주택의 전면은 거실을 중심으로 여러 베이를 형성한다. 셋째, 공간들은 수평적으로 길게 배열되면서 내부공간에는 거실의 한 단면에 현관으로부터의 동선을 연결하는 복도와 같은 공간이 형성된다. 긴 동선을 흡수하는 이 공간은 개방되는 경우도 있고, 부분적으로 차단되기도 한다. 넷째, 여유 있는 공간 규모는 기능에 따라 실이 분화되는 경향을 보여 거실, 응접실, 가족실, 아틀리에, 홀 등 다양한 명칭의 공간이 나

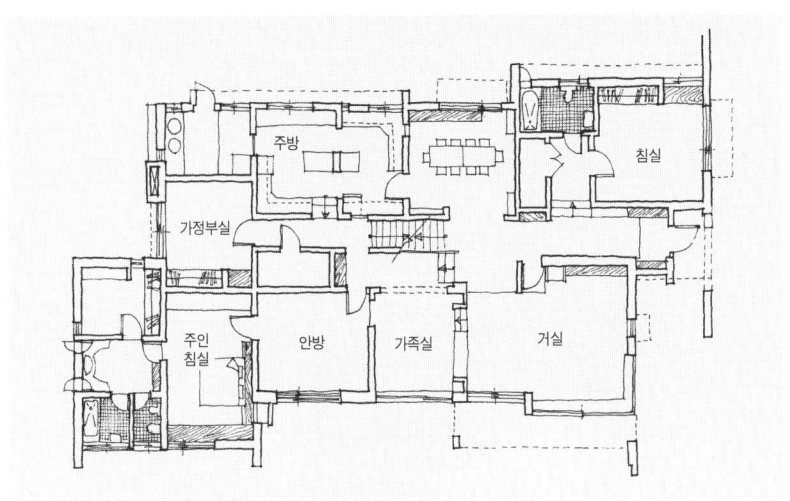

윤승중, 이태원 K씨주택(1973). 수평으로 펼쳐진 보수적인 내부공간과 함께 전형적인 고급주택의 면모를 모인다.

타난다.

　　1980년대 도시 단독주거지의 특징이라면 필지의 규모가 줄어들었다는 점인데, 이에 따라 외부공간의 사용을 극대화하는 방향으로 건물을 계획하게 되었다. 새로이 등장한 경향 중 하나는 홍순인 설계의 임씨주택(1981, 서울 역삼동) 같은 ㄱ자형 평면의 구성이다. 건물은 좁은 대지의 마당을 둘러싸며, 건물 양 끝단에 각각 배치된 거실과 안방이 마당을 향하고, 서로 직각의 위치에 놓인다. 거실과 식당은 유기적으로 연계되고, 부엌은

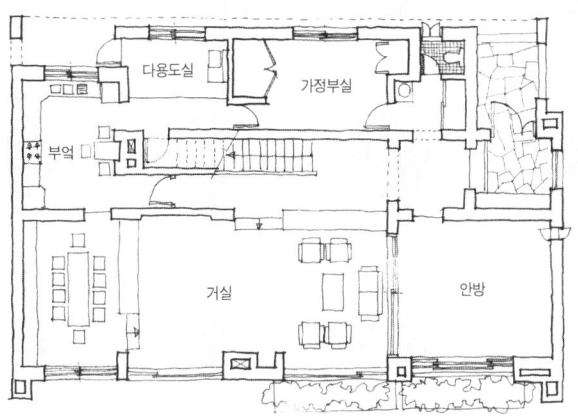

민현식, **방배동 서씨주택**(1980). 이태원 K씨주택과 마찬가지로 수평으로 펼쳐진 보수적인 내부공간과 함께 전형적인 고급주택의 면모를 모인다.

보통 식당과 연계되어 후면에 위치한다. 또한 ㄱ자형의 꺾인 부분은 온실·현관·계단실·복도 등 매개공간으로 계획되어 다양한 공간으로 활용될 여지를 두었다. 이러한 계획 방향은 후에 자주 등장하는 ㄷ자형으로 진행되는 전 단계로 볼 수 있는데, 마당과의 관계를 의식하면서 도시한옥 이후 사라졌던 내향형 주거의 성격을 어느 정도 복원하는 경향을 보인다. 배치 상으로는 전통적 방식으로 회귀하면서도 평면구성에서는 서구적 특성이 강하다. 거실과 마스터존 사이의 거리가 상당하고, 영역상으로도 분리되

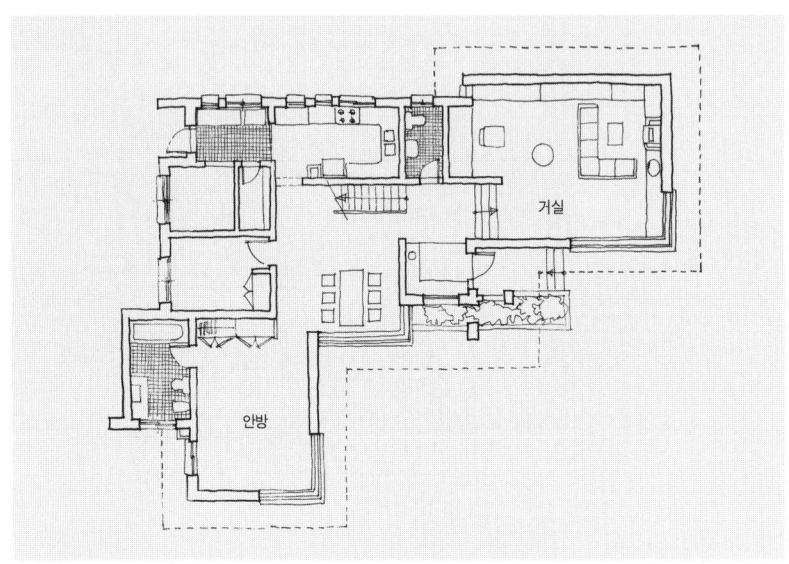

홍순인, **역삼동 임씨주택**(1981). 1980년대는 ㄱ자형 평면 등으로 좁은 대지를 효율적으로 이용하는 경향이 나타나는 시기다.

는 등 기본적으로 공·사영역을 구분하는 평면구성인데, 이는 아파트에서와 마찬가지로 한국적 평면구성 원리인 거실중심형과 갈등을 보이는 부분이다.

    이 시기는 아파트에서도 서구적인 평면과 한국적인 평면의 갈등을 거쳐 한국적 생활에 적합한 전형적 평면을 확립해 나가던 때였고, 단독주택에서도 아파트 평면과 유사한 구성이 종종 발견된다. 이는 이건문 설계의 이씨주택(1985, 서울 성북동)과 같이 거실을 중심으로 후면에 식당을 배치하고 마스터존이 거실과 연계된 경우, 그리고 황일인의 B씨주택(1985, 서울 방배동)처럼 거실과 식당이 건물의 전면에 병렬 배치된 경우로 크게 나눌 수 있다. 전자는 보통 현관이 전면 또는 측면에 위치하고, 후자는 현관이 보통 후면에 위치하는 것이 차이다.

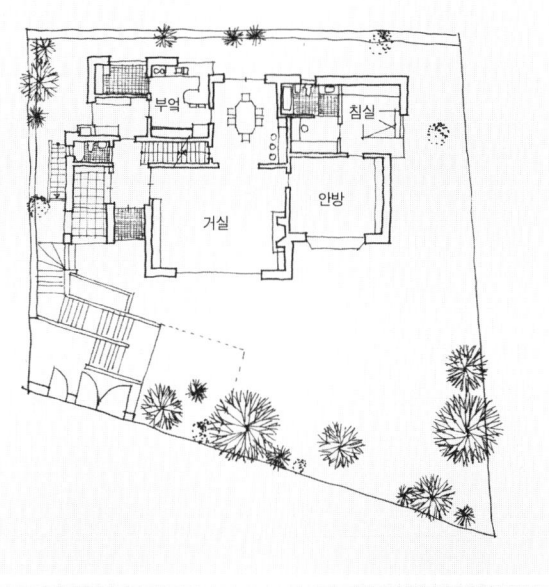

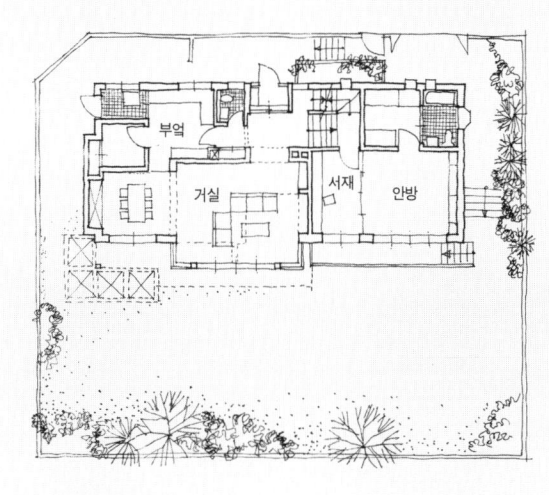

이건문, 성북동 이씨주택(1985, 위). 거실을 중심으로 후면에 식당이 배치된다.
황일인, 방배동 B씨주택(1985, 아래). 거실과 식당이 전면에 병렬 배치된다.

5
전통의 재해석

전통적 정서와 이국적 정서의 혼재

한 시대 주거문화의 첨병에 있던 건축가주택에는 그 시대의 이상적 주택에 대한 선망이 간접적으로 표출된다. 특히 1980년대의 단독주택에 대한 일반적 정서에는 한창 확산 중이던 아파트에 대한 반감과 아파트와의 차별성에 대한 요구가 녹아들어 있었다. 이에 따라 건축가주택은 더욱 개성 있는 다양한 형식을 추구하게 된다. 건축가주택이 아파트와 차별되는 대표적 장점은 바로 마당이었다. 따라서 외부공간은 점차 가치가 더욱 높아졌고, 이것이 '자연'이라는 화두와 결합해 건축가주택에서 가장 중요시되는 요소가 되었다.

1980년대의 건축가주택은 한쪽에서 보편적 정서를 반영한 전형적 도시 단독주택 유형이 하나의 흐름으로 지속되어 온 가운데, 전통을 새로이 해석하는 또 하나의 흐름이 나타난 것이 큰 변화라 할 수 있다. '자연과의 소통'은 주택계획에서 중요한 큰 방향으로 설정되었고, 이것이 그동안의 서구식 주거형에 대비되는 전통적 주거의 본질적 요소로 인식된 것이다. 이러한 경향은 궁극적으로 '전통적 정서로의 회귀'라는 시도로 발전했다. 1980년대 초까지는 주택작품에서 '전통의 계승' 혹은 '한국적 조형의 구현'이라는 목표를 위해 주로 직설적인 전통적 어휘들을 인용하는 방식이 주류였다. 그러나 1980년 중반 이후부터는 전통건축의 공간구성 기법이나 개념들을 변용해 현대화하려는 움직임이 나타났다. 즉, 전통성 표현의 방법을 형태적 어휘에서 공간적 개념으로 발전시킨 것이라 볼 수 있다.

류춘수의 갈현동 소나무집(1982)은 자연적 요소를 주택 깊숙이 끌어들였다. 동서로 긴 대지의 중앙에 위치한 큰 소나무를 ㄷ자형 평면이 둘러싸는 구성으로, 자연과의 교감을 계획의 첫째 조건으로 삼았음을 알 수 있다. 전통주택에서 차경借景의 개념이 단지 자연을 그림처럼 평면적으로 이용한 것이라면, 갈현동 소나무집에서의 자연은 입체적으로 해석되어 주거공간에 3차원적으로 파고든다. 이 주택에서 주목할 만한 공간은 거실이다. 보통 서양식 주택이 도입된 이후 겹집 형태가 일반화되었고 이때 보통 거실은 한 면만이 개방된 형태가 대부분이었지만, 이와 달리 이 주택에서는 전·후면이 개방되어 홑집에서의 대청을 연상케 한다. 거실을 전통적 배치로 환원시켜 중앙에 위치시키고 앞뒤로 틔워 개방감을 부여해 대청마루처럼 느껴지는 공간으로 계획했다. 소나무가 심어 있는 옥외 데크는 정원과 자연스럽게 연계되고, 거실의 연장공간으로 이용되어 거실의 개방적 성격을 더욱 배가시킨다. 거실의 한 측면은 현관 및 계단실로 또 다른 측면은 개인공간이 집약된 영역으로 이루어져, 한국적 특성을 갖는 거실과 서구적 공간이 결합된 구성을 보인다.

이 시기에 전통주택의 정서가 반영된 사례는 갈현동 소나무집 같은 도시형이 있고, 또한 전원주택의 시류를 타고 교외에 지어진 교외형도 있다. 도시형이 도시한옥의 분위기와 공간구성 원리를 많이 따랐다면, 교외

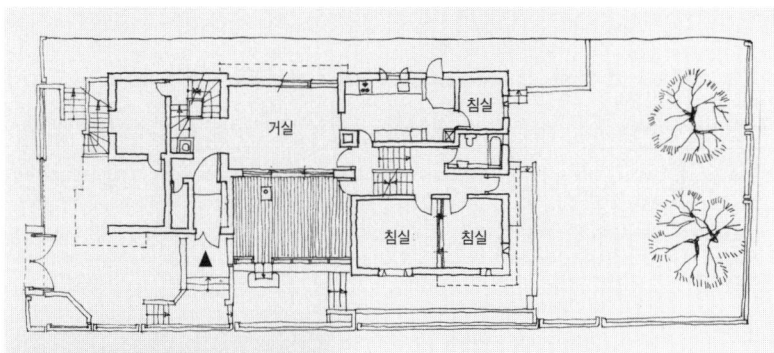

류춘수, 갈현동 소나무집(1982). 거실을 전·후 개방하고, 소나무를 중심으로 건물을 ㄷ자로 배치하여 전통적 느낌을 살렸다.

형은 넓은 대지를 활용해 보다 적극적이고 다양한 방식으로 전통 민가의 공간구성 방식을 적용했다. 류춘수 설계의 또 다른 작품인 삼하리주택(1986, 경기도 양주군 장흥면)은 전통주택의 이미지를 구현한 전원주택의 대표적 사례로, 구조 역시 목구조를 채택한 ㄴ자형 홑집이다. 여기서 내부공간과 외부공간은 서로 자연스럽게 연계되고 소통한다. 식당에 면한 테라스와 거실 전면의 데크는 툇마루와 비슷한 전통적인 매개공간으로 이렇게 재창조된 전통적 공간요소들을 통해 자연과 소통이 이루어진다.[44] 이

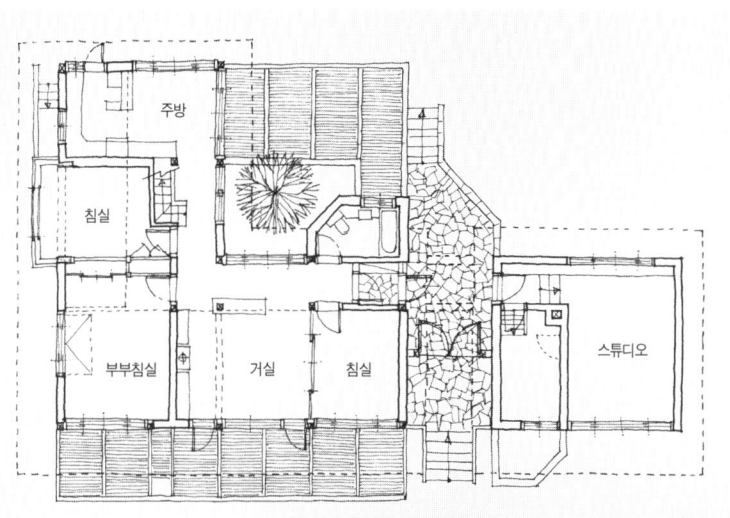

류춘수, 삼하리주택(1986). 목구조의 ㄴ자형 홑집으로, 마당이 분절되고 채가 분화한 전통주택의 요소를 적용했다.

주택에서는 마당이 분절되고, 공간의 진입과 시선의 축이 면밀한 계산하에 유도되며, 채가 나누어짐과 동시에 부분적으로 입면상 연결되어 내·외부 공간의 다양한 공간감을 연출한다. 또한 내부공간에서는 195cm의 낮은 층고를 적용하여 건물의 체험을 통해 전통성을 미학적 차원으로 승화시키고자 했다.

1970년대까지 거대하고 화려한 단독주택 작품이 주류였다면, 1980

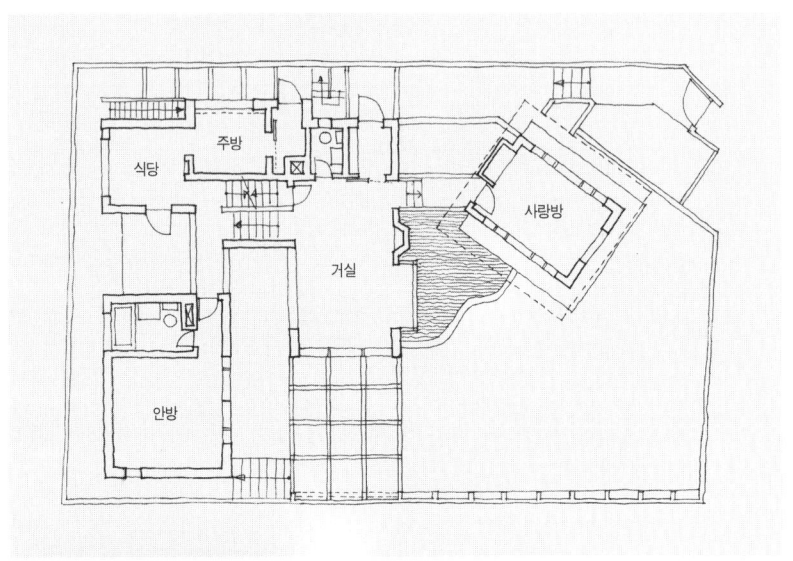

승효상, 정릉 C씨주택(1989). 전통주택에서의 사랑채를 복원하고, 동선을 의도적으로 연장함으로써 서구식 공간구성에서 탈피했다.

년대 후반의 많은 주택작품들은 소박하고 친근한 스케일을 적용한 것도 많이 나타난다. 승효상 설계의 정릉 C씨주택은 작은 규모의 사랑채와 툇마루 등 전통적 요소를 직접 도입했다. 대문, 퍼걸러pergola, 데크, 툇마루 등은 건축적 어휘이자 장식적 요소일 뿐만 아니라 내·외부 공간을 동시에 체험하도록 해주는, 건물과 외부공간의 중간적 성격을 갖는 장치들이다. 이

주택은 의도적으로 동선을 연장해 다양한 공간경험을 유도함으로써 역사적 향수를 느끼는 공간을 창조하는 방향으로 발상의 전환을 이루고 서구적 기능주의에서 탈피하고자 했다.

한국적 전통 정서를 찾아내려는 다양한 시도 속에서 한쪽에서는 이국적 취향에 젖어 서양에서 유행하는 건축을 모방하고 추종했는데, 이러한 양면성이 1980년대 후반의 특징이라 할 수 있다. 국적 불명의 조형어휘가 무분별하게 적용되기도 했으며, 장식적 건축요소들을 과도하게 사용하고 여러 재료들을 무의미하게 혼용하는 것도 이 시기의 혼란스러운 디자인 경향 중 하나였다. 아치문, 열주列柱가 있는 발코니, 베란다의 콘크리트 차양과 난간 같은 무국적의 산만한 건축 어휘와 양식이 남용된 사례가 많았다.[45] 전통적 요소 역시 장식적으로 변형되어 전통 문양의 창호지문, 처마, 서까래 등이 단편적으로 사용되었다. 평면은 대부분 거실중심형을 기본으로 하여 1층은 가족 공용공간과 주인침실, 2층은 자녀침실로 이루어진 전형적 공간구성을 따른다. 이때 식당·계단실·테라스 등을 종종 원형 또는 팔각형의 기하학적 형태로 계획했고, 이것이 외관으로 표출되어 조형적 요소가 되도록 했다. 또한 콘크리트의 조소성[46]을 이용해 지붕이 과감하게 변형되고, 전통에서 응용된 의장이 적극적으로 표현되기도 했다.[47]

1980년대 유행하기 시작한 전원주택의 이미지는 건축가의 작품주택에도 파고들어 고급주택에서 낭만적이고 자연주의적 취향을 반영했다. 창호의 장식적 처리, 입면의 패턴 적용, 다양한 형태의 천창天窓 도입, 재료의 대비, 기하학적인 형태적 요소들의 인용 등을 흔히 볼 수 있다. 1980년대 초반에는 스패니시spanish 기와와 벽돌담을 사용해 소재에서 자연미를 추구했고, 후반부터는 좀더 과감하게 지붕창, 전면 박공지붕, 만사드지붕(망

김기석, 지붕재(1987). 과장된 장식적 요소로 이국적 정서가 과도하게 드러난다.

사르드지붕, mansarde roof) 등으로 지붕이 의장화하는 경향을 보였다. 마감재도 더욱 다양해졌는데, 외벽재로는 주로 적벽돌·변색벽돌·전벽돌·파벽돌 등이, 지붕은 자연석 또는 아스팔트싱글asphalt shingle이 많이 사용되었다. 김기석 설계의 지붕재(1987, 서울 돈암동)의 경우와 같이 전벽돌과 여러 겹으로 강조된 처마선 등이 한국적 요소로 해석되었고, 이것을 서구적 형태와 결합시킴으로써 '전통성의 추구와 동경의 추구'라는 이원적 목적을 달성했다고 주장한다.[48] 그러나 육중하고 과장된 지붕과 굴뚝, 그리고 뽀족지붕은 이국적 정서를 과도하게 드러내어 양식이 남용된 혼란스러운 양상을 보인다.

도시성의 발견과 평면의 분산

류춘수의 주택작품이 토속적 정서를 바탕으로 전통을 표현한 것이라면, 조성룡의 시도는 전통을 해석하는 데서 보다 도회적이며 현대적이다. 전통의 개념에 도시성을 접목해 '단일주거'의 계획으로부터 '거주지의 일부

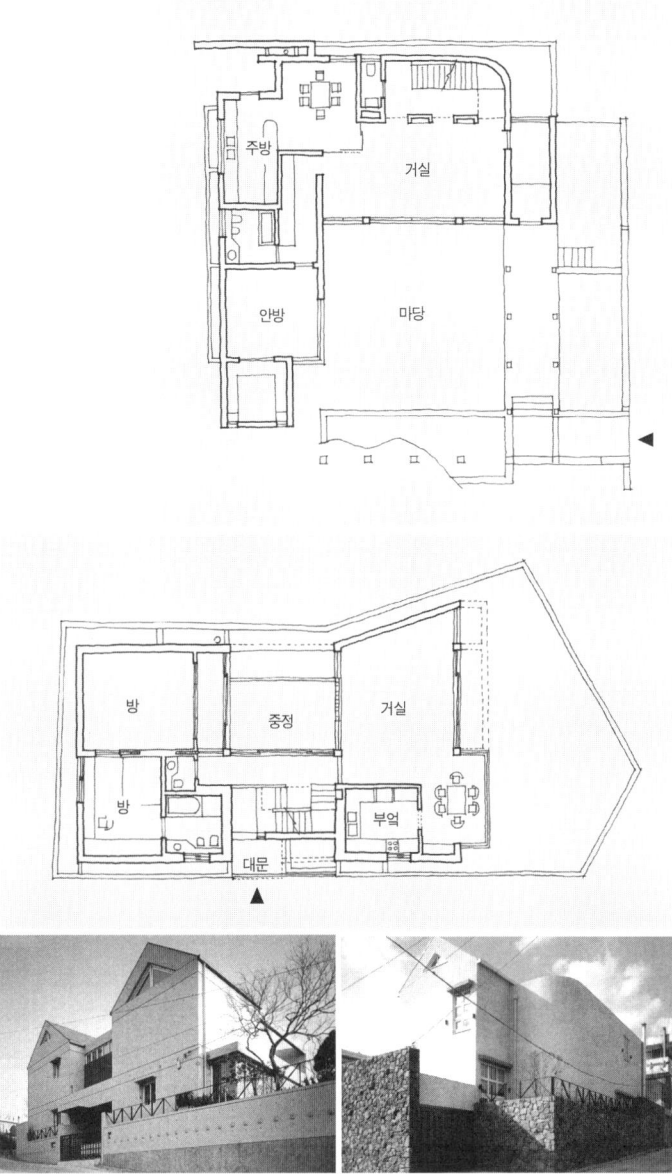

조성룡, 합정동주택(1987, 가운데 평면도와 왼쪽 사진)과 청담동주택(1988, 위 평면도와 오른쪽 사진). '도시적·도회적 풍경과 대상에 관해 장소의 의미를 파악했다'는 건축가의 의도가 드러난다.

가 되는 주거'를 계획하는 방향으로 의식이 전환된 것은 현대주거가 추구해야 할 명확한 목표를 보여준다. 주택을 도시 속에서 의식하고 도시적 맥락과 관련한 공간과 형태를 재현하고자 한 것이다. 또한 주택의 내부공간은 물론 외부공간까지도 전통에 관한 논의의 연장선에서 다루었으며, 이는 밀집한 도시환경 속에서 가로에 대해서는 폐쇄적인 반면 내부로 개방된 중정을 도입하려는 시도로 이어졌다. 조성룡 설계의 합정동주택(1987)은 이러한 원칙하에 도시 속에서 협소한 대지의 상황을 이해하고 그것에 적응하고자 한 결과다. ㄷ자형 건물로 중정을 둘러싸는 배치, 채와 채의 나눔과 연결[49]로 열림과 막힘의 공간적 변화를 주어 전통적 공간의 개념을 살렸다. 또한 전통건축의 구축방법이 응용되어 콘크리트로 가구식架構式을 채택했다. 노출콘크리트 프레임은 공간을 반쯤 열리고 반쯤 닫힌 느낌으로 마무리해 주고 선적 요소를 강조하는데, 장식적 요소는 배제되어 상당히 현대적으로 변용되었다.

청담동주택(1988) 역시 마당을 도입하고 노출콘크리트로 마감한 비슷한 개념의 주택이다. '도시적·도회적 풍경과 대상에 관해 장소의 의미를 파악'[50]했다는 건축가의 의도처럼 여기서는 주거건물이 도시의 한 부분

조성룡, 합정동주택의 중정. 중정을 도입해 밀집한 도시환경에 적응하고자 했으며, 노출콘크리트로 현대적 감각을 표현했다.

으로 골목의 정서와 감성을 표현하는 매개체가 되었다. 청담동주택은 박공의 부담감을 상쇄시키는 홑집형을 기본으로 하고, 매스를 작은 볼륨으로 나누어 주변의 도시 스케일에 조화되도록 했다. 지붕 프레임은 건물의 형태를 완결하기 위한 도구이며, 격자 형태의 퍼걸러는 마당을 에워싸며 외부공간을 완성한다.

　　1980년대 말부터 배병길 설계의 쇄암리주택(1991)과 같은 자유롭고 개성 있는 실험적 시도들이 등장했고, 이 중 해체적 성향은 주택의 고전적 조형 이미지와 정형성에서 과감하게 탈피하는 모습을 보인다. 종래의 조형성이 지붕 및 건물의 형태 변형에서 온 것이라면 이 시기에는 벽체의 연장, 매스를 관통하는 가벽 및 프레임 설치, 발코니 설치 등 외부공간과 결합하는 다양한 방식으로 기하학적 특성을 살린 것이 특징이다. 외벽은 다양한 방향성을 갖고 중첩되거나 주택의 매스에서 연장되어 강조되었고, 주택의 전체 외관에서 조형적 모티브[51]로 이용하는 사례가 많아졌다. 또한 연결 벽체, 유도 벽체 등 다양한 벽체를 사용해 동선을 선적으로 길게 유도하고 연속시키는 경우가 많았다.[52]

　　또 하나의 경향은 매스를 분절시키고 작은 단위로 분해하고 재결합시키며 공간을 구성하는 방식이다. 형태적으로 조작된 매스에서 해체된 부분적 요소들은 대부분 건축화된 테라스·툇마루·차양 등으로 변형되고 서로 맞물려 내·외부 공간의 중간적 성격이 부여된 매개적 공간을 구성한다. 이로 인해 단순한 형상을 지니는 평면은 감소하고 더욱 자유롭게 구성되어 외부윤곽이 변형된다. 이때 구조체로서의 외벽 역시 장식적으로 표현되었다. 예를 들어 벽에서 연장된 프레임은 절삭된 매스, 혹은 군집된 여럿의 매스를 통일시키는 틀로써 외형에 수평적·수직적 질서를 부여한다.

　　김인철 설계의 솔스티스^{solstice}(1989, 경기도 화성시 팔탄면)와 같이

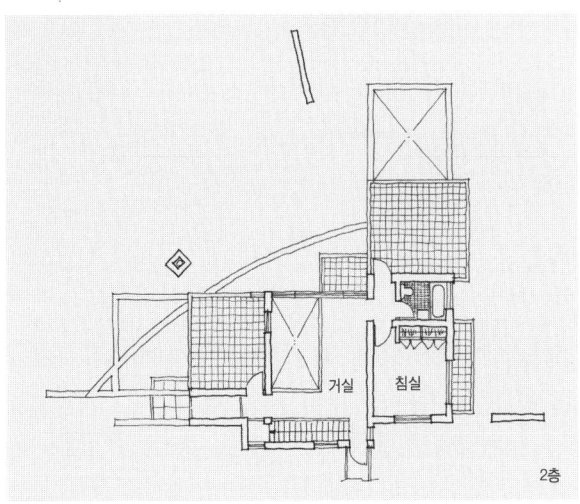

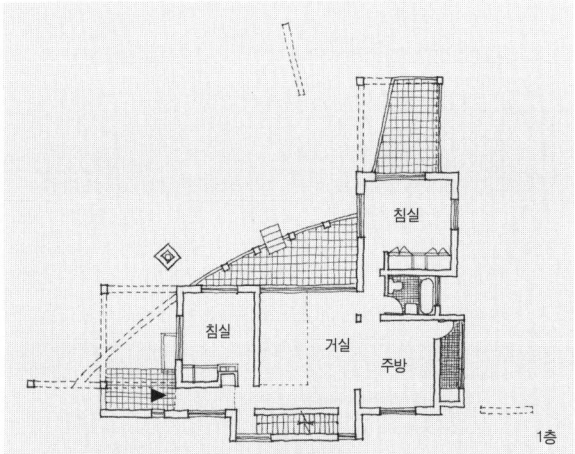

배병길, 쇄암리주택(1991). 연장된 벽체, 프레임, 가벽 등 기하학적 구성이 특징이다.

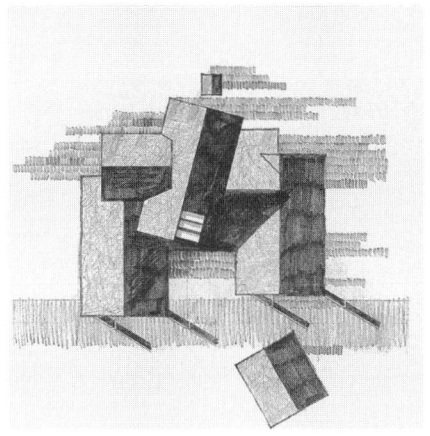

김인철, 솔스티스(1989). 건물 매스를 분해하고 비틀어 재배열함으로써 자유분방한 해체적 성향을 표현한다.

자유롭게 축을 구성한 주택에서는 건물을 주변 맥락과 연계하려는 의도와 작가의 자유분방한 공간변형 의도가 동시에 내포되어 있다. 콘크리트건물이지만 프레임과 가벽 등이 가구식 프레임을 강조하고 있으며, ㄷ자형 평면을 이용해 거실을 대청과 같이 앞·뒤로 관통하도록 했다. 공간의 분산과 매스의 절단에서 시작되는 이러한 해체주의적 성향은 전통주택에서의 건축어휘와 공간구축 방식과 일부 유사해 전통의 적용이라는 개념으로 자연스럽게 해석되었다.

채나눔과 비움

1970년대에 일어났던 전통에 대한 형태적 적용은 1980년대의 '분산형 평면' 개념을 거쳐 1990년대 이후 '중정과 채' 개념으로 정착한다. 프레임이

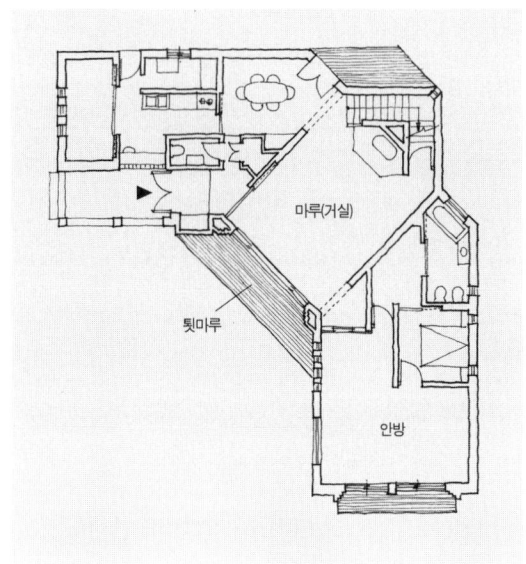

조계순, 한운제(1988). 홑집형의 거실에 툇마루를 설치하여 전통적 요소를 가미했으며, 건물이 마당을 위요한다.

나 건물로 둘러싸인 중정이나 마당을 형성하는 경향은 1990년대에도 지속되었는데, 이는 주택 내부공간에서의 개방성과 공간 확장의 효과를 획득함과 동시에 전통의 위계적 마당 개념을 공간적·형태적으로 회복하려는 움직임으로 발전한다. 이러한 경향은 더욱더 확대되어 채와 중정을 결합하는 구성이 주택계획에서 하나의 명제로 정착해 가는 양상을 보여준다.53) ㄱ자형·ㄷ자형 평면이 현저히 늘어나고, 평면은 갈수록 복잡해지고 비정형화되며 구성은 더욱 자유로워졌다. 이러한 성향의 선험적 형태는 조계순 설계의 한운제(1988, 서울 논현동)와 같이 채는 분리되지 않았지만 마당을 둘러싸는 위요형圍繞形 평면54)이다. 이 주택에서는 거실을 중심으로 한쪽으로는 안방, 다른 한쪽으로는 식당과 부엌을 배치했는데, 전통주택에서 마루가 있는 홑집형 평면구성과 흡사하다. 이때 축은 45도로 변형되어 ㄱ자형 건물이 되었고, 마당을 둘러싸게 되는 것이다. 이러한 형식

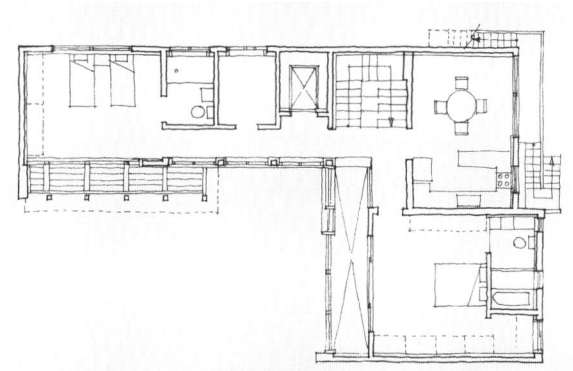

조병수, 평창동 ㄱ자집(1997). ㄱ자형 홑집으로, 공간이 선적으로 배열되었다.

은 결국 중정을 중심으로 하는 ㄱ자 혹은 ㄷ자형 공간구성, 그리고 전통주택의 홑집형을 따르는 형식으로 발전한다.

또한 '공간의 개별화'는 1990년대 주택작품에서 보이는 또 하나의 중요한 개념으로, 건물의 덩어리를 분절해 그 중심에 구심점을 형성하거나 분절된 매스들을 유기적으로 결합하려는 방식이다.[55] 이때 매스들에 둘러싸이고 분산된 공간들을 서로 연결하는 '중정'은 매우 중요한 역할을 한다. 이는 '채' 개념으로 발전해 1990년대 전통성에 대한 새로운 화두로 등장했다. 채의 분화는 안채와 사랑채의 개념을 현대에 맞도록 실의 용도를 구분하고, 여러 마당을 적재적소에 분산시켜 배치해 내·외부 공간을 다양하게

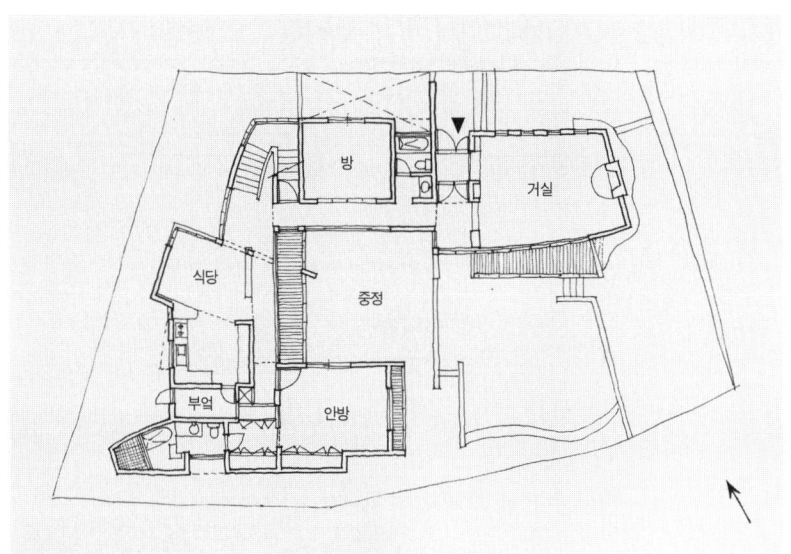

김홍수, 자명당(1994). 분화된 채가 중정을 둘러싸는 선형의 공간배치가 1990년대 중반의 경향을 대표한다.

연계시킨다.

분산된 채로 둘러싸인 주택들은 긴 동선이 특징이다. 예를 들어 대문에서 현관까지의 진입동선에서, 혹은 내부의 각 공간들을 잇는 동선에서 다양한 공간경험을 할 수 있게 계획되었다. 김홍수 설계의 자명당(1994, 서울 신영동)은 마당을 중심에 둔 ㄷ자형 평면으로, 현관에 이르려면 대문에서 진입마당을 거쳐 거실을 끼고 주택 뒤쪽으로 들어가야 한다. 의도적으로 진입경로를 길게 하고 선형線型화된 건물을 따라 돌게 함으로써 이 주택의 마당과 주택의 전면을 여러 방향에서 경험할 수 있도록 한 것이다. 여기에 부가된 담·계단·단차 등의 요소들은 다양한 공간경험을 가능하도록 하고, 움직임에 따라 시각이 연속적으로 흐르게 한다. 이는 현대주거의 기능적이고 합리적인 동선체계와는 반대되는 특성으로 조금은 불편하더라도 이동의 느슨함을 통해 생활에 풍요로움을 주려는 의도다. 또한 현대의 활동적인 주거생활을 반영하고, 개별화되고 다양한 사회적·문화적 공간을 수용하려는 의도를 갖고 있다.56)

이일훈이 설계한 탄현재(1993, 경기도 광주군 퇴촌면)와 궁리채(1995, 강원도 춘천) 역시 주거공간을 채로 나누고 주된 공간을 복도나 브리지bridge로 연결하고 있다. 또한 그 사이사이에 마당을 구성함으로써 주변의 자연경관을 대지 내로 끌어들이려 한다. 앞마당과 뒷마당 사이에 위치한 벽체나 개구부는 투명한 유리로 처리해 내부공간의 확장감과 깊이감을 느끼게 하고, 내부에서도 자연스럽게 자연과 융합할 수 있도록 하고 있다. 이처럼 공간의 투명성과 개방성을 확보하는 동시에 한편으로는 매우

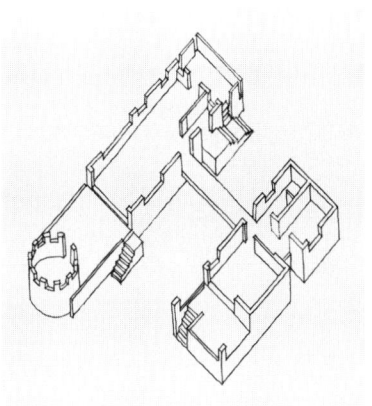

이일훈, 탄현재(1993). '채나눔의 미학'을 주거공간 구성의 원칙으로 삼는 건축가의 철학이 녹아 있다.

내향적으로 공간을 배치하는 것은 1970, 80년대 형식적으로 전통을 인용했던 차원에서 한 단계 진보된 전통성의 표현방법이라 할 수 있다.

여러 다양한 시도 중에서도 건축가들이 공통적으로 계승하려는 것은 결국 채의 분화와 위요형 평면에서 파생한 '마당'이다. 마당은 단지 건물을 배치하고 남은 공간이 아니라 처음부터 완결된 형태로 건물과 동시에 계획된 것이다. 승효상의 수졸당(1992, 서울 학동)에서도 주제는 '마당'인데, 몇 개로 분절되어 자리 잡은 마당은 설계의 출발점이 된다. 남쪽을 향해 열린 ㄷ자형 평면에서 가운데 마당을 두고 그 마당을 중심으로 방들을 배열하는 방식은 도시한옥의 공간구성을 연상하게 한다.

1990년대는 현대사회의 각박하고 복잡한 분위기 속에서 주거에서만큼은 안정적이고 서정적인 것을 추구하는 분위기였다. 이때 수졸당에서 강조한 '빈자의 미학'[57]은 그동안의 경제수준 향상으로 얻은 물질적 풍요에서 오는 공허함을 치유하고, 물질적인 것이 어느 정도 충족된 이후 정신적인 것을 찾고자 하는 욕구를 대변하는 것이었다. 수졸당에서는 마당과 돌담, 흰 벽 그리고 한 그루 나무와 같은 요소들이 '절제'와 '사유'로서 '빈자의 미학'을 표현하고 있다. 여기서 건축가는 "마루마당은 비워져 있다. 시간에 따라 변하는 빛과 그림자 또는 빗줄기로 채워지거나, 거실에서 담

승효상, 수졸당(1992). 비워진 마당이 '절제'와 '사유'로서의 '빈자의 미학'을 표현한다.

지 못한 행위들을 담는 공간이다"[58]라고 강조한다. 마당은 일반적인 생활공간 또는 정원이 아닌 비워진 공백이며, 또한 내부에 앉아서 관조하는 대상이기도 하다. 승효상의 또 다른 작품 수백당(1998, 경기도 남양주시)에서도 꼭 채워야 하는 최소한의 공간만 채우고 나머지는 비워둔다는 개념으로 '비움'·'공백'이라는 개념을 적용했고, 이를 마당과 흰색으로 구체화하고 있다.

김인철의 분당 전람회단지주택(2001, 경기도 성남시 분당동)은 도로를 향해 극단적으로 폐쇄적인 모습을 보인다. 건축가는 채의 나눔을 실현하면서 땅을 나누는 방법보다는 건물이 땅에 놓이는 방법, 즉 하나의 땅을 한 번에 누리며 집과 땅이 어울려 공간이 통합되는 방법[59]을 모색했다. 그 결과 채와 채가 이어져 ㅁ자형으로 완결된 형태를 구성하게 되었으며, 마당은 현대적으로 재탄생했다. 외부에서 보면 닫힌 듯 보이지만 중정 내부에서는 테라스로 소통되고 내부로 향해서는 열리는 투명한 구조를 이루어 안과 밖 공간의 한계를 모호하게 하는데, 프라이버시를 중요시하는 현대주택의 단면을 볼 수 있다.

현대주택에서는 채가 나뉘더라도 채와 채 사이에 연결부를 도입해 내부공간을 서로 연결하는 것이 일반적이다. 즉, 전통적 개념을 도입하면서도 현대의 생활과 정서에 맞는 합리적·기능적 주거형태로 창조된 것이다. 전통주거에서 성별 및 신분에 따른 공간사용 방식이 현대 생활방식에 맞게 변화되어 적용됨으로써 채는 개인과 가족의 프라이버시 보호를 위한 사적 영역과 공적 영역으로 구분되어 사용된다. 또한 전통주택에서의 마당의 역할도 변화했다. 통로의 역할이 줄어들고 다목적 기능이 약화된 대신, 비워두면서 자연을 담는 공간으로서의 의미가 강화되었다. 현대주택에서는 거주자가 마당을 거치지 않고 주택 내부에서 모든 실로 이동이 가

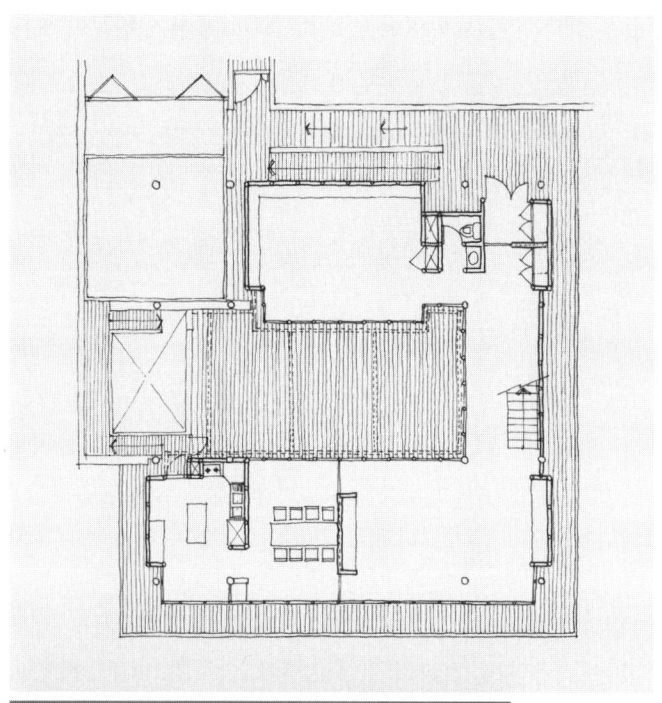

김인철, 분당 전람회단지주택(2001). ㅁ자형의 폐쇄적 중정이 현대적으로 계승된 전통주택의 핵심 요소가 된다.

능하도록 되어 있고, 과거 마당에서 해야만 했던 일이 줄어든 때문이다. 이처럼 마당은 자연과의 접촉 기회가 적은 현대의 주거환경에서 건물의 내부를 비워 자연을 가까이 경험하려는 욕구까지 반영했다. 전통공간의 형식을 빌려 현대생활에서 필요한 행위를 충족시키고자 한 의도는 1990년대 건축의 큰 성과라 할 수 있다.

자연과 인간을 담은 주거

1990년대 이후 주택작품에서는 미학적·정서적으로 탁월한 전통주택의 추상적 개념들을 추출해 이를 공간적으로 승화시키고, 나아가 건축적으로 완성하려는 시도들이 큰 주목을 받았다. 또한 전통주택에서 빼놓을 수 없는 중요한 요소인 '집과 자연의 관계'는 현대주택에서도 여전한 가치로 인식되어 자연을 수용하고 함께 어울리려는 태도가 꾸준히 반영되었다.

자연과의 교감은 교외주택과 도시주택에서 공통적으로 크게 두 가지 방식으로 구체화되었다. 첫째, 개구부를 통해 차경 등의 방법으로 자연을 집의 내부로 끌어들이고, 둘째, 자연을 관조하기 위해 구체적인 물리적 장치로서 누마루·정자와 같은 외부건축물을 두는 것이다. 특히 개구부를 통한 차경이 가능해진 것은 개구부의 크기와 위치를 자유롭게 구성할 수 있는 기술과 재료 덕택이다. 따라서 주변의 산이나 경치뿐만 아니라 마당의 경관까지 집의 내부로 끌어들이도록 개구부를 적극적으로 활용하는 것은 자연을 접할 기회가 줄어든 현대사회에서 이를 충족시킬 수 있는 가장 쉬운 방법이 된 것이다. 이러한 건축적 요소들은 현대적 감각에 맞게 변화했지만 전통건축에서 자연과 어우러지는 다양한 공간들의 기능을 적극적으로 계승하고 있다.

전통주택은 배산임수의 원리에 따라 북쪽에 산을 등지고 남쪽에 넓게 터져 있는 자리를 택해 주택의 중요한 부분을 이루는 안채와 사랑채를 남향 또는 동남향으로 배치하는 것을 원칙으로 한다. 이일훈의 궁리채나 방철린의 미제루(1999, 인천 강화군 송해면)처럼 교외에 자리 잡은 주택에서는 이러한 풍수지리적 사상이 주변의 자연환경과 조화를 이루려는 노력으로 나타나, 터를 고르고 건물을 앉히는 데서 주변 산세와 물의 흐름을 고려하고 있다. 또한 미제루의 경우, 건축가는 안방을 중심에 배치하고 그 앞의 누마루를 통해 전면의 경치를 프레임화시켜 '무위의 개념'[60]을 표현했다고 한다. 또한 주변환경과의 시각적 조화를 이루기 위해 건물을 수평적으로 낮게 펼치거나, 자연적 재료를 사용해 자연과 융합하려는 태도를 보이고 있다.

우경국 설계의 평심정(1999, 경기도 남양주시 와부읍)은 땅과 밀착해 건물의 형태를 드러내지 않는다. 또한 수평적 형태는 자연과 문화적 흔적들이 수평적으로 이어짐을 암시함으로써 하늘과 땅의 만남을 가까이 한다. 그뿐만 아니라 설정된 영역 내에서 최소한의 건축적 장치만 제공하고

방철린, 미제루(1999). 산세와 물의 흐름에 따라 주택을 배치했고 자연에 대해 열린 공간을 만들었다.

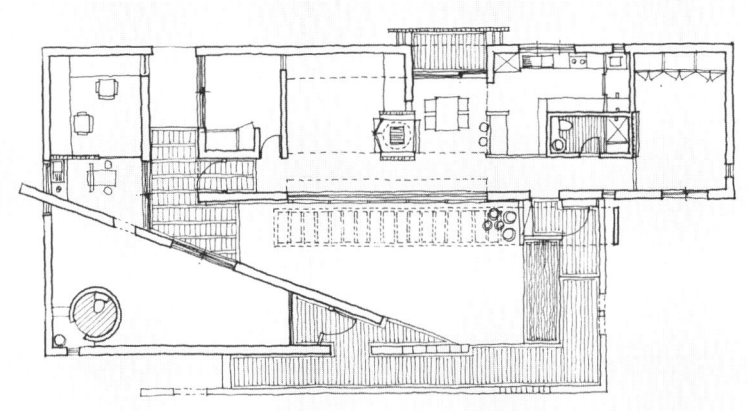

우경국, 평심정(1999). 대지와 교감하는 수평적인 주택 외관이 자연과의 합일을 추구한다.

나머지 부분은 가변 처리함으로써 거주자의 자유를 확보해 주고 있다. 내부공간의 경계는 해체되어 마치 一자형 한옥에서 대청의 좌우로 배치된 실들이 융통성 있는 투명하고 얇은 차단장치로 경계 짓는 것과 같은 반개방적 구성을 보인다. 이 주택에 함축된 의도는 자연과 전통에 대한 은유적이고 정신적인 것에 대한 동경, 그리고 그것을 건축적으로 승화시켜 존재를 명확히 하려는 것이다.[61]

5
단위 생산에서 집합 생산으로

1
근대적 생산체계로의 이양

전통주택에서 근대식 주택으로 바뀌는 과정에서는 개별적이고 소규모적인 주택의 생산과 공급 과정이 집합적이고 대규모적인 체제로 전환된다. 이러한 과정은 여러 측면에서 이해할 수 있다. 우선 일반적으로 주거지 내에 건설되는 주택들의 형태나 규모를 결정하는 데 도시구조가 중요한 요인이 되기 때문에 근대적 생산체계는 도시화 과정 및 도시의 확대과정과 함께 파악해야 한다. 우리나라도 도시화가 급격히 진행되고 주택부족이 심각해진 일제강점기 초기, 대규모 주택지 개발은 시대적 요청이었다. 자생적으로 형성되어 온 과거의 도시조직 내에서는 대량으로 주택을 건설할 수 없었고, 불규칙한 필지 조직과 부정형의 대지 형상은 같은 유형의 복제를 불가능하게 했기 때문이다. 따라서 넓은 주택지를 공급하고 그 안에서 규칙적인 도로망과 정형적 형상의 필지를 구획하는 것은 근대적 주택생산의 전제였다.

    이와 함께 신속하고 효율적으로 주택을 건설하려는 근대적 합리성은 똑같은 주거유형을 반복적으로 생산하도록 요구했다. 이때 동일한 규격의 평면과 입면은 동일한 건축부재의 사용, 나아가 이러한 부재들의 공장생산과 표준화를 동반했다. 주택건설은 재료 및 공법, 기술발전과 함께 산업화의 길을 걷게 된 것이다. 또한 주택건설 기술의 발달은 주택형식이 급격히 공동주택으로 변화하는 데 큰 역할을 했다. 이러한 배경을 이해한다면 공동주택은 이전의 단독주택과는 다른 새로운 도시형 주택으로서, 근대적 생산체계로 생산된 대표적 주거형식이라 요약할 수 있다.

근대적 의미의 주택생산 방식이 우리나라에 등장한 것은 일제강점기 1920년대 이후 경성에 도시한옥이 나타나면서부터라고 할 수 있다. 그 이전 경성의 주택은 배치, 공간구성, 구조 및 재료 등에서 재래식 경기형 민가[1]와 유사했다. 도시한옥은 기본적으로 이러한 전통주택의 기본적 평면을 유지하면서 주로 외부 장식과 형태를 달리함으로써[2] 상업성을 높였으며, 평면상 더욱 집약적으로 구성된 것이다. 도시한옥은 단독주택이지만 당시의 사회적·경제적 상황에 의해 그 생산과 보급은 집합적으로 이루어졌다. 대규모로 조성된 계획적 필지에 도시한옥이 거의 같은 유형이 반복되는 형태로 집단적으로 지어진 것이다. 도시한옥은 집장수들에 의해 대량생산되면서 밀집된 주거지 공간구조를 형성했다. 이는 이후 여러 단위세대가 하나의 건물을 이루어 집합화하고, 또는 건물군을 이루어 단지화해 생산되는 주택의 등장을 예고하는 것이었다.

특히 1930년대부터는 목재를 대량으로 가공·생산할 수 있는 기술이 발달했고, 이때 그 길이 및 두께를 공장에서 일정한 규격으로 만들어 공급하기 시작해 규격화의 양상을 보였다. 이러한 생산방식은 작업의 효율화를 가져와 공기工期를 단축시켰고, 나아가 건축비를 절감시켜[3] 대량생산의 기틀이 되었다. 또한 그곳에 거주할 사람이 자신의 취향을 반영해 개별적으로 주택을 지었던 방식과 달리 도시한옥은 거주자가 정해지지 않은 상태에서 매매의 가능성을 열어놓고 불특정 다수를 대상으로 계획·건설되

대량생산된 도시한옥(돈암동 한옥주택지). 반듯하게 똑같이 지어진 한옥들이 그것의 생성방식을 말해주고 있다.

었다. 이러한 의미에서 도시한옥은 본질적으로 근대적 생산체계하에 공급된 도시주거 유형으로, 주택생산의 산업화를 연 것이었다.

고밀화된 주거유형인 도시한옥은 집합적 특성이 있으면서도 독립된 필지에 개별 단위세대를 수용한다는 점에서는 분명히 단독주택의 유형이었다. 하지만 이러한 단독주택이 날로 증가하는 도시인구를 수용하는 데는 한계가 있었다. 더구나 여전히 재래식 수공예적 건축 방식이 많은 한옥은 증가하는 주택수요를 따라가기에 역부족이었다. 또한 사회 전반에 공업화가 진행되어 점차 산업현장으로 노동력이 유출되는 상황에서 주택건설의 인건비가 나날이 상승하는 것도 예견된 일이었다. 무엇보다도 개량한옥이라고도 불렸던 도시한옥은 서민계층보다는 중산층 이상의 계층만이 소유·거주할 수 있는 주택이었다. 따라서 도시의 과밀화가 더욱 심해지던 1960년대 이후에는 이와 다른 새로운 재료와 건설방식으로 지어지는 고밀도의 새로운 주거형식, 즉 근대적 공동주택의 건설이 필요해졌다. 무엇보다도 대규모의 도시 유입인구를 위해서는 저렴한 주택을 신속하게 지어 보급하는 것이 급선무였다.

2
주택의 집단 생산과 규격화

조선건축회의 개량시안과 조선영단주택

공영주택은 공공기관의 주도로 한 시대의 사회적 필요성에 의해 다수에게 보편적으로 적용되는 주거유형으로 제시되고, 표준형으로 보급되는 주택이라 할 수 있다. 우리나라에서 공영주택의 시초는 도시의 인구집중으로 주택문제 해결이 시급했던 일제강점기 후기로, 주택의 대량공급과 그 맥을 같이한다. 공영 표준주택의 최초 사례는 1939년 조선건축회가 소주택 현상사업에 이어 1941년 전시戰時의 경제적 상황을 고려하여 최소한의 조건을 확보한 주택을 제공하고자 하는 목적으로 '소주택표준도안'을 제시한 것이라 할 수 있다. 조선건축회는 '소주택조사위원회'를 구성해 주택의 규모·평면계획·구조·재료 등을 연구하고, 도시근로자를 대상으로 30m², 40m², 50m², 60m², 70m², 80m² 규모의 표준설계도 6종류를 발표했다.[4] 실의 규모는 일본식으로 다다미 첩수를 기준으로 산정했다. 이 소주택평면도는 기본적으로 모두 일본식 속복도 형식의 평면형으로 계획되었지만, 일본식의 다다미방과 함께 조선식의 온돌도 계획해 조선이라는 입지 특성

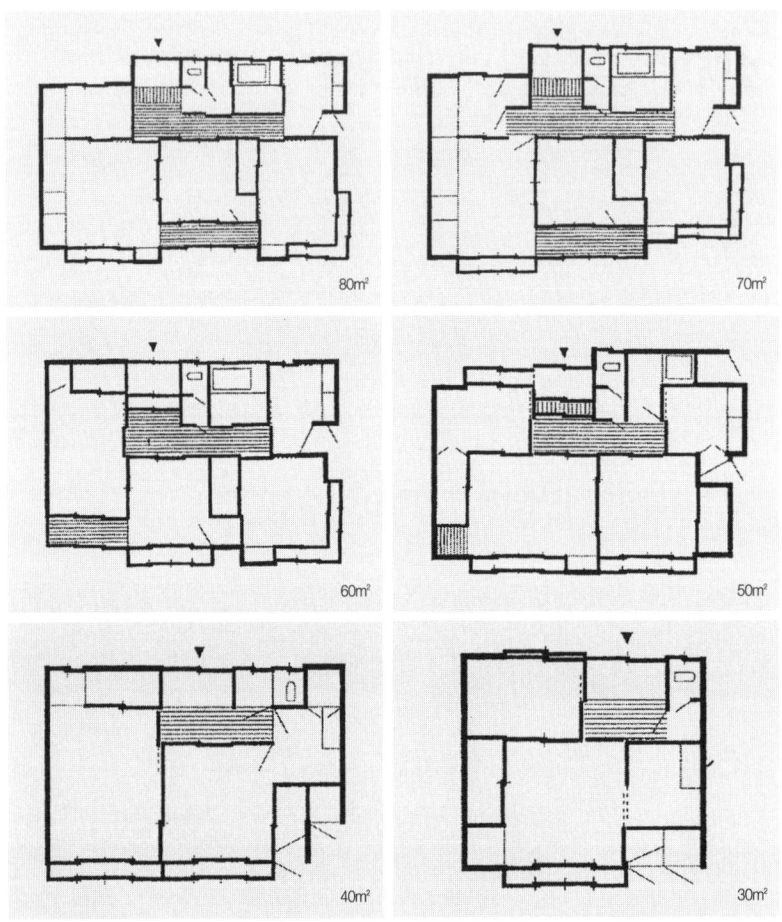

공영 표준주택의 최초 사례인 1941년의 소주택표준도안. 조선건축회가 도시근로자를 대상으로 제시한 일본식 평면도다.

도 어느 정도 고려했다. 이어 1941년 조선건축회는 '조선주택개량시안'을 제안한다. 이는 표준형 평면계획을 통해 최소한의 주거환경 수준을 확보하면서 주택공급의 확대와 생활개선을 동시에 모색하고자 한 것이다.[5] 그러나 그때까지도 공영주택의 명확한 계획방향이 설정되어 있지 않아서 일

서울 대방동 영단주택(왼쪽)과 인천 산곡동 영단주택(오른쪽). 표준화된 평면을 적용해 대량생산된 초기 공동주택의 유형이다.

본식 평면과 한국식 평면이 더욱 다양하게 절충된 특성을 보인다. 총 7개 계획안에는 소주택표준도안과 달리 재래식 평면형의 변형안[6]과 기존의 속복도 주택에서 속복도 대신 갓복도를 적용한 안,[7] 속복도를 없애거나 또는 전면부의 중앙에 부엌을 배치하고 속복도를 생략한 안 등으로 전통주택의 평면 형식을 좀더 가미했다.

한편, 1941년 7월 설립된 조선주택영단은 당시 경성을 비롯한 여러 도시의 주택부족 현상이 심각해지는 상황에서 주택건설 4개년 계획[8]을 수립하고 도시 근로자를 위한 비영리적 중소형 주택을 건설했다. 이를 위해 조선주택영단은 다양한 계층을 위한 주택을 대량으로 공급하려는 목적을 갖고 '공영표준형주택안'을 마련하여 6평에서 20평까지의 기본형 5종과, 변화형 29종으로 이루어진 표준형 평면을 제안했다. 영단주택을 시작으로 주택의 대규모 건설이 본격화했는데, 이를 위해 조선총독부는 토지를 직접 조달해 주었으며, 자재도 통합적으로 배분했다. 표준형 평면을 토대로 1941년부터 1945년까지 서울·부산·인천 등에 영단주택 1만 2,184호가 완공되었다. 건설비를 절약할 목적으로 규격을 통일한 표준설계는 갑甲(20평), 을乙(15평), 병丙(10평), 정丁(8평), 무戊(6평)의 5종류였으며, 병·

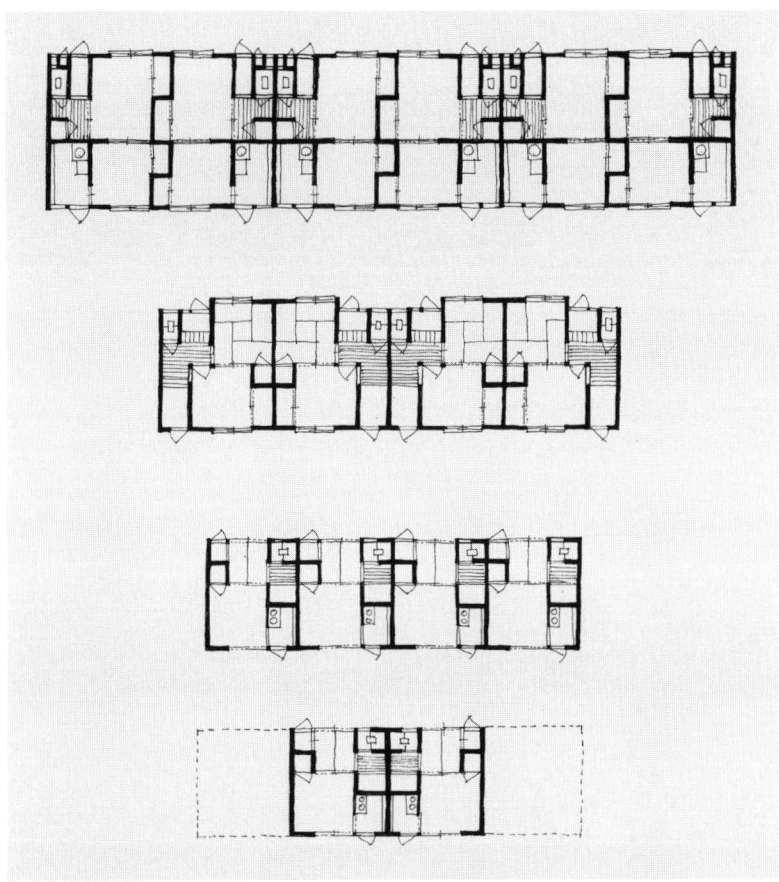

연립형 영단주택의 평면. 같은 유형의 평면이 인접 세대와 대칭, 또는 일렬로 연이어 배치되어 있다.

정·무형은 연립주택으로도 건설할 수 있게 했다.[9] 대지는 건축면적의 3배 이상으로 했고 평면은 도로, 방위, 그리고 연립형은 인접 세대로의 접속방법 등에 따라 변화를 두었다. 평면구성은 각각 달랐지만 각 실은 다다미 1장의 배수인 6첩수^{帖數}, 4첩수, 4첩수 반 등으로 정해 치수와 면적을 규격화했다.

영단주택은 목조구조의 기와지붕이었고 평면은 일본식이 주류를 이루었지만 여기에 한국식을 약간 절충했다. 대량생산이 가능했던 시멘트기와를 사용했고 벽은 영단에서 제안한 독특한 방식의 평벽平壁, 즉 대벽大壁이었다. 대벽은 기둥과 기둥 사이를 3.5촌寸의 기둥 두께만큼 대나무로 얽은 후, 그곳에 시멘트 또는 흙으로 벽을 치고 다시 철망을 덮어 기둥과 함께 모르타르로 마감한 벽이다. 벽 안쪽에는 회벽 마감을 했다. 이 공법은 시공이 빠르고 보온이 잘되었으나 벽체 내에 공간이 있어 화재에 약하다는 단점이 있었다.10)

영단주택의 설비는 무척 열악했다. 온돌은 무연탄을 사용할 수 있게 만든 개량온돌 소위 문화온돌이었는데, 연료는 적게 들지만 금방 덥혀지는 대신 금방 식고 골고루 따뜻해지지 않는다는 단점이 있었다.11) 수도는 일부에만 설치되었고, 수도설비가 되어 있지 않을 경우 우물을 파도록 했다.12) 임대주택 임대료에는 전기·가스·수도·문·창고 등의 비용인 부대설비비와 다다미·건구建具 등의 비용으로 '조작비'를 계산하도록 되어 있어, 당시 영단주택의 시설과 설비수준을 짐작케 한다.13) 원래 목욕탕 내부에 '후로바'ふろ場(ば라는 욕조 기능을 하는 팽이형의 철제 가마솥을 집집마다 설치하고자 했으나 당시 전쟁으로 인한 물자부족으로 가마솥이 원활히 조달되지 못했다.14)

전시戰時 건축규격

1942년 영단주택의 입주가 시작되고 나서 몇 년이 지난 1944년은 제2차 세계대전이 막바지에 이른 시기였다. 일제는 군수산업의 생산력을 확충하고 대륙병참기지로서 조선의 역할을 공고히 하고자 노무자들의 생산성과 효율성 증대에 특히 관심을 기울였는데, 그중 하나가 주택문제의 해결이었다. 조선주택영단의 목적이 어느 정도 정책을 실현하는 데 있었다면 조선건축회는 그것을 위한 구체적 실현안을 제시하는 데 목표를 두었다. 이때 만든 것이 전시 주택규격이었다. 때는 전쟁으로 모든 물자가 부족했고, 건설자재 역시 조선총독부의 물자통제하에 있어 배급을 받아쓰던 시기였다. 전시 주택규격의 목적은 이러한 상황에서 최소의 자재를 사용해 저렴한 비용으로 주택을 신속히 건설할 수 있는 효율적 표준설계안을 제안하는 것으로써, 1941년의 소주택표준도안보다 더욱 합리적인 계획특성을 보인다.

1944년 『조선과건축』朝鮮と建築 특집호로 실린 전시 주택을 살펴보면, 일반 가족을 위한 보통주택普通住宅과 노무자를 위한 임시 공동주택 및 기숙사로 구분된 계획안이 제시되었다. 보통주택의 단위세대 규모는 4.5평 이상 25평 이하, 노무자 공동주택은 4.5평 이상 15평 이하, 기숙사는 3평 이하로 규정했다. 보통주택으로는 구체적으로 9평형, 12평형, 15평형, 18평형, 21평형 각 2종씩 총 10종의 평면형이 제시되었다. 보통주택 건물의 규모는 한 동棟의 바닥면적을 60평 이하, 한 동당 단위주호 8호 이하로 제한했는데, 층수는 1층 또는 2층이었다. 이는 집단주택集團住宅이라 하여 공동주택을 염두에 둔 것으로, 이때 집단주택을 "보통주택이 일단의 군群을 이루는 것"으로 정의했다. 이때 바닥면적의 합은 총 단지면적의 70% 즉 용적률 70%를 표준으로 하고, 인동간격은 동서방향 2.5배 이상, 남북방향 4배 이상으로 하는 등 단지배치의 개요도 정해주었다. 또한 기초, 벽체구조, 지붕의 재료 및 형태, 건물 각 부분의 높이 등도 정해줌으로써 간편하게 주택을 시공할 수 있도록 했다.[15]

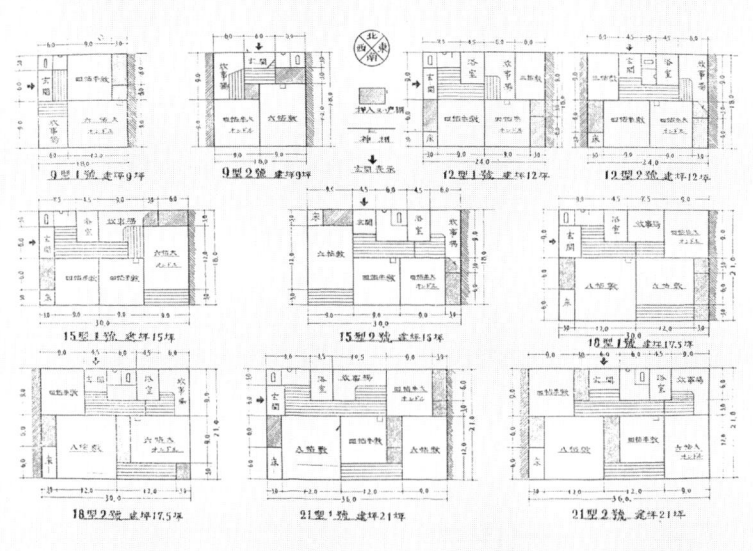

전시 주택규격. 1944년 조선건축회가 전쟁 중 급박한 주택공급에 대비해 제시한 것으로, 주택의 치수와 면적을 모듈화했다.

　　　보통주택에서 같은 규모의 주택은 전면 폭과 깊이가 같은 치수였고 또한 모든 평면형은 단순한 박스 형태를 취해 시공의 간편성을 도모했다. 하지만 각 평형별로 현관의 위치에 따라 측면 진입형과 후면 진입형의 두 종류가 제시되어 약간의 변화가 있었다. 또한 3척尺 모듈module을 사용해 자재의 규격화된 가공을 가능하게 했다. 예를 들어 9평형은 전면 폭 18척에 깊이 18척의 정방형인데, 측면 진입형인 제1호는 전면을 6척 폭의 부엌과 12척 폭의 방으로 나누었고, 후면 진입형인 제2호는 전면을 9척 폭의 방 2개로 나누었다. 모든 평형에서 욕실의 폭은 4.5척, 변소의 폭은 3척, 현관의 폭은 4.5척 또는 6척으로 규격화했다. 그뿐만 아니라 이 치수에 따라 모든 방은 4첩수, 6첩수, 8첩수[16] 등으로 정해져서, 까는 다다미 장의 수에 따라 면적이 자동으로 계산되었다.

이 중 15평형 제2호는 조선영단주택의 을乙형과, 21평형 2호는 갑甲형과 같은 평면형이다. 조선영단주택이 몇 년 앞선 것이었지만 전시 주택규격과 같은 평면형을 보인다는 것은 이미 영단주택이 건설된 당시 규격화한 주택에 대한 계획적 기초가 마련되어 있었음을 시사한다. 두 평면형에서 욕실은 모두 6척×6척이거나 6척×4.5척으로 같았으며, 방의 전면 폭은 9척 또는 12척이고 일부에는 3척 폭의 반침이 설치되었다. 한편 전시 주택규격에서 제시된 임시 노무자주택은 간이주택의 한 종류로, 4.5평형, 6.25평형, 7.5평형의 3종류였다. 역시 3척 모듈을 사용했으며 각 평면은 12척×12척, 15척×15척, 18척×18척으로 규격화되었다. 노무자주택은 보통주택과 달리 한국인 노무자가 거주하게 될 것을 의식한 듯, 모두 온돌방으로 설계했다. 노무자기숙사는 1.5평형, 2평형, 2.5평형의 3종류가 제시되었다. 이때 수용인원을 250명 이하로 정한 것을 보면 상당히 과밀한 수용소 수준의 주택이었다는 것을 짐작할 수 있다. 여기에는 남녀 공동화장실과 공동세면소가 있었고, 이 역시 규격화되었다.

3
단독주택의 대량생산과 표준화

도시형 단독주택의 양산체제

도시형 단독주택은 크게 2가지로 나누어 볼 수 있는데, 1941년 이후 관에서 '표준형' 개념을 적용해 제안한 공영주택인 '도시형 표준주택'과, 이것의 영향을 받아 민간인들이 개별적으로 조정해 나간 '일반 단독주택'[17]이다. 이 중 도시형 표준주택이란 주택공사나 주택은행 및 주택금고에서 불특정 다수에게 주택을 대량으로 공급함을 목적으로 한 것이고, 그 지역적 범위는 관에서 주도해 개발한 '단지형 단독주거지'에 제한된다. 공영주택은 대량공급을 전제로 해서 부재를 가능한 한 규격화·단순화했고, 근대화한 주택 기술 및 설비를 도입해 도시가구에 적합한 규모와 수준으로 제안된 것이다. 때문에 민간에서도 비교적 쉽게 수용할 수 있어서[18] 민간 단독주택에도 적지 않은 영향을 미쳤다.

　　한국전쟁 이후 정부는 일제의 조선주택영단을 접수하고 주택공급 방식을 그대로 채택해 전쟁 중에 파괴된 주택복구에 최선을 다했다. 처음 제안된 도시형 표준주택은 목조 가구식 건축방식이었으나 1954년부터 흙벽

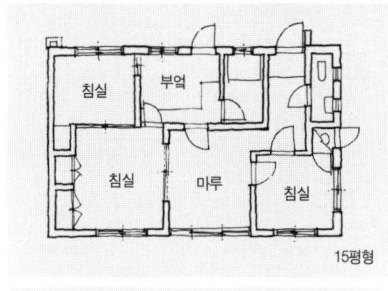
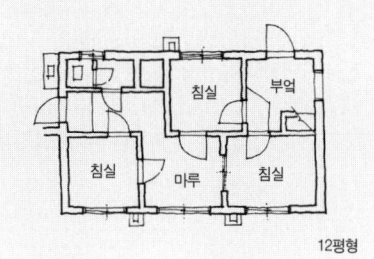
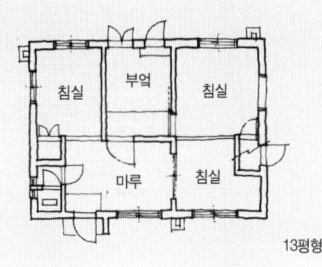

광복 이후 조선주택영단의 주요 평면 유형. 방의 개수가 3개 정도이고, 전면 2~3간에 측면 2간인 전형적 표준주택이다.

돌을 이용한 조적식으로 건축방식이 전환되면서 본격적으로 새로운 평면이 제안되었고 1956년에는 겹집 형태의 조적식 주택이 처음으로 제안되었다. 대도시에 공급된 도시형 표준주택은 조선주택영단에서 명칭이 바뀐 대한주택영단[19]의 관영 표준형 주택과 서울시에서 제안한 민간 표준형 주택 2종류였다. 이 중 민간 표준형 주택은 외래주택자금이 들어온 1958년 이후 ICA체제[20]로 전환되면서 등장한 것으로, ICA주택이라 불렀다. 이때의 공영주택은 주택복구를 위한 것으로, 건축재료의 규격화와 표준화를 통해 주택이 대량생산, 대량공급 될 수 있는 '표준형' 개념의 장방형 평면을 채택했다. 도시형 표준주택 중에서 가장 보편적인 것은 방의 개수가 3~4개이며 전면 3간에 측면이 2간인 형태였다.

대한주택영단은 전후복구와 주택보급이 당장의 시급한 과제였다. 국민주택 또는 희망주택, 간이주택, 부흥주택 등의 다양한 이름으로 이때 펼

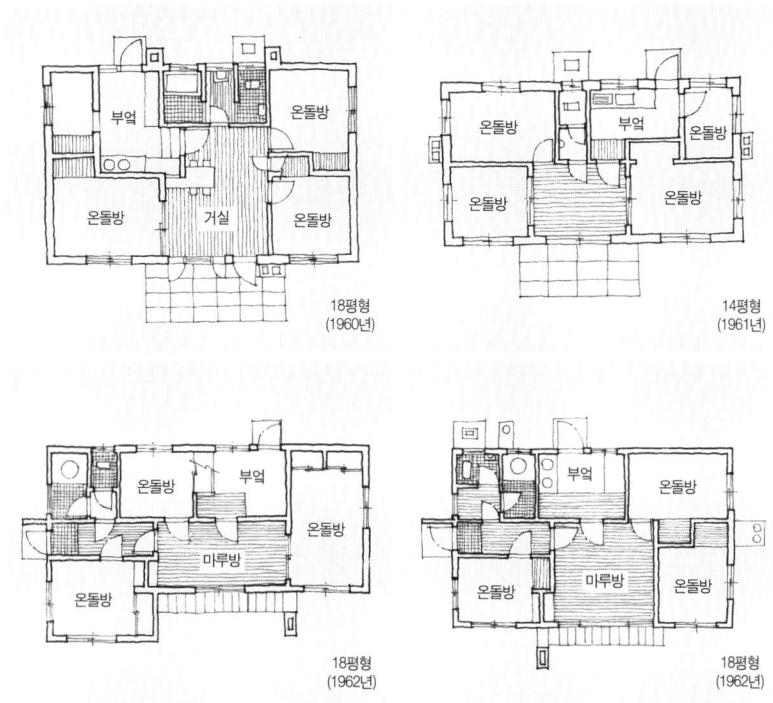

서울시 공영주택인 ICA주택의 대표적 평면 사례. 1960년부터 1962년까지 다양한 규모와 평면형으로 제안된 사례 중 일부다.

친 주택보급사업은 최소한의 비용으로 최대한 다량으로 주택을 짓는 것이 가장 중요한 과제였다. 따라서 이렇다 할 기술개발이 동반되지 않은 상태에서 부족한 자재로 지은 주택들은 부실할 수밖에 없었다. 1958년 이후부터는 시멘트 생산이 본격화되면서 재료가 흙벽돌에서 시멘트블록[21]으로 바뀌어, 이전의 단독주택에 비해 설계·재료·시공에서 큰 변화가 있었다. 서울 우이동 국민주택 건설 시에는 일반 블록보다 견고한 증기압축식 블록을 사용했다. 외부 마감은 시멘트 모르타르를 바른 후 안료를 섞은 실리콘 방수액으로 뿜칠을 하기도 했고 붉은 벽돌을 사용하기도 했다. 지붕은 시멘트기와와 석면슬레이트를 사용한 완만한 경사지붕이었다. 당시 슬레이트는 대량생산이 가능해 지붕재료로 큰 인기를 누렸다.[22]

또한 국민주택의 시공에서는 시멘트블록 쌓기를 위한 조적용 모르타르가 균일하게 반죽되도록 나무로 제작한 믹서를 사용하는 등 공법 및 시공관리상의 개량이 있었다. 국민주택의 기초공법은 나무말뚝을 박은 후 그 위에 철근콘크리트 연속기초로 시공한 것이었다. 또한 당시 건설경기 호황으로 노동인력이 부족해지자 토목공사에 필요한 새로운 장비인 불도저가 도입되어 공기가 단축될 수 있었다. 이 시기부터 대한주택영단은 공사 시행방법의 개선과 공기 단축을 위해 사후검사보다 사전감독에 치중했고, 기술진이 건설현장에 상주해 경험에만 의존하던 기술자들을 지도했다. 기능별 책임자 지휘에 맡겨졌던 공사는 이때부터 공정관리 개념에 의해 이루어졌다고 볼 수 있다.[23] 국민주택은 건설기술이 발달하여 2층으로도 지어졌는데, 이때 2호 연립의 형식이 종종 나타났다. 단독주택의 형식을 띠면서도 인접 주택과 벽을 맞대어 지음으로써 토지의 효율적 이용을 도모하고 건물의 집적화集積化를 이루고자 했다. 이러한 시도는 기술이 더욱 발달함에 따라 주택건설이 다층주택으로 전환되는 시금석이 되는 것이었다.

공동주택이 본격적으로 보급되기 이전 대규모 택지개발과 함께 건설된 단지형 공영 단독주택은 주택공급의 가장 좋은 대안이었다. 이전 시기의 도시한옥도 대규모로 지어진 상품화한 주택이었지만 어디까지나 목조 가구식 구조가 기반이어서 부분적으로 마감과 의장 재료만을 개량하고 공업 생산된 부재를 일부 사용하는 것만으로는 수공예적 생산방식의 한계를 벗어날 수 없었다. 한국전쟁 후 빠른 시공과 대량생산을 목적으로 한 주택 생산의 방향전환은 결국 전통한옥의 목구조와 의장을 포기함을 뜻했다.

대구 수성동의 조립식 표준주택. 단순한 박공식의 양옥이 전반적 도시주택의 모습을 바꾸기 시작한 것은 공영주택의 도입 이후다.

 따라서 국민주택은 한국 주택이 한옥에서 양옥으로 전면적으로 변화하는 데 물꼬를 튼 유형이라 할 수 있다. 대한주택공사는 1966년 17평형, 12평형 공영 표준주택의 평면을 개발해 단독주택에 광범위하게 적용했으며, 1969년에는 대구 수성동에 조립식 표준주택 300호를 건설했다.

 공영 단독주택에서 완만한 곡선 대신 직선으로 떨어지는 지붕선, 처마 밑으로 내려오는 서까래의 선線적 요소 대신 단순한 의장은 근대적 합리성을 표현했다. 또한 목조기둥과 벽체, 창호가 보여준 자연스러운 면面 구성의 비례는 새로운 재료의 출현으로 사라지게 되었다. 구조·외관·재료·공간구조가 완전히 다른 양옥으로의 대체는 국가와 공공기관이 주택정책이라는 명분하에 주택생산에 깊이 관여한 것과 무관하지 않다. 새로 짓는 주택들은 간편한 시공성을 보장해야 했으므로 평면은 요철 없이 단순명료하고 건물의 형태 또한 되도록 박스형으로 간단해야 했다. 또한 주택의 평면은 '보편성'이라는 특성을 지녀, 계층만 정해진다면 어떠한 거주자라도 살 수 있게끔 계획되어야 했다. 이에 따라 주거공간은 거주자의 평균적 특성에 맞추어져 표준화했고, 당대 불특정 다수가 일반적으로 공감하는 생활 내용을 수용해야 했다. 나아가 단위공간의 반복생산을 위해 평면이 표준치수에 맞추어 구획되고, 그것을 시공하기 위해 규격화한 부재를 사용하는 것 역시 당연한 수순이 되었다.

도시형 표준주택 설계

주거의 건축에서 보편화·표준화·일반화의 개념은 개별적으로 지어지는 일반 민간 단독주택에도 적용되었다. 1970년도에 건설교통부는 대한건축사협회와 공동으로 개발한 서민용 표준주택 설계도를 발표·보급했다. 총 10종의 표준설계도는 10~15평 소형 단독주택의 건설을 위한 것으로 심각한 주택부족을 겪던 상황에서 주로 영세민과 수재민을 위한 것이었다. 창과 문 등 주택건설 자재를 규격화하고, 최소한의 비용으로 최소의 설비만 갖추도록 했으며, 설계도를 살 경우 건축허가가 쉽게 날 수 있도록 했다. 따라서 개인이 설계하거나 건축가에게 의뢰할 때보다 매우 저렴하게 집을 지을 수 있어 표준설계도가 많이 채택되었다. 특히 이 표준설계도는 저비용 주택으로서의 가이드라인 역할도 하여, 시공에 필요한 벽돌·시멘트·목

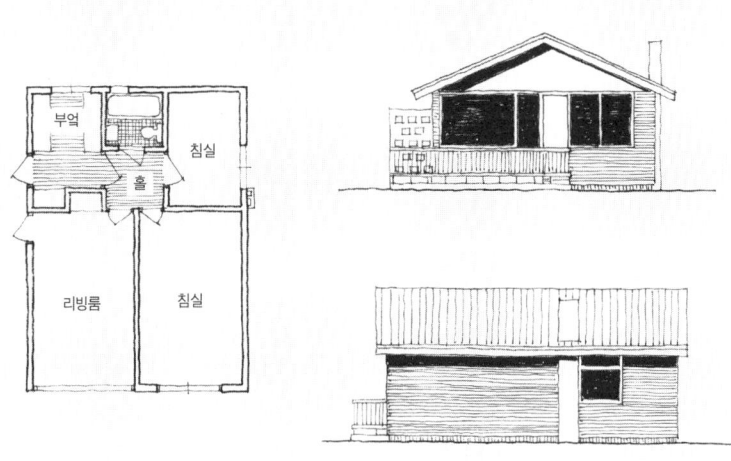

1970년도 서민용 표준주택설계도. 영세민과 수재민을 위한 가장 단순한 유형의 표준주택으로, 서양식이다.

재·기와의 분량과 그 운반차량 대수, 그리고 목수·벽돌공·미장공 등의 필요인력 수까지 상세히 명기한 것이 특징이다. 주택형태는 단층 박공 형식으로 매우 단순하며, 내부에는 욕실·변소·온돌방·마루방 등을 배치했다.

건설교통부의 서민용 표준주택설계도 발표 후 10여 년이 지난 후 1983년에 보완해 발표·보급한 도시형 표준설계도는 도시 및 농촌의 단독주택형 24종, 연립주택형 20종으로 그 가짓수가 크게 늘어나서 거주자에게 선택의 가능성을 많이 제공했다. 또한 단위주택의 규모도 20평(66.0m^2), 24평(79.2m^2), 25평(82.5m^2) 등으로 1970년대보다 크게 늘어났다.[24] 이 평면도에는 그동안 경제개발 시기를 거치면서 주거수준이 높아지고 주생활 양식에서 달라진 여러 요인이 적극적으로 반영되었다. 예를 들어, 가구와 설비 및 각종 가전제품의 사용을 고려했고 거실과 식당에서 입식생활을 위한 공간을 구성하는 등 내용 면에서도 혁신을 이루었다. 또

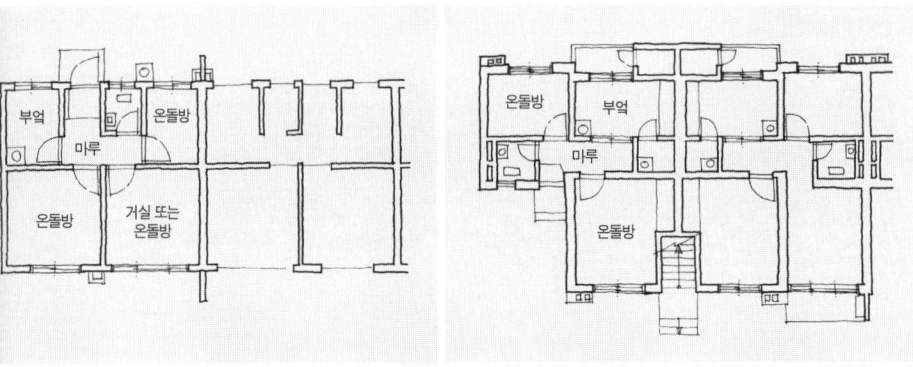

1980년도 대한주택공사의 연립주택 표준설계도. 도시주택이 공동주택화하는 경향에 발맞추어 연립주택에 대한 표준평면도 개발되었다.

한 내부공간에서는 간결한 동선과 기능적인 실 배치를 우선으로 했다. 이렇게 어느 정도의 다양성을 염두에 두었고, 규모도 커졌으며 설비도 더욱 현대식으로 갖추었지만 '표준적'이라는 개념에서는 크게 벗어나지 못했다. 또한 건축비 절감을 위한 단순한 구조, 시공 및 생산 원칙, 그리고 그 결과 파생된 단순한 외관은 기능주의적 속성을 대변한다.

건설교통부에서 설정한 주요 설계지침은 규격별로 필요한 실의 수와 공간의 구성, 실의 크기를 설정하고 부분별 적정치수를 산정하는 것이었다. 또한 주요 성능기준과 적정한 구조공법, 부위별 적정 마감재를 선정했다. 또한 제시된 계획안에는 건축비 절감이라는 목표에 부합하는 여러 계획요소가 적용되었다. 구조와 시공에 유리하도록 간벽의 간살을 단순하고 명쾌하게 잡았으며, 평면의 모든 치수는 0.3m의 모듈을 기준척도로 사용했다.[25]

1985년도에는 표준설계도의 적용대상이 서민뿐 아니라 중산층에까지 확대되었다. 건설부와 대한주택공사가 마련한 '중산층을 위한 단독주

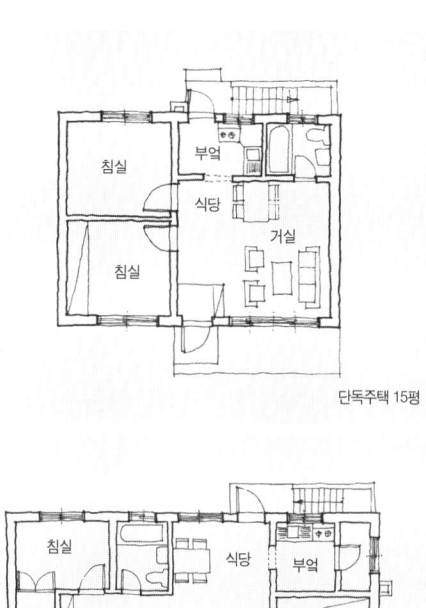
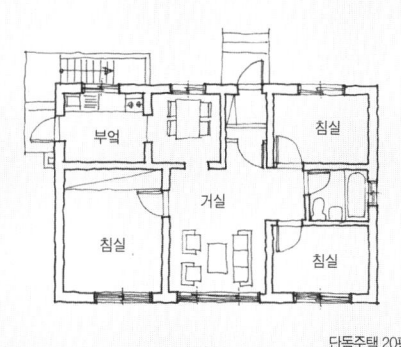
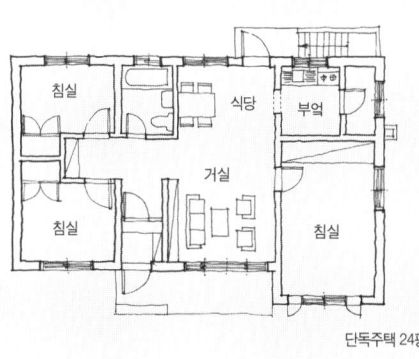
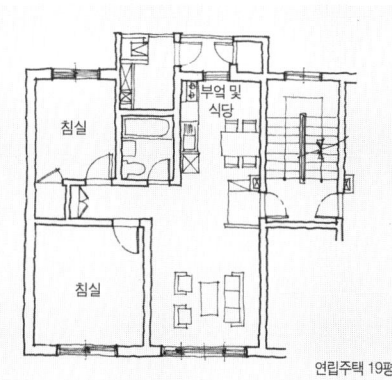
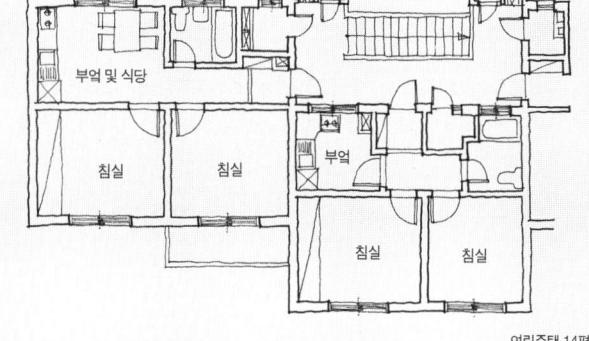

1983년도 건설교통부의 도시 단독주택 표준설계도. 단위세대의 면적이 늘어났고, 표준형이지만 다양한 생활을 담기 위해 그 가짓수가 크게 늘어났다.

제5장 단위 생산에서 집합 생산으로 233

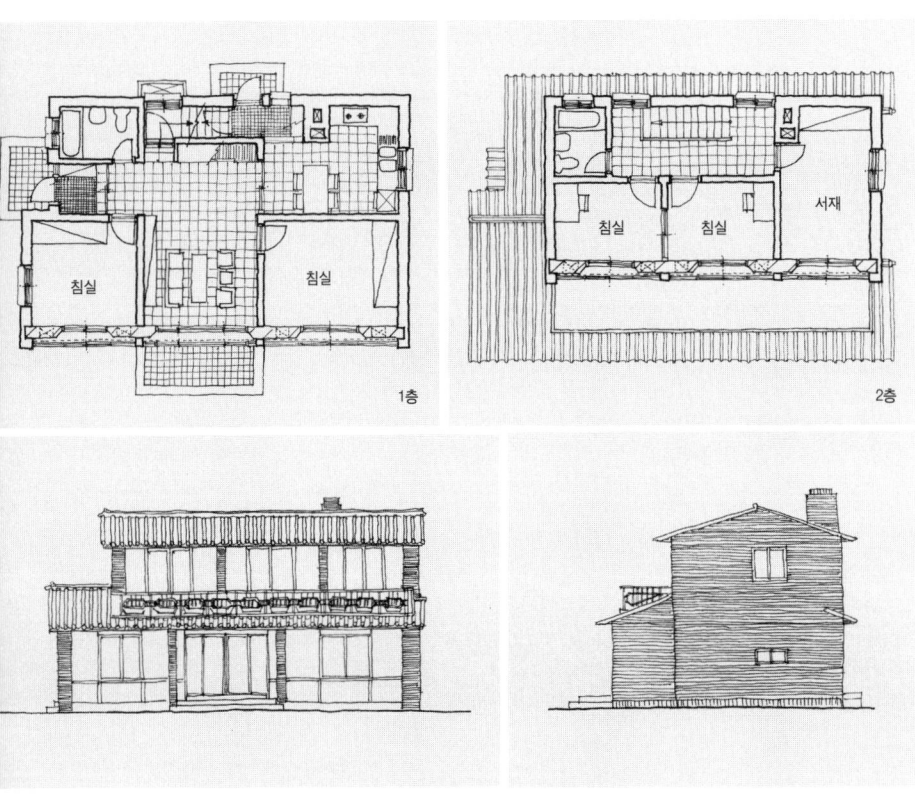

1985년도 중산층을 위한 단독주택 설계지침도 평면(위)과 입면도(아래). 단독주택에 대한 표준설계도의 보급은 민간에서도 같은 유형을 반복적으로 건설하는 또 다른 획일화의 문제를 낳았다.

택 설계지침도'는 대지면적 202.76~297.0m², 연면적 142.2~190.62m²로 상당히 큰 규모였다.26) 흥미로운 점은 중산층의 가족구성을 부·모·부부· 자녀 등으로 구성된 5~6인을 설정했고, 경우에 따라 임대 시 8~9인까지 수용할 수 있게 한 것이었다. 이전의 서민주택용 표준설계도에서 핵가족 을 가정했던 것과 대조적으로 당시 평균 가구원 수를 훨씬 초과하는 대가 족을 대상으로 한 것이다. 서민층과 중산층의 주거를 구분하는 기준을 주

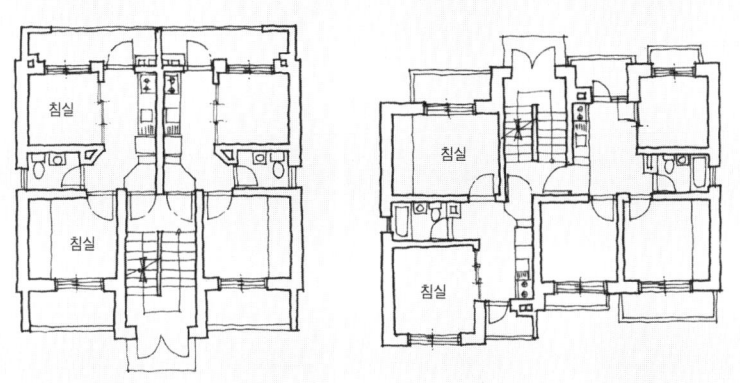

1989년도 대한주택공사의 다세대주택 표준설계도. 단독주택을 확장한 다가구주택에서 소형 다세대주택으로의 변화를 반영한다.

거 규모에 두었고, 거주인 수를 규모에 맞추었다는 것을 말해준다. 그런데 이 설계지침도에서 단독주택이면서 임대 가능성을 열어놓은 것을 보면, 실제로는 대가족을 위한 것이라기보다는 1980년대 후반부터 성행한 다가구주택을 염두에 두었음을 알 수 있다. 즉, 다가구주택이 이러한 대규모 단독주택에서 출발했다는 것을 시사한다. 그리하여 도시 단독주택은 표준주택 설계도를 활용해 급속도로 확산되었으며 형태만 대규모의 단독주택이면서 집합주택의 속성을 갖는 기형적 모습이 되었다. 1980년대 후반이 되면 표준설계도도 다가구주택의 시대적 변화에 맞추어 작은 규모의 다세대주택으로 바뀐다.

농촌 표준주택 설계

표준주택의 적용이 가장 활발했던 것은 1970년대 후반 농촌에서였다. 마침 농촌에서는 새마을운동이 한창이었다. 새마을운동은 처음에 전시행정으로 시작했기 때문에 주택의 외형만을 급개조하는 졸속 개량이 많았고, 지붕개량이 대표적인 사업이었다. 그러나 이러한 개량운동이 본 궤도에 들어선 1970년대 후반기에는 지붕의 개량보다는 주택의 신축을 더욱 장려하게 되었다. 경제발전이 어느 정도 이루어졌으며, 또 기존의 낙후된 주택들을 지붕개량만으로 개선하기에는 한계가 있었기 때문이다. 정부는 주택을 신축하려는 농가에 국민주택자금을 우선적으로 융자해 주기로 하고, 이때 조립식주택을 보급하기로 했다. 이 조립식주택은 5인 가족 기준 18평형을 채택한 것이었다.[27] 또한 이 주택은 농민 자력으로 시공이 가능하도록 단순하고 경량인 재료를 사용하게 했다.

근대화정책의 추진에 발맞춘 주택개량사업에서 효과적으로 목표를 달성하기에는 표준적 평면의 적용이 안성맞춤이었다. 농촌주택에서 개량의 대상이 되는 구체적 문제점은 현존 주택의 골조가 목조로서 왜소하고 낡아 현대적 주거기능을 충족시키지 못하는 점, 재래식 평면이 기능과 동선에서 문제가 있는 점, 주택이 방한防寒·방서防暑에 부적당하고 보온성이 낮은 점, 외부 마감재의 부식과 손상, 지붕의 부조화, 퇴색, 벽체와 지붕의 굴곡과 기울어짐 등 외관상의 문제점, 기타 주택의 배치·위치·도로망의 문제점 등에 대한 것이었다.[28] 이런 부분을 모두 해결·개선한 것이 표준주택 설계였다.

건설부가 제시한 1978년도의 개량안은 외형과 평면 측면에서는 많은 부분 변화를 시도했으나, 아직은 전통적 생활습속을 많이 유지하는 농

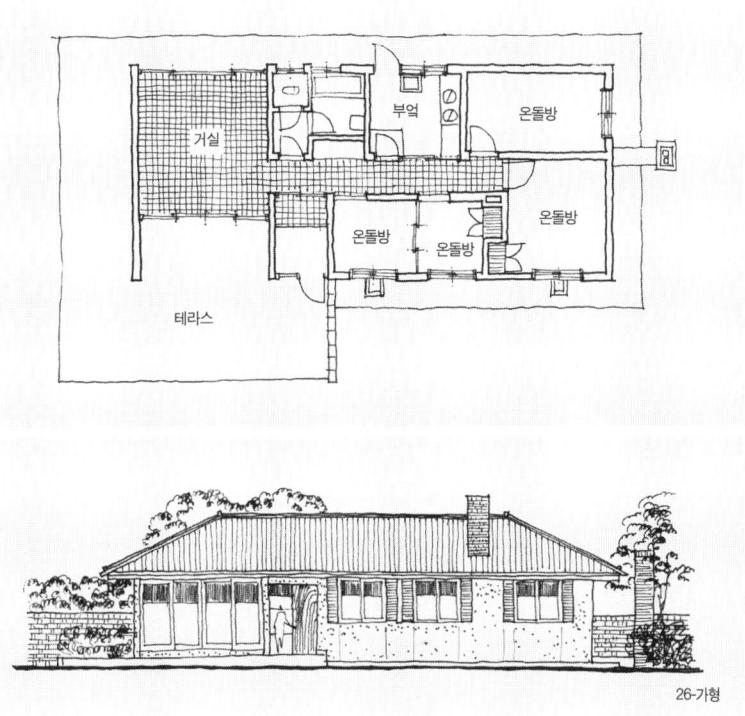

1977~1978년도의 건설부의 표준형 농촌주택 설계도. 서구식 주택이지만 농촌의 입지와 생활방식을 고려해 작성했다.

촌의 특성과 주거수준을 감안해 설비는 지나치게 혁신적이지 않게 계획했다. 그리고 전면에 넓은 테라스를 두어 농촌의 작업환경도 고려했다. 내부 공간의 구성을 보면, 거실을 독립시키고 방들을 한쪽으로 모아 배치해 공적 공간과 사적 공간을 분리했다. 그리고 현관을 계획해 마루는 서양식 거실로서의 의미를 더욱 강조했으며, 전통적 공동체 생활보다는 가족 내 프라이버시를 강조한 것이 특징이다. 20평형 가·나형, 26평형 가·나형, 30평형 가형 등 5개 평면계획안에서는 온돌방과 아궁이를 전제로 했고, 욕실시설을 갖추도록 했으나 화장실은 재래식으로 했다. 또한 창호도 한국 실정에 맞는 미세기와 미닫이를 사용하게 했고, 전통기와를 얹어 비교적 보수적인 모습을 보였다. 그러나 모듈을 사용하게 하고, 창과 문의 치수를 통일해 대량생산과 공사비 절감을 모색한 점은 상당히 근대적인 생산개념을 갖고 접근한 것이었다. 또한 부엌을 주거공간 내부에 가까이 배치하고 독립시켜 입식화해 가사노동을 줄이고 주부의 동선을 짧게 한 것도 농촌주택개량사업의 핵심부분이었다.

　　대한주택공사가 현상설계에서 당선된 안과 대한건축학회에 위탁해 연구한 결과를 종합해 1977년부터 1978년까지 내놓은 표준형 농촌주택은 12평부터 25평형까지 총 10종으로, 단층 또는 2층 주택이었다. 미세기가 설치된 마루를 중심으로 한 전통주택의 평면형을 고수하면서 구조와 재료, 설비만을 개선한 것이었다. 현관이 없는 점, 외부공간과 더욱 긴밀히 연계된 점 등은 농촌주택의 특성을 고려한 것이었다. 그러나 욕실설비가 확충되었고, 변소는 수세식으로 개량했다.

4
공동주택의 양산

주택건설의 기능주의와 아파트의 확산

경제개발 시기에 역점을 두는 주요 국가적 목표는 경제수준 향상에 따른 삶의 수준 향상이었다. 이를 위해 합리적이고 기능적인 공간을 대량으로 생산하고, 이 공간이 인간의 기본적인 물리적 욕구를 충족시킬 수 있을 만큼 쾌적하고 편리해야 한다는 것이 주택건설의 주요 목표가 되었다. 이러한 맥락에서 근대화 시기에는 주택건설에서 생산성과 기능성, 양적 충족을 우선으로 하는 기능주의 집합주택의 이념이 지배적이었다. 그러나 이러한 근대성의 이념이 주거에 적용될 경우에는 획일성과 단조로움을 야기할 수 있는 위험성이 있었다. 이는 공공이 주도적으로 보급한 대규모 단지를 통해 현실로 나타났다.

    주택을 대량으로 생산하고 공사기간을 단축함으로써 생산비용을 절감하기 위해서는 건축자재를 공장에서 생산하고, 경량재료를 사용하고, 건식공법을 이용해 주택을 조립식으로 시공하는 것이 필요하다. 마침 대량으로 보급되기 시작한 철근콘크리트, 유리 등 새로운 건설재료는 이에 한몫했다. 이러한 여건의 변화는 그에 합당한 공간구성과 평면, 합리적 시공을 요구했고, 그 결과는 솔직 단순한 건축형태로 표출되었다. 동일한 유형을 반복 생산함으로써 필요한 공간을 쉽게 확보할 수 있었고, 또한 주거공간은 '살기 위한 기계'로서의 기능을 하게 되었다. 또한 그 안의 인간 삶은 표준화되어 주어진 공간에 맞추어 살도록 정형화되었다.

한국전쟁 후부터 본격적으로 주택이 대량공급되면서 공동주택은 큰 역할을 했다. 전쟁 후 미국의 대한對韓 원조기관 중 하나였던 한미재단은 아파트 48세대와 연립주택 52세대로 구성된 주택단지를 조성하여 집 없는 서민들에게 보급하기 위해 1956년 서울 행촌동에 시범사업을 추진했다. 이 행촌아파트는 한국전쟁 후 우리나라에 지어진 최초의 아파트로서, 지하 1층에 지상 3층 규모의 편복도식 아파트로 14평형 12세대 2개동과 24세대 1개동으로 이루어졌다. 조립식 공동주택 공급을 목표로 했던 이 사업은 1956년에 대한주택영단으로 주체가 이관되어 진행되었고, 당시의 신기술이 모두 동원되었다. 벽체는 공장에서 생산된 중공中空 콘크리트블록으로 시공했고, 공간 쌓기로 단열성을 높였다. 바닥은 공장에서 제작한 PC precast concrete 빔 위에 콘크리트를 부어 슬래브를 시공한 구조였다. 이 바닥시공 방법은 당시 국내에서 처음으로 시도되었던 것으로 이후의 건축기술 발달에 큰 역할을 한 것으로 평가된다.

행촌아파트는 발달된 구조 및 시공기술을 동원한 것 외에도 중앙난방 방식[29]을 비롯한 새로운 설비 및 재료를 사용한 점도 특별했다. 또한 인근의 언덕 위에 약 4만 리터의 수조를 두어 상수문제를 해결하고 배수는 오수정화조에 모아 시市배수관으로 연결해 사용함으로써 도시 인프라를 집약적으로 조성하는 데 시범이 되었다. 평면은 한식과 양식의 절충형으로 방 두 개와 입식 조리대가 있는 부엌, 양변기와 욕조가 설치된 욕실로

한미재단의 시범주택 행촌아파트(1956). 당시의 신기술이 모두 동원되어 지어진 원조주택이다.

구성되었다. 특히 내장재로 새로운 재료를 많이 사용했는데, 예를 들어 욕실은 모자이크 타일로 마감하고 그외 모든 바닥은 아스타일^{astile}로 마감했다. 벽과 천장은 구조체에 플라스터^{plaster}로 마감했고 벽지는 사용하지 않았다.

한편 건축자재를 주로 생산하던 중앙산업은 1956년 서울 주교동에 중앙아파트라는 이름으로 사원주택을 세웠다. 단일동의 3층 규모로 총 12세대가 거주할 수 있는 이 아파트의 세대당 면적은 20평으로, 당시 기준으로는 상당히 넓었고, 방 하나에 입식부엌·화장실·마루로 구성되었다. 부엌에는 연탄을 밀어 넣고 빼낼 수 있는 레일식 아궁이를 만들어서 방이 마루보다 높은 구조였다. 한편, 보건사회부에서 발표한 '부흥주택관리요령'[30]에 따라 1958년에 대한주택영단은 역시 중앙산업이 건설한 종암아파트를 인수해 관리하게 되었다. 종암아파트는 편복도형의 조적조로서, 4~5층 규모의 건물 3개동에 17.3평형(57m^2) 152세대 규모였다.

서울 마포아파트단지는 정부의 제1차 경제개발 5개년 계획(1962~1966)에 따른 주택사업의 하나로 추진되었다. 1962년 새로 출발한 대한주택공사가 국민 주거생활의 질을 향상시키겠다는 목적에서 의욕적으로 건설한 아파트단지였다. 마포아파트는 10층 규모의 대단위 공동주택단지로 건설한다는 점, 엘리베이터, 중앙집중식 난방, 수세식 화장실 등을 설치한

마포아파트(1962). 당시로서는 고층인 6층이었고 주거동의 규모도 상당히 컸다.

다는 점에서 매우 획기적이었다. 그러나 빈민층을 위한 구호주택을 대량 건설하는 것이 급박했던 당시의 분위기와 함께 전기·석유··물 등을 사용하는 시스템이 자원낭비라는 비난을 받았다. 때문에 당초 계획은 차질을 빚게 되어 10층 높이는 6층으로 변경되었고 엘리베이터의 설치도 무산되었다. 또한 중앙집중식 난방도 세대별 연탄보일러 시설로 바뀌었다. 최종적으로 6층 규모의 10개동 642세대가 지금의 마포구 도화동 일대에 건설되었다.

국민의 재건의욕을 고취하고 대내외에 우리의 건설상을 과시하며 토지이용률을 제고하자는 목표를 갖고 착공된 마포아파트는 아파트 건설의 신기원을 이루는 것이었다. 특히 공동주택의 규모가 확대되던 시기에 수평적 확장보다는 장차 수직적 확장을 염두에 두고 고층화를 시도함으로써 후일의 공동주택 계획에 큰 영향을 미쳤다. 당시 소규모 단독주택만을 건설하던 대한주택공사에 대규모 아파트단지 건설은 모험이었지만 근대적 주거에 대한 신념은 그것을 강력히 추진할 수 있었던 원동력이 되었다.

조립식주택 기술의 발달

주택의 대량생산을 가능케 해준 것은 조립식주택의 적용이었다. 이는 민간업체에서[31] 외국의 기술을 들여와 습득하고, 한편으로는 자체적으로 PC 조립식 건설자재를 개발해 생산한 덕분이었다. 대한주택공사는 국민주택의 대량생산을 위해 건축부재의 규격화와 조립식주택 연구를 시작했고, 1963년 서울 수유동에 조립식주택을 시험 건설했다. 이후 1964년 서울 갈현동에 국내 최초의 PC 조립식주택 130호가 건설되어 주택형태나 공법, 구조 및 가격 면에서 이후 주택 건설에 많은 참고가 되었다.[32] 한편, 아파트는 경기도 광명시 철산아파트에서 시범적으로 건설한 결과, 재래식 건설방식보다 공기가 3분의 1로 단축되었으며 건축 비용은 5% 이상 절감된다는 성과를 얻었다.[33] 대한주택공사가 1971년 서울 개봉동에 건설한 60만 단지 안에 5층 규모 6개동으로 지어진 임대아파트 200호는 국내 최초의 조립식공법 아파트다. 조립식주택은 도입 초기에는 생산 기업에서 자재를 공급받는 대한주택공사의 아파트들에서 주로 적용되었으나 차츰 민간아파트에까지 그 적용범위가 확산되었다.[34]

조립식구조는 도입 초기에는 계단, 바닥판, 외벽재 등에 국한되었으나 1970년대 중반부터는 벽식 철근콘크리트구조 아파트에서 대형 PC판을 현장 조립용으로 사용할 수 있게 되었다. 1978년에는 15층까지의 고층아파트 건설도 가능한 '카뮈camus공법 시스템'이 프랑스에서 도입되어 고층아파트 건설의 전기를 마련했다. 이러한 기술상의 진전은 아파트구조 변화의 큰 획을 그었는데, 이때부터 벽식 고층아파트가 본격적으로 지어지게 된 것이다. 벽식구조는 이중 천정을 단일 천정으로 대체해 층고를 낮출 수 있어서 공사비를 대폭 절감할 수 있었다.[35] 따라서 벽식구조는 대한주

개봉동의 임대아파트 단지인 광복아파트(1971). 우리나라 최초의 PC 조립식공법 아파트다. 오른쪽은 시공 모습이다.

택공사보다 민간업체에서 다양한 거푸집공법을 시도하면서 선도적으로 건설되기 시작했다. 벽식아파트는 구조상의 변화만 가져온 것이 아니라 평면계획에도 큰 영향을 미쳤다. 내력벽耐力壁의 위치가 고정되면서 평면이 몇 가지로 고정되어 계획되는 현상을 심화시켰다.

건설기술의 발전과 건축재료의 대량생산은 1970년대 이후 본격적인 대규모 아파트 시대를 연 동력이었다. 대규모 고층아파트의 시작은 1970년도 서울시가 여의도에 건설한 시범아파트단지라 할 수 있다. 이 아파트단지는 대지 3만 3,000여 평에 12층의 주거동 22개동으로 이루어졌고, 1,300여 세대를 수용하는 대규모였다. 이전까지 시범아파트단지라 하면 소규모의 저층아파트가 주류였던 것에서 획기적 계획의 전환이 이루어진 것이다. 여의도 일대의 아파트단지에서는 초기에는 저층의 판상형 一자배치가 주도적이었는데, 1970년대 후반부터는 一자형 저층아파트단지와 동일한 배치 및 계획에서 층수만 계속 높아졌다. 대량생산의 정책에 힘입어 이러한 주거동 계획원리는 한동안 계속되었고, 이로써 일순간 아파트의 고밀화시대가 열리게 되었다. 더욱이 광명 철산아파트단지, 잠실아파트단

광명 철산아파트의 조립식주택 시공 장면. PC 패널의 적용은 공기 단축과 건축비용 절감의 획기적 수단이었다.

지 등 저층 공동주택에서 시험적으로 시도했던 PC조립식 구조도 더욱 발달해 고층아파트에도 그 사용이 점차 확대되었다. 1980년에는 개포단지에 12층 벽식아파트가 등장했다.

아파트의 고층화

아파트 건설 초기에는 고층아파트 건설기술이 부족했고, 엘리베이터 등 자재도 외국에서 수입해야만 했다. 또한 당시에는 고층아파트에 대한 일반인들의 인식이 부족했던 때여서 주로 외국인용 아파트로만 지어졌다. 실제로 지어진 최초의 10층 이상 고층아파트는 1968년 서울 한남동에 단일동으로 세워진 힐탑외인아파트다. 원래 이 아파트의 설계자는 외벽을 PC판의 커튼월curtain wall로 시공하려 했으나, 결국은 콘크리트 현장타설법으로 시공했다.[36)] 대한주택공사가 두 번째로 시도한 고층아파트는 1977년도의 남산외인아파트다. 이 아파트에서는 17층 주동을 건설하면서 자재 운반용 리프트와 타워크레인을 최초로 도입하기도 했다.

대한주택공사의 잠실 대단지는 1975~1977년 건설되었는데, 그중 1

공사 중인 **힐탑외인아파트**(1967, 왼쪽). 우리나라 최초의 10층 이상 고층아파트다.
남산외인아파트(1977, 오른쪽). 타워크레인이 동원되어 건설한 17층의 거대한 주거동 모습이다. 남산의 경관을 가린다는 이유로 1994년 철거되었다.

단지는 '주택건설 180일 작전'이라는 슬로건 아래 6개월 만에 1만 1,800호를 건설한 기록을 세웠다. 이후 대한주택공사는 1977년까지 3년간 인구 10만을 수용하는 신도시급 건설사업을 추진했다. 공공의 대규모 주거단지 건설에 대한 의욕을 읽을 수 있다.[37] 특히 1977년도의 5단지는 철근콘크리트 기둥식으로, 15층의 편복도식 판상형과 타워형이 혼합된 고층 단지였다. 이는 1977년 4월부터 서울시의 아파트 층수 제한이 12층에서 15층으로 완화된 이후의 첫 사례다. 이 아파트는 대한주택공사가 초기 공동주택 단지계획의 개념으로 마포아파트에서 선보인 '녹지 위의 고층주거' 개념과 근린주거론에 충실한 단지로서, 이후 민간아파트의 단지계획과 고층화에 물꼬를 텄다. 도시의 주택난으로 인해 단지계획에서 토지이용의 효율성 향상이라는 목표는 갈수록 중요시되었고, 아파트 건설은 경쟁적으로 점점 고층화로 치닫게 되었다.

본격적인 초고층아파트 시대를 연 것은 1986년부터 1988년까지 건

잠실대단지 저층아파트군 전경(왼쪽). 신도시 건설급의 대규모 단지계획으로, 허허벌판이었던 지역의 모습을 일순간 바꾸어 놓았다.
잠실아파트 5단지의 고층 주거동(1977, 오른쪽). 아파트 층수 제한이 완화된 이후 아파트는 점점 고층화로 치달았다.

설된 상계 신시가지아파트로 25층 규모였다. 이러한 초고층아파트는 분당·일산·산본 등 1980년대 후반 신시가지가 생기는 곳곳에서 어디서나 볼 수 있었는데, 모두 철근콘크리트 벽식구조로 지어진 것들이었다. 1989년에는 최초로 21층 이상의 초고층아파트를 조립식으로 만드는 PC공법을 개발하는 데 성공했고, 이후 초고층아파트도 조립식으로 많이 지어졌다. 그러나 25층이라는 층수는 철근콘크리트 구조의 한계였으며, 이후 일반아파트에서 더 이상의 고층화는 진행되지 않았다. 대신 1990년대 이후 철골구조로 된 주상복합아파트가 등장해 30~40층 이상으로 지어졌다.

고층아파트군을 이루는 일산 신시가지아파트. 신도시의 아파트들은 어디서나 고층아파트군을 이룬다.

6
노동자 연립주택에서 초고층아파트까지

1
공동주택의 시작

일제강점기 새로운 주거유형으로 등장한 공동주택은 초기에는 최소 규모의 집단숙소 성격이 강했다. 가장 간단한 건설방식으로 지어졌으며, 단순한 형태와 공간구성을 보인다. 이러한 공동주택의 가장 주된 수요계층은 난민 혹은 산업현장의 노무자 등 하층민이었다. 공동주택을 구성하는 주요 조건 중 하나는 외부에서 건물로 출입하는 공동의 현관과 각 단위세대의 동선을 이어주는 주거동 공용공간을 갖추는 것이지만, 초창기 공동주택은 그렇지 못했다. 예를 들어, 일본의 공동주택인 나가야ながや를 그대로 들여와 지은 장옥長屋은 단위세대들이 벽과 벽을 공유하며 단층으로 연립한 형태였는데, 이때 각 세대는 외부에서 독립적으로 진출입할 수 있었다. 즉, 각 단위세대의 출입문을 열면 바로 외부로 통하게 되어 있었다.

대구 최초의 연립형 공동주택인 대신동의 장옥은 1912년 일제가 대구역 건축을 위해 여러 지방에서 동원한 한국인 노동자들을 수용하기 위해 집단숙소로 지은 건물이었다.[1] 방 하나로 구성된 단위세대는 모두 같은 크기였으며 1개 동은 앞뒷면에 각각 10간씩 모두 20개 방으로 이루어졌다.[2] 장옥은 목조 단층건물로 도로에 인접해 남북으로 길게 배치되었

신의주의 노동자 연립주택. 가장 단순한 단위주택이 연속해 지어진 초기 공동주택의 유형이다.

고, 각 단위세대가 서로 등지고 반대편을 향해 열리도록 되어 있어 정면과 후면의 구분이 없었다.3) 이러한 형태는 후면과 양 측면이 이웃과 벽을 공유하고 있었으므로 채광과 통풍 면에서 상당히 불리했다. 신의주에도 이러한 노동자용 숙소가 많이 지어졌다.

일제강점기 또 하나의 공동주택 유형인 부영주택府營住宅은 노동자용 숙소가 아닌 일반인용 공동주택으로 2~4호의 단위주택이 연속으로 지어진 단층 연립주택이었다. 한국인용으로는 봉래정蓬萊町과 훈련원訓練院의 두 곳에 있었고, 한 세대당 규모는 단 3평 남짓했다.4) 소규모의 한국인용 부영주택은 한옥의 행랑과 같은 모양이라 해서 행랑식 부영주택이라 불렀으며, 나중에는 장옥처럼 길게 연속해 지어졌다 해서 부영장옥府營長屋이라고도 불렸다.5) 이와 같이 행랑식의 공동주택을 건설한 사례로는 연극인 단체인 고협高協이 집단으로 부락을 건설한 일명 '연극아파트'(1939)가 있다. 공동주택은 처음 도입된 시기에는 모두 일본식이거나 일·양 절충식 건물이었지만, 이 연극아파트는 한옥이 공동주택의 형태로 진화한 첫 모습이라는 데서도 그 의의를 찾을 수 있다.

우리나라의 공동주택은 이처럼 단순한 유형에서 여러 과도기를 거치

훈련원의 부영장옥(위). 3평 규모의 최소 주택 2~3호가 연속으로 지어진 형태다.
연극아파트(아래).

면서 완결된 공동주택의 형태로 정착하게 된다. 우선 단계적으로 변화하는 양상을 보자. 장옥과 같이 각각의 단위세대가 벽과 벽을 공유해 연속으로 지어지고, 독립적으로 외부에서 진출입하는 유형을 연립형 공동주택이라 부를 수 있다. 이것이 나중에는 단일의 건물 출입구를 통해 각 세대로의 출입이 이루어지고 건물 내 공용공간을 확보하는 것으로 발전한다. 이로써 하나의 완전한 주거동을 형성하는 것이다. 또한 이것이 2~3층으로 층수가 수직적으로 확장되고, 여러 건물군이 단지를 이루어 수평적으로도 확장되며 발전하게 된다.

2
주거동과 단지의 형성

요와 최초의 아파트

집단숙소 형태의 주택은 이후 단위세대가 완전히 독립적으로 분화하고, 단위세대의 내부도 여러 실로 구획되면서 차츰 요寮와 같은 완성된 공동주택의 모습을 갖추게 된다. 이때 위생·취사 시설은 각 세대에 독립적으로 제공된 경우도 있고, 기숙사와 같이 공동으로 사용하게 된 사례도 있었다. 또한 건물의 층수가 높아지면서 단일의 건물 출입구가 형성되었다. 장옥이 외부에서 개별세대로 직접 출입한 반면, 요는 주거동을 출입하는 공동 현관과 각 단위세대를 연결하는 주거동 내 공용공간을 형성한다는 점에서 좀더 진화한 공동주택의 형식을 보여준다. 요는 장옥과 달리 보통 2층 또는 3층이었으며 50~70호의 단위세대로 이루어진 비교적 규모가 큰 공동주택이었고, 경우에 따라 여러 동으로 구성되었다. 이 역시 일제강점기 늘어나는 일본인과 조선인 산업노동자들을 위해 지은 집단거주 형식의 사원 숙소였는데, 주로 독신자용이 많았으며 서울의 신당동·장충동·회현동·아현동·내자동 등에 많이 지어졌다.[6]

장진요, 풍산요, 협화장, 회심(왼쪽 위부터 시계방향). 2~3층의 건물로 많은 세대를 수용한, 아파트의 형식과 유사한 공동주택이다.

요의 구조는 보통 조적조였으며, 중복도 형식이었고, 수직동선인 계단은 중복도의 양끝 또는 한쪽 끝에 있었다. 요가 많은 노동자들을 수용하기 위해 고밀도로 지어진 점을 고려한다면 최소의 공용공간으로 가능한 한 많은 세대로 접근할 수 있게 해주는 중복도 형식이 가장 적절한 해법이었을 것이다. 요의 평면은 실 구성이 단순하면서도 주거공간 내부에 초창기의 공동주택에서는 볼 수 없던 현관과 유사한 공간이 있는 점이 특징이다. 이 공간은 주거동 내 공용공간인 복도와 사적 내부공간 사이의 전이공간을 형성한다.

한편, 아파트가 1925년 『조선과건축』에 기사로 처음 소개된 이후 미쿠니상회三國商會가 마련한 사원용 임대주택인 미쿠니아파트가 1930년

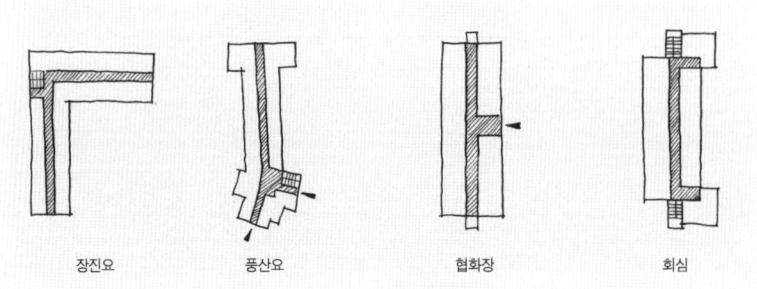

요의 주거동 형식. 보통 공동의 주거동 출입구가 있고 중복도 형식이다.

서울 회현동에, 1935년 내자동에 각각 지어졌다. 전자는 가족용으로 3층이었으며, 후자는 독신용 및 가족용으로 4층짜리였다. 회현동 아파트의 경우 한 층은 계단실을 중심으로 한 2호조합 형식이었으며, 내자동 아파트는 중복도를 중심으로 다양한 종류의 평면을 배치했다. 공동으로 사용하는 식당과 조리실이 있었으며, 변소는 개별 단위세대 내 있는 경우도 있고, 공동으로 사용하는 것도 있었다. 한편, 서대문구 충정로의 유림아파트(일본인 '도요타'가 건축한 데서 '도요타아파트'로도 불림)는 1930년에 사원용이 아닌, 국내 최초의 일반인용 아파트로 지어졌다. 철근콘크리트 구조로, 원래 4층이었으나 나중에 5층으로 증축했다. 이 아파트는 1개 동에 7~34평 규모의 단위세대 52호로 이루어졌다. 이밖에 일제강점기의 아파트로는 1941년 조선주택영단이 건설한 4층 목조아파트인 혜화아파트가 있다.[7]

일제강점기 요와 아파트는 형식상 큰 구분 없이 그 용어가 혼용되고 있었다. 아파트는 요보다 규모가 크고 층수가 높은 건물이라는 점, 요는 주로 조적조이고 아파트는 철근콘크리트조로 지어진 점이 차이라면 차이였다. 또한 요는 중복도 형식을, 아파트는 계단실 형식을 주로 취한다는 점이 특징이지만 예외도 많아 단순히 용어 사용의 문제임을 알 수 있다. 요, 아

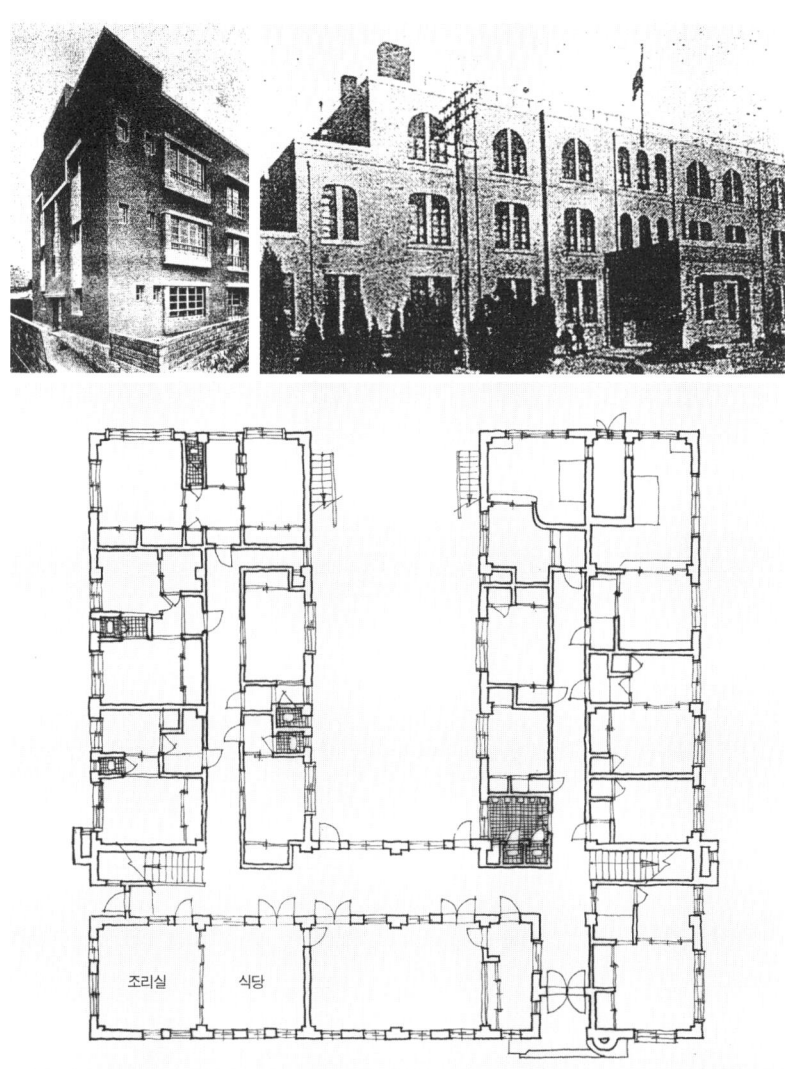

회현동 미쿠니아파트(왼쪽 위)와 후암동 미쿠니아파트(오른쪽 위). 철근콘크리트 구조이며, 비교적 큰 규모의 단위세대가 배치된다.
내자동 미쿠니아파트의 주거동 평면(아래). 중복도 형식이며, 다양한 유형의 단위세대가 계획되었다. 식당과 변소의 사용도 공동 또는 단독으로 다양했다.

파트 모두 그 거주자에 따라 내부공간의 구성과 규모가 달랐다. 예를 들면, 독신자용은 보통 일실주거에 공동생활 공간으로서의 위생·취사 공간이 따로 마련되었고, 가족용은 주거의 기본 시설을 단위세대 내에 완전하게 갖춘 독립세대 평면을 갖추고 있었다.

초기 아파트의 주거동 계획 및 배치

한국전쟁 직후 지어진 초기의 아파트들은 1962년 최초로 단지식 아파트인 마포아파트가 등장하기 이전까지 대부분 단일 주거동이거나, 3개 동 이내의 소규모였다. 따라서 이렇다 할 단지배치의 개념이 없었고 주어진 대지의 상황에 맞추어 건물이 지어졌으며, 새로운 주거형식과 함께 다양한 실험적 시도를 한 것이 특징이다.[8] 주거동 공용공간은 양복도형, 또는 내부

이화동아파트 전경(왼쪽)과 주거동 평면(오른쪽). 광정을 포함한 ㅂ자형의 복도를 중심으로 양편에 단순한 1실 주택이 배치되었다. 부엌은 개별적으로 사용하지만, 변소는 공동이다.

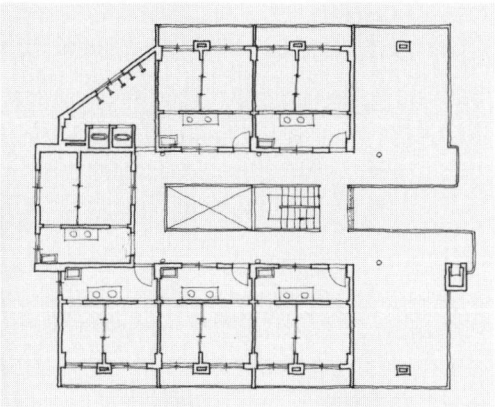

동대문아파트 전경과 중정(왼쪽) 및 내부복도(오른쪽). 좁고 긴 중정을 중심으로 양복도가 배치되었다. 2010년 현재의 모습이다.

에 중정을 갖는 대칭형 편복도형으로 매우 집약적으로 구성한 것이 많았다. 개명아파트는 H자형의 대칭형 편복도였고, 이화동아파트는 개명아파트와 비슷한 구성이지만 대칭형 복도의 한편이 막혀서 주거동이 ㅂ자형으로 된 것이 특징이다. 동대문아파트처럼 광정光井과 비슷한 양복도 형식 또한 그중 하나로 발전된 것이다. 이렇게 단위세대를 양방향으로 배치해 세대 전면前面의 방향성을 다양하게 계획할 수 있었던 것은 그때까지만 해도 남향배치에 대한 선호가 절대적이지 않았기 때문이다.

마포아파트는 주거동 계획에서도 대한주택공사의 공동주택에 대한 의욕과 실험적 시도가 강하게 드러난다. Y자형 주거동 6개 동과 그를 둘러싼 판상형 4개 동은 서로 널찍한 간격으로 배치되어 대지에 자유롭게 서

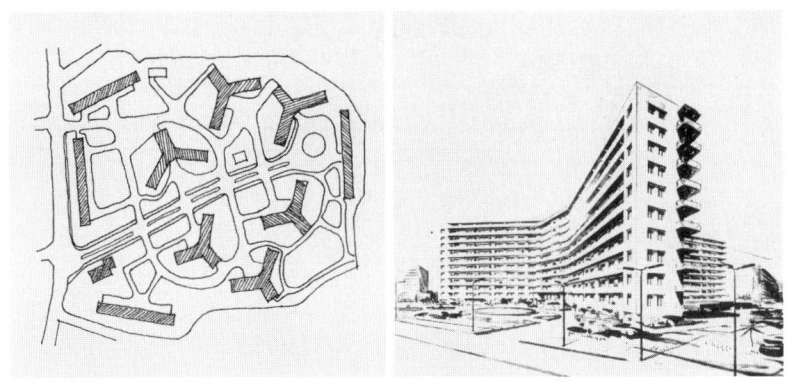

마포아파트 배치도(왼쪽). Y자형 주거동 6개동과 ―자형 주거동 4개동이 원칙 없이 자유롭게 배치되었다.
마포아파트의 Y자형 주거동(오른쪽). 특별한 주거동 형상이 상징적인 면모를 부각시킨다.

있는데, 6층이라는 높은 층수가 만드는 거대한 건물은 당시에는 상당히 파격적이었으며, 특별한 외형은 상징성을 부각시키기에 적합했다. 이 Y자형 주거동에는 엘리베이터 및 계단실이 있는 공간을 중앙에 집중적으로 배치해 공용공간을 경제적이고 효율적으로 사용할 수 있게끔 했다. 편복도 형식과 중복도 형식이 혼합된 Y자형의 주거동은 아파트단지 도입 초기에 남향배치라는 절대적 계획원리가 정착되지 않았기 때문에 가능했다. 판상형 주거동들도 일률적인 남향배치가 아니라 다양한 향을 취하고 있다. 충분히 넓은 대지에 건물이 지어졌기 때문에 외부공간에는 여유가 있었지만 외부공간 계획은 치밀하지 않아 거의 빈 땅으로 남겨진 상황이었다.

1960년대는 공동주택 주거동 유형의 실험적 모색기라 할 수 있다. 마포아파트를 시작으로 이후 본격적으로 많이 지어진 대한주택공사의 초기 아파트들은 그 형태와 배치가 상당히 다양한 양상으로 나타난다. 이러한 1960년대 아파트들은 마포아파트와 달리 단지를 구성하지 않는 단일동이거나 2~3개 동만으로 구성되는데, 주거동의 형태는 불규칙형, 단순한 일

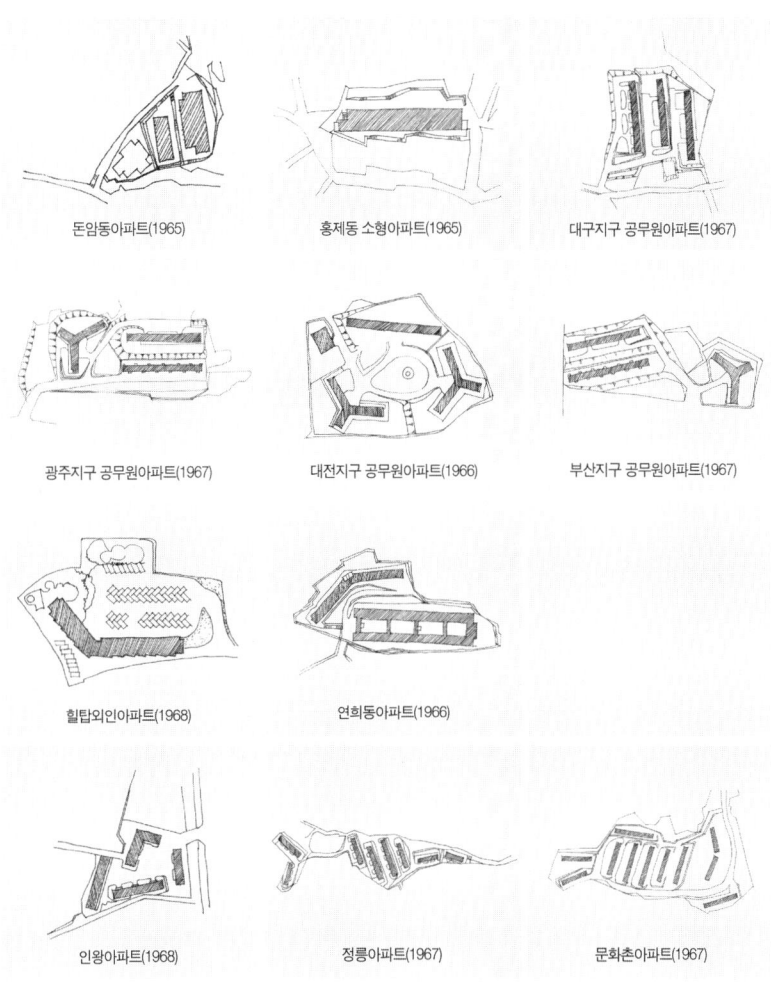

1960년대 아파트의 주거동 및 배치유형. 1960년대는 다양한 주거동 형태 및 배치를 시험하는 시기였다. ―자형의 단일동 또는 2~3동의 소형 구성. Y자형과 ―자형의 혼합 구성. 절곡형, 또는 절곡형과 다른 유형의 혼합 구성. ―자형 아파트의 불규칙한 배치(위부터).

홍제동아파트. 1960년대 아파트는 단지를 이루지 않고 단일의 주거동만 있는 것이 많았다. 층수는 4층 이내가 일반적이었다.

자형, 주거동이 꺾인 절곡형, 마포아파트의 계획 개념이 적용된 Y자형과 일자형이 혼합된 형 등으로 다양하다. 배치방식 역시 매우 불규칙하고 자유로운데, 이것이 매우 무질서하게 보이기도 하지만 대부분 경사지와 같은 주어진 대지의 상황에 맞추는 자연스러운 적응력을 보여준다.

상가아파트와 시민아파트의 파괴성

상가아파트는 한국전쟁 후 파괴된 서울의 재건과 경제 활성화를 위해 도심에 집중적으로 건설을 장려한 주택의 유형으로, 1950년대 말부터 상가주택이란 개념에서 출발해 1970년대 초반까지 매우 많이 건설되었다. 당시 대한주택영단은 이를 다음과 같이 상가주택이라 정의했다.

서울의 도심지대를 신속히 부흥시킨다는 것이 한국의 경제를 신속히 부흥 재건하게 되는 것일 것이다. 정부에서는 이러한 점에 착안하여 상가주택을 수도 서울의 중심지인 주요가로부터 착수하게 된 줄로 알고 있다. 상가

남대문상가주택. 오늘날은 주거기능이 거의 쇠퇴한 채 업무 및 상업 공간으로 사용되고 있다. 2004년도의 모습이다.

주택이란 간선도로에 면하여 순차적으로 지정된 지구에 건축케 되는바 〈상가주택 건축요강〉에 지시된 바와 같이 1층, 2층은 점포, 혹은 사무실로 사용하도록 되어 있고 3층, 4층은 주택으로 사용하도록 되어 있다.9)

상가주택은 오늘날로 치면 주상복합 또는 주거복합의 개념으로 건설된 것이다. 대부분 외부공간 없이 가로변에 주거동을 직접 면하게 계획한 것이 특징이며, 주거공간보다 상업·업무 공간의 비중이 상대적으로 높았다. 또한 단지를 형성한 것이 아니라, 단일동으로 도심 내 1개 블록을 차지하면서 거대한 규모를 형성하고 중복도 형식을 많이 채택한 것이 특징이다. 서울시에서 1958년 7개 동을 지은 것을 시작으로, 1959년에는 총 92개 동 완성을 목표 삼은 것을 보면 당시 상당히 많이 지어졌음을 알 수 있다. 상가주택은 대한주택영단의 건축요강10)에 따라 계획되었는데, "4층 이상의 철골 또는 철근콘크리트 구조로 하고, 1, 2층은 점포 또는 사무실, 3층 이상은 주택으로 해야 한다"라는 등의 내용을 보면 상가주택의 대략적 특징을 알 수 있다. 초기의 상가주택은 철근콘크리트 구조에 주로 벽돌 또는 시멘트블록으로 벽체를 시공했다. 당시로는 고층이라 할 수 있었지만 기

제6장 노동자 연립주택에서 초고층아파트까지 263

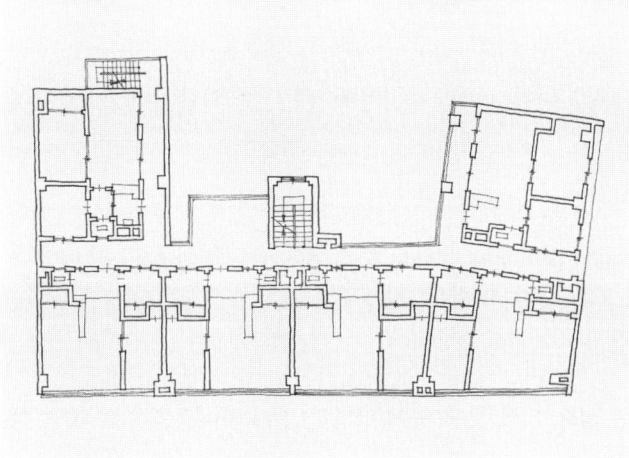

대왕상가아파트 전경 및 입면도(위와 가운데). 하부는 상가로, 상부는 아파트로 사용하는 주상복합 건물은 1960, 70년대 상당히 유행했던 도심 주거유형이다.
저동 시범 상가주택 평면(아래). 상가주택은 중복도식이 많았고, 당시의 평균 아파트 단위세대 규모보다 훨씬 큰 규모였다.

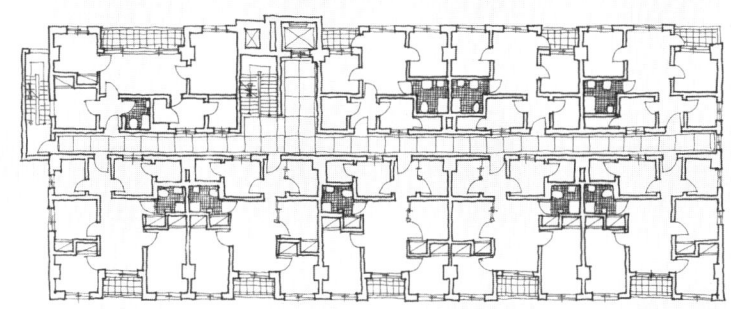

세운상가아파트의 주거동 평면(위). 방이 여럿인 큰 규모의 단위세대를 중복도 형식에 배치해 창이 없는 방이 다수 생기는 불리한 조건을 만들었다.
세운상가아파트의 2002년 모습(아래). 거대한 블록을 형성하면서 도심 경관을 압도한다.

술적 뒷받침이 충분치 못해 구조적으로 취약했다. 이러한 상가주택은 도심이라는 위치적 특성으로 주거기능이 점차 축소되고 나중에는 거의 업무기능을 갖는 건물로 전환되었다.

  1960년대 후반부터는 상가주택 대신 상가아파트라는 용어를 사용했다. 세운상가아파트를 비롯해 낙원아파트, 대왕상가아파트, 동대문상가아파트, 홍인상가아파트, 성북상가아파트, 삼선상가아파트, 남아현아파트 등이 1960, 70년대의 서울 도처에 우후죽순 격으로 건설된 상가아파트들이다. 1969년 청계천 복개와 함께 건설된 삼일아파트는 청계천의 물길을 반영하는 굴곡진 도로와 청계고가로를 따라 배치되었다. 이러한 건물들은 큰 규모로 말미암아 "건축 개념에 있어서나 스케일에 있어서나 도시적이다"[11]라는 평가를 받았다. 이처럼 1960, 70년대의 상가아파트는 건설기술의 발달로 1950년대의 상가주택보다 훨씬 거대한 블록을 이루며, 층수는 10층 이상, 규모는 연면적 3,000평 이상이 많았다. 이들 아파트는 도심에 있으면서 주변의 도시조직과는 어울리지 않는 이질적 요소였으나 경제개발의 성과로 치부되기도 했다. 또한 기술에 대한 과신이 무조건 크고 화려한 건물에 대한 욕구로 나타난 것이기도 했다. 특히 간선도로변의 미관과 외장에 대해 신경 쓴 것으로 보면, 이 역시 개발논리가 지배적이던 시대 전시행정에서 비롯한 산물이라 볼 수 있다.

주거공간이 권력화한 또 다른 예는 1968년 12월 발표된 '서민아파트 건립계획'에 의해 지어지기 시작한 서울시의 시민市民아파트다. 1960, 70년대 한국사회의 관 주도의 "빨리빨리" 문화는 이를 더욱 부추겼고, 주택 부족의 상황에서 서민용 아파트들이 사방에 우후죽순 격으로 생겨나는 데 일조했다. 시민아파트 건립의 기본 사업계획에 따르면, 시민아파트는 철근콘크리트 라멘 구조에 지상 5층, 한 동당 45세대, 즉 한 층당 9세대를 원칙으로 했다. 또한 세대당 규모는 11평(36.3㎡, 실 평수 26.4㎡)으로 했다.12) 효율적인 건설을 위한 이러한 지침은 대지 상황 등 개별 조건을 고려하지 않은 채 아파트가 획일적 형태로 지어지는 원인이 되었다. 단순한 박스형의 콘크리트 더미 같은 외관은 무미건조하고 삭막해 보였으며, 단위세대가 모두 동일해 개별성을 찾아보기 어려웠다. 또한 외부공간에 대한 고려가 미흡했다. 이러한 결점은 시민아파트가 머지않아 슬럼화가 될 것을 예고하는 것이었다.

시민아파트는 시공상의 부실과 획일성이 문제였지만 몇몇 참신한 계획도 볼 수 있었다. 우선 '프레임식 아파트' 개념의 도입을 들 수 있는데, 이는 건물의 골조인 기둥과 슬래브만을 정부가 시공해 주고 내부의 칸막이벽·설비 등을 거주자가 직접 시공하는 방식이었다.13) 당산동 시범아파

연희시민아파트. 5층 규모의 계단실형 아파트가 1960, 70년대 시민아파트의 주조를 이루어 거의 비슷비슷한 모습으로 보인다.

트(1971)와 같이 내부공간을 가변적으로 구획할 수 있도록 소위 '오픈 시스템'을 적용한 것이다. 이 사례에서는 모듈을 적용해 치수를 규격화함으로써 시공성을 더욱 향상시킨 것도 볼 수 있다. 이러한 방식은 일률적으로 공급되는 공동주택의 공간구조에서 나타나는 경직성을 해소하고 거주자의 취향을 반영할 수 있다는 데 의의가 있다. 그러면서 한편으로는 건물의 착공부터 거주자 입주까지의 시간을 줄이기 위한 방법이기도 했다. 하루라도 빨리 건축을 마쳐야 하는 상황에서 실내 내장까지 세심하게 할 여유가 없었기 때문이다.

소규모 민간아파트의 자생력

1960년대부터 지어진 초기의 아파트들은 대한주택공사나 서울시가 건설한 것 외에 영세한 민간 건설업체가 건축·분양한 소규모 단지도 많았다. 이러한 아파트들은 관 주도의 아파트에 비해 좀더 다양한 계획요소를 많이 보여준다. 지형 및 주변 맥락과 유기적 관계를 맺으며 여러 축을 조합한 배치가 많았고, 판상형보다 변화 있는 주거동 유형이 나타난다. 또한 획일적이지 않게 주거동 내 공용공간 및 세대 접근 경로를 구성한 점, 저층으로 접지성을 살린 점, 인간적 스케일human scale의 외부공간이 거주자의 생활공간으로 활용된다는 점, 다양한 재료와 입면구성 요소를 사용해 획일적이지 않은 점을 긍정적으로 평가할 수 있다. 남아현아파트(1970)와 같이 중정을 둘러싸는 블록형 주거동이 도입된 사례, 대광아파트(1972)에서 볼 수 있는 아파트 동 간의 보행자 연결 사례, 현대아현아파트(1970)와 같이 광정이 있는 사례 등 참신한 계획요소가 많이 도입되었다.[14] 하지만, 이러한 아파트들은 민간업체의 열악한 기술로 속성으로 지어진 것이어서 구조적으로는 취약했다는 단점이 있었다.

대지의 형상에 맞추어 절곡형 주거동을 채택한 효창맨션(1968)이나 광산맨션(1973)의 경우, 꺾인 주거동으로 감싸 안아진 후면의 외부공간은 판상형 주거동으로 만들어지는 외부공간과 다른 느낌의 공간을 형성한다. 또한 외부계단 등이 입면을 구성하는 요소로서 활용되어 획일적이지 않은 외관을 만드는 데 한몫하고 있다. 대지의 경계선을 따라 비정형적으로 배

대광아파트 진입로. 경사지를 따라 자연스럽게 배치된 아파트 주거동 사이를 보행자 연결로로 연결했다. 거주자에 의해 덧붙여진 차양과 발코니가 변화감을 준다.

효창맨션아파트의 절곡형 주거동(왼쪽). 판상형의 지루함을 없앴으며, 수직적 요소를 부가하고 다양한 창의 형태를 적용했다.
광산맨션아파트의 외관(오른쪽). 개방된 외부계단과 각 층 사이의 흰색 슬래브가 어느 아파트 디자인보다 감각적이다.

치된 대광아파트의 옥상부에는 주거동 사이를 서로 연결해 보행자의 동선이 순환되게끔 했다. 발코니와 벽면이 이루는 입면에는 부분적으로 요철이 형성되어 입체감을 형성하고 있으며, 세월이 지나면서 거주자에 의해 덧붙여지고 변형된 창과 발코니, 난간 등은 외관에 활력을 주고 있다.

1970년 건설된 남아현아파트는 1960년대 동대문아파트와 정동아파트 이후 보기 드물게 중정형 블록 형식을 채택한 아파트다. 저층부는 상가로 계획되어 주상복합의 기능을 갖는다. 사다리꼴의 이형異形 필지 내에서 어느 정도 밀도를 지키면서 채광과 환기를 고려해 대지의 주변부를 채우고 가운데를 비워둔 것이다. 이때 상층부로 갈수록 단위세대의 수는 줄어들고 중정은 커지게 되어 블록 내부의 채광이 개선된다. 또한 이로써 중정의 비례와 규모는 층층이 달라져서 다양한 공간감을 가져온다. 예를 들어 1층의 좁은 중정은 긴 가로와 같아, 그에 면한 단위세대의 진입공간이자 마주보는 단위세대에는 뒷마당이 된다. 3층 이상부터 단위세대가 줄어든

남아현아파트의 옥상정원과 내부가로. 위로 갈수록 넓어지는 긴 중정은 옥상정원을 형성하고 생활공간으로 적극 활용된다.

부분은 옥상정원이 되어 거주자의 다양한 생활행위가 일어나는 특별한 외부공간을 제공한다. 대지 형상에 의해 남겨진 삼각형 공간은 1층에서는 각 주거동으로 이어지는 출입 홀 기능을 하며, 이것이 최상층에서는 또 다른 형태의 옥상정원이 된다.[15] 이렇게 주거동과 외부공간이 다양하게 결합하고 변화하는 유형은 획일적인 아파트계획 관행에 많은 시사점을 주지만, 널리 영향을 미치는 선례가 되기에는 소수자본의 단발성 시도라는 한계가 있었다.

이러한 아파트들에서 다양한 입면구성은 백색 콘크리트 일색인 당시의 많은 아파트들과는 다른 면모를 보인다. 고은아파트(1975)와 같이 벽돌 등 친근한 재료를 다양하게 사용하고 색채에 변화를 주어 분절된 입면 효과를 꾀한 것이다. 곡선형으로 입면을 구성한 사례도 있으며, 거주자들에 의해 발코니가 확장되거나 새로이 부가되어 다른 아파트에서는 볼 수 없는 이색적인 경관을 만들어낸다. 그러나 소규모 민간아파트들은 많은 긍정적인 측면에도 불구하고 영세 건설업체들의 기술적 한계와 시공비 절

고은아파트의 변화 있는 **입면구성(왼쪽)**. 부분적으로 벽돌 등을 사용해 입면을 분절하고, 색채의 변화를 주었다. 제일주택의 **입면(오른쪽)**. 거주자에 의해 덧붙여진 발코니의 다양한 모습이 입면에 입체감을 준다.

감으로 인한 부실시공이 가장 큰 결점으로 작용했다. 따라서 그 장점이 묻혀버린 채 열악한 아파트로 인식되어 이후로 소규모 도시주택의 한 원형으로 발전하지 못했다는 한계가 있다.

이렇게 소규모로 단지를 구성하는 민간아파트들은 1980년대 중반 이후 대부분 대규모 단지형 아파트에 밀려 점차 줄어들었다. 소규모 건설업체도 기술력이 향상되면서 대기업을 모방하며 고층아파트를 짓는 방향

나홀로 아파트. 소규모 민간아파트는 1980년대 중반 이후 고층화되면서 '나홀로 아파트'로 변신했다.

으로 변화했다. 이에 따라 중소 건설업체들은 주거지 속에서 하나의 소규모 필지를 개발해 분양·시공하는 소위 '도심 속의 나홀로 아파트'를 짓는 데 더욱 치중했다. 지가가 오르면서 대규모 필지는 소규모 건설업체가 개발하기에는 너무 벅찬 것이 되어버렸고, 또한 소규모 필지를 개발할 경우 건축법규를 지키면서 원하는 최대의 밀도 즉 사업성을 달성하기 위해 단일동의 아파트는 필연적으로 고층이 될 수밖에 없었다. 따라서 민간 시장에서 소규모의 저층 단지식 아파트 건설은 더욱 축소되었다.

3
아파트의 확산과 획일화

근린주구론과 일자형 판상형 아파트의 전성시대

마포아파트가 우리나라 최초의 근대식 아파트로 등장한 이후 우리나라 공동주택의 계획원리를 지배한 것은 근린주구론[6]이다. 하나의 단지는 독립생활 환경으로서 그 안에서의 완벽한 편리함을 추구했고, 이렇게 출발한 개념은 '단지 내 편리한 생활'이라는 아파트 생활의 대명사를 만들었다. 그 결과 아파트단지는 외부로부터는 폐쇄적인 것이 당연시되었으며, 단절된 공간구조를 더욱 선호하도록 만들었다. 여기에는 한편으로 중산층 선민의식이라는 아파트 거주자의 사회적 함의가 내포되어 있었다. 근린주구를 형성하는 것은 정책적으로도 장려되어 시설 기준 및 규모에 대한 각종 법규[17]가 만들어지고 규범화되어 대규모 단지의 건설에 가속도를 붙였다.

    대규모로 단지를 구성하고 이것을 단지 외부와 단절시키고 영역화하는 방식은 판상형 주거동의 一자형 배치 개념과 함께 1970년대와 1980년대에 가장 각광 받는 단지구성 원칙이 되어 기존의 도시조직과 상당한 부

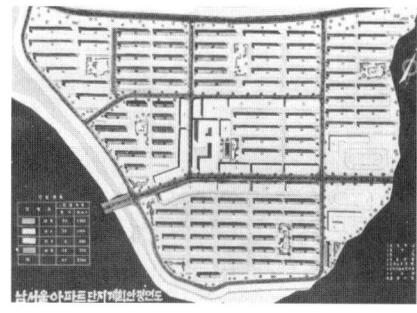 

남서울아파트 배치도(왼쪽). 현재 반포아파트단지의 개발계획도로서, 기계적인 도로의 구상과 건물의 배치계획이다.
반포아파트단지(오른쪽). 어디에서 보아도 똑같은 획일적인 모습을 한, 대규모 택지개발사업의 대표적 단지다.

조화를 이루는 상황을 초래했다. 이전에 소규모 개발이 종종 이루어진 시기에는 주거동 형태와 배치에 어느 정도 변화가 있었으나, 대규모 택지개발사업이 시행되면서 대량생산에 부응하는 판상형 ―자배치 현상은 더욱 심화되어 전반적으로 확산되었다. 1970년대 건설된 대한주택공사의 대표적 대단지 아파트인 한강아파트(1970)와 반포아파트(1972~1974)는 모두 전형적인 판상형 주거동 구성과 획일적인 ―자형 남향배치를 원칙으로 삼고 있다. 이러한 원칙은 이후 민간아파트들에 큰 영향을 미쳐서 주거동이 고층화하면서도 계속 답습되었다.

1970년대 중반, 같은 판상형 주거동이면서도 폐쇄적인 클러스터를 이루는 ㅁ자형 배치의 잠실아파트단지가 처음으로 계획되었지만 남향선호라는 거주자들의 요구에 밀려 더는 발전된 형식으로 자리 잡지 못했다. 이후 1980년대까지 대한주택공사의 단지들은 더욱 정형화된 모습으로 ―자형 배치로 정착되었다. 무미건조하고 획일적인 주거동과 남향배치는 한 단지 안에서, 한 지역에서, 그리고 지역을 넘어서 반복·재생산되었으며, 이러한 현상은 1980년대 절정을 이루었다. 서울 및 신도시에서 새로운 주

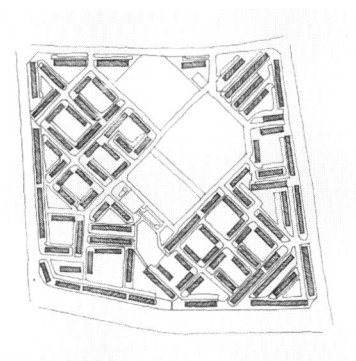

잠실지구 2단지아파트의 클러스터형 배치. 一자배치보다는 덜 획일적이지만 남향선호 의식으로 저밀도 아파트에서는 거의 찾아보기 어렵다.

거동 형식과 배치방식을 채택한 단지들이 속속 선보인 1990년대까지도 지방에서는 판상형 一자배치의 아파트가 여전히 많이 건설되었다.

주택이 절대적으로 부족했던 상황에서는 상품의 물량이 많을수록, 그리고 대규모일수록 큰 이윤이 남는다는 '규모의 경제논리'가 지배적이었다. 또한 단지계획뿐만 아니라 주거동 계획과 평면계획도 법적 한도 내에서 최대한의 용적률을 달성해야 한다는 경제적 목표에 의해 좌우되었다. 법규에 정한 인동간격은 최소한도로 유지하는 것이 일반적이었다. 1970년대 초반, 여의도 아파트단지와 같이 아파트의 최고 제한 층수였던 12층 규모로 무미건조한 판상형 주거동이 나열된 것이 당시 민간아파트의 일반적 모습이었다. 이때 주거동은 고층화하기 이전인 만큼 길이가 상당히 길었다는 점이 특징이다. 이후 1970년대 후반부터 1980년대까지 차츰 층수 제한이 완화되면서 같은 계획원리로 층수만 상향 조정된 계획 관행이 지속되었다.[18] 1990년대 이후 아파트는 초고층화하면서 주거동의 길이는 점점 짧아지는 경향을 보인다.

공공, 민간을 막론하고 판상형 아파트가 대세인 상황에서 다양한 단위세대를 조합하는 방식은 찾아보기 어려웠다. 획일성에 대한 반감으로

여의도 아파트단지. 민간아파트는 판상형 一자배치에서 층수만 높인 것이 대부분이다.

주거동의 형태는 ㄱ자형, 꺾인형 등으로 변화하기도 했지만 그 안의 단위세대 평면형은 모두 똑같았고 부분적으로 계단실 및 복도의 형태 또는 축을 변형하는 것만이 유일한 변화였다. 여기에는 이웃 간 동질성을 확보하려는 의식이 강한 한국 거주자들의 특성도 큰 이유로 작용했다. 같은 주거동 내 다양한 평면형이 계획되었을 경우 엘리베이터홀·계단실·복도 등 주거동 내 공용공간을 이웃과 함께 사용하면서 인식하게 되는 단위세대 규모의 차이, 다시 말해 계층 간 격차를 꺼려했기 때문이었다.

판상형 주거동의 일렬 배치, 동일한 주거동 계획의 반복, 동일한 단위세대의 연속이라는 계획원리들은 서구의 1920~30년대 모더니즘 주거건축을 그대로 답습한 결과다. 그 결과, 군락적 주거지에서 보이는 공간구성의 위계성이나 상징성, 그리고 길의 의미는 사라지고 기능성·경제성 및 효율성이 지배하는 주거단지 환경이 조성되었다.[19] 이러한 양상은 서구의 근대화 과정에서 나타나는 一자형 주거단지의 배치가 특별한 문화적 변형이나 전이를 거치지 않고 한국으로 직접 이입된 결과로 볼 수 있다.[20] 우리나라에서는 이것이 전통적으로 풍수에 근거해 남향을 선호하는 뿌리 깊은 고정관념과 일치하면서 더욱 확고해진 것이다. 그뿐만 아니라 一자형

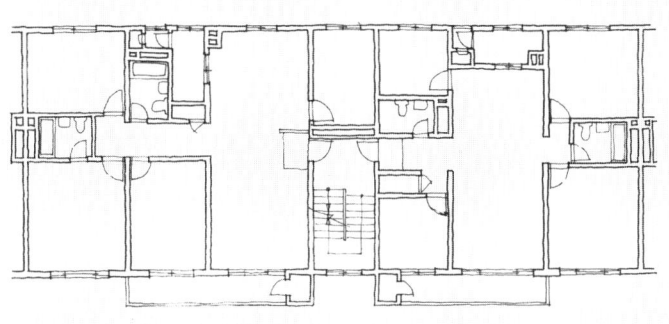

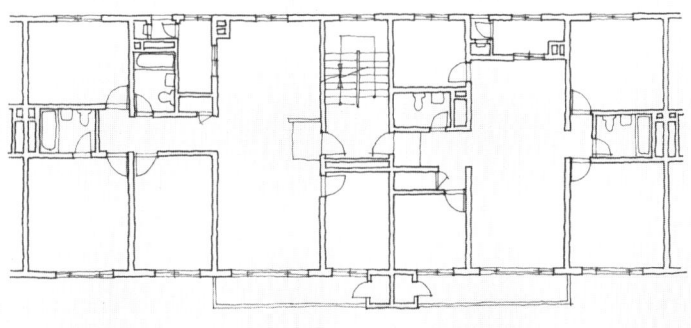

과천 10단지의 S형 평면(위)과 N형 평면(아래). 1층에서 주거동 현관의 위치가 마주보도록 계단실을 남쪽과 북쪽에 번갈아 배치했다.

배치는 모든 세대에 균질한 조건을 배분할 수 있어서 이웃 간의 모방과 동화 심리가 강한 한국인의 의식에도 부합되었다.

　一자형 배치에서는 건물이 각각 같은 방향을 바라봄으로써 외부공간에는 공적 공간과 반사적 진입공간이 동시에 존재하며 반복된다. 이렇게 되면 외부공간 및 출입현관의 위치가 한 방향을 보면서 반복되어 이웃 간의 커뮤니티가 단절되고, 주차장과 녹지도 분산되는 단점이 생긴다. 이를 보완하기 위해 주거동과 주거동 사이의 출입구를 마주보도록 하여 이웃 간 커뮤니티를 증진하려는 소위 NS형 주거동 배치가 시도되었다. 하지만 이때 계단실이 남쪽이면 채광 면이 좁아진다는 단점이 있었다. 따라서 이를 보완하고자 1층에서만 서로 통하게 하는 통과형 주거동이 계획되었다. 현관 출입구를 마주보게 배치하면서도 단위세대의 향은 한 방향으로 유지할 수 있도록 하여 향에 대한 기본 원칙을 지키면서 배치상의 단점을 절충하고자 했다. 하지만, 이러한 단편적 변화는 一자형 배치의 단점을 극복하기에는 미흡했다.

복도형과 계단실형의 획일성

판상형의 주거동 형상과 함께 계단실형과 복도형으로 대별되는 단순한 주거동 공용공간의 유형은 획일적인 아파트계획의 한 단면이다. 1960년대 후반의 서민아파트에서는 경제적 이유로 편복도 또는 중복도 형식이 많이 채택되었고, 또한 ㅁ자형과 Y자형 편복도 등도 종종 볼 수 있었다. 그러나 다양한 주거동 공용공간 형식은 점차 사라지게 되었는데, 그 계기는 1962년 도시계획법에 불량지구개량사업에 관한 조항이 포함되면서 공동주택에 一자형 표준설계도가 보급·확산되면서부터다. 이에 따라 1968년 이후 건설된 대한주택공사의 아파트들은 모두 계단실형으로 지어졌고 민간아파트도 이에 영향을 받아 주거동 공용공간 구성은 획일적으로 변화하게 되었다. 동일한 단위세대 평면형과 그 동선을 취합·분배하는 계단실이 주거동을 구성하는 전부였으므로 주거동 평면은 단위세대의 단순 나열이라는 한계가 있을 수밖에 없었다. 이때까지 편복도형이 일반적이지 않았던 이유는 저층이이어서 엘리베이터 설치가 불필요했고 따라서 계단실형이 특히 비경제적일 이유가 없었기 때문이다.

1970년대 중산층아파트로 계획된 한강아파트, 반포아파트 등은 단위세대의 전면 폭이 넓어서 계단실형이 공간 이용에 효율적인 측면이 있었다. 이는 또한 각 세대의 프라이버시를 지키기에 더욱 알맞은 형식이기도 했다. 그러나 아파트의 고층화가 진행되면서 수직동선을 해결하기 위한 엘리베이터의 보급은 주거동 내 공용공간 계획에 큰 영향을 미쳤다. 엘리베이터 설치 자체가 고가였을 뿐 아니라 관리비 명목의 유지비 또한 당시 서민에게는 부담스러운 것이었으므로 1970년대 초까지는 중대형 아파트에도 한 주거동에 하나의 엘리베이터 설치만으로 충분했던 편복도식이 많았다. 예를 들어 국내에서 엘리베이터가 최초로 설치된 힐탑외인아파트(1968)는 중앙에 엘리베이터를 두고 양쪽으로 수평동선인 편복도가 배치되었고, 1975년 잠실 고층아파트가 건설되었을 때에도 마찬가지였다. 중복도 역시 동선을 더욱 집약시켜 공간을 효율적으로 이용하고 엘리베이터 사용의 효율성을 꾀하는 데 좋은 방식이었다. 세운상가아파트(1967) 등 상가아파트에서 중복도형을 많이 채택했으며, 1982년도 건설된 한남외인아파트도 이러한 중복도 형식이었다.

1970년대 초의 대규모 맨션아파트와 1970년대 중반의 여의도 아파트단지에서는 고층이면서도 엘리베이터가 각 계단실마다 배치된 계단실형을 채택했다. 이처럼 엘리베이터를 계단실마다 설치하는 것은 처음에는 고급아파트에만 가능했다. 1979년에 45개 아파트단지를 대상으로 조사한 한 연구에 따르면,[21] 모든 규모의 아파트에서 수직·수평 동선은 편복도형·중복도형·계단실형이 고르게 분포했다. 하지만 1980년대에 이르면 고층아파트의 경우 30평 이하는 대개 편복도형, 40평 이상은 거의 엘리베이터 시

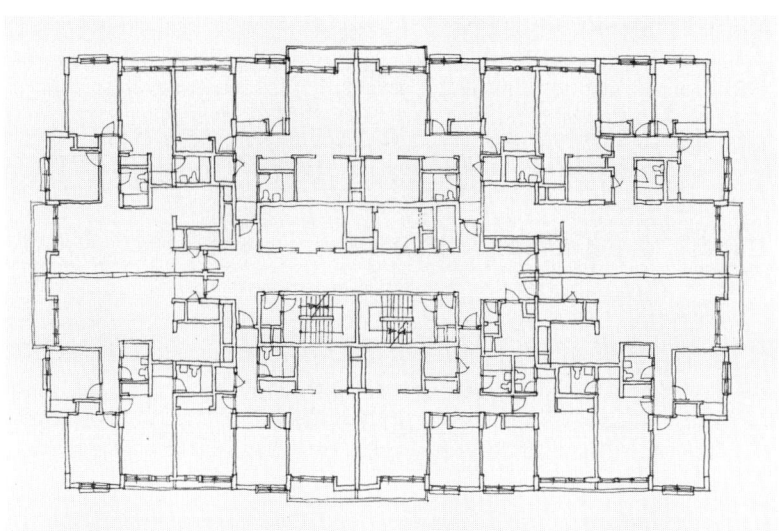

한남외인아파트(1982)의 중복도형 주거동. 동선을 집약시켜 주거동 공용공간을 절약하기에 좋은 방식이다.

설이 있는 계단실형으로 고정되었다. 이때부터 동선분배 형식에 따라 계단실형은 고급아파트, 편복도형은 서민아파트라는 이분법적 인식이 자리 잡게 되었다. 편복도형은 전면 폭이 좁은 소규모 아파트에서, 그리고 유지관리비 절약을 위해 많이 채택되는 형식이었기 때문이다.

그러나 계단실형은 통풍과 프라이버시 유지 측면에서 이점이 많아서 편복도형보다 더욱 선호되었다. 이는 엘리베이터 설치가 불필요한 5층 이하의 아파트가 단위세대의 규모와 상관없이 거의 모두 계단실형을 택하는 데서 알 수 있다. 거주자들은 계속 계단실형 아파트를 선호했으며, 이는 상층 지향의 속성과 맞물려 있었다. 이에 따라 1980년대 중반 이후 건설된 아파트들은 30평 내외에서도 차츰 계단실형을 채택하게 되었다. 여기에는 시간이 지나면서 거주자들의 경제력이 높아져 엘리베이터의 유지관리비 부담이 줄어든 이유도 한몫했다.

주거동 계획의 변화

一자형 배치의 판상형 아파트가 대세를 이루는 가운데 획일적인 아파트 유형에 대한 비판이 1970, 80년대를 지나면서 계속 대두되었으며, 간헐적으로 한 주거단지 내 다양한 주거동을 혼합 배치하거나 다양한 형식의 주거동을 계획하는 시도들이 있었다. 1977년 완공된 부산 대연맨션아파트는 독특한 주거동 구성의 사례다. 이 아파트는 전체적으로 변형된 ㄱ자형을 택하고 있는데, 한쪽 면은 단위세대 평면의 후면을 약간씩 변형시키고 그 것을 셋백setback시키는 방식으로, 또 다른 한쪽 면은 같은 세대를 대칭 배치하는 방식으로 구성했다. 대칭을 구성한 한쪽 복도에는 브리지가 만드

부산 대연맨션아파트의 주거동 계획. 편복도형이지만 단위세대의 배열에 변화를 줌으로써 단조롭지 않은 공공공간을 형성했다.

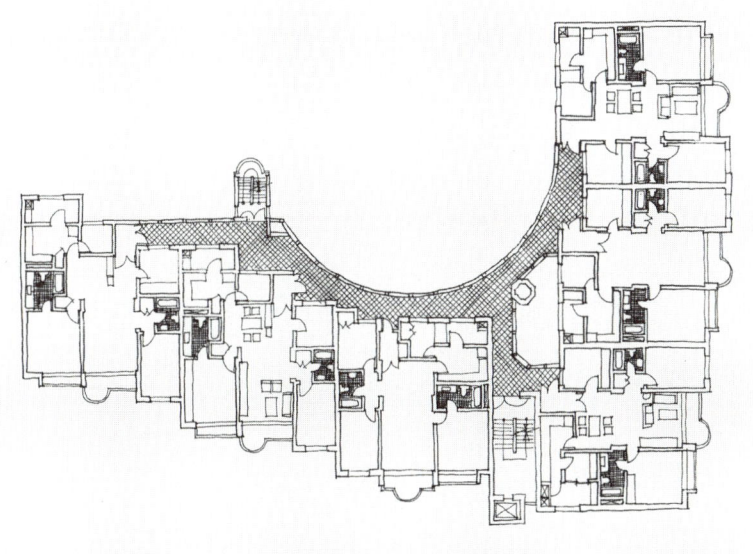

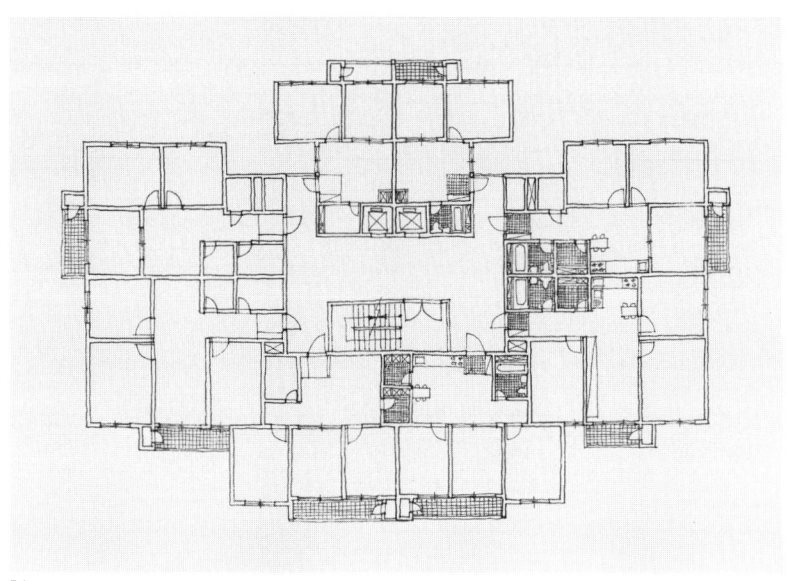

방배동 임광아파트의 탑상형 주거동 평면(위)과 전경(아래). 1980년대의 탑상형 아파트는 향의 불리함 때문에 판상형에 비해 그리 선호되지 않았다.

는 광정光井도 형성되었다. 이 사례는 같은 평면형일지라도 주거동 내 공용공간의 변화 있는 구성에 따라 주거동의 형상이 달라질 수 있음을 보여준다. 또한 6세대를 배치하면서 복도의 길이를 줄이고 단조롭지 않은 공용공간을 만들었고 엘리베이터 사용의 효율성도 높였다. 이러한 시도는 공동주택 설계의 발전적 가능성을 보여주는 것이었으나 소수 건축가의 단발성 시도로 그치고 말았다.

1983년 건설된 대한주택공사의 둔촌지구 아파트단지에서는 판상형 및 탑상형, 고층 및 저층의 주거동 유형이 다양하게 혼합 배치되었다. 탑상형 아파트에서 주거동 평면계획은 단위세대가 공용공간을 중심으로 사방으로 배치되는 형식이었다. 다양한 단위세대 평면을 혼합 배치했지만 단위세대 모두를 남향으로 배치하는 것이 불가능했기 때문에 최소한 동향 및 서향을 면하도록 계획했다. 이외에도 1980년대 중반 방배동의 임광아파트, 서초동의 삼호가든아파트 등의 탑상형 아파트에서는 주거동 평면이 비교적 다양하게 나타났다. 그러나 이러한 시도 역시 단위세대의 향에 대한 거주자의 집착으로 단기간 나타났다 사라지고 말았다. 이후에 탑상형 주거동 평면은 1990년대 몇몇 현상설계 주거단지와 초고층 주상복합아파트에서 부활하기까지 나타나지 않았다.

단조로운 주거동 평면계획에서 탈피하려면 단위세대의 계획과 단지 배치, 주거동의 형태가 서로 유기적으로 관계를 맺어야 한다. 이 점을 인식하기 시작한 시점은 1980년대 후반부터다. 상계 신시가지의 고층아파트 계획에서 이러한 변화를 찾아볼 수 있다. 기존의 계단실형과 복도형을 절

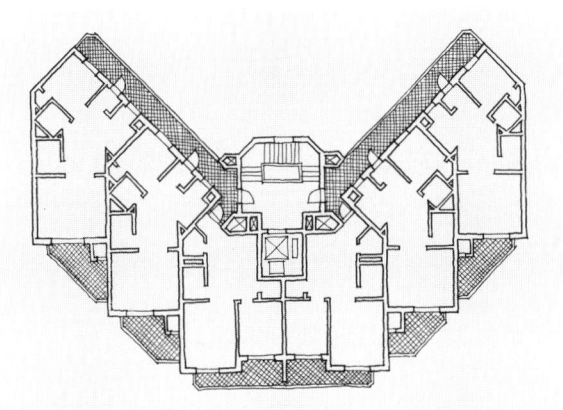

상계주공아파트의 주거동 계획. 단위세대를 꺾인형으로 계획하고 주거동의 형상에 변화를 주었다.

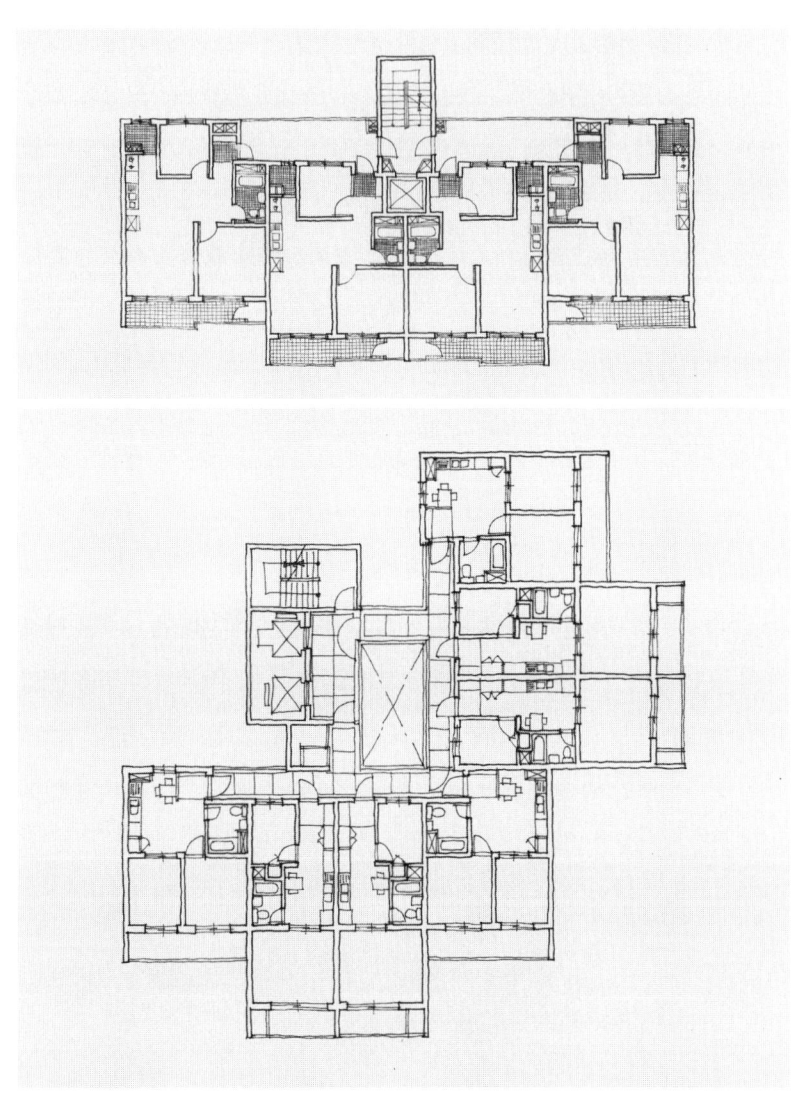

4호조합 주거동 평면(위). 복도식과 계단식의 장점을 절충한 주거동 계획이다.
신림주공아파트의 변형된 편복도형 주거동(아래). 단위세대가 있는 부분은 ㄱ자로 배치하고, 계단실과 엘리베이터가 있는 부분을 분리해 광정을 형성했다.

충하고, 주거동의 형상이 단지의 배치계획 개념에 순응할 수 있도록 했다. 이때 남향선호라는 거주자 요구도 충실히 반영해 단위세대가 남향을 취하도록 사각형이 아닌 꺾인형으로 계획했다. 이는 단위세대의 계획을 주거동 평면계획의 차원에서 시작했기 때문에 가능했던 것이다. 또한 주거동의 형상을 고려해 중앙부의 단위세대는 양 측면의 세대와 또 다른 형태를 갖도록 계획했다. 주거동 평면계획에 변화를 줌으로써 그 안에서 단위세대가 다양하게 조합되었고 건물 형태의 단조로움도 완화되었다.

　　주거동 내 공용공간 구성에 변화를 준 또 다른 사례로 1980년대 후반 계단실형과 복도형이 절충된 4호조합의 주거동을 들 수 있다. 또한 1995년의 신림동 주공아파트에서는 위와 같은 형식을 ㄱ자형으로 90도 대칭 배치했다. 이 경우 주거동이 90도로 꺾이면서 한쪽은 4호조합, 한쪽은 3호조합으로 구성되었다. 이때 엘리베이터와 계단실을 주거동과 분리 배치해 주거동 후면에는 광정이 생기는데, 공용공간에서의 쾌적성을 확보하려는 의도였다. 1990년대 이후에는 주거동의 형상을 다양화하는 과정에서 단위세대 평면계획에 변화가 이루어졌다. 서울시도시개발공사에서 현상공모한 결과로 지어진 신트리지구 아파트(1999~2000)에서는 여러 유형의 단위세대를 조합한 주거동 평면을 도입해 그동안의 전형적 평면에서 탈피했다. 또한 주거동 계획에서 한동안 볼 수 없었던 탑상형이 등장했다. 같은 층에서 상이한 규모의 단위세대 평면들이 조합되었고, 이때 남향이 아닌 세대도 어느 정도 관용적으로 수용되었다.

4
아파트의 고층화와 고밀화

포화상태의 아파트단지

공동주택이 도입되어 확산되는 시기에 주택 공급과 정책의 기조는 아파트 일변도였는데, 이는 아파트의 최대 장점이라 할 수 있는 고밀화의 가능성 때문이었다. 하지만 아파트 도입 초기 마포아파트는 용적률이 67%였고 1970년대까지 거의 모든 저층아파트의 용적률이 100% 이하였다. 이때까지만 해도 최대 용적률의 달성은 큰 이슈가 아니었음을 알 수 있다. 1972년의 반포1단지 아파트는 77%, 1975년의 잠실주공 1~4단지는 63~83%, 1979년의 둔촌주공아파트는 90%의 용적률이었다. 그러나 15층 고층아파트인 잠실5단지의 용적률은 121%를 보여, 고층화가 고밀화의 기폭제 역할을 했음을 알 수 있다.[22] 아파트의 수요가 폭발적으로 증가하면서 최대의 이윤을 추구하는 공급자의 일방적 논리는 한 단지 내에서도 점점 더 많은 세대수와 건물을 수용해야만 하는 압력으로 작용했다.

언제부터인가 건물의 밀도를 나타내는 용적률은 항상 법규가 정하는 상한선까지 최대한 이용해야만 하는 지표였으며, 용적률 자체도 시간이 지나면서 상향 조정되었다. 1970년대 초의 조사에 따르면, 서울시 아파트 지구의 평균 층수는 8층, 평균 건폐율과 용적률은 각각 20%와 165%로서 그때까지 이미 고밀화가 상당히 진행되었음을 알 수 있다. 이때 건물의 고밀화뿐만 아니라 거주인구의 고밀화 역시 상당히 진행되었다.[23] 1980년대 중반 이후부터는 용적률이 눈에 띄게 급격히 증가해 대한주택공사 아파트도 1990년대에 이르러서는 대부분 200%를 넘게 되었다.[24] 또한 건물과 건물 사이를 이격하는 인동간격 역시 법규가 정하는 최소 이격거리에 최대한 근접해 계획하는 것이 당연시되었다. 관련 법규 역시 고밀화를 허용하는 방향으로 계속 완화되었다.[25]

고밀화를 달성하기 위한 단순한 방법은 인동간격을 좁히고 건물의 층수를 높이는 것이다. 그러나 법적 용적률이 계속 높아져 어느 정도 이상이 되면서부터는 판상형으로 一자형 배치를 고수하면서 인동간격의 조정과 층수의 상향 조정만으로는 용적률을 채우는 것이 불가능해졌다. 층수를 높이며 고밀화를 달성하는 것도 15층 정도까지만 가능했기 때문에 이때는 주거동의 형상과 배치를 변화시키는 것이 필요했다. 1992년 건설된 대전 판암지구 아파트처럼 15층 아파트의 경우, 용적률은 보통 170% 전후였고 최대 190% 정도가 판상형 계획의 한계였다. 그러나 용적률이 200% 이상이 되는 1980년대 후반부터는 최대 용적률을 이루기 위해 배치계획이 달라졌다. 인동간격의 적용을 피해 一자형 주거동 사이를 채우는 ㄱ자형·ㄷ자형 배치가 나타나기 시작했고, 결국은 주거동이 사방으로 배치되는 격자형 배치로 진행되었다. 용적률 190%를 경계로 그 이상이 되면 단지의 배치는 현격히 바뀌는데,[26] 실제로 1993년부터 1996년까지 대한주택공사의 용적률 190% 이상의 단지는 모두 격자형 배치방식을 따르고 있다.

1970년대 잠실아파트단지에서 시도했던 격자형의 클러스터 배치가

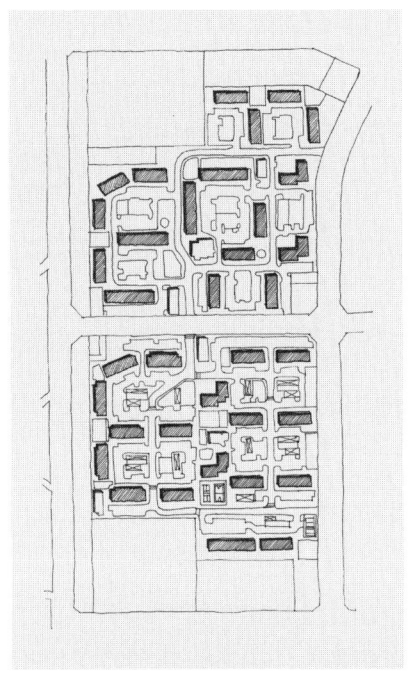

수원 영통지구 아파트 배치도(1995). 층수를 높이는 것으로 밀도가 해결이 안 될 경우 격자형 배치를 따르게 된다.

거주자의 외면으로 호응을 얻지 못해 단발성 시도로 그친 전례가 있었다. 그러나 1980년대는 저층아파트에서 시도하지 못했던 배치의 변화가 용적률 달성이라는 목표와 함께 고층아파트에서 적용된 것이다. 고밀화 압력이 어쩔 수 없는 격자형 배치의 원인이 된 것이다. 고층의 격자형 배치방식은 채광·조망 등에서 상당한 문제점을 내포하고 있었음에도 불구하고 많이 확산되었고, 이때 필연적으로 생기는 동향·서향의 단위세대는 시장에서 나름대로의 차별화된 가격으로 수용되기 시작했다. 1980년대 후반 등장한 서울 및 수도권의 격자형 배치는 시간차를 두고 지방까지 확산되어 1990년대 중반에는 지방 중소도시에서도 대부분 채택하게 되었다.

한편, 1990년대 중반부터는 20층 이상의 초고층아파트단지가 많이 지어지면서 판상형 주거동 대신 탑상형 주거동이 주로 채택되었고, 이때를 분기점으로 주거동의 배치는 많은 변화를 겪게 된다. 또한 용적률은 계속 높아져 250% 이상의 단지들도 속속 등장했다.[27] 더욱 상향 조정된 밀도는 격자형 배치로도 달성하기 어려워졌기 때문에 또 다른 여러 배치기법이 등장한 것이다. 첫째, 탑상형 주거동을 적절히 이용한 기법이다. 주거

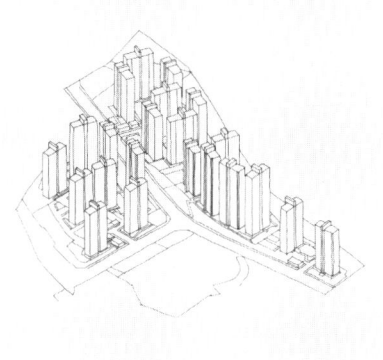
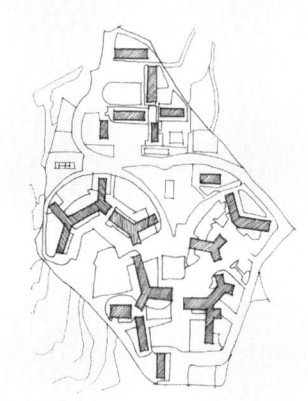
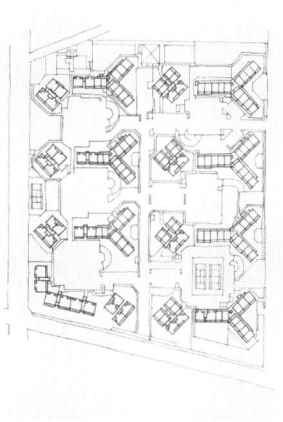

부산 금곡단지(1992, 왼쪽 위). 빽빽하게 들어선 주거동들은 채광 등에서 많은 문제점을 보임에도 불구하고 경제논리에 의해 계속 지어졌다.
신림지구 재개발단지(1996, 오른쪽 위). 다양한 형태의 주거동은 이격거리를 서로 피하기 위한 편법으로 활용된다.
암사동 선사현대아파트(2000, 아래). Y자형 주거동과 탑상형 주거동을 혼합 배치해 최대 용적률을 채운 주거단지다.

동 길이가 짧은 탑상형 주거동 사이의 간격을 이용해 건물을 엇갈려 배치함으로써 이격거리를 확보하는 것이다. 둘째, 이격거리가 주거동 전면에서 직각방향으로만 계산된다는 점을 최대한 활용해 Y자형 주거동과 절곡형 주거동을 배치하는 기법이다. 건물이 —자형으로 배치되지 않으므로 이격거리는 서로 마주하는 주거동 사이에 상이하게 계산되는데, 이는 한 주거동 내에서 층을 조정함으로써 해결했다. 이는 주어진 대지 형상에 따

용인 수지의 아파트군. 고층·고밀의 아파트단지들은 광범위한 지역으로 확산되어 삭막한 경관을 만든다.

라 대지의 이용률을 최대화하기 위한 방법이기도 하다. 마지막으로, 여러 주거동 유형을 다양하게 배치하는 기법이다. 이격거리, 대지 내 조건 등을 감안해 대지 내 가능한 최대한의 체적으로 주거동을 배치하기 위한 것으로, 필요에 따라 저층·중층·고층을 혼합 배치하고 자투리 대지까지도 이용하면서 고밀을 달성하는 방법이었다.

한편 300% 이상으로 용적률이 더욱 높게 적용된 재개발·재건축 단지에서는 이러한 계획기법들이 더욱 극단적으로 활용되었다. 판상형이 절곡된 초고층 주거동이 병풍형으로 나타나는가 하면, 주거동들은 이격거리를 피하고자 여러 각도로 원칙 없이 배치되었다. 이 정도의 밀도에서 단지의 질을 염두에 둔 여러 계획적 요소를 골고루 배려한다는 것은 처음부터 무시되었고, 단지계획에서 고려해야 할 계획적 요소가 오로지 용적률뿐임을 보여준다. 삭막한 콘크리트 숲이 되어버린 주거지는 밀도에 의해 좌우되는 주거계획 원칙의 한계를 드러내고 있었다. 최대 용적률의 추구는 거주자의 생활과 요구를 고려하면서 단위세대, 주거동 평면계획, 주거동 형상 및 배치계획을 유기적으로 총체화해 건축적으로 실현하고, 다양한 주거유형을 개발하는 것을 원천적으로 봉쇄했다.

아파트의 고층화와 주거동 형상의 변화

용적률을 높이면서 상대적으로 건폐율을 많이 높이지 않은 정책은 단지가 고밀화되면서 건물이 수평적보다는 수직적으로 확장되는 결과를 낳았다. 저층 고밀도에 대한 인식이 부족해 고밀화는 곧 고층화라는 인식이 지배적이었고, 따라서 저층아파트단지의 용적률에는 큰 변화가 없었다. 자료를 보면, 전체 평균 용적률이 높아지는 데는 고층아파트가 주요 역할을 했음을 알 수 있다.[28]

고층아파트가 일반적으로 정착된 1980년대에는 1970년대에 비해 아파트 층수가 더욱 높아져 15, 16층 정도가 되었다. 그러나 주거동 유형이

1980년대 중반 이후 대한주택공사 아파트의 연도별 평균 용적률

연도	전체 평균 용적률	저층아파트단지	고층아파트단지
1986	154%	86%	192%
1987	133%	89%	186%
1988	129%	92%	183%
1989	139%	92%	163%
1990	157%	96%	177%
1991	176%	98%	186%
1992	198%	98%	196%
1993	222%	134%	224%
1994	224%	108%	227%
1995	205%	88%	206%
1996	204%	74%	208%

1994년의 남산외인아파트 철거 장면(왼쪽). 판상형 아파트에 대한 부정적 시각을 대변하는 이벤트였다.
봉천동 일대 재개발아파트(오른쪽). 탑상형 아파트일지라도 그것이 반복되고 중첩되면 본래 의도와 달리 입면의 차폐를 가져온다.

판상형으로 고정된 상태에서 계속적인 고층화는 상당한 문제점을 드러냈다. 도시경관이 더욱 삭막해졌을 뿐만 아니라, 입면의 차폐遮蔽로 대형 고층 주거동이 주는 위압감이 심해졌다. 따라서 층수가 20층을 넘어서면서부터는 단조로운 주거동 형태에 대한 반성과 함께 절곡형, U자형, 혼합형 등 변형된 판상형이 조금씩 시도되었다. 특히 입면 차폐의 문제가 계속 대두되어 주거동의 길이가 점차 짧아지는 경향을 보인 것은 거대한 판상형 주거동에서 오는 구조상의 문제와 위압감을 동시에 해결하고자 한 것이었다. 결국에는 아파트가 초고층화하면서 탑상형이 대세가 되었다. 1994년 11월, 서울 남산의 경관을 가린다는 이유로 남산외인아파트를 폭파·철거한 일은 판상형 아파트에 대한 부정적 시각을 대변한다. 이 사건은 아파트 경관에 대한 인식을 확실하게 바꾸는 계기가 되었다. 또한 공동주택의 경관문제가 입면과 주거동의 문제를 넘어서 도시의 스카이라인과 환경의 질에까지 영향을 미친다는 인식을 확대시켰다.

신트리아파트의 주거동 형태와 배치. 현상설계로 계획된 아파트들은 변화 있는 단지배치와 다양한 주거동 디자인이 특징이다.

1980년대 말의 상계 신시가지아파트는 고층화 과정에서 주거동 형태의 변화를 가장 적극적으로 시도한 경우다. 여기서는 판상형 아파트가 45도 꺾인 형태, 절곡형의 고층아파트, 향 변경형 세대로 구성된 탑상형 등이 선보여 획일적 외관에서 과감히 탈피하고자 했다. 1990년대부터 현상설계를 거친 공공 주도의 아파트가 등장하면서부터는 단지배치에서 더욱 다양한 계획안들이 선보였다. 또한 차별화된 주거동 평면과 입면을 도입함으로써 주거동 형상에도 변화를 가져왔다. 또한 최상층과 하부의 디자인 변화를 추구했다는 점에서도 혁신적이었다. 또한 한 단지 내에서 다양한 주거동 유형이 채택되었고, 한 주거동 내에서도 부분적으로 층수의 변화를 주어 변화감 있는 스카이라인을 형성했다. 이러한 시도들은 대지의 상황에 유기적으로 맞추면서 동시에 고밀도 달성하고자 한 의도가 이면에 숨어 있었지만 표면적으로는 긍정적으로 평가되었다.

초고층아파트의 계획논리

초고층아파트는 1997년 이후 정책적으로 장려되어 본격적으로 지어지기 시작했다.[29] 이 새로운 유형이 1990년대 말에는 법적으로 주거복합의 위치를 이용해 민간에서는 주상복합이라는 통칭으로 불렸고,[30] 초고층아파트는 곧 주상복합아파트를 의미하게 되었다. 상업지역에서의 건축이라는 조건은 기존 주거단지보다 월등히 높은 용적률을 뜻했고, 발달된 건설기술과 맞물려 더욱 각광 받았다. 철골철근콘크리트 구조 및 철골 구조가 대부분이며 층수는 30층 이상 69층까지도 지어졌다. 2000년대 이후 일반 상업지역에 지어진 주상복합의 경우 건폐율은 평균 44.66%, 용적률은 평균 708.22%를 보인다.[31]

이러한 초고층아파트 유형은 후에는 일반 주거지역까지 확산되는데, 이 경우에는 용적률이 200% 내외로 산정되기 때문에 건폐율은 20% 정도

보라매공원 주변의 초고층 주상복합아파트군(왼쪽). 30층이 넘는 13개 주상복합건물로 가득 찬 보라매타운의 모습이다.
도곡동 대림아크로빌 주상복합아파트(오른쪽). 상업지역에 지어진 주상복합아파트는 초고밀로 지을 수 있다는 것이 장점으로 부각된다.

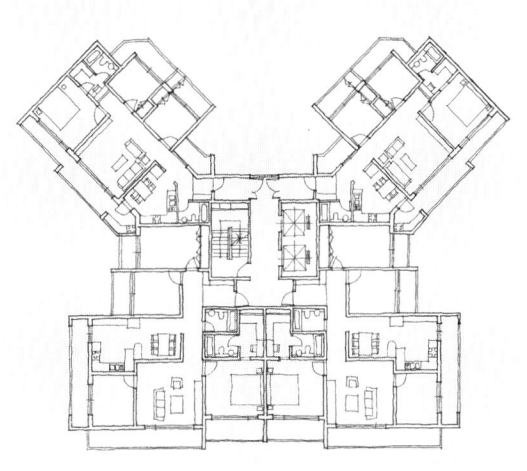

K자형 주거동의 평면. 계단실과 엘리베이터홀로 중앙에 코어를 만들고, 4호 정도의 단위세대를 남향 및 남동·남서향으로 배치한다.

로 상당히 낮게 나타난다. 즉, 일반 아파트도 용적률과 무관하게 건폐율을 줄이며 초고층으로 건설하는 경향이 심화되었음을 알 수 있다. 이러한 계획방향은 주거단지 내에서 녹지 및 외부공간을 많이 확보할 수 있다는 장점 때문에 나날이 선호되고 있다.

   초고층아파트는 구조상의 문제와 건폐율의 한정 때문에 대부분 탑상형으로 지어진다. 그 때문에 단위세대의 조합에서 종래의 판상형 주거동과는 근본적으로 다른 해법이 요구되었다. 또한 많은 수의 엘리베이터를 설치하고 주거동 공용공간이 곧 구조적 코어 역할을 해야 하는 조건에 의해 주거동 계획이 좌우되었다. 또한 중앙 코어 부분에 설비가 집중되므로 효율적으로 이를 배분하고 단위세대로의 동선을 기능적으로 구성하는 것도 주요 계획요건 중 하나다. 탑상형의 주거동은 전·후 두 면이 개방되는 판상형 아파트와 달리 주거동 평면이 사방으로 개방되는 형태를 띤다. 때문에 어쩔 수 없이 발생하는 북향의 단위세대를 가급적 줄이고 그 대신 동

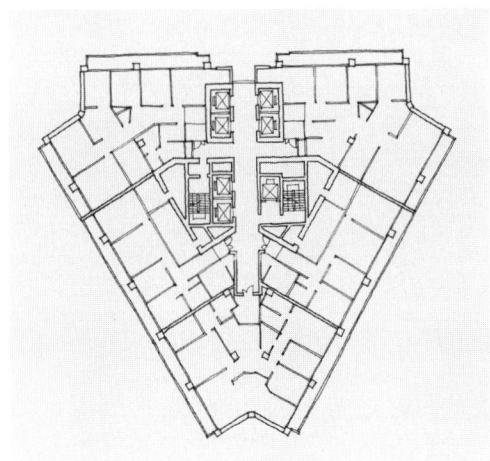

삼각형 모양의 주상복합 주거동 계획안. 탑상형 초고층아파트는 특이한 주거동 계획과 건물 형태로 계획되기도 한다.

향·서향의 단위세대를 적절히 배치하는 것이 관건이었다. 이러한 단점을 보완하기 위해 단위세대 평면을 동남향·동서향으로 사선 배치해 향을 개선하고, 단위세대 평면에서 코어에 면하는 부분을 줄여 2면 이상 혹은 3면이 개방된 평면을 선호하게 되는데, 이것이 초고층아파트에서 흔히 볼 수 있는 K자형 주거동 유형이다.

초고층 탑상형 아파트는 구조상의 이유로 비대해진 엘리베이터 홀과 계단실, 즉 코어를 다수의 세대가 사용해야 하므로 4호 이상의 조합이 대부분이다. 주거동 공용공간은 코어 주변에 홀을 구성하는 홀형이 가장 보편적이지만 주거동이 확대되고 한 주거동 내 단위세대 수가 더욱 많아지게 되면, 여기에 중복도가 연장된 사례도 나타난다. 이렇게 초고층 탑상형 아파트는 코어와 주거동 내 공용공간의 구성에 따라 다양한 평면의 조합이 가능하고, 이에 따라 주거동 형상에도 변화감을 줄 수 있다. 이는 단위세대 평면의 단순 조합에 의해 주거동의 평면형태가 결정되는 관행적 디자인과 달리 주거동 전체가 디자인 대상이 된다는 점에서 긍정적이다.[32]

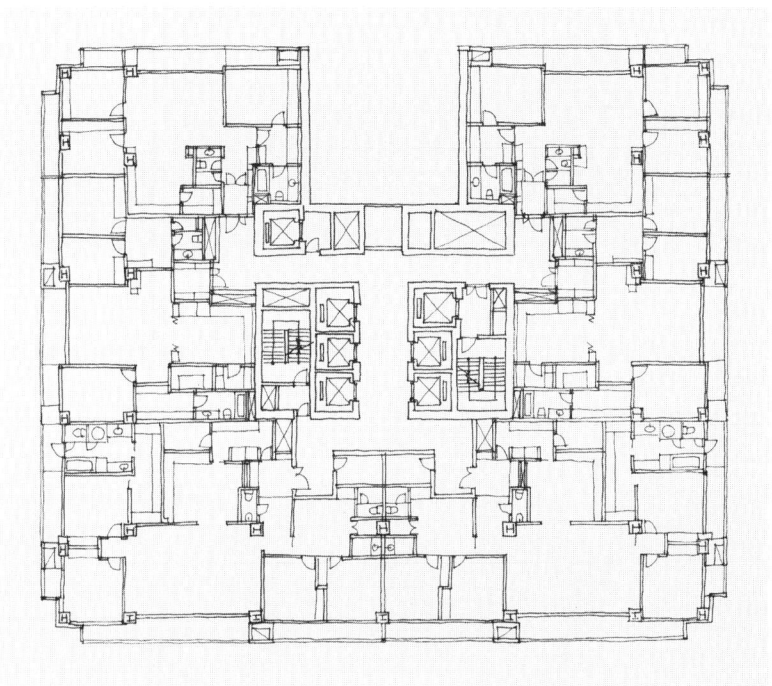

도곡동 타워팰리스의 주거동 평면. 주거동이 커져서 단위세대 평면의 깊이가 깊어지기 때문에 채광에 불리한 실들이 나타난다.

또한 단위세대 평면에서도 향을 위해 사선으로 꺾인 부분 등을 활용해 독특한 내부공간을 만들 수도 있다.

초고층아파트는 대부분 지역의 랜드마크를 표방하면서 차별화된 디자인을 추구한다. 따라서 수직성이 강조되는 입면이 선호되고, 커튼월의 외벽으로 첨단의 이미지를 강조한다. 주거동 평면이 다양하기 때문에 건물도 부분적으로 분절되는 효과를 가져올 수 있다. 또한 최상층과 저층을 차별화해 디자인함으로써 수직적으로도 변화를 준다. 이는 판상형과 그 변형에서 볼 수 없는 아파트 주거동의 새로운 비례감을 보여주었고, 일반

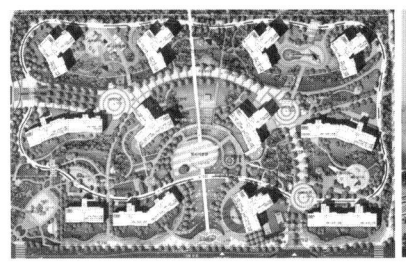 

초고층아파트의 단지배치(왼쪽). 2000년 이후에는 일반아파트도 초고층 주거동을 여럿 배치한 단지식 아파트로 변모했다.
아파트의 고층 장벽화(오른쪽). 초고층아파트들이 도시경관을 가리고 있다.

아파트의 주거동 디자인에 많은 영향을 미쳤다.

한편, 초고층아파트는 열린 조망권을 장점으로 내세워 가능한 한 많은 면이 외기에 접할 수 있도록 평면을 구성한다. 그러나 평면의 한 면이 코어에 면하기 때문에 전·후면에 실을 배치할 수 없어 K자형 주거동을 구성하지 않을 경우 외기에 면해 일렬로 실을 나열하거나, 주거동의 모서리에 보통 90도로 개방된 거실을 배치하고 전체적으로 L자형 평면을 구성한다. 코어에 면한 곳에는 화장실·부엌 등 인공 채광과 인공 환기가 가능한 실을 배치하는 것이 일반적이다. 때문에 이러한 주거동에서는 전·후면이 개방된 판상형 평면보다 환기와 여름철 통풍에 불리하다는 단점이 있다. 예를 들어 도곡동의 타워팰리스는 엘리베이터 6대가 있는 코어를 중심으로 6호의 단위세대를 배치하면서 2호는 남쪽에, 2호는 각각 서쪽과 동쪽에, 2호는 북쪽에 면하게 했다. 사각형의 모서리를 에워싸는 단위세대 평면은 전체적으로 L자형으로 공간이 나열된 형식인데, 단위세대 평면의 깊이가 깊어지면 후면에 배치된 식당 및 부엌, 그리고 가족실에는 채광이 되지 않는 불리함이 있다.

초고층아파트는 주거동 길이가 짧은 이점으로 통경축通景軸을 확보해 주고 시각적 차폐를 최소화할 수 있다는 장점이 있다. 하지만 대부분 주거동에서 측벽부를 이용해 주거동 간격을 최소화하거나, 또는 측벽부를 설치하지 않은 경우에도 법규상 인동간격 규정의 사각지대인 주거동과 주거동 사이를 이용해 인동간격을 산정하는 방법으로 주거동을 근접시켜 최대한의 용적률을 확보하고자 한다.[33] 따라서 결국 주거동이 서로 중첩되면서 판상형 아파트와 다름없이 경관이 차폐되는 현상을 가져온다. 또한 한 단지 내에서 비슷한 주거동 유형이 다수 반복됨으로써 또 다른 획일화의 문제를 내포한다.

7
공동생활 공간에서 개별화·분화된 공간으로

1
최소한의 주거, 일실주거와 속복도형

일반적으로 개별 단위세대가 완전한 하나의 주택으로 기능하려면 독립적인 주생활을 영위할 수 있는 취침공간, 취사공간, 생리위생 공간을 기본적으로 갖추어야 한다. 그러나 일제강점기의 장옥과 같은 공동주택의 초기 유형에서는 방으로만 구성된 단위세대가 흔했다. 또는 요나 아파트에서처럼 개별 단위세대 내에서는 최소한의 개인생활이 이루어지고, 기숙사와 같이 부엌·화장실 등이 공용공간에 배치되어 공동으로 사용하기도 했다.

공동주택의 단위세대는 이렇게 생활공간을 공유하는 불완전한 형태로 출발했다. 가장 원초적 형태는 단순한 일실주거다. 장옥은 폭과 깊이가 2m에 불과한 공간이 연속해 한 건물을 이루었으며, 외부에서 곧바로 진입할 수 있는 독립적인 출입구가 있었다. 부엌이 없었고 출입문 밑에 아궁이를 설치해 외부에서 난방과 취사를 겸할 수 있게 했다. 외부의 아궁이 주변이 부엌의 기능을 했으며 화장실도 없었으니, 내부공간은 오로지 취침만을 위한 최소한의 공간이었다.[1]

이밖에 부영주택의 경우 일본인용은 13.5평(44.6m²) 정도의 비교적 큰 규모에 방 4개, 응접실, 온돌 등이 갖추어진 주택으로 중류층을 겨냥해

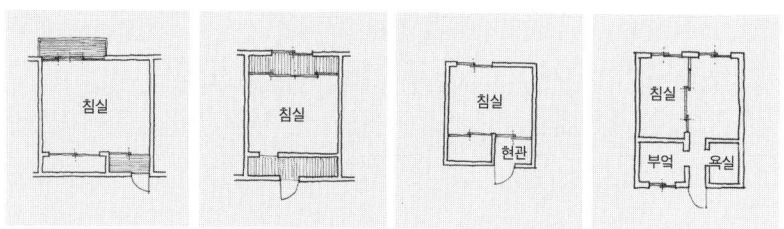

요의 평면(왼쪽부터 장진요, 회심, 협화장, 풍산요). 모두 하나의 실로 이루어진 가장 기본적인 공동주택의 공간구성이다.

지어졌다. 반면, 한국인용은 하층민용으로서 단위세대 규모가 2.65평 (8.7m²)에 불과했고 한 간은 온돌, 한 간은 부엌 및 문간으로 구성되었다. 장옥이 일실주거로 집단숙소의 성격이 강했던 데 비해 부영주택은 단위세대 내에서 개별생활이 가능할 만큼 공간의 분화가 일어났다는 점에서 좀 더 진화한 형태라고 할 수 있다.

요의 평면은 단위세대가 진화하는 과정을 보여준다. 외부공간에서 직접 출입하는 개별 진입이 사라지고 주거동 내 공용공간인 중복도가 나타나는데, 이로 인해 각 단위세대는 한쪽 면만이 외부에 면하게 된다. 한 면이 개방된 1실형이라는 것은 장옥과 같지만 복도라는 주거동 공용공간과 현관을 거쳐 침실로 들어가게 된 점이 외부에서 취침공간으로 직접 진입했던 장옥과의 큰 차이점이다.

장진요와 협화장은 단위세대가 현관과 방 하나로 구성된 3.7평 (12.2m²) 규모의 일실주거였다. 중복도에서 출입하는 현관이 있었으며, 그 옆의 여유공간을 이용해 방에서 사용할 수 있는 반침半寢을 배치했다. 단위세대 내 부엌과 화장실은 없었고, 대신 주거동 내 공용공간을 통해 접근할 수 있는 식당·공동욕실·공동변소·공동세면장이 갖추어져 있었다.

요의 침실 전면 폭은 3.6m로 장옥보다 훨씬 크다. 이러한 전면 폭의 확장은 점차 전면 2간 형식으로 변화한다. 또한 마루로 마감된 현관은 회심會心이라는 요에서는 반침 없이 더욱 확장된 것을 볼 수 있다. 이렇게 확장된 현관은 후에는 1964년의

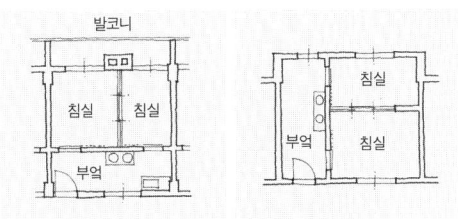

이화동아파트 평면. 부엌이 현관과 같은 공간에 마련되었고 침실은 두 간으로 분화되었다.

이화동아파트와 같은 소규모 아파트 평면에서 부엌과 겸한 공간으로 변화하기도 했다. 그러나 대부분의 평면에서 부엌과 욕실이 없는 것으로 보아 요에서는 여전히 취사·위생 공간을 공동으로 사용했음을 알 수 있다. 실이 더욱 분화되고 독립적인 주생활을 영위할 수 있는 최소요건을 갖춘 사례는 풍산요豊山寮에서 볼 수 있다. 부엌과 욕실이 현관의 양쪽에 배치되었으며, 전면의 침실은 두 간으로 분화했다. 풍산요는 좀더 공간이 확장되어 단위세대 규모가 7.59평(25.0m^2)과 8.48평(28.0m^2) 두 가지였다.

2
초기 아파트의 단위세대 평면

속복도형과 마루방 형식

본격적으로 공동주택의 틀을 갖추고 건설된 것으로는 일제강점기 1930년 서울 아현동의 미쿠니아파트를 꼽을 수 있다. 단위세대의 면적이 늘어났으며 단위세대 내부에 독립적인 주생활이 가능한 기본 실들을 갖추기 시작했다. 평면은 전형적인 일본식으로 짧은 복도가 있는 것이 특징이다. 현관으로 진입하면 이 복도를 중심으로 한편에는 거실과 부엌·변소가, 또 다른 한편에는 반침이 있는 침실이 배치되었는데, 모든 실들은 벽과 여닫이문이 아닌 미세기로 구분되어 상호 개방적이다.

    조선주택영단이 1941년부터 1945년까지 도시 근로자용으로 건설한 영단주택은 외형은 일본식이었고, 평면 또한 일본식을 따랐다. 다만 한국의 기후에 맞게 다다미와 온돌을 같이 설치했다. 변소는 주택 내부에 설치되었으며, 분리된 욕실도 있었다.[2] 일본인용인 큰 규모의 단위세대 평면은 기본적으로 속복도형에 2열형을 취한 집중식이 없다. 복도의 남쪽은 주요 거주부분이었고, 북쪽은 부엌과 욕실 등 종속부분이었다. 각 실들은 현

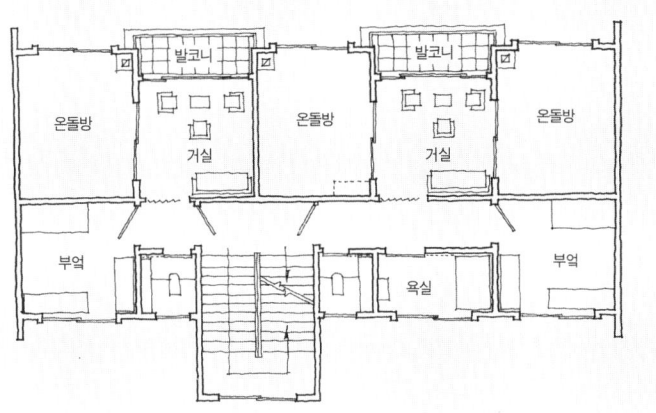

한미재단아파트 평면. 주요 공간이 복도에 면하고 거실과 방들이 서로 미세기로 연결되어 있다.

관부터 연결된 중앙복도를 중심으로 배치되어 복도에서 진입하도록 되어 있었고, 인접한 각 실 사이는 미세기로 서로 연결되어 있었다. 따라서 각 실은 독립적이지 않고 서로 개방적으로 연계된 성격을 띠었다. 즉, 각 실의 동선을 한곳으로 모으는 속복도 외에 실과 실이 통하는 또 다른 동선체계가 존재하는 것이다. 이러한 공간구성 방식은 해방 후 한미재단에서 계획한 아파트에서도 볼 수 있다. 각 공간은 복도를 중심으로 배치되었는데, 거실은 인접한 온돌방과 미세기로 연결되어 속복도형 아파트와 유사하다.

일제강점기 공동주택의 속복도식 평면은 한국의 초기 공동주택 평면에 많은 영향을 미쳤다. 속복도의 개념은 마루·마루방·거실 등으로 변화하거나 또는 복도의 원래 의미대로 동선이 집중되는 공간으로 남아 있기도 하는 등 1970년대까지 다양한 형태로 지속되었다. 소규모 아파트 중 속복도형의 영향을 받은 평면은 대부분 거실 없이 2침실형으로만 구성된 평면에서 볼 수 있으며, 몇 종류로 구분할 수 있다.

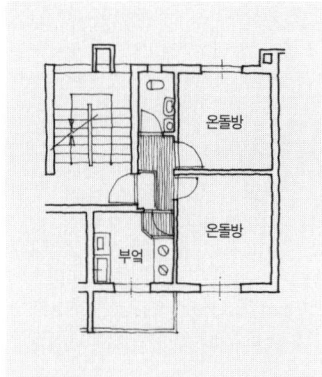
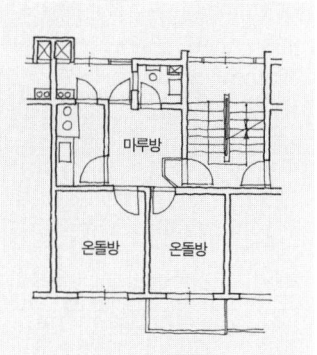
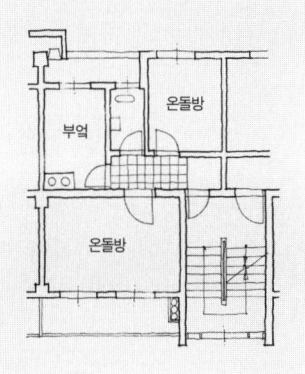

세로형 복도가 있는 1967년 문화촌아파트 평면(왼쪽 위). 침실이 전면과 후면에 배치되었다.
마루방이 있는 1977년 대한주택공사의 아파트 평면(오른쪽 위). 세로형 복도가 확장된 형태인 마루방이 있고 전면에 온돌방 2개가 배치되었다.
복도가 있는 1975년 대한주택공사의 아파트 평면(아래). 가로형 복도가 속복도와 유사하게 남아있다.

첫째, 1960년대 후반의 계단실형 아파트에서 침실이 전면과 후면에 각각 직렬로 배치되는 유형이다. 이때 전면 한 간에는 부엌이 배치되고, 세로형 복도가 나타나는 예다. 둘째, 이 공간이 확장되어 현관 겸, 복도 겸, 마루의 복합적 성격의 공간이 나타나는 유형이다. 이를 '마루' 혹은 '마루방'이라 하는데, 거실을 대신하기도 했다. 마루방은 외기에 면하지 않는, 채광에 상당히 불리한 공간이다. 이때 전면 2간은 모두 침실로 계획되었으며 평면의 중앙에 마루방이, 후면에는 부엌과 욕실, 그리고 현관이 배치된 것이 일반적이다. 또한 마루방이 있는 만큼 단위세대 평면의 깊이가 깊게 나타난다. 셋째, 현관에서 이어져 각 실로 진입하도록 가로형 복도로 남아 있는 예로, 속복도의 원래 형태와 가장 유사한 유형이다. 1970년대 내발산동아파트, 개봉동아파트, 광명철산아파트 등에서 부엌이 분리되고 대신 좁은 복도가 구성되는 사례를 볼 수 있다.

전면 2간형 평면

공동주택의 단위세대 구성은 시간이 지나면서 차츰 전형적인 소규모 서민아파트 평면으로 정착했다. 가장 큰 변화는 단위세대 내 취침, 취사, 생리위생 행위를 수용하는 공간이 생겨나면서 실이 분화한 점이었다. 한국전쟁 후 1958년 건설된 종암아파트, 그후 1년 뒤 세워진 개명아파트는 전체적으로 田자형인 초기 아파트의 전형적인 평면구성을 하고 있다. 전면의 두 간은 침실과 거실의 2베이를 형성하며, 전면의 침실에 인접해 후면의 한 간에 침실이 또 하나 배치된다. 그리고 田자형 4간 중 나머지 1간에는 복도에 면해 현관, 부엌, 그리고 욕실 및 화장실 등 서비스공간이 배치되었다. 이때 평면의 중앙에는 두 침실로 진입하는 동선, 즉 복도와 비슷한 공간이 나타나는 것이 특징이다. 대부분의 평면에서 거실은 독립된 방과 같이 미세기로 분리되어 있다. 10평(33m²) 이하의 소규모 아파트는 거실이 없고 침실 2개만 배치되고 후면에 변소와 부엌이 있는 유형도 나타난다. 이러한 평면 유형은 1960년대 중반의 복도식 아파트에서 주로 나타나며, 1966년의 연희아파트, 동부이촌동 공무원아파트 등에서 볼 수 있다.

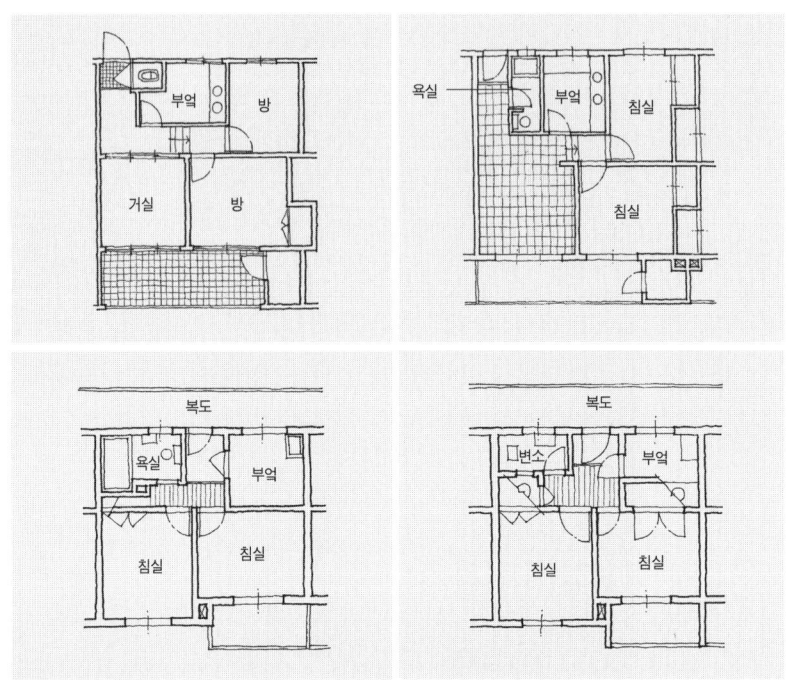

종암아파트(왼쪽 위)와 개명아파트(오른쪽 위)의 평면. 전면 2간을 거실과 침실로 구성하고 후면에 침실이 하나 더 배치된 유형이다.
동부이촌동 공무원아파트(왼쪽 아래)와 연희아파트(오른쪽 아래)의 평면. 거실 없이 전면에 침실 2간이 있는 유형이다.

거실의 정착

아파트 도입 초기 거실의 성격 및 형태는 불분명했다. 이 시기의 서민아파트는 단위세대당 면적이 5~16평(16.5~52.8m^2)으로 매우 협소했다.[3] 때문에 거실이 없거나, 있어도 방처럼 분리되어 침실 겸용으로 사용하는 예가 많았다. 또한 난방방식에 따른 제약조건과 함께 실 배치에서 기본적 유형 외의 다른 대안이 별로 없었다. 대개 속복도, 마루, 거실 등의 명칭이 붙은 공간이 성격이 애매한 채 혼란스럽게 계획되었다. 거실이 다른 공간에 개방되고 단위세대의 전면에 배치된 평면은 1960년대 후반에야 등장했다. 처음에는 거실이 있어도 대부분 복도와 미세기로 구분된 사례가 많았는데, 이는 속복도의 흔적으로 볼 수 있다. 이 두 공간이 차츰 개방되어 속복도의 흔적이 사라진 이후에야 비로소 오늘날과 같은 거실이 정착하게 된 것이다.

1960년대 중반에 이르면 계단식형 아파트가 등장한 것이 매우 큰 변화다. 이때 2기 마포아파트에서와 같이 기본적인 田자형 평면에서 거실이 현관 입구에 배치된 유형, 그리고 여기서 전면 2간의 실 즉 거실과 침실의 위치가 서로 바뀌어 거실이 평면 안쪽 깊숙이 자리 잡은 유형으로 크게 나눌 수 있다. 후자는 1968년 홍제인왕아파트와 같이 현관에서 거실에 이르기까지 짧은 복도가 형성되는 것이 특징이다. 이와 같은 전면 2간형의 평면은 전면 폭이 넓어지고 단위세대 평면의 깊이는 마루방이 있는 유형보다 얕다는 특징이 있다.

대한주택공사가 건설한 아파트를 비롯해 1960년대 지어진 소규모 서민아파트는 한 가족을 위한 최소한의 주거공간이었다. 대한주택공사는 5인 가족을 기준으로 1세대당 15평(49.5m^2) 정도를 비공식적인 최소 주거면적으로 산정했고, 이에 따라 1966년부터 1970년까지 지어진 아파트 대부분은 단위세대 전용면적 15평 이하가 전체 지어진 아파트의 83.4%를 차지했다.[4] 또한 1970년 당시 전체 아파트 중 76.4%가 방 2개 규모[5]인 것으로 보아, 이것이 당시의 평균적 아파트의 모습이었다고 볼 수 있다. 1960년대 후반까지도 많은 경우 아파트에서도 연탄난방 방식을 채택했으므로 부엌에는 아궁이가 설치되었고 항상 안방과 인접해 배치되었다. 또한 다른 실과 단차가 있었고 대부분 주요 생활공간과 상당히 격리된 형태였다.

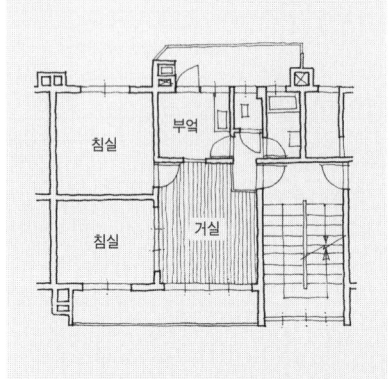
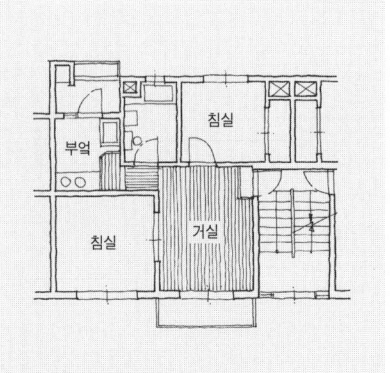
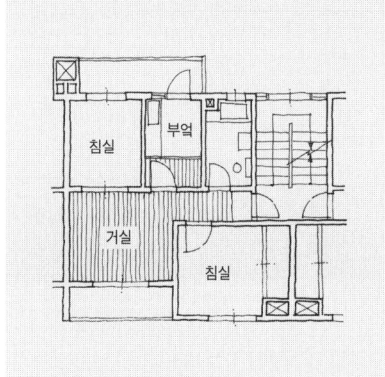

마포아파트(왼쪽 위)와 홍제인왕아파트(오른쪽 위). 거실이 현관 가까이 배치되었다.
홍제인왕아파트(아래). 거실이 평면 안쪽에 깊숙이 있다.

이렇게 부엌을 독립적으로 계획하는 방식은 당시의 공영 단독주택에서도 흔히 볼 수 있는 점으로, 전통적 의미에서 부엌을 외부공간으로 인식했던 규범이 적용된 것으로 볼 수 있다.

초기 아파트의 거실은 지금과 같은 가족의 공동공간 기능을 하지 못했다. 취침, 식사, TV 보기, 가족 대화 등이 모두 안방에서 이루어진다는 당시의 조사결과[6]에서 보듯이, 거실은 한옥에서의 대청 속성이 남아 있어 마룻바닥이었고 난방이 되지 않았으므로 가족 공동생활 공간으로 적극 이

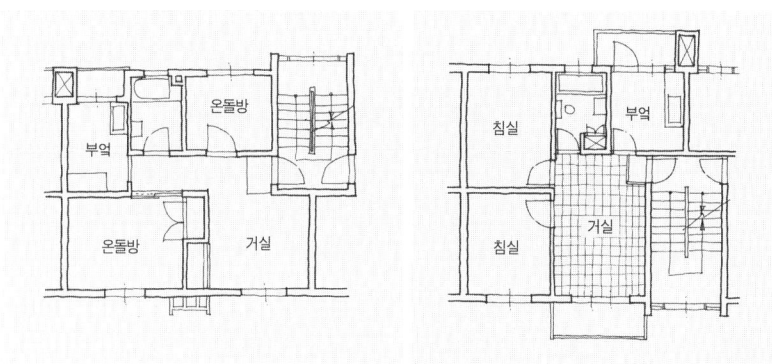

동부이촌동 공무원아파트 15평형(1967, 왼쪽). 안방이 거실보다 크게 계획되어 안방중심의 생활을 짐작할 수 있다.
거실이 개방된 서서울아파트 평면(1970, 오른쪽). 모든 실의 문은 거실을 향해 열려 있다.

용되지 못했다. 예를 들어 동부이촌동 공무원아파트(1967) 15평형은 방 2개와 부엌 및 거실·화장실·발코니로 구성되었는데, 안방이 부엌 및 거실보다 훨씬 크게 계획되었다. 거의 모든 생활행위가 안방에서 이루어지는 안방중심의 실 사용 규범을 짐작할 수 있다. 민간에서 건설한 소규모 아파트에서도 마찬가지다.

   단위세대 평면은 1970년대 이후 많은 변화를 보이는데, 가장 큰 변화는 각 공간들이 좀더 자유롭게 배치되고, 거실이 평면의 중심공간으로 자리 잡기 시작했다는 점이다. 이때 거실은 분리된 독립적인 공간이 아니라 개방적인 공간이었으며, 각 실과의 연결도 더욱 원활해졌다. 1970년 건설된 서서울아파트는 이러한 변화가 적극적으로 반영된 사례다. 난방방식이 개선되어 부엌이 안방과 분리되어 배치되었고 이전 시기의 마루방이 그 전면의 실과 적극적으로 통합되어 거실을 형성했다. 1970년대 초에 건설된 소규모 아파트는 대부분 15평 내외의 협소한 면적으로 인해 거실을 확보하되, 각 실로의 동선을 거실에서 흡수해 거실을 통과공간 겸용으로 사

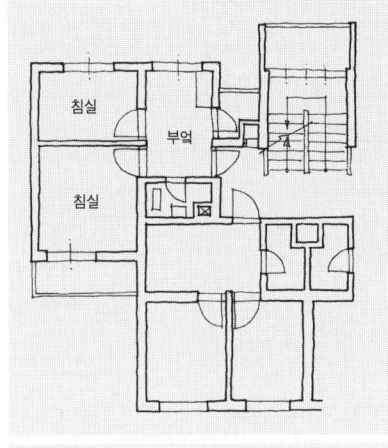
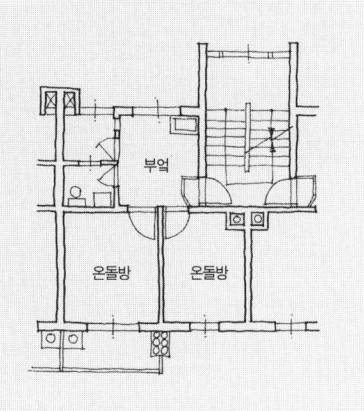
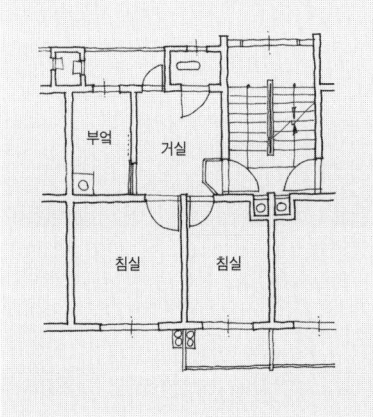

잠실1단지 10평형(왼쪽 위)과 도곡 2단지 10평형(오른쪽 위). 작은 규모 안에서 부엌이 현관과 통합되어 있고 복도의 역할까지 겸한다.
잠실2단지 15평형(1975, 아래). 부엌이 분리되고 거실이 등장했다.

용하는 것이 좁은 공간을 효율적으로 이용하는 방식이었다. 1970년대 중반 이후 거실은 가족 공동생활 공간으로 정착되기 시작했다.

  1970년대 후반까지도 거실이 없는 평면이 종종 보이는데, 몇몇 사례를 보면 거실의 발생 흔적을 볼 수 있다. 예를 들어 잠실1단지아파트 10평형 평면(1976)을 보면, 부엌이 거실과 통로공간의 중간적 성격을 가졌다. 같은 해의 도곡2단지 10평형에서도 부엌은 위치는 다르지만 같은 계획원리가 적용되었다. 이러한 평면구성으로부터 규모가 확대되면 불완전하게나마 거실이 등장한다. 이때 부엌은 벽 하나로 거실과 구분되었으며, 그 결과 거실은 마루방이 확장된 형태가 되었다. 따라서 거실은 평면의 후면에 배치되었을 뿐만 아니라 변소로 채광 면이 막혀 거실로서의 기능에는 한계가 있었고, 오히려 안방이 그 기능을 대신했다.

거실과 안방의 관계 역시 여러 과도기를 거친다. 많은 아파트 평면에서 거실과 인접한 전면의 방, 즉 안방은 흔히 미세기가 설치되어 있었다. 이는 과거 대청과 안방, 또는 건넌방 사이 공간의 개방성이 이때까지도 계속 유지된 것으로 볼 수 있다. 미세기가 사라진 후에도 안방과 거실 사이의 여닫이문은 거실 벽면에 위치해 있어 문만 열면 바로 거실을 마주하는 구성으로, 시각적 연계가 강했다. 이렇게 서로 동선이 연계된 주거공간은 벽체가 적게 형성되어 가구 배치가 어려웠으며, 좌식생활에 더욱 적합했다. 또한 가구가 없다는 것은 공간 활용에 융통성이 있어서 실이 다목적으로 활용되었다는 것도 의미한다. 이러한 특성은 공간을 절약한다는 데서도 그 의미를 찾을 수 있는데, 주택의 대량생산이 절실했고 한 가구당 주거면적이 충분치 못했던 시기에 적합했던 공간구성 방식이라 볼 수 있다. 또한 이것이 가능했던 것은 개방적으로 공간을 구성해도 사생활을 방해받는다는 개념이 덜 했기 때문이라고도 할 수 있다.

LDK 평면형의 완결

1970년대 후반의 아파트에서는 거실이 전면에 배치되고 개방적 성격이 강한 평면이 등장했다. 13~15평(42.9~49.5m²) 규모의 민간아파트 및 시민아파트는 보통 계단실형을 채택했는데, 평면구성 원칙이 같더라도 계단실이 남쪽에 면한 S형과 북쪽에 면한 N형에 따라 약간씩 차이를 보인다. 평면은 거의 정방형이지만 계단실을 양분한 여유 폭에 화장실 등 부속공간이 배치되어서 S형은 화장실이 북측 후면에, N형은 화장실이 남측 전면에 배치되는 점이 차이라 할 수 있다. 기본적으로 침실 2개가 한 축을 이루며 평면의 전면과 후면에 직렬 배치되고, 거실과 부엌은 같은 면적으로 침실과 평행한 또 하나의 축을 형성한다. 현관은 거실의 측면에 위치하며, 동선은 거실을 가로질러 2개의 침실 출입문으로 진입하도록 계획된 단순 명쾌한 구성을 보인다. 대부분 일렬을 이루는 거실과 부엌은, 부엌이 분리되고 거실 겸 식사공간living dining(LD)을 구성하는 형식과 부엌이 거실로 개방된 된 통합형living dining kitchen(LDK)으로 크게 나뉜다.

이러한 전형적 평면구성은 1974년 영동 AID차관아파트 등 많은 아파트에서 동일하게 나타난다. 또한 반포3단지아파트(1977) 역시 계단실형에서 S형·N형 모두 2침실형의 LDK형 평면이 기능적으로 계획되었다. 또

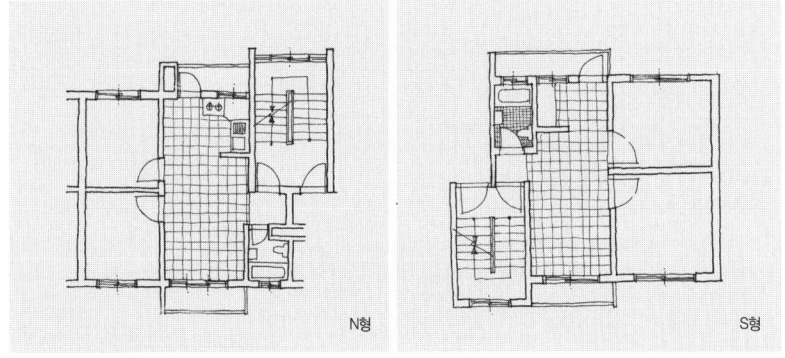

망원동 서민아파트(왼쪽)와 공항동아파트(오른쪽). 1970년대 후반 민간아파트에서는 LDK 형식으로 개방적인 평면이 흔히 나타난다.

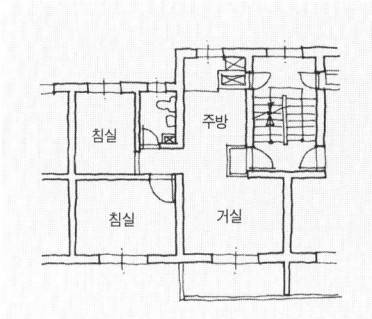 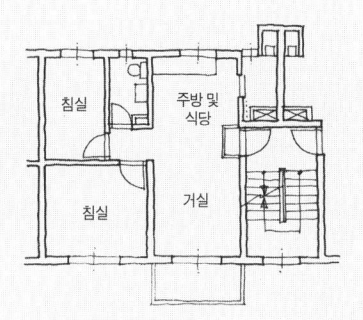

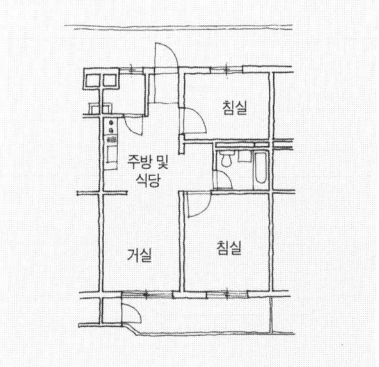

반포3단지아파트 N형(왼쪽 위)과 S형 평면(오른쪽 위).
1970년대 후반 13~15평형 규모의 전형적 공영아파트 평면이다.
1980년대의 전형적인 복도형 2침실형 아파트(아래).
1980년대는 비슷한 공간구조가 25평형의 복도형 아파트에서 주로 나타난다.

한 1980년대 이후의 편복도형 아파트에서도 LDK 형식의 2침실형은 약간의 변형을 거쳐 그대로 적용되었다. 이 경우, 현관은 후면에 배치되어서 현관 옆의 여유공간은 다용도실로 계획되었다. 현관을 들어서면 완전히 개방된 부엌과 거실이 나타나며, 2개 침실은 전면과 후면에 각각 배치되었고, 이 두 침실 사이에 화장실이 위치한다.

민간아파트는 공영아파트보다 평면구성이 좀더 자유롭다. 대부분 부엌 및 거실과 2개의 침실, 화장실로 구성된 내부공간은 현관의 위치와 침실의 배치에 따라 다양한 변화가 있었다. 1970년과 1974년에 각각 건설된

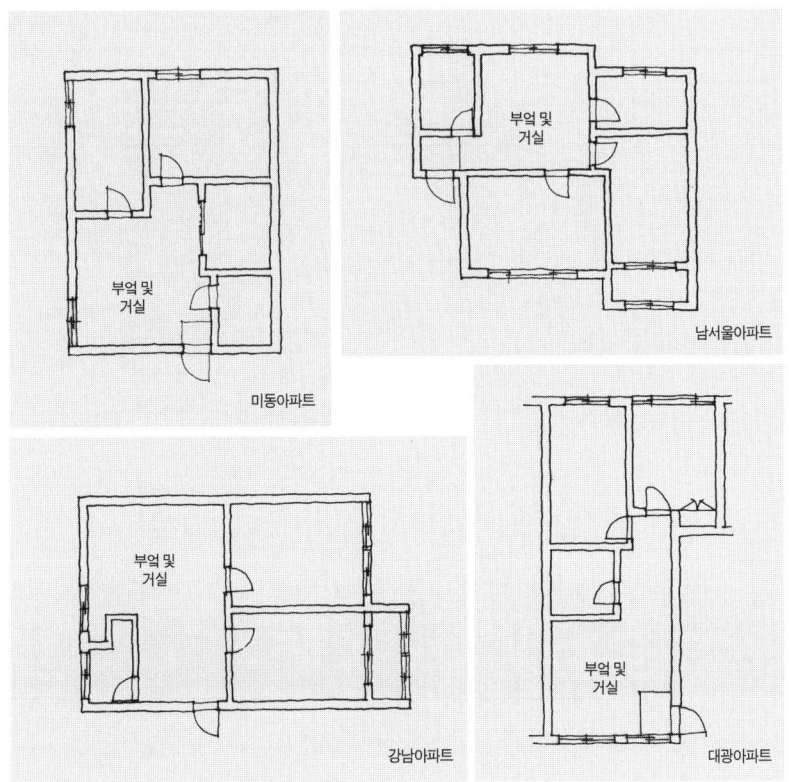

미동아파트, 남서울아파트, 대광아파트, 강남아파트(왼쪽 위부터 시계 방향). 1970년대의 소규모 민간아파트에서는 공영아파트보다 다양한 평면을 볼 수 있다.

미동아파트와 남서울아파트는 현관으로 들어서면 한편에 개방된 부엌과 거실이 있고 이 거실을 중심으로 침실 3개가 배치되어 부엌 및 거실이 내부공간의 구심점 역할을 하고 있다.

이 시기 다양하게 시도된 평면들은 거실이란 공간이 새로이 확보되고 내부공간의 중심에 위치한다는 전제는 있었으나 아직 그 기능 및 다른 공간과의 관계에 대한 설정이 명확하지 않았다. 따라서 거실은 상당히 불규칙한 형태를 보이고 공간의 비례가 명확하지 않았으며, 또한 다른 실과 비교해 지나치게 작거나 크게 계획되는 등 일관성이 없었다. 예를 들어, 1974년의 강남아파트와 같은 2침실형의 소규모 유형에서는 침실 2개가 병렬 배치되고 거실 및 부엌이 이에 면한 단순한 구성을 보인다. 또한 대광아파트(1972)는 평면의 전면 폭이 매우 좁은 형태로, 현관을 통해 들어가면 바로 맞은편으로 부엌 겸 거실이 있고, 복도를 통해 화장실과 각 방으로 출입하게 되어 있었다.

3
최적 평면의 탐색과정과 평면의 고정화

거실중심형과 공·사영역 분리형

1960년대 후반이 되면 17평(56.1m²)형 이상에서는 3침실형 평면이 많이 계획되었다. 이 시기는 서서히 핵가족화7)가 진행되고 주거공간 내 식침분리가 이루어지며 각 공간의 기능이 명확히 규정되기 시작한 때였다. 거실이 가족단란을 위한 중요한 위치를 차지하면서 이를 중심으로 하는 가족 공동생활 공간과 침실로 이루어지는 사적 공간을 평면상에 균형 있게 배분하고 적절히 배치하는 것이 단위세대 계획에서 중요한 관건이었다. 부엌의 개념에도 변화가 있었다. 과거에는 부엌이 외부공간과 같이 인식되어 현관에서 출입했지만, 이것이 거실로부터의 출입으로 변화한 것이다. 또한 부엌에는 싱크대와 식탁이 보급되었다. 이와 동시에 방에서 식사하던 관행이 사라지고 부엌 또는 그에 인접한 식사공간8)에서 식사를 하게 된 것이다.

　　우선 거실이 평면의 중앙에 위치하고 침실이 평면의 전후좌우에 분산되어 배치되는 방식이 가장 기본이라 할 수 있는데, 이를 거실중심형이라 부를 수 있다. 이때 거실은 내부공간의 동선이 모두 집중되고 교차하도

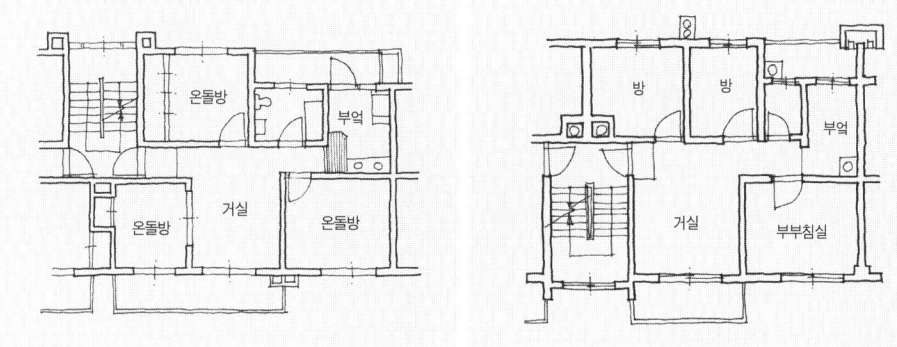

동부이촌동 공무원아파트 17평형(1968, 왼쪽). 부엌이 분리된 3침실형 평면으로, N형 계단실의 거실중심형이다.
잠실3, 4단지 17평형(1975, 오른쪽). 부엌이 분리된 3침실형 평면으로, S형 계단실의 전면 2간형이다.

록 되어 있다. 즉, 한옥에서 개방된 통로공간의 기능을 하던 대청 개념이 어느 정도 유지된 것으로 볼 수 있다. 예를 들어 거실과 인접한 작은방 사이의 문이 미세기로 되어 있다거나, 또는 안방 벽면의 중앙에 출입문이 배치된 것이 이를 말해준다. 평면의 중앙부분이 확장된 이러한 공간구성은 거주자가 많이 선호했고 전형적인 아파트 평면형으로 정착하는 기본형이 되었다. 가족의 모임공간으로 손색이 없었을 뿐만 아니라 개방감 있고 넓은 공간이라는 느낌을 주기 때문이다. 이때 주거동이 계단실형일 경우 N형·S형에 따라 전면은 2베이 또는 3베이로 달라지는데, 작은방이 전면 또는 후면에 위치하는 차이를 보인다.

1960년대 말부터 1970년대 중반까지의 평면 변화에는 중앙난방의 보급과 식사공간의 등장이 큰 역할을 했다. 아궁이가 사라지면서 부엌이 안방과 분리되어 거실에 인접 배치되는 변화를 보인다. 이때 1970년대 이후의 중규모 이상 공영아파트 단위세대 평면에서는 거실중심형과 다른 평면형이 나타난다. 거실 및 부엌, 즉 공적 영역을 사적 영역인 침실들과 분

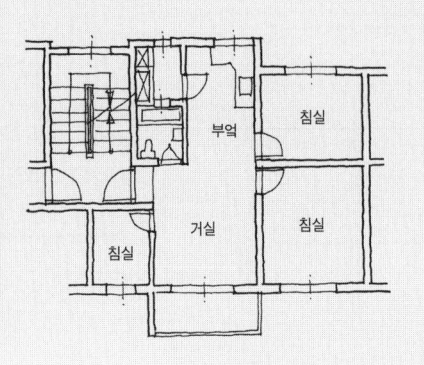 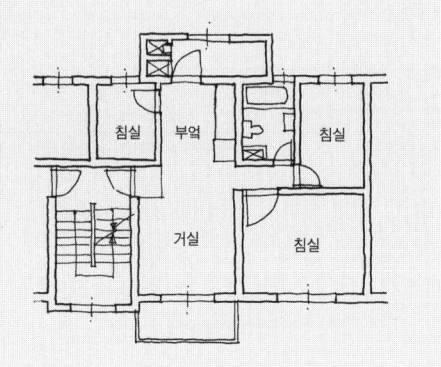

반포2단지 18평형(1977)의 N형(왼쪽)과 S형(오른쪽). 부엌이 개방된 3침실형 평면으로, 계단실 유형에 따라 거실 중심형 및 전면 2간형 두 종류로 나타난다.

리해 평면을 구성하는 방식으로, 침실이 집중적으로 배치되면서 복도가 생기는 평면이다. 이를 공·사영역 분리형이라 부를 수 있다. 이는 거실을 평면의 중앙에 배치하는 거실중심형과 함께 평면계획의 큰 두 줄기를 형성한다.

공·사영역 분리형에서도 공적 영역과 사적 영역을 분리하는 방식은 두 가지로 나타난다. 하나는 평면을 전·후열로 분할해 침실영역을 평면의 후면에 배치하는 방법이고, 또 하나는 평면을 전면에 대해 수직으로 좌·우 분할해 침실영역을 현관에서 깊숙이 후퇴한 곳에 배치하는 방법이다. 전자는 평면의 남측 면에 거실 및 부엌이 배치되고, 안방을 비롯한 모든 침실은 북측 면에 배치된 것으로, 서구식 공간구성 방식이 적용된 것이다. 그러나 아파트 평면이 한국적 정서를 반영하면서부터 적어도 안방은 남향이어야 한다는 규범이 작용해 이러한 평면은 그다지 선호되지 못했고 예외로만 남아 있을 뿐이다. 또한 이 평면구성은 침실의 많은 면적이 후면으로 배치되면서 계단실이 남측에 위치하는 S형이 될 수밖에 없어 남향 거주실을

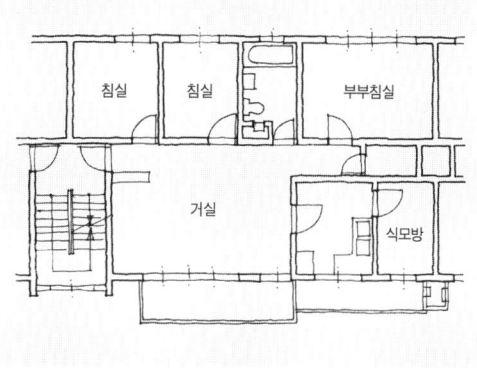
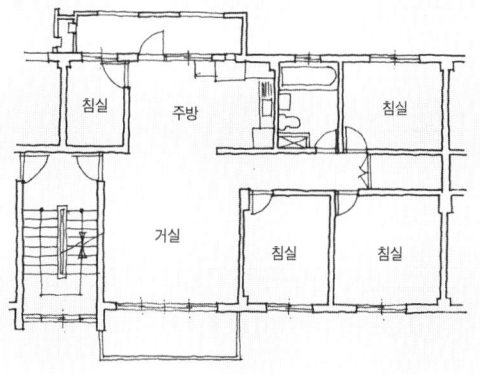

한강맨션 32평형(1970, 위). 공적 영역과 사적 영역이 평면의 전·후면에 분리된 유형이다.
반포1단지 32평형(1974, 아래). 공적 영역과 사적 영역이 평면의 좌·우로 분리된 유형이다.

확보하는 데서도 불리하게 작용했다. 공·사 영역을 좌·우로 분리하는 후자의 경우에서는 각 침실로의 동선을 확보해야 하기 때문에 침실에 면해서는 복도가 나타난다. 보통 채광에 유리하도록 전면 폭을 넓혀 계획하기 때문에 그 넓어진 만큼 복도가 길게 형성되었다. 또한 침실이 모여 있기 때문에 거실에서의 교차동선이 줄어들고 가족 구성원 간의 교류와 접촉 감소로 이어져 한국적 정서에서는 크게 환영받지 못했다.

평면구성에서의 거실중심형과 공·사영역 분리형 두 양상은 1970년대 중반까지 혼재되어 갈등을 겪다가 이후 거실 중심의 개방적 평면구성 방식이 절대적으로 우세하게 나타난다. 공·사영역 분리형이 지속적으로 정착되지 못한 원인은 전통적 공간구성의 뿌리 때문이다. 공적 영역과 사적 영역을 분리하는 것 보다는 거실이 도시한옥에서의 마당과 같이 가족 구성원 교류의 영역이 되는 것을 선호하는 한국적 정서 때문이었다. 또한 가능한 한 넓고 개방적인 공간감을 갖는 거실에 대한 욕구로도 설명될 수 있다. 이와 같이 아파트는 얼핏 보면 서구적 주거유형의 특징을 보이지만 내부에서는 한국적 계획원리가 상당 부분 반영되어 왔다.

대규모 아파트에서의 실의 분화

1970년대에는 유형별·규모별로 다양한 아파트가 등장했다. 대한주택공사 아파트의 1세대당 면적은 1960년대 중반부터 점차 늘어나 1970년대에는 최고 55평(181.5m^2)까지 분포했다. 1960년대만 해도 일부 상가아파트를 제외하고는 4침실형 이상은 거의 없었다. 1970년도에는 4침실형 이상 아파트가 전체 아파트 중 3.0%에 불과했지만 1975년에는 10.5%가 될 정도로 늘어났다.[9] 민간아파트에서는 60~70평(198.0~231.0m^2), 5침실형 이상의 대규모 평면도 많았다. 상가아파트나 단지형 민간아파트, 단지를 구성하지 않는 독립개발형 아파트 즉 소위 맨션아파트 등도 평균 이상의 큰 규모가 많았다. 그에 반해, 시민아파트는 대부분 5~16평(16.5~52.8m^2)으로 1세대당 면적이 가장 작아, 공동주택의 유형별로 주거수준의 편차가 크게 나타났다.[10]

1970년대 중산층 이상을 대상으로 분양된 단지형 민간아파트 역시

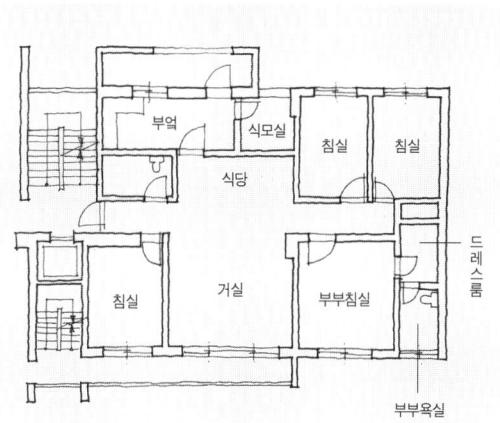

다양한 부속실이 있는 평면. 압구정동 현대아파트의 사례로, 드레스룸, 부부욕실, 식모실 등이 있다.

대부분 40평(132.0m²)대 이상이었고, 평면은 중대형 공영아파트인 여의도시범아파트(1971)가 주요 모델이 되었다. 평면은 생활수준이 향상되면서 기능별로 분화된 다양한 실들과 여유 있는 공간들을 갖추었다. 거실, 3개 이상의 침실, 부엌 및 식당, 식모방 등으로 구성되어 서민아파트의 평면과는 큰 차이를 보였다. 부부침실 영역master zone과 부엌을 중심으로 하는 가사생활 영역에서 다양한 부속실이 추가되어 클러스터cluster화 되는 것이 두드러졌다. 예를 들어, 안방에는 드레스룸과 별도의 부부전용 욕실이, 부엌 및 식당에는 작은 식모방과 다용도실 등 작게 구획된 부속공간들이 인접해 계획되었다. 욕실도 부부전용 욕실과 공동욕실 등으로 분화되는 경향을 보인다.

 1950년대 말부터 1970년대 초반까지 활발히 건설된 상가아파트의 단위세대는 당시의 시민아파트에 비하면 매우 큰 규모였다. 세운상가아파트(1967)는 4개 침실이 거실을 중심으로 사방에 배치된 평면구성이 마치 마당을 포함한 도시한옥과 유사하다. 따라서 거실은 평면상 가장 넓은 공

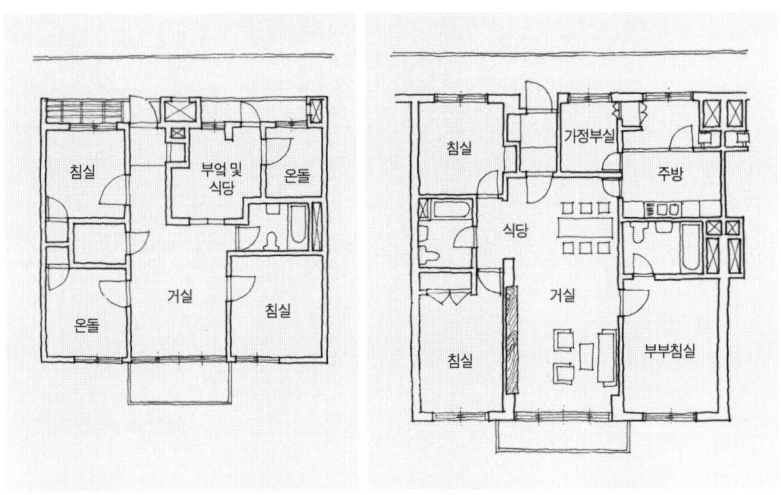

여의도 시범아파트(1971, 왼쪽)와 압구정동 현대1차아파트(1975, 오른쪽). 1970년대 초·중반의 복도형 중대형 아파트 평면이다. 다양한 실이 등장하는 초기 단계이며, 환상형 배치를 이룬다.

간이지만 사방에 각 실로 통하는 문이 나 있어서 독립성이 없었고 가구 배치도 어렵게 계획되었다. 마당과 같이 통로의 기능을 했으며 다목적으로 이용되었음을 알 수 있다. 부엌은 침실과 같은 축상에 거실과 분리되어 배치되었다. 이러한 환상環狀의 공간구성은 1970년대 초 편복도형 아파트의 대규모 평면에서 대부분 나타나는 유형이었다.

환상형 배치에서 부엌은 식당과 함께 다이닝 키친dining kitchen을 이루며 실처럼 분리되어 평면의 모서리에 위치해 있었다. 그러나 점차 식탁을 중심으로 하는 식사문화가 정착된 1970년대 중반 이후부터 부엌과 식사공간은 거실과 인접해 배치되는 경향을 보이기 시작했다. 이는 거실중심형, 또는 공·사영역 분리형 평면에서 공통적으로 나타나는 현상이었다. 물론 앞서 밝혔듯이, 공·사영역 분리형은 거주자가 별로 선호하지 않아서 결국은 거실을 중심으로 후면에 부엌 및 식당이 개방적으로 연계되는 형

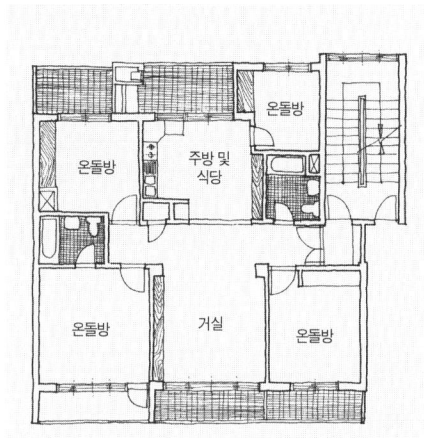

한강청탑아파트 33평형(1976, 위). 6분할 평면형의 초기 유형이다.
잠실장미아파트 65평(1978, 아래). 대규모 아파트에서는 6분할 평면형에서 전면 베이를 확장하는 방법으로 공간이 확장된다.

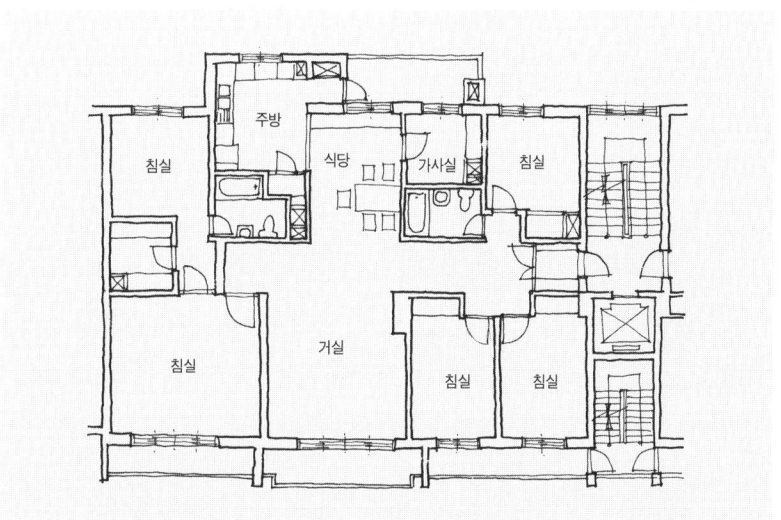

식이 보편적으로 확산되었다. 이는 나중에는 대규모 단위세대 평면에서 전·후면 2열과 전면 3베이로 6분할된 전형적 유형으로 자리 잡게 된다. 여기서 전체 공간 중 중앙 베이의 전·후면에 걸쳐 거실과 부엌 및 식당이 관통하고, 평면의 세 모서리에 각각 침실이 배치되며, 그외의 영역에는 욕실 및 외부계단의 일부, 혹은 가정부실이 배치되었다.

이러한 배치원칙은 단위세대 면적이 더욱 늘어나도 지속적으로 적용되었다. 이때 많아지는 침실 수는 전면의 베이를 늘리는 방법으로 해결했다. 전체 공간의 면적이 늘어남에 따라 부엌과 식사공간은 분화하는 경향을 보인다. 부엌은 거실 및 식당으로부터 시각적으로 후퇴된 곳에 위치했으며, 식사공간과는 부분적으로 연계되는 방식으로 변화했다. 또한 베이가 늘어나면서 평면의 전면 폭도 점차 증가해 현관에서 안방까지 이르는 동선은 평면의 중앙을 관통하면서 매우 길게 연장되었다.

국민주택 규모와 전형적 평면형

아파트 단위세대 규모와 전형적 실 배분에 대한 규범은 시간이 지나면서 변화를 겪었다. 단위세대 면적의 증가에 대한 요구는 점점 늘어났고 침실 수 역시 시간이 지나면서 더욱 많아졌다. 1970년대 초반의 4침실형은 분양면적 기준 27평(89.1m²), 32평(105.6m²) 정도였다. 3침실형도 규모는 17평(56.1m²), 18평(59.4m²) 정도거나, 이보다 좀 더 넓으면 23평(75.9m²), 25평(82.5m²)형이었다. 침실이 상당히 작게 계획되었다는 것을 알 수 있는데, 이때까지만 해도 침대를 사용하는 것이 보편적이지 않아 좌식생활에서는 큰 무리가 없었을 것이다. 평면 규모가 현격히 늘어난 시기는 1970년대 후반이다. 특히 3침실형보다 4침실형의 증가 폭이 두드러졌는데, 4침실형은 33평(108.9m²)형부터 36평(118.8m²)형 정도까지로 면적이 상향 조정되었다. 이 시기에 주거수준이 높았던 상위계층에서 침대를 도입한 것과 상당한 연관이 있는 것으로 볼 수 있다. 또한 3침실형도 규모가 크게 늘어나 간혹 110m² 전후 규모에서도 3침실형이 일부 등장했다. 이처럼 단위세대 면적 대비 침실 수는 점점 줄어드는 경향을 보인다.

이렇게 적정 규모에 적정 침실 수를 배분하는 것은 평면 설계상의 중요 쟁점이었다. 1970년대 중반 이전까지는 이것이 규범화되어 있지 않아 침실 수가 다양하게 배분되었으나, 단위세대의 규모에 따른 침실 수는 계속 조정을 거쳐 1970년대 말 이후 일정 규모에는 일정 개수의 방을 계획하는 관행이 거의 공식화되었다. 단위세대 평면이 면적에 따라 획일적으로 계획되는 경향으로 변화한 것이다. 이는 전용면적 규모별로 청약예금제도를 차별화한 정책으로 더욱 확고해졌다.

1978년부터 시행된 청약제도는 전용면적 85m²(25.7평)을 국민주택 규모로 정했고, 이 면적이 방의 개수를 3개로 하느냐, 혹은 4개로 하느냐의 경계가 되었다. 면적별 분류는 기준으로 통용되어, 분양면적 기준으로 25평형(전용면적 60m²),11) 32평형(전용면적 85m²), 42평형(전용면적 114m²), 49평형(전용면적 135m²)에 평면 대부분이 집중되기 시작했다. 청약통장의 한도 내에서 분양신청을 하도록 되어 있었으므로 소비자는 청약 시점에서는 정해진 한도 내의 가장 큰 분양 평형을 선호하게 되었다. 그 결과 해당 청약예금통장의 기준 상한이 되는 면적 경계에서 규모가 결정된 것이다. 이러한 현상은 시간이 지나면서 점점 심화되어, 단위세대 규모는 1990년대가 되면 25·32·42·49평형이 전형적인 평면형으로 고착되어 예외를 거의 찾아보기 어려울 정도에 이른다. 침실 수도 결국 25평형은 2침실형 또는 3침실형으로, 32평형은 3침실형으로, 42평형은 4침실형으로 거의 고정화되기에 이르렀다. 이러한 면적 대비 방 개수에 대한 고정적 틀은 혁신적 개념의 주상복합 평면이 등장한 1990년대 후반까지 계속되었다.

각 규모별 평면을 살펴보면, 우선 분양면적 기준 25평형은 1980년대

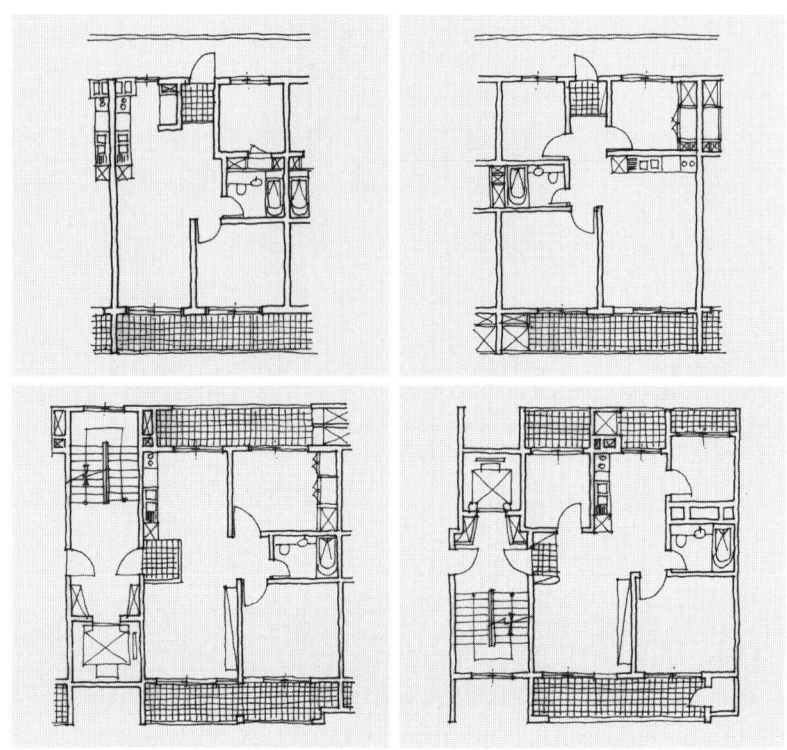

전형적인 25평형 평면형. 2침실형과 3침실형, 복도형과 계단실형의 전형적 구성방식이다.

이후 전형적 평면으로 정착하기까지 두 가지 갈등을 겪었다. 첫째, 계단실형과 편복도형의 갈등이다. 비교적 작은 규모의 단위세대에서는 전면 폭이 좁기 때문에 편복도형으로 여러 세대를 배치하는 것이 경제적이었다. 그러나 주거수준에 대한 요구가 점점 높아지고, 프라이버시 침해에 대해 점점 민감해지면서 복도형은 그다지 선호되지 못했고, 1990년대에 진입하면 25평형에서도 계단실형이 일반화했다. 둘째는 침실 수에 대한 갈등이다. 침실 수는 자녀 수와 거주원의 생활수준에 맞추어 결정되지만 이 정도 규모에서 침실을 2개로 하느냐, 3개로 하느냐 하는 문제는 쉽게 일반화할

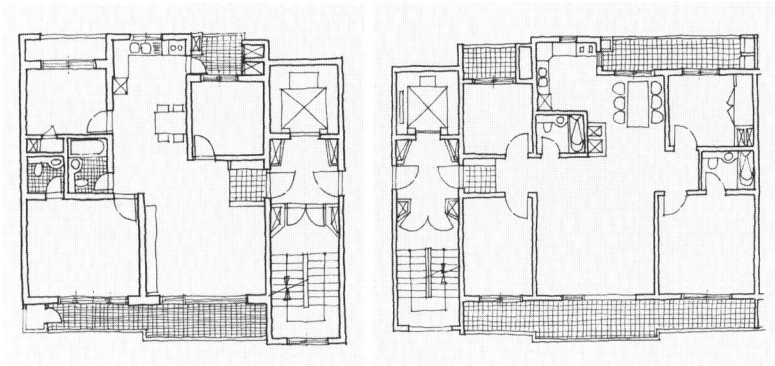

전형적인 32평형(전용면적 85㎡) 계단실형 기본형(왼쪽). 1980년대 이후 전면 3베이 유형이 나오기 전까지 가장 대중적인 평면형으로 고착된 유형이다.
전형적인 42평형(전용면적 102㎡) 계단실형 기본형(오른쪽). 1980년대 이후 대중적인 중·대형 평면형으로 고착된 유형으로, 4LDK형이다.

수 있는 것이 아니었으므로 두 유형이 거의 공존하는 경향을 보인다.

분양면적 기준 32평형의 계단실형 3침실형 평면은 1980년대 중반 이후 급속히 확산되어 한국 아파트의 대표적 평면이라 할 수 있을 정도로 굳어졌다. 이 규모에서 침실 4개를 구성하기에는 면적상 불가능했으며,[12] 3침실형이 이성異性의 자녀를 둔 핵가족을 염두에 두었을 때 가장 적절한 유형이었다. 여기서도 계단실형과 복도형의 채택 여부가 갈등을 겪었다. 25평형과 마찬가지로 초기에는 25평형의 편복도형 3침실형에서 면적만이 확대된 유형이 존재했었으나, 후에는 단기간에 모두 계단실형으로 바뀌었다. 이 평면형은 규모, 거주자 경제수준, 내부공간 구성, 거주자 취향, 주거 취득 과정 등 여러 측면을 고려했을 때 한국의 핵가족형에 가장 적절한 유형으로 정착했다. 전면은 거의 비슷한 폭의 안방과 거실 2베이로 이루어졌고 후면에 이성의 자녀가 방을 분리해서 사용할 수 있는 침실 2개가 배치되었다. 각 침실에는 면적이 적절하게 분배되었고, 4.5m 내외의 거실 전면 폭은 적당한 넓이감을 준다. 주방과 식사공간 역시 적절히 분리되고 기능적으로 배치되었다. 또한 가족 공용의 욕실에 부부욕실이 추가되어 부부와 자녀세대의 실 사용 규범에 따른 배려도 엿볼 수 있다. 85m² 규모에서 핵가족을 위한 3침실형으로 넓지도 좁지도 않은 최적의 실 배분이 이루어진 것이다.

분양면적 기준 42평형은 1970년대 후반부터 흔히 나타났던 전형적인 대규모 단위세대 유형, 즉 전면 3베이를 구성하고 거실을 중심으로 평면의 각 모서리에 4개 침실이 배치되는 6분할 형식을 유지했다. 거의 예외 없이 계단실형으로 나타나고, 평면은 공·사영역 분리형에서 완전 탈피해 가장 한국적인 거실중심 평면형으로 정착했다. 이 평면형은 핵가족에는 넉넉한 규모와 충분한 방의 개수를 갖추고 있고 경우에 따라 3세대 거주에도 적합해 이상적인 주거수준에 근접해 있다고 할 수 있다. 평면에서 거실은 전통한옥에서 대청의 기능과는 상당히 달라진 모습을 보이는데, 평면의 중심에 있고 개방적으로 구성된 점은 유사하나 통과공간이 아닌 본격적인 가족의 교류공간으로 정착했다. 거실은 각 개인공간에서 접근이 용이한 곳에 배치되었지만 현관까지의 동선이 거실을 가로지르지 않아 어느 정도 독립성도 갖추었다.

거실을 중심으로 한 주거 내부공간의 전체 동선도 많은 변화를 겪었다. 서구화의 영향으로 소파·테이블 등의 입식가구가 배치되기 시작한 것은 거실이 독립적으로 변화하는 것과 불가분의 관계가 있다. 비워져 있던 마루에 소파세트가 배치되면서 빈번한 통과동선이 방해를 받았고, 거실을 통과하던 동선들은 점차 한곳으로 모이는 경향을 보인다. 침실의 여닫이문이 거실 쪽으로 열리는 것은 더는 나타나지 않는다. 즉 개별 침실로부터 현관까지 거실을 통과하지 않아도 되는 방향으로 변화한 것이다. 이로써 거실은 가구 배치를 위한 두 벽면을 확보하게 되었다. 1970년대 전면 3베이형 평면에서 거실 벽면에 방으로 통하는 여닫이문이 여럿 있어 가구 배치에 상당한 어려움이 있었던 공간구성과 크게 달라진 것이다.

4
평면의 변화

주거동과 단위세대 평면의 변화

1980년대부터 1990년대 초반까지는 모든 평면형이 획일화되어 전국적으로 확산되었고, 시간의 경과에 따른 변화도 거의 없었다. 그러나 이렇게 분양 규모별로 고정화된 평면은 날로 다양해지는 거주자의 개성과 취향에 부합하기하는 데 한계가 있었다. 개성은 추구하되 남과 다른 특별한 것에는 소심하고 이웃과 어느 정도의 동질성을 유지하려는 우리나라 거주자들의 성향 역시 새로운 평면을 요구하는 데 소극적이게 한 요소가 되었다. 또한 25·32·42평형 등으로 고정화된 면적의 한계 내에서 새로운 평면형을 개발하는 것도 수월치 않았고, 따라서 기존의 틀 내에서 미미한 변화 정도에 그칠 수밖에 없었다. 때문에 아파트를 공급하는 측에서는 평면계획에서 딜레마에 빠질 수밖에 없었다. 즉, 획일적 평면형에서는 탈피하되 지나치게 혁신적이지는 않은 평면형을 제시해야 했던 것이다.

단위세대 평면의 변화는 1980년대 이후 나타나기 시작했다. 공급자 측에서는 우선 획일화된 평면형에서 갈등을 일으킨 점에 주목할 필요가

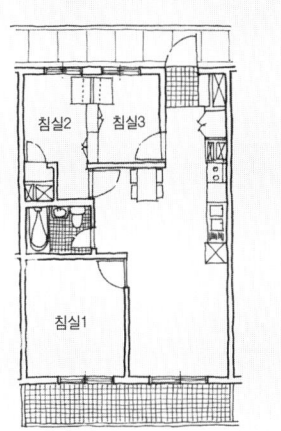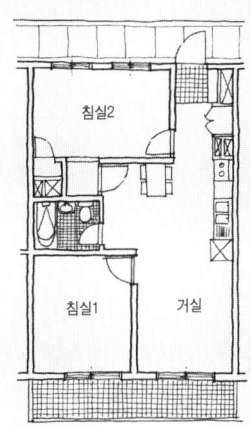

단위세대 내 융통형 평면. 고양시 능곡 주공아파트 사례로, 침실 두 개 사이를 가변형 벽체로 구성했다.

있었다. 규모 대비 침실 수에 대한 갈등은 가족구성에 따라 항상 발생할 수 있는 부분이었는데, 특히 25·32평형에서는 더욱 그러했다. 따라서 이러한 규모에서 침실의 개수를 둘 또는 셋으로 조절할 수 있는 융통형 평면에 대한 요구는 자연스러운 것이었다. 초기에는 큰 침실 1개를 칸막이해 작은 침실 2개로 쓰거나, 또는 거실의 일부나 식사실을 방으로 구획할 수 있게 하는 방식을 시도했다. 대한주택공사가 시범적으로 건설해 공급한 상계주공2단지는 입주 초기부터 평면의 변경이 가능하도록 계획했다. 16평(52.8m^2)형과 20평(66.1m^2)형에서 거실 및 식사공간을 크게 제공하고 거주자의 요구에 따라 여기에 가벽을 설치해 침실과 거실로 융통성 있게 나누어 사용하도록 배려한 것이다. 또한 고양 능곡 주공아파트(1997)의 사례처럼 가족 구성에 따라 실을 터서 하나로 크게 사용하거나 또는 분리해서 침실 2개로 사용할 수 있도록 융통성을 부여하기도 했다.

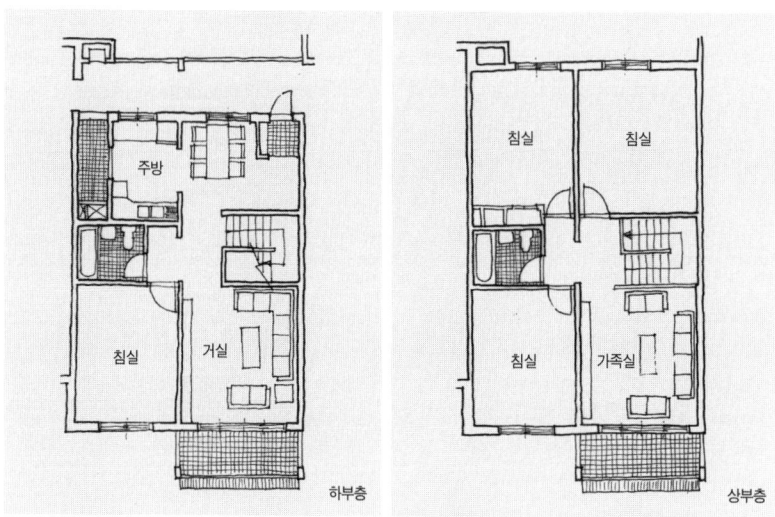

복층형 아파트인 목동1단지아파트. 상·하층의 동일한 평면을 단순 적층한 형태로, 개방감이 부족하다.

　　서울시가 현상설계로 공모한 목동 신시가지아파트(1988)와 올림픽 선수촌아파트(1988)의 평면에서는 복층형이 시도되었다. 하부층에 안방과 가족 공동생활 공간을 배치하고 상부층에 개별 침실을 배치하는 형식이었다. 그러나 대부분 작은 규모의 단위세대 평면을 단순히 두 층으로 적층한 것이었기 때문에 복층형에서 장점으로 취할 수 있는 상·하부층의 연계된 공간감과 변화감을 보여주지 못했다. 또한 대규모 아파트이면서 공간이 상·하부층으로 분리되어 거실 및 식당 등의 가족 공동생활 공간이 넓어 보이는 개방감이 부족하다는 단점이 있어 그다지 선호되지 못했다. 또한 전면 베이 수에 제약이 있었고, 상·하부층의 전면 폭이 동일했기 때문에 하부층에서 거실의 전면 폭을 넓히는 데는 한계가 있었다. 이에 따른 좁은 거실은 최대의 취약점이었다. 또한 우리나라에서 가족공동체 중심 의식이 많이 남아 있는 상태에서 서구식 개념으로 가족 공동생활 공간과 개

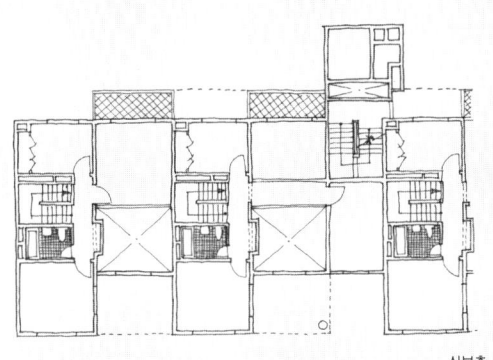

상부층

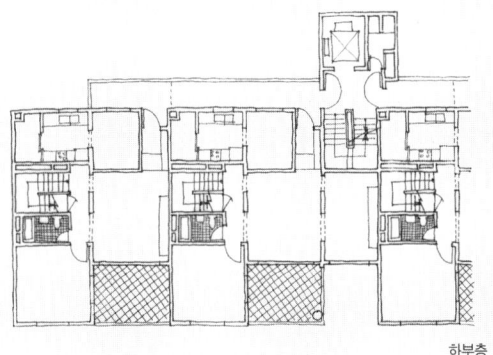

올림픽선수촌아파트의 복층형 주거동 평면(왼쪽). 하부층 거실 전면에 테라스가 있고, 거실 상부를 개방해 특별한 공간감을 준다.
올림픽선수촌아파트 복층형 외관(오른쪽). 후퇴한 복층형 거실 부분은 건물 외부에는 깊이 있는 음영감을 형성한다.

하부층

인공간을 완전히 분리하는 것을 받아들이기에도 시기상조였다.

좀더 적극적인 시도로, 최상층과 지상층에 복층의 단위세대를 배치한 예가 있다. 여기에는 최상층과 지상층의 세대를 선호하지 않는 소비자의 성향에 대비해 단위세대 평면을 차별화해 분양성을 높이고자 한 전략적 의도도 내포되어 있었다. 평촌의 선경아파트(1993)는 최상층을 복층으로 구성하면서 상·하부층의 구성을 변화 있게 했고, 개방된 공간을 적극 도입했다. 또한 평면구성의 변화를 통해 주거동의 형태에도 변화감을 주었다. 또한 옥상정원이 함께 계획되어 거주성을 높이고 있다.

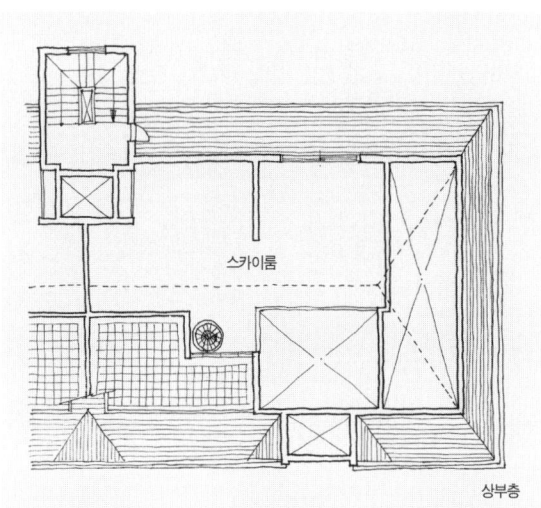

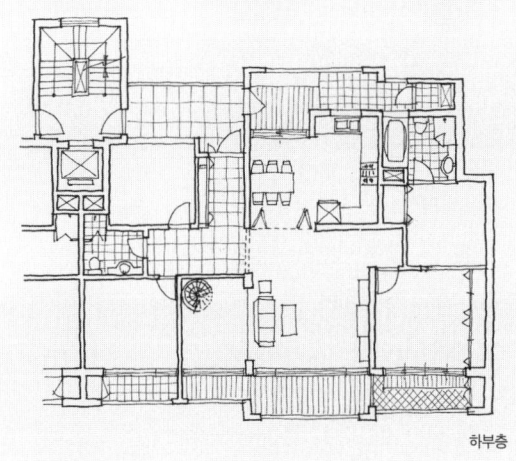

기흥 영덕지구 세종 그랑시아 평면(왼쪽). 경사지붕을 이용해 스카이룸을 계획했다.
세종 그랑시아 복층형 내부(오른쪽). 거실 상부를 개방해, 입체감 있는 공간을 만들었다.

1층에 계획된 복층형 평면은 아파트에서도 단독주택과 같은 거주성을 확보해 줄 수 있다는 것을 장점으로 내세운다. 지하층과 1층을 이용한 사례와 지상층과 2층을 이용한 사례로 크게 구분되는데, 전자는 지하층에 채광을 위해 파인 선큰sunken을 두어 활용도가 낮은 지하층의 공간을 적극적으로 활용한 것이고, 후자는 1층에 전용정원을 제공하고 정원에서 바로 진입하는 1층 현관을 두어 단독주택과 같은 분위기를 준 것이다. 기흥 영덕 택지지구(2001) 내 저층아파트에서는 최상층에 지붕박공을 이용한 다락방 형식의 스카이룸을, 1층 세대에는 지하층을 이용한 다목적실을 제공하는 평면을 선보였다. 이 사례는 하부층 거실을 2층까지 개방해 전체 주거공간에 입체감을 줌으로써 획일적 평면에서 탈피했다.

　　1990년대 이후에는 전형적인 전면 베이 구성방식에도 변화가 있었다. 1990년대 초반까지 계단실형 주거동에서 25평형과 32평형은 전면 2베이를, 40평형과 48평형은 전면 3베이를 구성하는 것이 일반적이었다. 그러나 남향 실을 많이 확보하려는 요구가 높아져, 이것이 1990년대 이후에 이르면 전면 베이의 확장에 대한 요구로 나타난다. S형 계단실을 없애고, 엘리베이터 및 계단실로 이루어지는 주거동 공용공간을 모두 북측에 배치하는 N형을 채택해 남측 면의 베이 수를 늘리는 경향이 확대된 것이다. 또한 베이의 폭 자체도 늘어나는 경향을 보인다. 같은 용적률에서 전면 베이와 폭이 늘어나는 것은 한 주거동 내의 세대수를 줄이는 결과를 가져오지만 전용면적 내 거주조건을 최대한 좋게 확보하려는 우리나라 거주자의 특성에 상당히 부합해 매우 긍정적으로 받아들여졌다. 특히 거실의 전면 폭 증가가 가장 두드러져 단위세대 내부에서의 개방감은 더욱 향상되었다.

개별화·분화된 공간구조

생활의 내용이 달라지면서 실에 대한 요구가 변화했고, 요구수준도 높아졌다. 예를 들어, 생활공간으로서 안방의 의미는 점차 약해지고 상징적 위계도 사라지게 되었다. 안방은 1980년대 후반 이후 기능적으로는 현대 가족에 알맞은 사적 공간, 즉 마스터존master zone으로 변화하기 시작했다. 이때 안방에서 침대 배치가 점차 일반화하면서 안방의 고유 기능과 현대적 생활 사이에서 갈등이 나타났다. 예를 들어, 대규모 아파트에서 안방에 부속해 또 하나의 부부침실이 계획되고 여기에 부부욕실과 드레스실 및 파우더실이 배치된 사례가 종종 나타났다. 흔히 주인침실이라 불린 이 마스터존은 주거공간의 깊숙한 곳에 자리 잡았고 또한 대부분 폐쇄적으로 구성되어 공동생활 공간에서의 개방적 공간구성과 대조적이다. 공동체 생활을 선호하는 한국적 정서 한편에서 가족 내부에서도 프라이버시를 확보하는 경향이 공존하는 것을 볼 수 있다. 생활공간으로서 안방과 사적 공간으

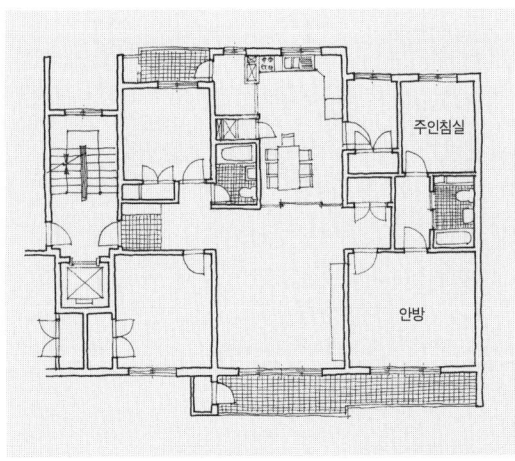

개포우성아파트(1985). 마스터존이 확장되어 주인침실과 안방이 동시에 나타난다.

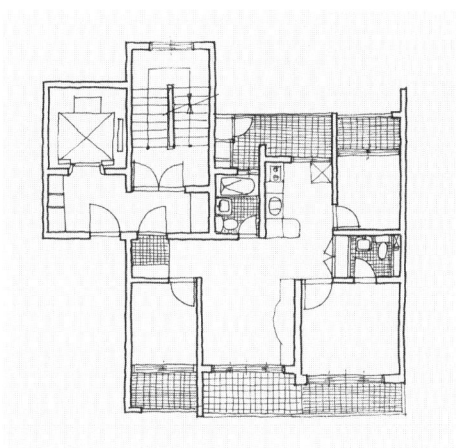

1990년대 후반의 전용 60m² 평면. 욕실이 2개 설치되고 전면 3베이를 구성했다.

로서 주인침실이 공존하는 과도기를 지나면, 이 두 공간은 단일화된 부부침실master bedroom로 통합·정착된다.

    이와 같이 확장된 마스터존은 나중에는 점차 소규모 아파트에서도 요구되어 100m² 정도 규모에서도 최소한 부부욕실이 추가되는 것이 일반화되었다. 이러한 요구는 점차 하향 적용되어 1990년대에 이르면 65m² 전후의 소규모 아파트에서도 부부욕실, 경우에 따라서는 파우더실까지도 마스터존에 부속되어 나타나기에 이르렀다. 그러나 소규모 평면에서는 여러 실을 무리하게 배치해 침실이 매우 작아지는 결과를 초래했다.

    1990년대 후반 등장한 주상복합아파트는 여러 측면에서 기존의 아파트 평면 개념에서 탈피한 것이 많았다. 주거동 중앙에 엘리베이터와 계단실을 배치했기 때문에 단위세대의 전·후면 양측이 외기에 면하는 것이 아니라 보통 전면 한 측면 또는 전면과 그에 직각인 측면이 외기에 면한다. 따라서 평면은 실이 길게 일렬로 배치된 홑집구성이 많다. 이 경우, 실의 배열방식은 크게 두 가지로 분류할 수 있다. 첫째, 거실을 중심으로 좌·우

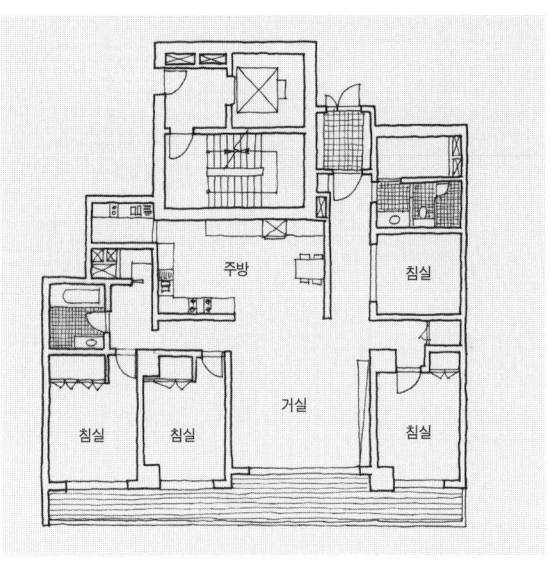

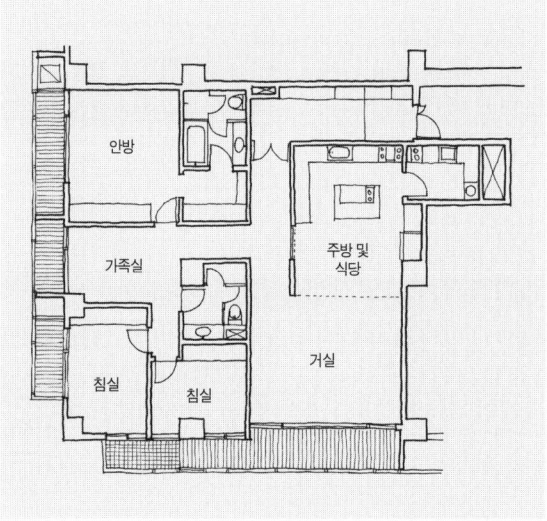

도곡동 대림아크로빌 72평형(위). 거실을 중심으로 좌·우에 마스터존과 개인침실이 양분된다.
도곡동 타워팰리스 72평형(아래). 거실 및 식사공간 영역과 마스터존 및 개인침실 영역이 분리된다.

에 사적 공간인 마스터존과 개인침실이 양분되어 배치되는 유형이다. 이때 마스터존은 파우더룸, 서재, 드레스실 등 다양한 부속실과 함께 배치되며 많은 면적을 차지한다. 반대편의 개인공간은 자녀의 영역으로 할애된다. 둘째, 거실 및 식사공간이 한 영역에 집중 배치되고 마스터존과 개인침실이 가족실과 함께 반대편의 다른 영역에 집중 배치되는 유형이다. 이 경우는 단위세대 내 공적 영역과 사적 영역의 분리가 뚜렷하되, 모든 사적 영역은 서로 인접하게 된다. 두 유형 모두 동선은 보통 현관을 중심으로 좌·우로 나뉜다.

주상복합아파트의 평면에서는 넓은 현관 전실, 거실과 분리된 가족실, 접객용 욕실 등 새로운 공간이 나타나고, 자녀공간 내에서도 실이 분화되는 등 곳곳에서 프라이버시를 확보하고 기능이 분화되는 현상을 발견할 수 있다.[13] 예를 들어 자녀들 간의 교류를 배려한 가족실이란 명목의 실이 등장하는데, 거실에 비해 보다 사적인 가족만의 단란공간으로 계획된 것이다. 거실은 공적인 접객기능에 좀더 치중하도록 계획되어 외부 손님과 가족 간의 공·사 경계가 강화되었다. 또한 부부공간과 자녀공간에 부가된 욕실, 드레스룸, 파우더실 등은 기능상의 필요로 등장한 것이지만 방과 방 사이에 위치해 공간 간의 거리감을 더욱 심화시킨다. 한 가족 내에서도 가족 구성원 사이의 분리 경향이 더욱 뚜렷해지는 것이다. 한편 가사노동 공간도 보조주방, 다용도실, 세탁실 등으로 나누어져 점점 분화하는 추세를 보인다.

주상복합아파트 평면의 또 다른 특징은 각 평형별로 거의 고정적이었던 규모와 방 개수의 고정적 대응관계가 깨졌다는 점이다. 분양면적 50평(165m²)형[14] 이상 규모의 평면에 3침실을 구성하는 예도 종종 있으며, 그 이상의 규모가 되더라도 침실 수는 4개 정도다. 3대가 함께 사는 거주

형태도 사라졌고, 가족 구성원도 점점 줄어드는 상황에서는 면적이 계속 늘어나더라도 그 이상의 침실 수는 의미가 없기 때문이다. 이때 침실 외의 실이나 여분의 면적은 다른 용도로 사용된다. 한 단위세대 내의 점유밀도가 감소하는 것은 결국 개인적인 생활로 이어진다. 분화된 실들은 개별적 기능을 수용하게 되어 가족 구성원들은 다양한 공간에서 다양한 행위를 즐길 수 있게 되었다. 상대적으로 가족 간의 만남과 교류보다는 개인생활이 더욱 중요시되는 구성이다.

8
획일성에서 다양성으로

1
공동주택의 다양성 모색

근대적 합리주의와 기능주의를 앞세운 경향 속에서 획일적인 아파트가 확산되는 가운데서도, 다양한 주거유형에 대한 실험은 시도되었다. 대한주택공사는 전쟁 후 십수 년간 단독주택과 연립주택 단지를 개발한 경험을 기반으로 1970년대 새로운 공동주택의 유형을 제시했다. 이 중 연립주택은 아파트보다는 저밀도이지만 단독주택보다는 좀더 고밀도인 주거유형으로서 토지이용의 효율성을 높일 수 있고, 아파트보다 다양하고 변화감 있는 주거동 계획과 배치·평면 계획을 할 수 있었다. 연립주택은 2~3층의 저층형으로, 대지에서 상부층의 단위세대로도 직접 진출입할 수 있는 접지성을 가장 큰 장점으로 살렸는데, 이러한 형식을 직출입형 연립주택이라 했다.[1]

대표적인 사례로는 구미 형곡지구(1979)와 서울 화곡 구릉단지(1978)를 들 수 있다. 구미 형곡지구 연립주택의 경우 8평(26.4m²)형 단층연립은 ㄱ자형의 단독주택이 2호씩 대칭을 이루며 연속해 있으며, 11평(36.3m²)형 단층연립 역시 단독주택과 같은 형식으로 벽과 벽을 맞대고 연속해 있다. 두 유형 모두 지상층에서 바로 출입할 수 있게 되어 있다. 2

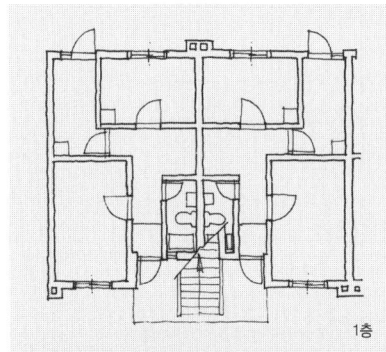
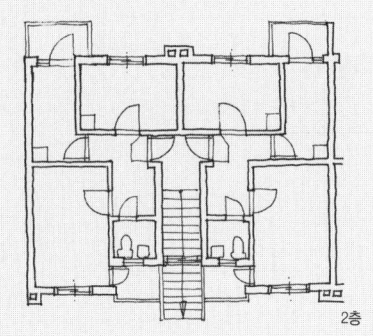

구미 형곡단지의 10평형 1, 2층 평면(위). 모든 단위세대가 대지에서 바로 출입할 수 있는 직출입형이다.
구미 형곡단지(1979) 전경(아래). 다양한 유형의 저층 공동주택이 대지에 나지막이 펼쳐져 있다.

층연립인 10평(33.0m²)형 및 20평(66.0m²)형의 경우, 1층은 지상에서 바로 출입하고, 2층은 계단을 통해 진입하는 준접지형이다. 서울 화곡 구릉 단지 중 연립주택형은 복층형의 단위세대가 연속해 있는 일종의 타운하우스townhouse 형식이라 할 수 있는데, 역시 접지성이 매우 높은 것이 특징이다. 전면 폭이 비교적 좁은 단위세대는 10호 이상이 연속되고, 이때 약간씩 엇갈려 배치해 분절시킴으로서 단조롭지 않고 변화감 있는 경관을 형성한다.

  이러한 형식의 집합주택은 독립적인 단위세대 진입으로 개별성을 확보할 수 있는 장점이 있으며 외관도 획일적이지 않아 정서적으로 친근감을 준다. 1984년 대한주택공사가 아파트와 다른 유형의 가능성을 타진하고자 의욕적으로 계획한 과천 연립주택과 서울 한남 외인주택단지는 우리

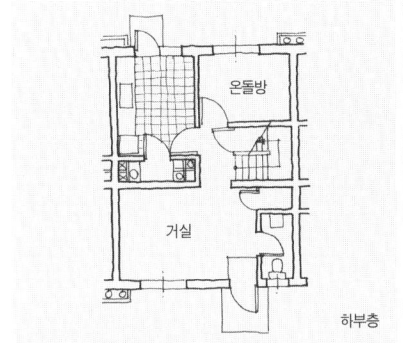
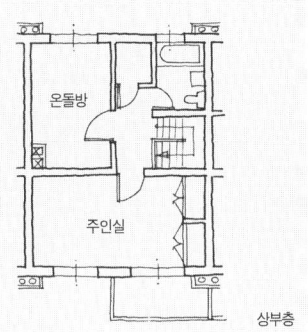

화곡 구릉단지의 복층형 연립주택 평면
(위). 2층 단독주택이 벽과 벽을 맞대고
10호 이상 연속해 지어진 연립형이다.
화곡 구릉단지(1978) 전경(아래). 앞쪽에
복층형 연립주택, 뒤쪽에 저층아파트가
보인다.

나라에서 본격적인 타운하우스의 면모를 갖춘 단지다. 여기서는 구미 형곡지구와 화곡 구릉단지의 접지성을 살리는 개념을 더욱 발전시켜 접지성을 추구함과 동시에 복층형 및 스플릿레벨split level형(소위 엇바닥 주택) 등 새로운 개념의 단위세대 평면을 도입해 주거동을 입체적으로 구성했다. 하부세대는 지상에서 직접 진입하고, 상부세대는 지상에서 2층까지 연결된 계단으로 진입하는 준접지형을 계획했다. 반 층씩 차이가 나는 스플릿레벨 형식의 상부층과 하부층의 단위세대는 서로 맞물려 있어 주거동에서 자연스러운 지붕선의 변화로 나타난다.

경사지가 많은 한국적 지형에 순응하는 유형으로는 테라스형 주택이 있다. 1986년 건설된 부산 망미동의 경사지주택은 바다 쪽으로 남향 25도, 북향 40도의 경사진 구릉지의 자연 등고선을 따라 고층아파트를 배치하

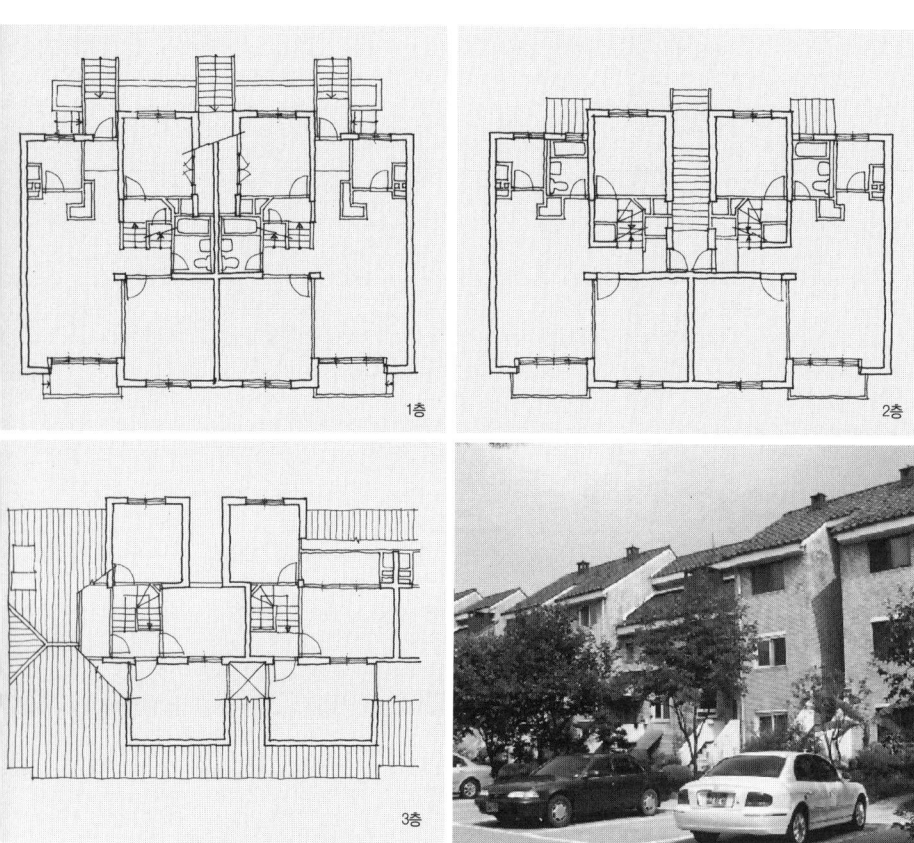

과천 연립주택의 엇바닥 평면. 평면의 전면과 후면이 반 층씩 차이가 나는 엇바닥형이다. 하부층에 한 세대, 상부층에는 복층인 한 세대를 배치했다.
과천 연립주택 전경. 현관 전면에는 계단(스툽: stoop)을 설치해 진입의 정면성을 확보했다.

고, 그 하부로 이어지는 경사를 이용해 단위세대를 층층이 배치한 단지다. 단위세대는 2호씩 짝을 이루어 배치했고, 두 세대 사이에 중정을 배치해 3면이 외기에 접하도록 함으로써 경사지주택의 문제점인 채광과 환기의 어려움을 어느 정도 해결할 수 있었다. 이 단지에서 경사지를 따라 올라가는 계단식 가로는 자생적인 한국 도시주거지에서 볼 수 있던 골목길을 연상

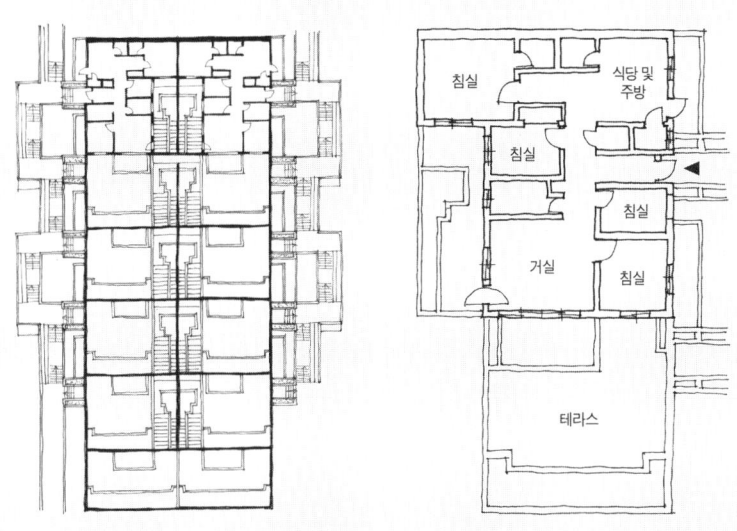

부산 망미 테라스하우스의 주거동(왼쪽)과 단위세대 평면(오른쪽). 두 세대가 대칭형으로 배치된 경사지 주택으로, 거실 전면에 하부층 지붕을 이용한 테라스가 있다.

케 하여 거대 규모의 판상형 아파트단지에서는 볼 수 없는 경관을 만들어 낸다. 또한 도시구조와 자연에 위협적이고 파괴적인 아파트와 달리, 지형과 환경에 순응하는 주거단지를 실현했다는 점에서 큰 의미가 있다. 하지만, 이 단지는 고층아파트와 혼합 배치되어 진정한 의미에서 경사지주택의 의미가 퇴색한 측면도 있다.

2
단지계획의 변화

목동 신시가지아파트

목동 신시가지아파트는 우리나라 최초로 계획단계서부터 도시설계의 과정을 거쳐 새로운 개념의 시가지를 건설하는 방식으로 진행된 아파트단지라 할 수 있다. 도시적 스케일에서 출발해 가로 및 외부공간과 건물의 관계를 함께 고려한 단지를 실현한 것이다. 단지계획의 질을 높이는 아이디어를 구하기 위해 1983년 마스터플랜 현상설계가 실시되었고, 이에 참여한 건축가들을 중심으로 한 협동설계를 통해 각각의 단지계획이 진행되었다. 선형線型으로 도로 중심축이 설정되어 각각의 주구住區는 모두 선형으로 이어지는 지구地區중심 공간에 연계된다. 따라서 단지는 근린주구론의 원칙에 따라 배치된 단지에 비해 폐쇄적이지 않은 것이 큰 특징이다. 중심축은 각각의 가구街區와 보행로를 유기적으로 연결하며 각 보행로는 단지를 루프방식으로 순환하며 중심축에 연결된다. 이러한 개념은 주거지 계획에서 생활권과 도시의 유기적 연결이 필요함을 인식했다는 점에서 중요한 의미를 갖는다.

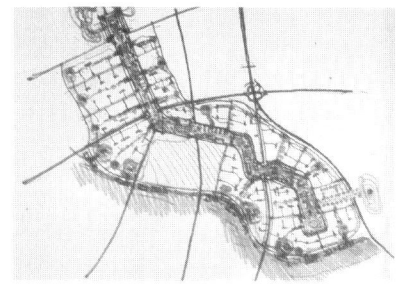 

목동 신시가지 계획구상도(왼쪽). 중심축의 상업지구와 외곽의 주거단지가 선형으로 배치되어 근린주구론에 의한 단지보다 개방적이다.
목동 신시가지아파트 전경(오른쪽). 저층과 고층이 적절히 혼합되었다.

    목동 신시가지 계획에서는 공동생활 공간으로서 외부공간 개념이 더욱 뚜렷해졌고, 이는 주거동의 배치 개념에 적극적으로 반영되었다. 주거동 2개를 1개 단위로 묶고, 단지 내에서 주거동과 주거동 사이를 쿨데삭 방식을 적용해 주차장과 공용 보행공간 및 공용 진입로가 교차토록 조성했다. 또한 각 주거동의 1층 진입부는 필로티pilotis를 이용한 통과형 주거동을 배치해 1층을 개방하고 공용 보행공간 및 공용 진입로와 주차장을 연계했다. 이를 통해 주거동 길이에 의한 아파트 전·후면의 동선 차단을 해소하고 보행가로를 생활공간으로 적극적으로 활용하도록 유도했다. 단지 내의 보행동선으로서 주도로 쪽의 단지 중앙부터 끝까지 보행광장을 넓게 조성했다. 보행자도로와 자동차도로의 완전한 분리는 안정된 주거공간을 형성했고, 보행광장은 이웃 간 교류를 증진하는 공간으로는 물론, 어린이의 안전한 놀이공간, 조용한 휴식과 대화의 공간 등으로 다양하게 활용된다.

    인동간격은 법규 허용치보다 가능한 한 넓게 했고 건폐율과 용적률을 각각 14%와 140%로 적절히 유지해[2] 쾌적한 단지를 조성했다. 이밖에도 목동 신시가지아파트에서는 주거동 현관 전면의 장애인용 램프 설치,

목동 신시가지 주차공간(왼쪽)와 보행광장(오른쪽). 단지 전체에 주차공간과 보행광장이 교차로 배치되어 안전한 단지를 이룬다.

아파트 외장의 색채계획, 지역난방 방식 도입 등으로 우리나라 아파트에서는 최초라는 기록을 여럿 갖고 있어 후일의 아파트계획에 많은 영향을 주었다. 또한 전체 단지에서 중앙은 저층 주거동을, 외곽에는 고층 주거동을 배치해 스카이라인의 변화를 모색하기도 했다.

아시아·올림픽 선수촌아파트

아시아선수촌아파트(1986)는 1986년 서울아시아경기대회에 참가하는 선수와 임원 등이 묵을 단지 조성을 위해, 1983년 서울시에서 시행한 선수촌과 기념공원에 대한 국제현상설계로 추진되었다. 이 단지는 설계경기로 지어진 아파트의 효시가 되었으며, 대회 후에는 민간에 분양되었다.[3] 대지 약 16만 5,000m²에 총 세대수 1,366세대의 대규모 단지로 기능적 요건과 기념비적 성격을 동시에 충족시키도록 요구되었다.[4] 건축가 조성룡이 설계한 이 아파트단지는 9, 12, 15, 18층으로 3개 층마다 계단식으로 층에 차이를 둔 외관이 특징이며, 생동감 있는 스카이라인을 형성한다. 이 단지는 남향 위주의 一자형 배치에서 탈피하면서도 너무 혁신적이지 않도록 하여 기존 관행과 적절히 타협한 계획사례를 보여준다. 다양한 높이로 구성된 아파트 주거동 18개는 단지 내를 관통하는 도로를 중심으로 동·서로 양분되었고, 중앙의 편익시설을5) 중심으로 주거동 3개가 하나의 그룹을 이룬다. ㄷ자형의 클러스터 배치는 3개 동을 한 단위로 하는 '작은 마을'의 개념에서 출발한 것이었다. 이러한 배치는 획일화를 지양하고 주변환경과 조화된 단지의 질을 높이는 수단이 된다. 주거동은 동남·남서향이 적절히 어우러진 동적인 배치이며, 건물의 층수 차이로 역동성 있는 경관이 더욱 강조된다. 층수가 차이 나는 부분에는 옥상정원과 넓은 발코니를 두었다.

아시아선수촌아파트의 건물과 외부공간 구성은 철저한 위계성을 갖으며 주거동과 외부공간이 조화된 단지경관을 형성한다. 보행자 전용도로, 필로티, 산책로, 어린이 놀이터를 연결하는 동선체계는 명확한 질서를

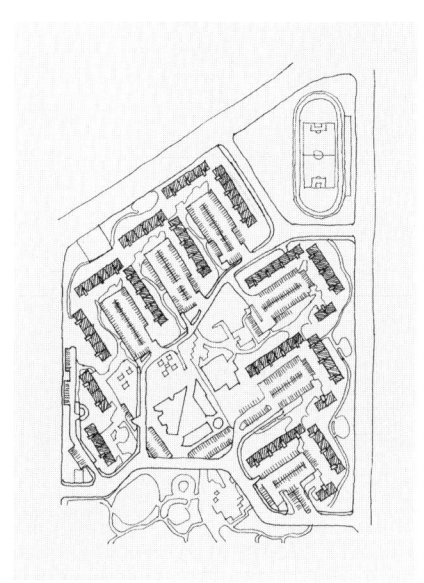

아시아선수촌아파트 배치도. ㄷ자형으로 배치된 주거동 3개가 하나의 그룹이 된다.

아시아선수촌아파트 주거동, 주거동 하부 필로티, 필로티 측면의 보행로(위부터). 주거동과 주거동 사이를 열리게 하고 이어주는 역할을 한다.

갖으며, 단지 전체의 안전성과 쾌적성을 확보한다. 주차장을 둘러싼 ㄱ자 형의 각 주거동은 중앙의 광장과 주도로를 가운데 두고 양옆에 좌우대칭으로 연속 배치된다. 1차 보행로는 주차공간을 둘러싼 형태인데, 중앙의 주도로를 따라 광장과 연계되고, 이 1차 보행로에서 각 주거동으로 연계되는 2차 보행로가 다시 뻗어나간다. 주거동 하부의 필로티로 이어진 각각의 중정은 전체 단지 내 보행로 동선의 연결고리 역할을 한다. 주거동과 주거동을 따라 배치된 2차 보행로가 주거동의 필로티를 통해 또다시 이웃 동으로 연결되어 나감으로써 단지 전체를 흐르는 동선이 자연스럽게 형성되는 것이다. 이 필로티는 공간적 개방감과 동시에 이웃 간에 시각적으로 트인 느낌을 줌으로써 근린관계를 더욱 촉진하는 요소가 된다.

올림픽선수촌아파트는 서울시가 88서울올림픽에 참가할 각국의 선수단과 기자단을 수용하기 위해 선수촌과 기자촌, 그밖의 부대시설을 대상으로 국제현상설계를 실시한 단지다.[6] 올림픽이 끝난 후 일반 시민이 살게 된 이 단지는 당시 '바람직한 한국형 근린주구 및 고밀도 주거유형을 제시'하고, '전통적 내향구조를 통한 새로운 도시공간 구조를 수립함으로써 혼돈되어 있는 우리의 도시 및 주거 문제 해결의 전기가 되어야 한다'[7] 라는 목표로 건설되었다. 올림픽주경기장의 축을 이어받는 중앙의 공원을 구심점으로 방사형의 배치를 하는 것이 주요 개념이었다. 이로써 단지 내에서 자연축을 보존·보완하고, 중심시설과 주거지가 효율적으로 연결되게 했다.

방사선으로 배치된 주거동은 단지 중심에서 시작해 외곽으로 갈수록 22층까지 계단식으로 층수가 점점 높아진다. 외곽 건물을 고층화해 한국적 도시공간의 특성인 내향성 도시구조[8]에 의한 아늑하고 안정감 있는 동네 분위기를 고밀도 주거에서 실현하고자 한 것이다. 또한 방사형 배치로 인한 중심부 주거동 사이 인동간격의 불리함을 층수 변화로 극복하는 계획상의 묘미를 발휘한 것이다. 이밖에도 중심과 외곽의 관계가 점진적으로 변화함에 따라 각 주거동에 다양성과 독자적 인식성을 부여했다. 이로써 올림픽선수촌아파트라는 상징성을 부각시키면서 매우 역동적인 단지 경관을 형성했다. 결과적으로 이 단지는 단지의 전체와 부분이 조화되고, 일관성 있는 건축어휘가 명쾌하게 논리적으로 전개되는 계획방법을 적용

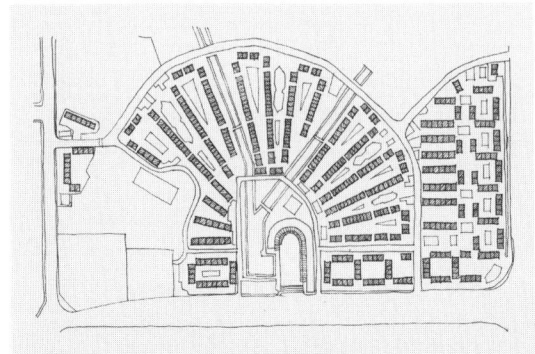

올림픽선수촌아파트 배치도(왼쪽 위). 방사형 배치로 내향적 도시구조를 의도했다.
올림픽선수촌아파트 주차공간(오른쪽 위)과 전경(아래). 주거동 사이 공간은 주차장과 가로공원으로 조성되어 있다.

해 단지의 질을 높인 것으로 평가된다.

　올림픽선수촌아파트 현상설계에 공모한 안들의 공통적인 계획개념은 오픈스페이스open space에서 연결된 녹지체계의 형성, 다양한 외부공간 및 외관 구성, 스카이라인 형성, 통과교통 억제, 근린주구 형성 등이었다.9) 단지 내부는 단지 내 외곽순환도로, 단지 내 내부순환도로, 보행순환도로의 명확한 위계성이 부여된 도로체계를 중심으로 네트워크를 형성한다. 차량의 주 진입은 외부순환도로로부터 해결하고, 내부순환도로는 중심시설의 서비스동선을 해결하도록 했다. 방사형 배치 사이의 오픈스페이스는 한 면은 차도 및 주차장, 한 면은 가로공원으로 교차·반복되어 구성되었다. 또한 목동 신시가지아파트와 마찬가지로 통과형 주거동을 적용해 공동생활 공간을 활성화하고자 했다.[10] 가로공원은 원칙적으로 보행자와 차량이 공존하는 보차 공존 영역으로 계획되어 차량 통과동선을 최소화했다. 보차 구분은 없되 차도를 좁은 굴절차도로 계획해 자연스럽게 차량의 속도를 줄이는 효과를 얻고자 했다.[11]

현상설계 아파트단지의 계획기법

1980년대 이후의 아파트는 택지가격의 상승으로 대부분 단지가 고층·고밀도로 건설되었으며, 배치 및 평면은 대부분 과거의 것을 답습하는 등 전반적인 주거환경은 질적인 면에서 오히려 후퇴했다. 그러다가 아시아·올림픽 선수촌아파트 이후 1990년대부터는 그동안 표준설계 시스템으로 단지를 계획했던 대한주택공사와 서울시도시개발공사 등 공공기관들도 적극적으로 현상설계를 실시해 고답적인 아파트단지 설계를 지양하고 공동주택 계획의 아이디어를 집결하고자 했다. 특히 젊은 건축가들은 설계경기를 통해 다양한 건축적 개념을 표출했고, 새로운 시각으로 공동주택 설계에 관여하고 작품활동을 시작했다. 이들은 건축작업에서 사회의 요구와 국내외 건축경향에 민감하게 반응하면서 주거건축의 디자인 및 질적 향상을 꾀했는데, 그 창구가 공동주택 현상설계였다.[12] 현상설계 당선안들은 종래의 획일화된 무미건조한 아파트 문화에서 탈피하고자 다양한 주거동 유형을 시험하고 단조롭지 않은 단지배치를 추구했다. 또한 변화감 있는 스카이라인 형성, 다양한 입면 디자인 등이 설계지침으로 제시되어 다채

용인 신갈 새천년단지 전경(왼쪽). 변화감 있는 스카이라인, 중층·고층 주거동의 조화, 하우스의 배치가 특징이다.
용인 상갈지구 저층부 주거동(오른쪽). 상층부·하층부 입면의 차별화, 중정형 배치가 특징이다.

로운 디자인의 설계안들이 당선되었다. 단지계획에서는 보차 분리, 보행자 전용도로 및 보행광장 조성과 같은 계획의 개념들을 대부분 적용했다.

1990년대 중반 이후 현상설계안으로 지어지는 아파트단지에서는 一자형 배치나 격자형 배치에서 벗어나 클러스터형 배치나 방사형 배치, 선형 배치, 불규칙한 배치 등 자유로운 축의 변화에 따른 배치가 주류를 이루었다. 주거동 형상도 판상형에서 벗어나 꺾인 절곡형이나 탑상형을 주로 채택했고 매스의 분절을 통한 변화를 추구했다. 입면에서도 경사지붕을 하거나, 전체적으로 경사진 매스 또는 단차형을 도입해 변화를 주었다.[13] 이러한 예는 현상설계안에서 많이 활용하는 수법이 되었는데, 용인 상갈지구(2001), 용인 신갈지구(2004) 현상설계 등에서 확인할 수 있다.

현상설계를 통해 채택된 계획은 고밀도였지만 단지를 보행자 및 거주자 중심의 공간으로 조성해 단지환경의 질을 향상시키는 데 주안점을 두었다. 이 시기부터는 지하주차장이 일반적이었고, 차량동선은 보행에 대한 안전성과 쾌적성을 고려해 외곽으로 배치해 분리시키고 내부에서는 보행동선의 연속성을 유지했다. 필로티나 통과형 주거동과 같이 초기 설계경기에서부터 흔히 보이는 이러한 계획개념은 목동 신시가지아파트나 아시아·올림픽 선수촌아파트에서 적용된 것들이 전형으로 적용된 것이라 볼 수 있다. 이외에도 1층에 로비 개념을 도입하는 등 저층부를 새롭게 해석하고, 커뮤니티 시설을 설치하는 추세가 두드러졌다. 계획안의 공통점은 건물과 대지의 괴리를 극복하고 외부공간을 주거단지 계획의 중요한 요소로 인식해 두 요소 간의 연계를 적극적으로 추구했다는 점이다.

한편 단지의 밀도가 높아지면서 대지 외곽까지 건물들로 채워졌기 때문에 외부공간은 더욱 폐쇄적으로 변했고, 그 면적 또한 작아졌다. 따라서 외부공간은 주거동으로 둘러싸인 클러스터의 중심에 집중 배치될 수밖에 없었다. 이 시기의 현상설계안들은 이처럼 불리한 외부공간의 상황을 극복하고자 외부공간을 중앙광장화 했으며 여기에 주민들의 커뮤니티 공간이라는 의미를 부여했다. 이 장소는 수*공간, 휴게시설, 어린이 놀이터 및 노인정, 관리사무소, 상가 등의 부대복리시설과의 연속성을 유지했다. 많은 아파트단지에서 강조한 것은 주변환경과 조화를 이루는 환경친화와 공동체 개념이다. 배치계획은 기존의 자연지세에 순응해 인공환경과 자연환경을 조화롭게 접목하고자 했고 주거동을 자유롭게 배치해 건물과 대지가 유기적인 관계를 맺도록 배려했다. 광명 철산지구 주거환경개선사업에서는 급경사지라는 문제점을 극복하기 위해 경사면을 이용한 인공지반을 적극적으로 도입했다. 또한 시각축을 고려해 열린공간은 자연환경과 도시경관의 연속성을 지속적으로 유지하면서 주변환경과의 연계를 의도했다.

또한 입면에서의 변화도 적극적으로 시도되었다. 이 시기 현상설계안으로 지어진 대부분 아파트 디자인의 특징은 주거동의 절곡, 필로티 설

광명 철산지구 주거환경개선사업 주공아파트(1997) 전경(왼쪽)과 인공지반(오른쪽). 자연지형의 불리함을 극복하기 위한 인공지반의 설치는 부족한 차량주차 문제를 해결해 주고 동시에 보차분리도 된다.

치, 발코니의 곡면 처리, 주거동의 다양한 층수 변화, 입면의 프레임 장식과 채색, 탑상형 아파트의 옥탑 및 첨탑 디자인으로 요약할 수 있다. 예를 들어 수평성이 강조되는 저층 판상형은 계단실이나 엘리베이터실에 의해 수직적으로 분절했으며, 이와 대비되어 수직성이 강조되는 고층 탑상형은 다양한 발코니 디자인으로 입면을 수평적으로 분할해 반복·단순함에서 탈피하고자 했다. 또한 고층·고밀도의 주거동에서 오는 폐쇄감을 상쇄하고자 입면의 차폐를 가능한 한 적게 하는 방향으로 변화해, 탑상형이 각광을 받았다. 그리고 저층과 고층을 적절히 조합해 고밀도 공동주택에서 야기될 수 있는 옥외공간의 대형화와 폐쇄감을 지양하고, 크고 작은 공간으로 분절함으로써 인간적 스케일에 맞는 친근한 환경과 공간을 조성하려는 다양한 노력이 있었다.

서울시도시개발공사가 2002년 완공한 신정동 신트리지구 3단지아파트는 이러한 요소들이 적극적으로 도입되었다. 대지의 형상 및 보행축에 따라 다양한 형태의 주거동을 도입하고 각각의 주거동에 개성을 부여하는 것이 전체 계획의 방향이었다. 또한 주거동 층수에 변화를 주고, 지형에 따라 주거동을 유기적으로 배치하고 타워형을 적절히 배치함으로써 기존 아파트와 차별화했다. 그리고 대지의 레벨 차를 이용해 데크를 배치함으로써 주차와 보행을 입체적으로 분리하고 커뮤니티 광장으로서의 기능을 활성화했다. 특히 입면계획에서 그리드의 분절과 통합에 따른 변화와 통일성을 유도했으며 변화감 있는 스카이라인을 조성했다. 층별로 다양하게 차별화된 입면은 각 단위세대를 개별적으로 인식할 수 있게 해주면서 동시에 기단부에는 반복된 연속성을 부여해 전체 단지의 이미지를 일체화했다.

서울시도시개발공사의 또 다른 아파트단지인 거여지구 3단지아파트(2000)는 대지와 건물의 관계, 건물의 유형과 오픈스페이스의 관계가 더욱 충실히 해석되어, 총체적으로 조화로운 단지를 구성한 예다. 이 단지에서는 주거동을 클러스터에 의해 그룹핑해 하나의 단지로서 통합적 기능을 살림과 동시에 소규모 단지로서 정체성도 살리고자 했다. 사다리꼴의 대지형태와 주변상황을 고려해 동측에는 대지 경계선을 따라 휘어진 매스를 배치하고 서측에는 저층 주거동을 선형으로 배치해 건물이 단지 전체를 감싸도록 했고 공간을 적절한 크기로 분절했다. 이때 짧은 판상형의 고층 주거동과 장변의 저층 주거동이 직각으로 교차되면서 단지 전체에 입체감이 부여되었으며, 직선과 완만한 곡선으로 감싸인 아늑한 외부공간을 형

신정동 신트리지구 아파트. 주거동의 절곡, 상층부 디자인의 차별화, 색채 도입이 아파트 디자인의 진화를 보여준다.

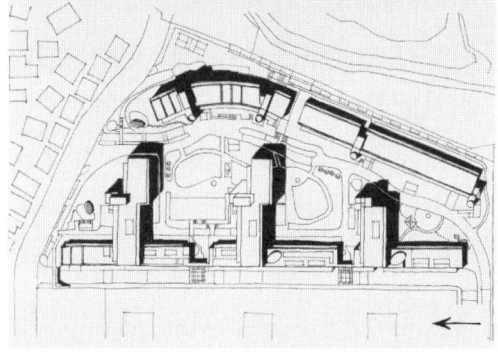

거여지구 3단지아파트 곡면형 주거동 (왼쪽 위)과 저층·고층 결합부(오른쪽 위). 단지 전체를 아늑하게 감싸주며 외부공간을 시각적으로 분절한다.
거여지구 3단지아파트 배치도(아래). 배치에서 '공간의 분절과 통합'이라는 개념이 적용되었다.

성했다. 분절된 외부공간은 고층 주거동과 저층 주거동 사이사이의 틈에서 건물 하부의 필로티로 연결되어 공간의 연속성을 유지했다. 또한 기존 지형의 높이차를 이용해 보행동선과 차량동선을 분리했고 주차장은 지하에 배치했다. 보행공간은 동측의 주거동 형태에 따라 자연스럽게 곡선으로 형성되었고, 단지 중앙부의 보도는 확장되어 거주자들의 커뮤니티 생활이 이루어지는 장소가 되었다.

또한 저층 주거동에는 원통형 엘리베이터타워를 일정 간격으로 배치해 수직적인 리듬감을 부여했으며 고층 판상형 주거동에서는 격자형 패턴으로 매스의 부담감을 완화시켰다. 이처럼 1990년대 이후의 아파트단지들은 고밀화 과정에서 판상형으로는 해결되지 않는 배치문제를 디자인 기법으로 해결하는 경향이 있었다.

부산 당감지구 주공아파트. 중심가로를 따라 배치된 테라스형·중층형·고층형·초고층형 주거동이 조화를 이룬다.

　한편 경사지주택은 부산 망미동 경사지주택 이후 큰 반향을 얻지 못하다가 1990년대 후반에 이르러 부산 당감지구 아파트, 용인 신갈 새천년 주거단지, 수원 영통지구 아파트 등 대한주택공사의 주거단지들에서 간헐적으로 그 맥을 이어갔다. 부산 당감지구 주공아파트는 지형을 고려해 골짜기의 축을 따라 중심 가로를 형성하고 이것이 단지를 단절시키지 않고 지역사회의 생활권을 끌어들이는 구심 역할을 하게 했다. 이 중심 가로의 연속성을 따라 단지를 배치하면서 기존의 물줄기를 모아 큰 호수를 만들었으며 이를 중심으로 다양한 오픈스페이스와 편의시설을 배치했다. 또한 등고선을 따라 주거동을 자연스럽게 비틀어 배치했는데, 이로 인해 외부 공간에 변화를 주고 향과 조망, 시각적 축에도 변화를 주었다. 또한 중심 가로를 따라 테라스형 주택, 중층형 아파트, 고층형 아파트, 초고층형 아파트를 점진적으로 배치해 연속적인 스카이라인을 형성했다.[14] 이 단지는 환경친화적 개념을 단지계획에 적극적으로 접목하고, 다양한 주거동 및 주거유형의 조화를 이루었다는 점에 의의가 있다.

3
공동주택 시장의 다변화

빌라와 타운하우스의 가능성

1970, 80년대에 대한주택공사의 몇몇 저층단지를 제외하고 저층 공동주택은 이후에는 점점 찾아보기 어려워졌다. 이 시기는 마침 주택건설 기술력이 한창 향상되고, 주택수요는 폭발적이어서 공공과 민간을 막론하고 고층화·고밀화의 압력과 맞물려 아파트 건설에 더욱 주력한 때였다. 또한 아파트단지의 규모, 즉 사업의 규모는 더욱 커졌고 이윤을 위해서는 대중적 취향에 맞출 수밖에 없었다.

이에 반해 새로운 유형을 찾는 계층을 겨냥한 틈새시장도 조금씩 형성되기 시작했다. 주로 도심의 유휴지를 개발해 소규모의 공동주택단지를 건설하는 것이었다. 이러한 단지형 연립주택은 '빌라', '타운하우스', '레지던스' 등으로 불렸고 초기에는 대기업이 참여해 건설한 단지들도 많았다.15) 이러한 단지들이 모두 一자형 배치를 고수하면서 대부분 계단실형 2호조합의 주거동을 구성한 것을 볼 때, 그 계획의 원칙이 판상형 아파트의 유형에 뿌리를 두고 있음을 알 수 있다. 다만 단위세대 규모가 커지면서

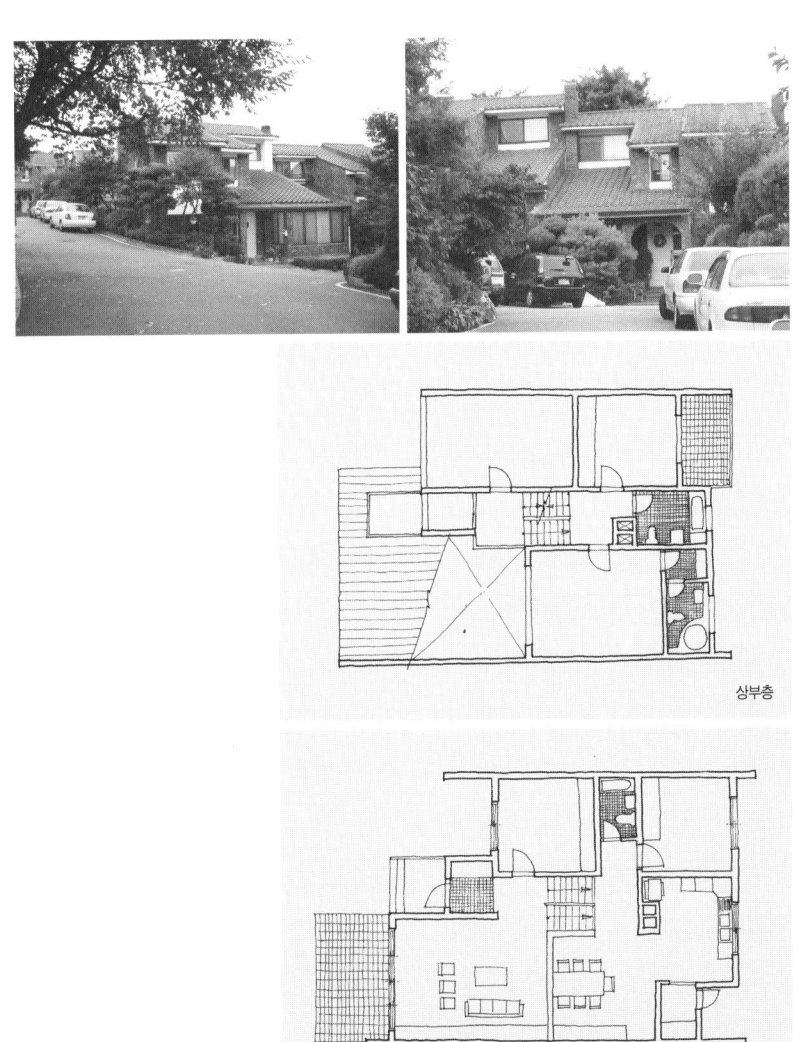

서울 항동의 그린빌라(위). 스플릿레벨 형식의 타운하우스로, 단독주택과 같은 정서를 갖는다.
스플릿레벨의 평면도(아래). 하부층은 가족 공동생활 공간과 마스터존, 상부층은 개인침실로 이루어졌다.

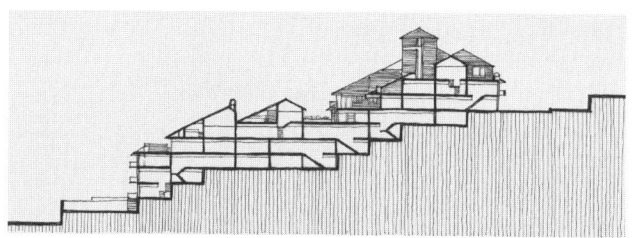

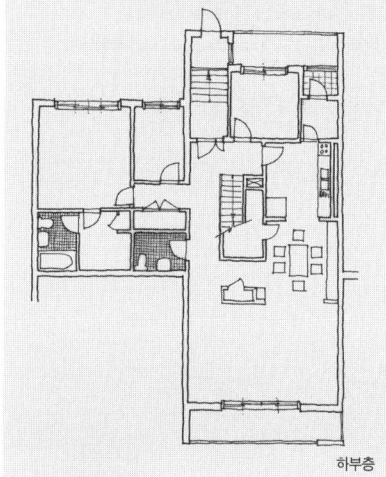

하부층

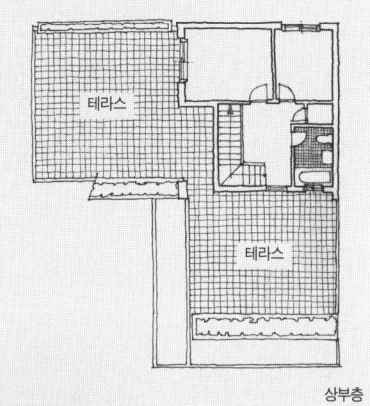

테라스

테라스

상부층

이태원 삼호빌라 단면도(맨 위)와 평면도(가운데). 경사지를 따라 서로 엇갈려 배치된 테라스형 타운하우스다. 평면은 유닛 모듈을 적용한 복층 구성이다.
이태원 삼호빌라 전경(아래). 지형을 따라 자연스럽게 배치된 건물들이 보기 드문 주거지 경관을 형성한다.

전면 베이의 수가 늘어나고 전면 폭도 동시에 증가해 결국 나중에는 주거동 한 층에 두 세대만이 구성되는 형식도 종종 나타났다. 계단실로 주거동 공용공간을 형성하고, 각 세대 접근도 이 공용공간을 통해 이루어져서 상부 단위세대의 접지성은 저층임에도 불구하고 현저히 떨어지게 된다.

한편 적은 자본력의 기술력이 부족한 군소 건설업체들이 지은 소규모의 공동주택도 한쪽에서 시장을 형성했다. 다양한 방식으로 개발되고 건설되었는데, 모두 저층이고, 민간에 의해 건설되었다는 것이 공통점이었다. 이 중 '빌라'는 국내에서 상당히 많은 주거형식에 적용되는 용어다. 이 용어는 처음에는 아주 고급인 아파트에 쓰이다가 이후에는 중층의 연립주택에 붙여졌고, 차츰 하향 사용되어 1990년대부터는 서민용 도시 공동주택, 즉 다가구·다세대 주택에도 붙여졌다. 빌라라는 명칭을 사용하면서 타운하우스와 같은 형식도 존재하는데, 각 세대의 개별성과 접지성이 더욱 강하게 확보된 경우다. 민간에서 건설한 서울 항동의 그린빌라(1983)는 단위세대에 개별 진입 현관과 개인 마당을 제공해 타운하우스의 전형을 보여준다. 또한 반 층씩 바닥 레벨이 차이 나는 스플릿형을 채택했다.

서울 이태원 삼호빌라(1985)는 타운하우스 형식에 지형을 이용한 경사지주택의 묘미를 살린 단지다. 각 세대로의 진입은 접지층으로부터 유도해, 기존 연립주택에서 나타나는 비접지층과 대지의 거리감을 해소하고자 했다.16) 이때 대지의 경사 차이에 따라 각 세대별로 접지층의 높이를 배분했다. 경사지를 이용해 복층형으로 설계된 단위세대 평면은 유닛 모듈unit module의 조합으로 이루어졌다. 이에 따라 각 세대는 다양한 평면과 변화 있는 층수를 갖게 되었고, 이로써 입면 역시 변화감 있게 구성되었다. 대지와 유기적으로 연계된 건물은 단차를 만들어, 이것이 단독주택의 장점을 누릴 수 있는 개별 테라스로 제공되었다. 이러한 시도는 경사지가 많은 한국의 지형을 감안할 때 고밀도로 개발할 수 있는 가능성을 열어주는 고무적인 것이었으나, 역시 아파트보다는 시공비가 많이 들고, 소규모 개발 단위라는 한계로 지속적인 관심을 끌지 못했다.

소규모 민간 개발 공동주택

1990년대 들어서도 주택정책은 나날이 고밀화·획일화를 고착화하는 방향으로 진행되어 새로운 주거형을 원하는 계층의 욕구를 만족시킬 수 없다는 한계를 드러내고 있었다. 또한 일부 현상설계안을 제외하고 대규모 아파트단지는 대한주택공사나 건설회사의 주도로 거의 매뉴얼이 되다시피 한 표준설계도를 바탕으로 그 계획이 답습되는 상황이었다. 이렇게 아파트가 대세를 이루는 상황에서도 도시주거는 비록 일부지만 지역과 계층에 따라, 그리고 소비자의 취향에 따라 다양한 유형으로 분화하고 진화했다. 새로운 주거유형들은 좀더 안목 있는 주택 소비자층이 형성하는 시장을 겨냥한 건축주와 기존의 획일적인 공동주택에서 탈피해 새로운 유형 찾기를 시도한 건축가의 소신이 복합적으로 작용해 이루어진 것으로 볼 수 있다.

지난 수십 년간의 개발 결과, 1990년대 서울의 경우 주택을 지을 수 있는 넓은 택지는 얼마 남아 있지 않았는데, 그나마 남아 있던 소규모 필지들이 이른바 '틈새시장'을 형성한 것이다. 1990년대에도 '셋집'의 형태에서 진화한 다가구주택이 소규모 자본을 가진 건축주들에 의해 임대용으로 새로이 지어졌고, 다세대주택 역시 분양 또는 임대용으로 보다 적극적으로 상품화되어 지어졌다. 이때 1970년대의 낙후된 단독주택지, 1980년대까지 형성된 다가구·다세대 주택지, 1990년대에 이르러 낙후되어 다시 지어야 할 건물, 그리고 그때까지도 개발되지 않은 필지들이 새로운 건축실험의 대상이었다. 십수 년에 걸쳐 개발의 미명하에 소위 부동산 개발업자, 집장수들의 손에 내맡겨진 도시주거지의 파괴와 몰개성에 대해 건축가들은 자성의 목소리를 높였으며, 이러한 소규모 주거 프로젝트에 서서히 관심을 갖게 되었다. 소규모로 개발되는 공동주택의 특징은 '신선한 디자인', '다양한 개별 단위세대의 구성과 그 조합의 다양성'으로 요약할 수 있다.

특히 1990년대는 주택의 수요계층이 다양하게 나타난 시기였다. 사회적으로 가구의 분화가 급격히 진행되어 소규모 가구가 많이 늘어났으며, 특히 서울 강남지역은 유행을 선도하는 젊은 계층의 새로운 주거지로 선호되었다. 소규모 필지를 개발해 이들을 흡수하려는 다양한 소형주택들이 등장했는데, 이는 법규상으로는 모두 다세대·다가구 주택에 해당했다. 이들은 기존의 적층형 flat 공동주택과는 차별화된 건물의 형태와 내부공간의 구성을 제시해, 전형적인 다세대·다가구 주택에 식상한 젊은 계층들의 요구를 충족시키기에 적합했다. 예를 들어 계단실 및 복도와 같은 주거동 내 공용공간을 적절히 외부로 개방시키고 각 층마다의 평면을 다양하게 조직하고, 그것을 건물의 매스로 외부에 표현했다. 이와 더불어 발코니, 옥상정원 등 외부와 소통하는 반외부 공간은 건물에 적절한 변화를 주면서 입면을 분절하고, 변화감 있는 외관을 만드는 수단으로 활용했다.

초기의 사례로 볼 수 있는 서울 염리동 시티빌(1995)은 각 층에 4호씩 배치된 4층 규모의 공동주택이다. 건축가는 경사진 대지의 특성을 살려 4호의 단위세대를 주거동 공용공간인 계단실을 이용해 각각 2호씩 반개층이 차이가 나도록 배치했다. 계단실은 두 레벨을 연속시키고 가운데 광정을 형성한다. 또한 계단실은 단순한 통과공간이 아닌 밝은 채광성을 확보한 입체적 공간으로, '집 전체의 열림의 의미'를[17] 부여하는 주요 건축

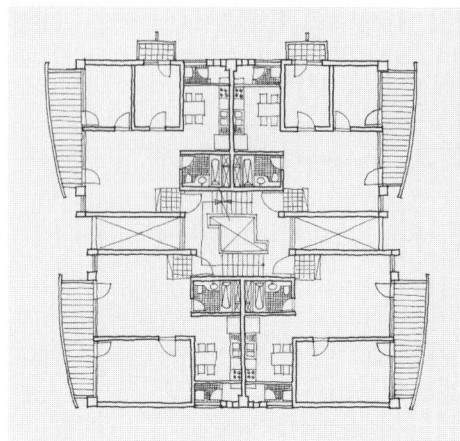

염리동 시티빌 주거동 평면(왼쪽). 계단실의 계단참을 이용해 4호의 단위세대를 양분하여 반 개 층씩 차이나도록 계획되었다.
염리동 시티빌 계단실(오른쪽). 계단실은 양쪽으로 열리고, 가운데 부분 천창도 있어 채광성이 좋은 밝고 명랑한 공간이다.

요소이며, 이동에 따라 다양한 시퀀스sequence를 제공한다. 또한 기둥식 구조를 채택해 내부공간에 다양성과 융통성, 가변성을 부여했다. 2면 개방이 아닌 4면 개방 형식의 주거동 평면계획, 그리고 저층의 박스형 외관은 우리나라 도시에서 소규모 필지 내에 다가구·다세대 주택을 대체하는 도시형 빌라라는 유형이 적용될 수 있는 가능성을 보여준다.

    이와 비슷한 작업들을 '스텝'step, '하늘마당' 등의 이름이 붙은 공동주택에서 볼 수 있다. 건축가는 복도와 계단실이라는 건축요소를 도시와 주거 사이의 매개공간으로 삼아 다양하게 계획한 새로운 도시주거의 유형을 일관성 있게 제시한다. 외부 계단실은 통로의 개념뿐 아니라 다양한 공간을 경험하는 경로인 동시에 거주자들의 대화와 교류의 장이 된다는 공통적 특성을 갖는다. 연남동 스텝에서 도로 경계로부터 사적공간에 이르는 과정적 공간은 대지 내에 위치하면서도 이웃에 의해 공동으로 사용되

 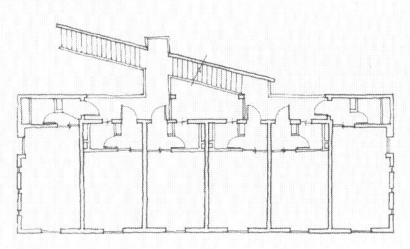

연남동 스텝의 열린 계단실(왼쪽). 계단실은 도시로 열려 있는 소통의 공간이다.
연남동 스텝 평면도(오른쪽). 개별 단위세대에 이르는 과정적 공간은 시시각각 다양한 장면을 보여주도록 의도했다.

는 도시적 개념을 갖는다. 이 공간은 폐쇄적이기보다는 개방적이며, 대지 경계선 바깥쪽으로 도시, 즉 도로 측과 격리되지 않고 상호교감을 갖는다. 따라서 도로의 연장선상에 있는 건축적 산책로, 이웃과 눈인사를 나누고 대화를 할 수 있는 작지만 주요한 공간, 그리고 도시에 대해 열려 있는 무대로서 다양한 의미를 갖는다.[18]

'하늘마당' 시리즈는 지상층의 상업공간, 중간층의 임대용 주택, 최상층의 소유주 거주주택으로 이루어지는 소규모 개발의 전형적 구성을 보여준다. 하지만 강남개발의 초창기에 지어졌던 주택들이 헐려나가고 그 자리를 새로이 대신하는 이러한 유형 역시 이윤추구의 목적에서 자유롭지 못했다. 디자인은 참신했지만 기존보다 더욱 고밀화하는 방향으로 계획되었고 법규의 한도 내에서 최대한의 건물 밀도를 달성하고자 한 것이다.

4
다양한 유형의 탐색

저층 집합주택의 실험

일제강점기 근대적 건축교육을 받은 건축가가 등장한 이후 건축가의 손길이 공동주택 설계에 미치기 시작한 것은 그때부터 수십 년이 지나서였다. 개발성장의 기틀을 마련한 1970년대를 지나고 1980년대에 들어서면 건설산업은 더욱 상승세를 탔고, 주택건설 산업 역시 상당한 성장을 구가했다. 그러나 끊임없이 수요가 폭증하는 아파트건설 시장에서는 주택을 부동산의 대상으로만 보는 시각이 팽배했고, 특히 공동주택은 1980년대 후반까지도 건축가의 영역 밖에 있었다. 이러한 인식이 아시아·올림픽 선수촌아파트의 설계, 그리고 이어진 현상설계로 많이 불식되기도 했지만, 공동주택에 대한 건축가의 작업이 적극적으로 나타난 것은 비로소 1990년대 이후다.

공동주택에 대한 다양한 노력은 진부한 공동주택의 계획과 디자인에 자극제가 되었다. 건축가가 적극적으로 개입했다는 것은 그동안 거의 '건축가 없는 건축'으로만 인식되었던 공동주택이 비로소 건축적 관심의 대상이 되기 시작했음을 뜻한다. 여기에는 삭막한 주거환경에 대한 반성과 함께 무차별적으로 확산된 아파트라는 형식이 안고 있던 유형적 한계를 극복하고, 상업성에 밀려 잃어버렸던 진정한 거주지로서의 의미를 회복시키려는 의지가 담겨 있었다. 분당 주택전람회단지(1994)는 미래의 바람직한 주택의 가능성을 제시하고 건축가의 창작 의지와 표현의 다양성을 모색하며, 이상적인 주택의 설계를 자유롭게 할 수 있는 가능성을 타진한 것이었다. 모두 저층 공동주택에서 실현할 수 있는 창의적인 계획안을 제시했고, 이들이 시험적으로 지어졌다. 전람회단지는 보차 공존의 주도로를 중심으로 양쪽에 단독주택과 연립주택이 필지별로 분할·배치된 선적線的 마스터플랜을 기반으로 조성되었다.

전람회단지 내 황일인 설계의 한솔빌라(1999)는 ㄱ자형과 ―자형의 두 주거동 매스가 골목을 연상케 하는 안마당을 중심으로 둘러싸며 배치된 연립주택이다. ㄱ자형 주거동의 경우 단위세대는 현관이 있는 안마당 쪽에 전정前庭과 같은 소규모의 중정 즉 파티오patio가 있으며, 모든 세대의 거실 전면에는 담에 둘러싸인 개별 정원이 배치되어 있다. 건축화된 담장은 개별 마당에서의 프라이버시를 확보해 준다. 총 12호의 단위세대는 모두 복층을 이루며, 지상층에서 현관으로 바로 접근하도록 되어 있어 접지성이 확보되었다. 특히 ㄱ자형 주거동 단부의 상부 세대는 안마당으로부터의 직출입 계단이 있는 준접지형이다. 이 단지는 도시 공공공간으로부터 단위세대에 이르기까지 적당한 공간적 위계를 두어 마을의 크기에 상응되는 공간체계를 이루는 것을 중요한 계획요소로 삼고 있다.[19] 또한 주어진 대지 내에서 주차장, 단위세대 공간, 외부공간 등을 입체적으로 배분하고, 광정 및 열린 보이드 등이 변화 있는 공간감을 제공한다.

공동주택에서 독립성과 공동체성은 항상 상충하면서 관계를 맺고,

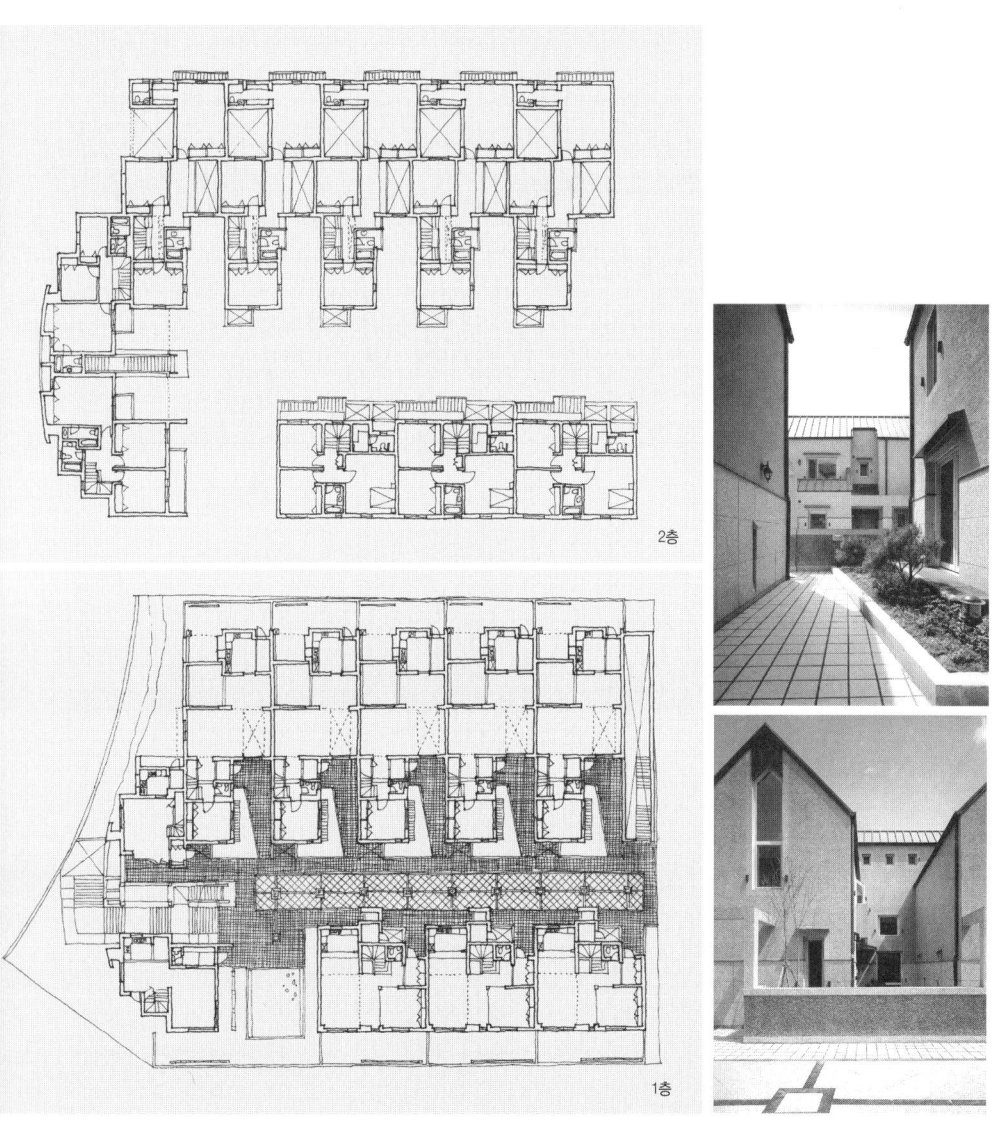

분당 전람회단지 한솔빌라 2층 평면도(왼쪽 위)와 배치도 및 1층 평면도(왼쪽 아래). ㄱ자형과 ―자형의 주거동이 중정을 둘러싸며 배치된 연립주택으로 접지성이 높다.
한솔빌라 전경(오른쪽). 골목, 진입부 전정, 파티오 등 외부공간에 사이 공간을 많이 배치해 친근한 느낌을 준다.

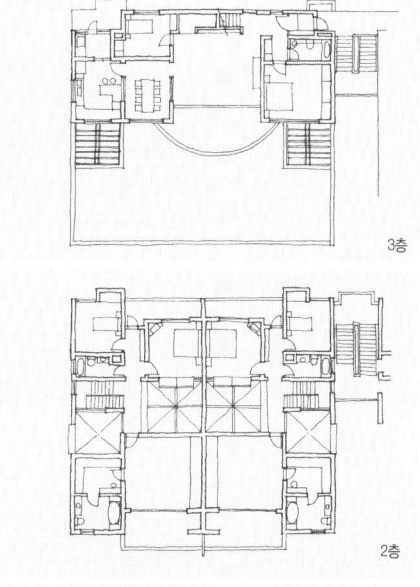

분당 전람회단지 한울빌라 전경(왼쪽 위). 단순한 외관 속의 다양한 평면을 배치하고 접지성을 확보했으며, 옥상정원을 배치하는 등 단독주택의 장점을 접목했다.
한울빌라 평면도(오른쪽). 3·4층은 1·2층보다 면적이 줄어들어 상부세대에 옥상정원을 마련해 준다. 단위세대는 모두 복층형이다. 여기서 보여지는 것은 전체 건물의 반이다.

외부공간과 건물을 배치하는 데서 가장 중요한 요소로 작용한다. 이성관 설계의 한울빌라(2000)는 이 두 요소가 적절한 조화를 이룬 단지로, 공동

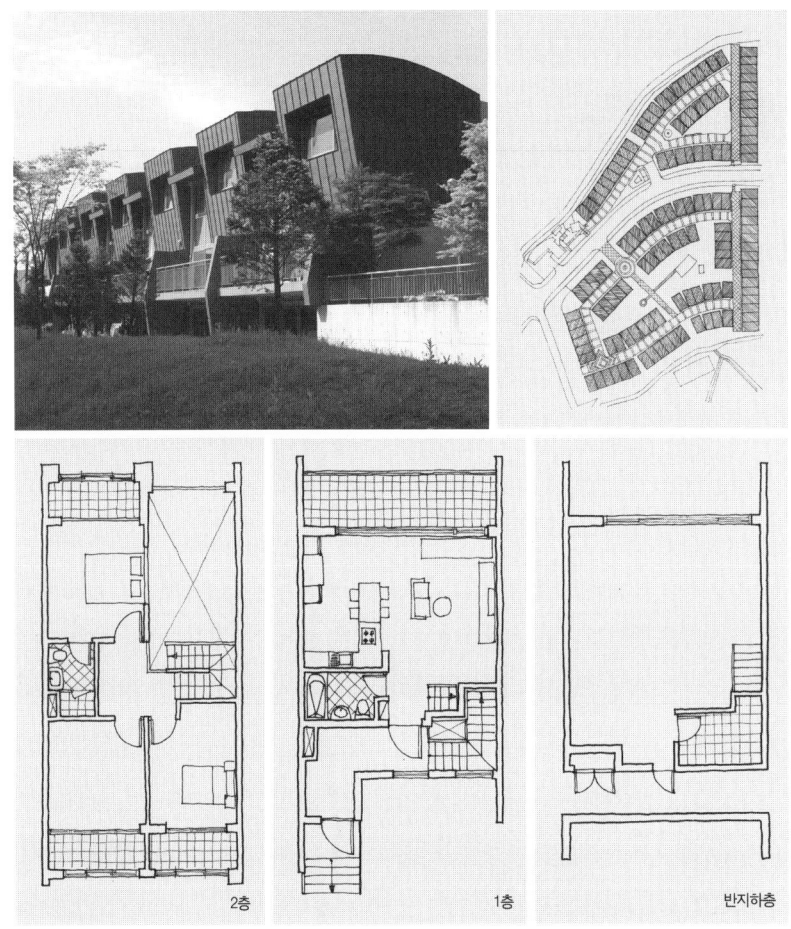

파주 출판단지의 헤르만하우스 전경(왼쪽 위). 독특한 상부층의 매스는 한 세대를 구분 짓는 식별성을 제공한다.
헤르만하우스 배치도(오른쪽 위). 가로를 따라 세장형의 단위세대가 유선형으로 배치되면서 가로에 대응하는 구성을 보인다.
헤르만하우스 단지 배치도와 평면도(아래). 반지하, 1층, 2층을 한 세대가 사용하는, 수직성이 강한 평면이다.

주택이면서 단독주택의 성격을 유지하며 각 단위세대의 독립성이 최대한 보장되는 사례다. 하나의 건물에 총 6호의 복층 단위세대가 계획되었는데, 1·2층에는 4호의 단위세대가 세로로 분할·배치되었고, 3·4층 상층부에는 하층부 단위세대의 2호 폭만큼 확장된 복층형 2세대가 가로로 분할·배치되었다. 이로써 상층부의 단위세대는 확대된 규모만큼의 옥상정원을 확보했다. 하층부 4세대는 대지에서 1층으로 직접 진입되고, 상층부의 2세대는 3층까지 이르는 개별계단으로 진입된다. 이로써 접지성이 확보되어 개별적으로 외부공간과 소통할 수 있게 되었으며, 최대한의 개별성을 살림으로써 각 주택의 아이덴티티도 확보되었다.

과천 연립주택 이후 거의 찾아볼 수 없었던 타운하우스도 다시금 새로운 주거유형으로 부활했다. 경기도 파주출판단지 내 타운하우스(2005)는 민간에 의해 건설된 대규모 타운하우스 단지다. 부정형의 대지 중앙을 가로지르는 가로 양편으로 대지 외곽을 따라 세장형細長型, 즉 좁고 깊은 형태의 단위세대를 연속적으로 배치해 직선형 혹은 유선형의 주거동을 구성했다. 각 단위세대 후면 출입현관 옆에 주차를 할 수 있게 했으며, 각 세대의 전면에 1층 전용 정원을 제공했다. 기존 공동주택에서 단위세대의 전면 폭이 과도하게 확장되는 추세와 대조적으로, 이 단지의 단위세대는 좁은 폭과 수직적 확장이 특징이다. 한 세대는 반지하층부터 2층까지 3개 층을 사용한다. 따라서 한 대지 내 접지성을 살린 단위세대를 많이 배치할 수 있는 장점이 있다. 이로써 건물이 선적인 배치를 이루어 가로를 만들고, 이것이 모여 마을을 만든다. 또한 크고 넓은 것만을 강조했던 공동주택단지의 외부공간을 거주자에게 생활의 공간으로 나누어주고, 광장 대신 가로를 형성해 친근하고 인간적인 규모의 단지를 형성한 점이 눈에 띈다.

블록형 집합주택의 재발견

최근에는 거주성을 확보하면서도 도시성과 안전한 내부 커뮤니티를 확보할 수 있는 블록형 집합주택block housing이 도시주거의 새로운 대안으로 강조되고 있다. 우리나라 최초로 블록형 주거건물이 소개된 것은 1997년 완공된 분당의 주거용 오피스텔 시그마I이다. 블록형 집합주택은 내부에 중정이 있어 안전과 프라이버시가 보장되고 중정을 중심으로 커뮤니티가 형성되며, 아이들에게 안전한 놀이장소가 제공되는 이점이 있다. 일반적으로 가로에 면해서 상점 등을 배치하는 유형을 가로형 또는 연도형聯道形이라고도 한다. 이러한 주거형식은 그동안 국내에 집중적으로 공급되었던 판상형 아파트의 문제점인 이웃과의 단절과 접지성 부족을 해결하고, 다가구·다세대 주택의 밀집문제도 해결하면서 밀도를 높일 수 있는 것으로 평가된다. 그러나 여전히 남향선호가 아주 중요한 주거선택의 기준으로 작용해 탑상형 아파트의 동향과 서향조차도 외면해 온 우리나라의 주거선호 의식은 이에 걸림돌이 되고 있다.

서울시의 뉴타운개발은 소규모 단위의 민간주도 개발보다는 공공부문의 적극적인 참여로 주택재개발 구역을 중심으로 한 '종합도시개발계획'을 수립·시행한 것이다. 구릉지·평지·역세권 등 지역의 입지특성에 적합하고 주택·도로·공원·학교부지·생활편익시설·복지시설 등 일체의 도시기반시설이 구비되도록 개발하는 21세기형 고품질 복지 주거환경 공간을 조성하는 사업이라고 정의 할 수 있다.[20] 따라서 공공부문이 민간부문보다는 더욱 적극적으로 새로운 유형을 도입할 수 있었다. 뉴타운지구는 남향 일색의 주거동 배치에서 벗어나 중정형·연도형·탑상형 등의 다양한 형태를 시도할 수 있고, 자연지형과 보행자 위주의 가로중심 단지배치를

은평뉴타운 전경, 저층주거동, 친환경개념(왼쪽 위부터 시계 방향). 가로에 대응하는 저층 블록형 아파트를 도입하고, 기존자연을 보존하는 친환경 개념을 적용했다.

실현할 유일한 대안이라고 할 수 있다. 뉴타운은 초고층 주상복합과 오피스들로 자꾸 높아만지는 서울의 스카이라인 사이로 장소성과 역사성, 인간성을 유지하는 거주지라는 이상을 가지고 시작되었다.

뉴타운에서 도시주거의 대안으로 제안된 유형 중 하나가 블록형 아파트로, 이는 은평뉴타운에서 중정형 공동주택이라는 개념으로 적용되었다. 기존의 균일한 단지구성 방식과 달리 다양한 계층과 세대를 포용하는 커뮤니티 통합 개념을 적용하면서, 이를 중정공간이라는 건축적 장치로 해결했고 이로써 자연스럽게 생활가로를 형성하게 되었다. 생활가로변 주거동 1층부는 필로티 및 회랑을 조성해 중정과 외부공간이 연계될 수 있도록 했다. 은평 뉴타운에는 블록형뿐만 아니라 가로 경관 주거유형, 산록변山麓邊 경사지 주거유형, 테라스형 주거, 산록변 저층 연립주택단지 등 다

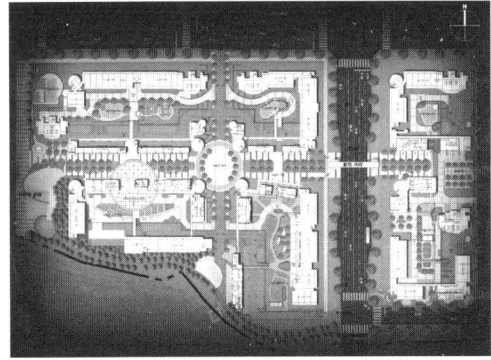

의정부 녹양지구 중정형 저층 주거동(왼쪽 위)과 중정 내부(오른쪽 위). 저층 블록형 주거동 모서리에 원통형 계단실을 설치했다. 중정은 부분적으로 열어 개방감을 확보한다.
의정부 녹양지구 단지 배치도(아래). 보행광장의 축을 중심으로 커뮤니티를 배려한 중정이 유기적으로 배치되어 있다.

양한 주거유형을 혼합·배치해 다채로운 경관을 보여준다.21)

    2008년 준공된 의정부 녹양지구 국민임대주택은 블록형 저층 집합주택의 새로운 가능성을 보여준다. 이 역시 一자형 단순 배치와 고층개발로 인한 도시경관의 부조화에 대한 대안으로, 자연과 만나는 생활가로가 있는 친환경 저층 집합주택을 표방한다.22) 블록형 주거동의 저층부는 커뮤니티 공간으로서 가로공간을 활성화했다. 또한 내부의 중정에 공용 녹지와 놀이터를 배치해 생활공간으로 사용되도록 했다. 이때 주요 외부공간을 중정으로 유입시켜 개방성을 확보하고자 주거동 사이에 연결 브리지를 계획했다. 한편, 이 단지에서는 중층 고밀도 주거동을 계획함과 동시에 랜드마크 역할을 하는 탑상형 주거동도 함께 배치해 도시경관에 변화를 주었다. 주요 보행동선과 연계해서 보행광장을 조성했으며 보행동선과 블록형 주거동의 가각街角이 만나는 부분에 가각 광장을 설계해 모서리의 부담감을 완화시켰다.23)

　이러한 블록형 집합주택은 거주자들의 커뮤니티에 대한 요구를 좀더 세심하게 배려하고, 외부공간의 사용을 더욱 활성화한 것이라는 데서 그 의미를 찾을 수 있다. 또한 수십 년간 지속되어 온 획일화된 주거단지에 대한 뿌리 깊은 선호가 어느 정도 불식되고, 그 대신 도시경관과 삶의 환경에 대한 인식이 조금씩 달라진 결과라 할 수 있다. 더욱이 단위세대의 거주조건만을 우선해 고려하고 그외의 단지 질에는 관심이 덜했던 거주자의 태도, 그리고 그에 부응했던 계획 관행에서도 변화의 흐름이 생긴 것으로 볼 수 있다.

결론 | 한국 근현대 주거공간이 말해주는 것

이 책은 한국 근현대 주거공간 변천의 역사를 공간사의 관점에서 정리한 것이다. 한국사회가 근대화되고, 그 안에서의 사람들의 생활이 많은 변화를 겪어온 가운데, 그 환경을 마련해 주고 활동의 장이 되는 공간 역시 과거와는 완전히 다른 형태로 변모해 왔다. 이러한 변화를 도시와 거주지가 조직되는 방식, 공간이 구축되는 방식, 그리고 내·외부 공간이 배치되는 방식으로 살펴보았다. 역사 속에 등장했던 많은 사례들은 그 하나하나를 시대·지역·계층·스케일·유형에 따라 다양한 시각에서 바라볼 수 있다. 즉, 역으로 하나의 공간을 면밀히 파악하는 것은 그것이 등장했던 시대적 배경과 사회상황, 생활의 단면을 동시에 이해하는 것이기도 하다.

오늘날의 주거공간은 변화의 속도가 급격했더라도, 과거에서부터 일련의 단계를 거쳐 진화해 온 것으로서 과도기적 현상이 항상 관찰되었다. 또한 어느 시대에서였건 그것이 존재하게 된 당위성이 있었으며, 이는 사회적인 큰 요구에 따라, 그리고 거주자의 작은 요구들이 모여서 만들어지는 합작품이었다. 이를 통해 공간이 사람들의 관계를 만들고, 사람들의 관계가 공간을 만들어내는 필연적 속성을 이해함으로써 다양한 주거공간의 존재방식을 파악할 수 있었다. 주거공간은 가까이는 일상생활의 바탕이 되는 장이고, 멀리는 도시·사회 환경을 이루는 중요한 물리적 요소다. 하나의 작은 방에서부터 큰 도시공간에 이르기까지 모두 주거공간의 범주에 포함할 수 있으며, 이는 모두 인간이 삶을 영위하는 데 필수적인 무대 역할을 한다.

우리의 주거환경이 한국적 상황을 반영한 결과라는 데는 이의가 없을 것이다. 한국은 일제강점기와 전쟁, 경제개발 시기를 거치면서 주택의 대량생산과 근대적 주거의 보급, 생활수준의 향상이라는 목표가 강력한 기제로 작용했다. 또한 한국의 주거공간 변화에는 도시화라는 변화가 가장 큰 영향력을 발휘했고, 이것이 공동주택을 확산시키고 지배적 유형으로 정착시킨 주요 원인이 되었다. 거주지 개발의 단위가 점점 거대화되고, 개발 위주의 정책적 영향하에 획일화된 주거유형을 양산해 온 것도 한국에서 더욱 두드러지는 현상이다. 따라서 이로부터 기인한 주거유형의 획일화 경향을 비판하면서도, 모순적이게도 아파트로 대표되는 주거에 대한 관심만이 날로 증대되는 것이 현실이다. 실제로 한국의 아파트는 날이 갈수록 발달하고 있다. 우리에게는 아파트만이 유일한 최적의 주거유형인가. 역사적으로 보았을 때 우리의 주거문화에는 상당히 다양한 주거유형이 있었고, 우수한 계획사례들이 많이 있었다. 이들이 현재에 이르러서도 새로운 주거의 발전적 대안이 될 수 있기를 기대한다.

지난 100년 동안 주거공간의 변화를 돌아보면 사회사적·미시사적 시각으로 조망했던 변화의 양상들이 공간적 특성으로 드러남을 알 수 있다. 개항 초기부터 일제강점기까지 근대화의 물결 속에서 도시의 전통적 구조는 합리성을 앞세운 기능적 도시구조로 바뀌고 그에 걸맞은 새로운 거주지가 건설되었으며, 전통 수공예적 주택 생산방식은 근대적 생산방식으로 전환되어 역시 그에 걸맞은 주거형식과 건물의 형태를 낳았다. 이와 함께 서양식 주거문화의 유입은 전통적 내부공간의 구성방식을 전면적으로 바꾸면서 전통과의 갈등요소가 되었다. 동시에 내부공간은 근대적 가족과 라이프스타일에 상응하는 방향으로 변화한 것이기도 했다. 한편, 인구집중으로 과밀화되는 도시 상황에서 건물은 점차 팽창하면서 새로운 거주지 조직을 만들어내었다. 아파트단지로 대표되는 고층·고밀의 계획방식은 더욱 다변화하면서 현재까지도 진화를 거듭하고 있다. 이러한 제반 변화들을 좀더 상세하게 살펴보면 다음과 같다.

첫째, 유기적이고 자연발생적으로 형성되었던 전통주거지는 근대적 도시에서 요구되는 격자형의 형태로 변모했다. 또한 각 필지와 가로의 구성방식이 일률적으로 정해짐으로써 각 필지 내에서 외부공간과 내부공간을 배치하는 방식이 전통주거지에서와는 다른 양상으로 전개되었다. 이로 인해 거주지 조직의 변화가 개별 단위주택의 구성에까지도 영향을 미친 것이다. 이와 함께 기계적 구획방식으로 발생한 '단지'라는 거주지 구성방식은 이후까지도 한국 주거지 개발에 큰 영향을 미쳐서 주변과의 맥락을 고려하지 않고 독립적이고 폐쇄적인 경계를 설정하는 방식으로 굳어지게 되었다. 이는 특히 대규모 개발의 정책과 맞물려 도시의 미세한 세부조직에 맞는 개별적 개발이 아니라, 한꺼번에 지역 전체를 개발하는 것을 더욱 선호하는 방향으로 흐르게 했다.

둘째, 전통한옥은 개항 이후 그 어떤 주거유형보다 많은 변화와 갈등을 겪었다. 새로운 생활을 담아내고자 하는 시도가 있었으며, 과밀화된, 근대적 가로체계를 갖춘 도시에 적응하고자 그 형식에서 변화를 모색하기도 했다. 또한 근대적 생산방식을 어느 정도 수용했으나, 사회적으로 요구되는 정도에까지는 이르지 못하는 한계를 드러내기도 했다. 때문에 한옥은 고유 주거형식이면서도 극히 일부만이 현재까지 지속되고, 다시 재생산되는 상황이 된 것이다. 하지만 한옥으로 지속되어 온 한국 주거의 원초적 공간구성 방식, 예컨대 대청을 중심으로 한 환상형環狀形 평면, 내향형 마당 구성방식 등은 후대에까지 계속 많은 영향을 끼쳤다. 주거문화의 고유한 속성은 매우 뿌리 깊은 것임을 알 수 있다.

셋째, 도시 단독주택의 변화는 '밀집화와 팽창'으로 요약할 수 있다. 아파트 다음으로 도시 과밀을 해결하는 수단으로 변모한 단독주택은 다가구·다세대 주택으로 변화하면서 단독주택의 특성을 잃어버리고 결국 공동주택화 되었다. 결국 진정한 의미의 도시 단독주택지는 고급주거지를 제외하고 거의 찾아볼 수 없게 되었다. 단독주택이 규모가 팽창한 상태에서 근대 도시구조 안으로 편입됨으로써 주거환경은 무척 열악해지고, 가로 및 필지 체계와 부조화되는 현상을 초래했다. 또한 이 과정에서 전통적 공간구조에서 보이던 내향형 구성은 마당이 소멸되고 건물이 대지를 채우는 외향형 구성으로 바뀌었다. 단독주택의 이러한 변화에서는 한국 주거의 정체성이 상실되는 과정을 확인해 볼 수 있다.

넷째, 건축가주택으로 통칭되는 고급 단독주택에서는 주거에 대한 당시대의 선도적 의식을 엿볼 수 있다. 새로운 주거문화를 받아들이는 데 적극적이었으며, 이것을 한국적인 공간과 절충하면서 치열한 혼란을 겪기도 했다. 때로는 일본식 잔재를 털어버리지 못한 적도 있었고 때로는 국적 불명의 취향에 경도된 시기도 있었다. 그러나 한편으로는 한국적인 것을 찾아내는 데 가장 진지한 고민을 한 것도 건축가주택이었으며 그것이 유지해 온 정신적 전통은 매우 귀중한 가치다. 한옥이 사라진 대신 한옥의 공간구조를 뒤늦게 건축가주택에서 시도한 것도 매우 고무적이다. 전통주택의 공간 구성방식에서 학습된 다양한 요소들은 현대주택에서 재탄생되어 다채롭게 적용되고 있고 이를 통해 한국적 주거공간의 명맥이 이어지고 있다고 볼 수 있을 것이다.

다섯째, 주택의 생산방식은 주택의 유형과 형태에 많은 영향을 미쳤다. 우선 수공예적 생산방식의 한옥이 사라지게 되었고, 그것을 대체하는 주거유형은 반복적 형태와 간결한 외관을 지닌 것이었다. 반복 생산된 건물의 형태와 함께 반복 생산된 동일한 평면은 획일화라는 한국 주거의 가장 부정적인 측면이었다. 하지만 이것은 어쩌면 시대적 요구에 능동적으로 대처해야만 했던 하나의 필연적 과정이라고도 할 수 있다. 갈수록 발전하는 기술 덕택에 도시는 포화된 인구를 수용할 수 있었고 높아지는 주거수준에 대응할 수 있었을 것이다.

여섯째, 한국 주거에서 나타나는 공동주택의 유형은 초기 노동자 연립주택에서 시작해 단계별 발전과정을 거치면서 현재에 이르렀다. 그것은 주거의 가장 기본단위인 일실一室주택으로부터 부엌, 현관, 주거동 내 공용공간 등 필요공간이 차츰 덧붙여지면서 전형적 형식으로 완결된 것이다. 이것이 단지화되고 고층화되면서 그 규모가 더욱 확장되고 지역적으로 전파됨으로써 소위 '아파트공화국'의 면모를 완성했다. 아파트로 대표되는 한국 공동주택은 더욱더 과밀화되는 추세로 변화하는데, 이때 각종 계획기법들이 동원되어 그 목적을 달성하게 된다. 이때 아파트단지 계획에 있어서 시대에 적응하는 한국만의 독특한 해법을 볼 수 있으며, 그 생명력과 지속성의 임계점을 추측하기 어려울 정도로 지금도 현재 진행형으로 발전하고 있음을 알 수 있다.

일곱째, 한국 공동주택의 내부공간은 초기에는 최소 규모의 단순한 구성을 보였는데, 이것이 전형적 평면으로 정착하기까지 여러 과도기를 거쳤다. 공간의 정체성이 가장 혼란스러웠던 점은 전통적 대청, 혹은 마루의 개념, 일본식 잔재였던 속복도, 그리고 서구식 거실의 개념 차이에서 오는 것이었다. 이것이 극복된 후에야 비로소 현재와 같은 아파트의 보편적 평면이 형성되었다고 할 수 있다. 또 하나의 특징은 개인공간, 공동공간의 구별 없이 접촉과 교류에 적합하도록 상호 결합되었던 공간구조가 내부에서는 각 실간 상호 독립적인 구조로, 외부공간과는 단절된 구조로 변화한 것이다. 내부적으로는 가족 구성원 각각의 '개인화와 수평적 가족구조화'라는 주거사회학적 요인이 작용한 것으로 해석할 수 있다. 이는 주거공간이 근대화될수록 더욱 뚜렷하게 나타나는 보편적 경향이기도 하며, 이를 한국 주거공간의 발달과정에서도 확인할 수 있었다.

여덟째, 많은 부정적 비판을 받아온 우리의 주거환경 속에서도 더 나은 주거를 모색하기 위한 노력들은 곳곳에 있었다. 특히 최근에 오랜 기간 답습되었던 관습적 계획관행들이 조금씩 타파되고 아파트의 변신이 이루어지고 있는 경향은 상당히 반가운 일이다. 그렇지만 아직도 아파트는 여전히 대세를 이루고 있으며, 대규모 개발 또한 그러하다. 이것을 대신할 수 있는 다양한 규모의 개발단위, 다양한 형태와 평면, 적극적인 주거동 유형의 개발이 더욱 요구된다. 머지않은 과거의 역사적 사례에서 볼 수 있는, 아파트만이 아닌 다양한 유형의 공동주택들은 오늘날에도 확대 재생산될 수 있는 여지가 충분히 있는 훌륭한 계획들이다. 우리는 그 가능성을 과거의 우수한 공동주택에서 찾아볼 수 있다.

이와 같이 두루 살펴본 주거공간의 역사는 우리가 처한 현재의 주거환경이 많은 시행착오를 거쳐 여기까지 이르렀음을 보여준다. 주거공간은 인간의 행위와 사회의 시대적 요구에 의해 만들어지는 것이므로, 아무리 그것이 급작스럽게 나타난 것이라 할지라도 늘 보수적인 기존 주거와의 갈등과 절충, 상호 보완을 겪으면서 완성된 것이다. 주거의 변화에 대한 공간사적 탐구는 이에 대한 구체적이고 실증적인 사례를 보여주고 있다. 또한 우리의 현재 주거공간의 시작점을 알려주었으며 변화 속에서 고유 속성을 유지하고자 하는 힘, 바꾸어 말하면 정체성을 보여주었다. 역사적 추적은 결국 사물의 본질에 대한 탐색이며, 또한 미래에 대한 진지한 기대와 애정이 함께한다. 과거를 되돌아보면서 관습적으로 전통적·한국적인 것을 옹호하는 국수주의적 입장을 경계해야 할 것이며, 과거에 대한 낭만적 향수와 오늘날 우리가 가지지 못한 것에 대한 막연한 동경 역시 경계해야 할 것이다. 이상적인 주거는 그 어디에도 존재하지 않을 것이지만, 좋은 주거공간은 사람에 대한 사랑과 배려가 수반되는 공간일 것이다. 그에 대한 답을 주거의 역사가 말해주고 있다.

주註

제1장

1. 가와무라 미나토, 요시카와 나기 옮김, 『한양·경성 서울을 걷다: 일본인 가와무라 미나토가 본 서울』, 다인아트, 2004, p.18.
2. 전봉희, 「씨족마을의 공간구성원리」, 한국건축역사학회, 『한국건축역사학회 97 한·일 민가 심포지엄 발표논문집』, 1997. 3, p.107.
3. 최장순, 「왕곡마을의 공간구조에 관한 연구」, 대한건축학회, 『대한건축학회논문집(계획계)』 제21권 제7호(통권 제201호), 2005. 7, p.108.
4. 진영효, 「전통도시경관에서 골목의 특성과 의미: 종로와 돈화문로일대를 사례연구지로 하여」, 서울시립대학교 석사학위논문, 1994, p.22.
5. 한말에 당시 현現 관료는 창덕궁·경모궁을 이웃한 동서東署 연화방蓮花坊, 북서北署 양덕방陽德坊에 가장 많이 살았고, 전전 관료는 중서中署와 북서 지역에 많이 거주했다. 상민常民은 남서南署와 서서西署 지역에 많이 살았는데 특히 성외城外지역인 용산방龍山坊과 반송방盤松坊의 50%를 넘는 거주민이 상민 신분이었으며, 성외지역에서 살고 있는 양반계급의 신분은 11%에 불과했다. 김영배, 「한말 한성부 주거형태의 사회적 성격: 호적자료의 분석을 중심으로」, 대한건축학회, 『대한건축학회논문집(계획계)』 제7권 제2호(통권 제34호), 1991. 4, p.191.
6. 조선 말엽의 한성부민 거주형태가 남아 있는 호적자료를 보면, 관료들이 거주하는 곳 또한 따로 있었음을 알 수 있다. 이렇게 신분에 따라 거주지가 나뉘는 가운데, 권문세가가 아닌 하급관리라든가 양반의 자손이기는 하나 현직 고급관인이 아닌 자들은 남산 기슭인 이른바 남촌南村에 살았다고 한다. 남촌은 풍수지리적 측면에서는 음지陰地에 속하지만, 배수가 잘되고 지하수가 풍부하며 취수가 편리해 주거지역으로는 손색이 없는 곳이다. 오늘날의 서울시 중구 남산동에서 필동을 거쳐 묵정동에 이르는 지역이다.
7. 조준범·최찬환, 「필지분합을 통해 본 서울 북촌 도시조직의 변화 연구」, 대한건축학회, 『대한건축학회논문집(계획계)』 제19권 제2호(통권 제172호), 2003. 2, pp.128~129.

8. '건양사'建陽社라는 주택건설(경영)회사를 운영했던 정세권의 글을 통해 1930년과 1940년 사이 북촌이 어떻게 도시한옥 주거지로 개발되었는지 추측할 수 있다.
   "재작년이 소화昭和 8년(1933)부터 금년까지 경성에는 새로히 신축된 가옥수가 약 6~7천 호다. (중략) 경성은 대도시 계획이란 게 날로 발전되어가고 잇다. 재작년과 작년의 예를 보면, (중략) 금년 봄 이래로 서울의 북촌산 밑 일대는 어느 한 곳 빈틈이라고는 없이 모조리 산을 파내고 허러내리워서 집을 자꾸 짓는 형편으로 대략만 치드라도 4천여 호가 새로히 생겨 낫슬 것이다. (중략) 몇 해 전만 하드래도, 새로히 가옥을 50채 이상 한 번 지어 놓으면 몇 개월이고 거저 임자를 못 찾든 것이, 작년 붙어는 한번에 여하如何히 많이 지어 놓으래도 채 전부 완성되기도 전에 예약預豫約濟로 반분半分이상이 결정되고, 전부 완성되면 곳 자리가 드러메는 형편으로……." 정세권,「暴騰하는 土地, 建物時勢, 千載一遇인 戰爭好景氣來!, 어떻게 하면 이판에 돈버을까」,『삼천리』1935. 11. 5. (성태원·송인호,「서울 삼청동35번지 도시한옥주거지 필지구획에 관한 연구」, 대한건축학회,『대한건축학회논문집(계획계)』제19권 9호(통권 제179호), 2003. 9, p.110에서 재인용).

9. 송인호,「북촌의 튼 ㅁ자형한옥의 유형연구」, 한국건축역사학회,『건축역사연구』제13권 제4호(통권 제40호), 2004. 12, p.136.

10. 염복규,「식민지 근대의 공간형성: 근대 서울의 도시계획과 도시공간의 형성, 변용, 확장」, 문화과학사,『문화과학』통권 제39호, 2004. 9, p.206.

11. "시내의 모퉁이를 돌아서면 당신은 미로 같은 굴로 뛰어드는 토끼처럼 느닷없이 난생 처음 보는 골목길에 접어들게 될 것이다. (중략) 운이 없다면 당신은 목적지에 도달하기 전에 몇 마일을 헤매다가 그곳에서 떨어진 엉뚱한 장소에 이르게 될 가능성도 있다. 골목길이 꼬불꼬불할 뿐더러 성벽 모퉁이의 막다른 골목길로 유인하는 수많은 샛길 때문에 당신은 두 배로 애를 먹다가 길을 잘못 들었다는 당혹감이 증가하면서 다른 출로를 찾게 된다. 왜냐하면 이 좁고 난마같이 얽힌 길에서는 별달리 뾰족한 방도가 없기 때문이다. 그 길은 흙속에서 자연스럽게 모습을 드러낸 버섯같이 생긴 오두막집 사이의 운 좋은 틈새처럼 나타난다." H. B. 드레이크, 신복룡·장우영 역주,『일제시대의 조선생활상(한말 외국인기록 23)』, 집문당, 2000, p.107.

12. 가회동 11, 31, 38번지는 자연발생적으로 형성된 필지 내에서도 비교적 반듯한 가구와 필지가 가지형 가로에 의해 접합되어 계획형 주거지로의 과도기 모습을 하고 있다. 먼저 전체 필지의 형태와 지형을 고려하면서 남북방향의 골목길을 계획하고 이를 중심

으로 필지를 분할한 것이다. 분할된 필지는 모양과 크기가 다양하지만 대체로 동서가 긴 형태다.
13. 박제성, 「북촌 도시한옥 주거지의 지형과 도시조직에 관한 연구: 가회동과 계동의 1930년대에 개발된 대형 필지를 중심으로」, 서울시립대학교대학원 석사학위논문, 2001, pp.36~38.
14. 성태원·송인호, 「서울 삼청동35번지 도시한옥주거지 필지구획에 관한 연구」, 대한건축학회, 『대한건축학회논문집(계획계)』 제19권 제9호(통권 제179호), 2003. 9, p.112.
15. 염복규에 따르면, 이 연구회는 "도시계획이라는 말을 앞세우고 있지만 전문가 단체라기보다 재경성 일본인 유산층의 이익 실현을 위한 단체로서 1920년대 몇 가지 도시문제 이슈를 가지고 활발하게 활동한 단체"라고 한다. 염복규, 앞의 글, p.204.
16. 이를 위해 경성부는 먼저 도시 전체를 구도심부, 용산구, 청량리구, 왕십리구, 한강리구, 마포구, 영등포구의 7개 구로 나누었다. 그러고는 구도심부의 경성부청 앞을 도로망 전체의 중심으로 하고 나머지 6개 교통구에 각각의 중심(부심)을 정하여 이를 기준으로 도로를 배치했다.
17. 경성부, 「경성도시계획조사서」, pp.259~270. (손정목, 『일제강점기 도시계획연구』, 일지사, 1990, p.151에서 재인용).
18. 박병주, 「주택지의 획지·가구의 계획적정규모 설정에 관한 연구」, 대한국토·도시계획학회, 『국토계획』 제21권 제1호(통권 제44호), 1986. 5, p.120.
19. 서울특별시 편, 『서울시도시계획연혁』, 서울특별시, 1977, p.6.
20. 현재 일본의 가구표준은 '가구의 단변 30~50m, 장변 120~180m'로 되어 있으나, 일제강점기 당시에는 단변 16~66m, 장변 120m였다.
21. 김성우·윤동근, 「서울 사대문내의 전통 도시한옥주거지에 있어서 근대적 변화의 초기성격」, 대한건축학회, 『대한건축학회논문집(계획계)』 제13권 제1호(통권 제99호), 1997. 1, pp.113~124, p.117.
22. 도시계획과 병행해 조선 시가지의 모습을 변모시키고 있던 것으로 전차 등 도시 교통시설의 발달을 들 수 있다. 1899년 운행을 시작한 전차의 도입은 특히 시가지의 외연적 확대를 가능케 했다. 1914년의 시가지 분포에는 시가지가 형성되어 있는 곳에는 모두 전차노선이 부설되어 있음을 알 수 있다. 예를 들어, 도시 밖에 형성된 가장 큰 시가지가 왕십리인데, 1914년 왕십리선이 신설되었고, 청량리선과 마포선·용산선 등의 운행지역은 노선을 따라 길게 시가지가 형성되어 있어 전차노선의 영향을 잘 반영하고

있다. 전차노선이 연결되지 않은 지역을 운행하는 버스의 도입도 시 외곽지역에서 주거지 형성을 가능케 하고 있었다.
23. 염복규, 「1930~40년대 경성시가지계획의 전개와 성격」, 서울대학교대학원 석사학위논문, 2001, pp.45~46.
24. 이 기법은 소위 작통법作統法에 따른 것으로, 가구 규모 결정의 최소단위가 사용되어 각 가구에서 일정하게 나타나는 것이다. 윤주항, 「1940~50년대 2층 목조상점의 건축적 특성에 관한 연구: 삼선동5가, 한강로1가, 2층 한옥상가를 중심으로」, 명지대학교 산업대학원 석사학위논문, 1998, p.21.
25. 김성우·윤동근, 앞의 글, p.117.
26. 송인호, 「근대도시의 집합한옥」, 『SPACE』 제430호, 공간사, 2003. 9, p.90.
27. 간선도로는 주主간선과 보조간선을 포괄하는 개념으로 지역 간을 연결하고 근린 주거 생활권의 외곽을 형성하는 도로다. 구획도로는 주거로의 진입차량 외에도 통과차량의 통행을 고려해 계획된 도로로서, 폭이 8m 이상이며 가구를 확정하고 택지와의 접근을 목적으로 한다. 접근로는 주거단지 가구의 구성에 이용되는 주도로이면서 획지로의 진입을 위해 계획되고 자동차로 접근할 수 있는 폭 4~8m의 도로로서 보차步車 혼용의 공도公道다. 진입로는 접근로에서 각 주호住戶에 이르는 세가로細街路로서 차량통행보다는 보행 접근을 위주로 조성된 4m 이하의 도로이며 보행 전용 및 부분주차의 도로 형태를 갖는 공도 또는 민간 소유의 사도다.
28. 이광노 외, 「조선주택영단의 주택지 및 주택에 관한 연구: 서울 문래동(구 도림정) 주택지를 중심으로」, 대한건축학회, 『대한건축학회 학술발표대회 논문집(계획계)』 제10권 제1호, 1990. 4, p.160.
29. 대한주택공사 편, 『대한주택공사30년사』, 대한주택공사, 1992.
30. 이완철, 「일제강점기에 형성된 영단주택의 변화 및 그 원인에 관한 연구: 상도동 영단주택의 주택지 및 주공간의 변화를 중심으로」, 한양대학교대학원 석사학위논문, 2000, p.62.
31. 정아선·최장순·최찬환, 「청량리 부흥주택의 특성 및 변화에 관한 연구」, 대한건축학회, 『대한건축학회논문집(계획계)』 제20권 제1호(통권 제183호), 2004. 1, p.125.
32. 정아선·최장순·최찬환, 앞의 글, p.124.
33. 750m×200m의 규모, 총면적 15만 2,000여m^2에 392세대로 구성되어 있다.
34. 7.5평형의 연립주택과 13, 15, 18평형의 1층 규모 단독주택이 조성되었다.

35. 전병권·김형우, 「도시 단독주거지 확장에 따른 주거단지변천 특성에 관한 연구」, 대한건축학회, 『대한건축학회논문집(계획계)』 제18권 제12호(통권 제170호), 2002. 12, pp.156~157.
36. 박기범, 「영동 시영주택의 단지 및 건축 계획적 특성에 관한 연구」, 대한건축학회, 『대한건축학회논문집(계획계)』 제23권 제1호(통권 제219호), 2007. 1, p.100.
37. 이숙임, 「서울시 거주지 공간분화에 관한 연구」, 이화여자대학교대학원 박사학위논문, 1987, pp.64~65.
38. 손세관·신진희, 「서울 주거지역내 주거블록의 공간구조에 관한 연구」, 대한건축학회, 『대한건축학회논문집(계획계)』 제19권 제4호(통권 제174호), 2003. 4, p.85.
39. 손세관·신진희, 앞의 글, p.87.

제2장

1. 『도선비기』道詵秘記에 "산이 드물면 높은 집을 세우고, 산이 많으면 낮은 집을 지어야 한다. 산이 많음은 양이고 적음은 음이며, 높은 집은 양이고 낮은 집은 음이다. 우리나라는 산이 많아서 만일 높은 집을 지으면 반드시 쇠퇴할 것이다"라고 했다. 김광언, 「조선시대 상류가옥과 풍수설」, 한국건축역사학회, 『한국건축역사학회 춘계학술발표대회 논문집』, 2004. 5, p.20.
2. 『산림경제』山林經濟에는 큰 나무를 대문 바로 앞에 세우거나 뜰 가운데 심으면 그 형국이 한곤閑困이 되어 재앙이 생긴다고 했다.
3. 이규목, 『한국의 도시경관: 우리 도시의 모습, 그 변천·이론·전망』, 열화당, 2002, pp.189~194.
4. 이해경·강경호, 「도시적 맥락에서 본 전통한옥의 공간구성 변화에 관한 연구」, 한국주거학회, 『한국주거학회논문집』 제18권 제4호, 2007. 8, p.74.
5. 이호열, 「주거사 연구: 한국 반가班家 연구의 성과와 과제」, 한국건축역사학회, 『한국건축역사학회 창립10주년기념 학술발표대회 자료집』, 2001. 6, p.11.
6. 임창복, 「서울지방 '근대한옥'의 공간분석 연구」, 성균관대학교과학기술연구소 편, 『성균관대학교 논문집(과학기술 편)』 제51집 제2호, 2000. 11, p.125.
7. 임창복, 앞의 글, p.135.

8. 이호열, 앞의 글. p.12.
9. 민재무가옥은 2002년에 원형을 유지하는 방향으로 보수되어 지금은 북촌을 소개하는 북촌문화센터로 사용되고 있다. 이 주택은 계동마님댁으로 더 잘 알려져 있다. (http://digitalhanyang.culturecontent.com). 여기서 계동마님은 이규숙을 말하는데, 그녀는 민형기의 며느리(외아들인 민경휘의 부인)로, 뿌리깊은나무의 민중자서전 시리즈 중 『이 '계동 마님'이 먹은 여든살: 반가 며느리 이규숙의 한평생』(1984)이라는 구술자료로 그 일생이 소개되면서 잘 알려져 있다.
10. 주남철, 「이조 말부터 1945년도까지의 한국의 주택변천」, 대한건축학회, 『건축(대한건축학회지)』 제14권 제38호, 1970. 12, p.13에서 재인용.
11. 전남일 외, 『한국 주거의 사회사』, 돌베개, 2008, pp.55~56 참조.
12. 문세이·홍승재, 「근대 부농가의 부엌공간특성에 관한 연구: 영·호남지방을 중심으로」, 대한건축학회, 『대한건축학회논문집』 제18권 제3호(통권 제161호), 2002. 3, p.72.
13. 홑집에서 겹집으로의 변화는 보 방향으로의 실폭 규모 증가다. 두 기둥 사이에 실이 하나 있으면 홑집, 여기에다 전면 혹은 후면에 기둥 절반 간격 이하의 기둥이 추가되어 툇간이 형성되면 툇집, 완전한 실이 두 간 이상이면 겹집이라 한다. 학자에 따라서는 툇집, 겹집을 증식의 정도에 따라 툇집, 겹집, 두줄백이집으로 세분하기도 한다.
14. 이강민, 「초기근대 전남지역 부농주거의 특성에 관한 연구」, 서울대학교대학원 석사학위논문, 2001, pp.9~12.
15. 김봉렬은, 근대 부농주거가 간의 분화·대형화를 통해 확장된 공간의 양을 얻었고, 가공화·장식화를 통해 질을 획득하여 근대화에 대한 욕구를 실현했음에도 근대 주거건축에 주도적 영향을 미치지 못한 한계를 갖는다고 했다. 근대 부농주택이 많은 발전적 내용, 근대지향적 요소들에도 불구하고 그 이중적 세계관, 형식과 내용의 갈등, 봉건성과 근대지향성의 동시추구 등 대립적 구도를 통일시키지 못했기 때문이라 해석했다. 김봉렬, 「조선후기 한옥변천에 관한 연구」, 서울대학교대학원 석사학위논문, 1982, p.40, 99, 104.
16. 이강민, 앞의 글, p.68.
17. 문세이·홍승재, 앞의 글, pp.74~77.
18. 전봉희, 「전남 보성지역의 凹자형 주거에 관한 연구」, 대한건축학회, 『대한건축학회논문집(계획계)』 제14권 제8호(통권 제118호), 1998. 8, p.165 참조.

19. 이러한 내·외 구분은 기존의 남녀 구분을 기본으로 하지만 직계가족 중심의 생활을 보호하는 측면과 외부인의 존재를 의식하는 측면을 동시에 포함하는 확대적인 근대적 의미를 내포하고 있다. 이강민, 앞의 글, p.109.
20. 이호열, 앞의 글, p.12.
21. 유은미·홍승재, 「함라마을 부농주거의 건축특성 연구」, 한국주거학회, 『한국주거학회논문집』 제17권 제6호, 2006. 12, p.105.
22. 송인호, 「도시형 한옥의 유형 연구: 1930년~1960년의 서울을 중심으로」, 서울대학교 대학원 박사학위논문, 1990, pp.91~92.
23. 송인호, 「북촌의 튼ㅁ자형 한옥」, 한국건축역사학회, 『한국건축역사학회 춘계학술발표대회 논문집』, 2004. 5, p.82.
24. 이수화, 「우리나라 중정형 주택의 공간구성적 특성에 관한 유형학적 연구: 60년대 이후의 건축가에 의한 중정형 주택을 중심으로」, 중앙대학교대학원 석사학위논문, 1998, p75.
25. 송인호, 앞의 글, p.78.
26. 유재우·조성기, 「근대화 과정에 나타난 도시주택 평면형의 변화특성과 '토착화'에 관한 연구」, 대한건축학회, 『대한건축학회논문집(계획계)』 제18권 제7호(통권 제165호), 2002. 7, p.61.
27. ㄷ자형 도시한옥은 완전ㄷ자형과 불완전ㄷ자형으로 나뉠 수 있다. 완전ㄷ자형은 ㄱ자형 안채와 一자형 문간채가 붙어 있는 것으로 지붕도 이어져 있다. 반면, 불완전ㄷ자형은 안채와 문간채가 분리되어 있으며 지붕도 분화된다. 면적이 작은 필지에서는 문간채가 없는 경우도 있다.
28. 김성우·윤동근, 「서울 사대문내의 전통 도시한옥주거지에 있어서 근대적 변화의 초기 성격」, 『대한건축학회논문집(계획계)』 제13권 1호, 1997. 1, p.119.
29. 서울시에서 2001년 발표한 자료에 따르면, 현재 남아 있는 도시한옥 가운데 ㄱ자형이 19%, ㄷ자형과 ㅁ자형이 70%, 나머지가 11%로 나타나고 있다.
30. 도시한옥의 지붕은 1922년부터 불연재를 쓰도록 한 규정이 나오면서 모두 기와지붕으로 바뀌었다. 1920년대 후반기부터 1930년대까지의 한옥은 재료의 변화도 상당해 주택의 내용과 외관이 상당히 달라졌는데, 이러한 한옥을 개량한옥이라고도 불렀다. 새로운 건축재료인 벽돌·유리·함석이 쓰였고, 이러한 재료들은 기존의 주택 외관을 달라지게 했다. 함석이 저렴하게 공급되면서 낙수받이와 처마홈통을 달게 되었고, 함석

을 사용하게 되면서 지붕물매의 방향이 자유스러워져 추녀 끝을 하늘로 추켜올릴 수 있었다. 또한 중상류계층의 주거가 가지고 있던 5량樑지붕틀 구조가 서민주택에 사용되고 부연附椽/婦椽도 달기 시작했는데, 이런 집들은 값이 나가는 집이라 하여 주로 양반집을 동경하는 중류층에 인기가 많았다. 유리의 대량공급이 가능해진 것도 한옥에 변화를 가져왔다. 안방과 마루와 건넌방을 연결하는 긴 복도 전면에 유리창을 사용하여 여름철에만 사용하던 대청을 사시사철 하나의 실로서 사용할 수 있게 되었다. 또한 벽돌을 사용할 수 있게 되면서 마루 밑을 막아 쥐의 출입을 막을 수 있었으며, 굴뚝은 물론이고 외부를 장식하는 데까지 벽돌을 다양하게 사용했다. 후기에 지어진 개량한옥에는 벽돌 대신 타일을 마감재로 사용하기도 했고 페인트와 니스의 사용도 보편화되는 추세였다.

31. 송인호, 앞의 글, p.81.
32. 성태원·송인호, 「서울 삼청동35번지 도시한옥주거지 필지구획에 관한 연구」, 대한건축학회, 『대한건축학회논문집(계획계)』 제19권 제9호(통권 제179호), 2003. 9, pp.109~117.
33. 같은 도시형 한옥일지라도 가회동과 계동에서 볼 수 있는 도시한옥의 배치에는 차이가 있다. 그 차이는 이러한 도시적 조건과 주거단위의 내부공간 형성의 조건 이외에 지형적 조건의 영향에서 비롯된 것이다. 가회동은 필지의 규모가 크고 남북방향의 진입로가 발생하게 되어 도시한옥은 남쪽을 바라보고 마당이 열린다. 이와 달리 계동은 개발필지의 규모가 작고 지형의 특성상 동서방향으로 진입로가 놓이게 된다. 따라서 진입은 남북을 취하고 마당은 동쪽으로 열리게 된다. 박제성·송인호, 「가회동과 계동 도시한옥 주거지의 도시조직 연구」, 대한건축학회, 『대한건축학회 춘계학술발표대회논문집(계획계)』 제21권 제1호, 2001, p.4.
34. 임창복, 「도시형 한옥과 도시주거문화」, 대한건축학회, 『건축(대한건축학회지)』 제35권 제2호(통권 제159호), 1991. 3, pp.58~60.
35. 관수동 53번지 일대는 예부터 갓 만드는 공방과 갓공방에 재료를 공급해 주는 재료상이 즐비해 있어 갓전골이라 불렸다.
36. http://digitalhanyang.culturecontent.com/
37. 윤주항, 「1940~50년대 2층 목조상점의 건축적 특성에 관한 연구: 삼선동5가, 한강로1가, 2층 한옥상가를 중심으로」, 명지대학교대학원 석사학위논문, 1998, p.15.
38. 김성욱, 「1920~50년대 서울지역 상점건축의 특성에 관한 실증적 연구」, 명지대학교

대학원 석사학위논문, 1998, p.24.

39. 양상호, 「2층 한옥상가에 관한 사적 연구: 20세기 전반기의 서울지역을 중심으로」, 명지대학교대학원 석사학위논문, 1985, p.51.
40. 문정기·송인호, 「삼선동5가 이층한옥상가에 대한 조사연구」, 대한건축학회, 『대한건축학회 학술발표대회 논문집(계획계)』 제23권 제1호, 2003. 4, p.424.
41. 양상호, 앞의 글, p.54.
42. 김영자 편역, 『서울, 제2의 고향: 유럽인의 눈에 비친 100년 전 서울』, 서울시립대학교 부설 서울학연구소, 1994, p.88.
43. 1960년 서울의 주택사정 관련 통계에서 이를 확인할 수 있다. 이해를 돕기 위해 단독주택의 경우도 함께 제시해 보면 다음과 같다. 당시 서울의 총주택 수는 22만 3,000여 호였다. 대한주택영단 편, 「집계에 나타난 서울의 주택실태」, 『주택』 제5호, 1960, pp.34~35에서 재구성.

집계에 나타난 서울의 주택실태

분류	호수(호)	전체호수 대비 비율(%)	주택의 성격
현대식	20,038	8.9	서구식 문화주택
한식 개와집	108,331	48.5	전통한옥. 그러나 노후화된 것도 상당 포함
한식초가	17,594	7.9	일제강점기부터 초가는 더 이상 지어지지 않았음. 이 통계는 고양군에서 편입된 농촌주택임
귀재歸財주택	16,523	7.4	일본인들의 주택을 해방 후 일반인에게 불하한 주택
한양식韓洋式	11,538	5.2	대규모 고급주택으로, 한옥과 양옥을 절충해 증축한 주택
연립식	6,500	2.9	일본식 나가야長屋로, 해방 이전 노무자를 위한 숙소 또는 이후 정부의 난민정착사업으로 건설한 주택
아파트	264	0.1	건물의 구조와 외형을 아파트 형식으로 갖춘 주택
점포겸용주택	4,935	2.2	서울의 간선도로변을 정비하면서 건축한 상가주택
판잣집	20,870	9.3	도심에까지 침투한 난민주택
천막집	10,537	4.7	판잣집보다 열악한 난민주택
토굴	1,688	0.8	방공호가 주거로 전용된 상태
걸인숙소	5,440	2.4	다리 밑, 또는 전쟁 후 파괴된 건물에 기숙寄宿하는 수

44. 이는 건폐율이 55%라는 것을 의미한다.
45. 주남철, 앞의 글, p.15에서 재인용.
46. 임창복, 앞의 글, p.61.
47. 김영수,「돈암지구(1940~1960) 도시한옥 주거지의 도시조직」, 서울시립대학교부설 서울학연구소,『서울학연구』제22호, 2004. 3, p.184 참조.
48. 김영수, 앞의 글, p.180.
49. 서울시립대학교 편,「서울의 도시한옥주거지」,『'서울의 도시한옥 주거지 유형과 현황' 보고서』, 서울시립대학교, 2003, pp.167~169.
50. 1961년 시작된 군사혁명정부는 시역市域을 대대적으로 확장하고 1941년 이후 방치되었던 미시행 토지구획정리사업지구에 대한 본격적인 구획정리사업을 시작했는데, 용두지구는 그중 대표적인 지역이다. 송동준·정무웅,「도시형 한옥의 지속과 변화에 관한 연구: 1950년대 서울시 마포구 개량한옥을 중심으로」, 대한건축학회,『대한건축학회 제4회 춘계 우수졸업논문전 수상논문 개요집』제4권 제1호, 2008. 4, p.172.
51. 유영희,「근대화 과정에서 전통한옥 주거양식의 변화과정: 1930년대 이후 서울에 건축된 도시(개량)한옥을 중심으로」, 서울시립대학교부설 서울학연구소,『서울학연구』제7호, 1996. 10, p.142.
52. 유영희, 앞의 글, pp.140~141.

제3장

1. 송인호,「근대도시의 집합한옥」,『SPACE』제430호, 공간사, 2003. 9, p.90.
2. 구체적인 내용을 몇 가지 살펴보면, 다음과 같다.
   ① 주택면적과 건축면적: 집중식集中式 평면의 채택과, 건폐율建蔽率 4할의 적용
   ② 각 실의 배정: 'ㄴ, 구형矩形 평면의 채택과 주거부분과 종속부분의 분리
   ③ 각 실의 방향: 주거부분은 동·남향, 종속부분은 북·서향
   ④ 행랑: 폐지
   ⑤ 반침: 설치, 다락: 폐지
   ⑥ 장독대: 최소화, 부엌 가까이에 배치
   ⑦ 변소: 현관 부근에 배치

⑧ 문지방: 미닫이는 없애고 여닫이 하나 정도 설치
3. 유재우는 한옥의 이러한 과도기적 변형 방식을 '면적 방법'과 '선적 방법'으로 분류했다. 유재우, 「광복전후 우리나라 단독주택의 변화특성 연구: 1920년대~1960년대, 개선주택안·주택현상공모안·공영주택을 중심으로」, 대한건축학회, 『대한건축학회논문집(계획계)』 제20권 제10호(통권 제192호), 2004. 10.
4. 대한주택공사·서울대학교공과대학주택문제연구회, 『전국주택실태조사: 제1차 서울지구 집계결과』, 대한주택공사, 1962. 1, p.32.
5. 박춘식, 「'50년대' 이후 단독주택의 변천에 관한 연구: 서울지역 서민주택을 중심으로」, 홍익대학교대학원 석사학위논문, 1986, p.18.
6. 전봉희·권용찬, 「원형적 공간요소로 본 한국주택 평면형식의 통시적 고찰」, 대한건축학회, 『대한건축학회논문집(계획계)』 제24권 제7호(통권 제237호), 2008. 7, p.184, 186.
7. 조사연구에 따르면, 이러한 평면이 1954년부터 1978년까지 관영, 민영 표준형 주택 도면 중 46%를 차지한다. 유재우·조성기, 「광복이후 '도시형 표준주택'의 평면 특성과 그 영향」, 대한건축학회, 『대한건축학회논문집』 제17권 제12호(통권 제158호), 2001. 12, p.78.
8. 한국전쟁 후 1950년대 후반부터 1960년대, 미국국제협조처 International Corporation Administration가 융자한 자금으로 지어진 공영주택.
9. 유재우·조성기, 앞의 글, pp.85~86.
10. 유영희, 「근대화 과정에서 전통한옥 주거양식의 변화과정: 1930년대 이후 서울에 건축된 도시(개량)한옥을 중심으로」, 서울시립대학교부설 서울학연구소, 『서울학연구』 제7호, 1996. 10, p.152.
11. 가구당 인원수는 1960년 5.71명 이후 1970년 5.37명, 1980년 4.76명으로 급격히 감소한다. 1970년 핵가족 가구 수는 87.2%에 이르러 놀라운 핵가족화를 보인다.
12. 1960년대의 재래식 온돌 형식은 1974년을 기점으로 보일러 형식으로 바뀌며, 1978년 이후에는 보일러가 주종을 이룬다.
13. 유영희, 앞의 글, p.153.
14. 조용훈, 「한국 도시주택의 변천에 대한 연구: 60년이후 서울시에 지어진 민간업자주택을 중심으로」, 서울대학교대학원 석사학위논문, 1984, pp.78~83.
15. 1985년 한국인의 주거의식 조사에 따르면, 남녀별로 거실이 45%(남자), 부엌이 44.5%(여자)로 가장 관심이 높은 것으로 나타나며, 반드시 필요한 장소로서는 거실이

1위(63.7%)를 차지하고 있다. 주택문화사 편, 「한국인의 주거의식, 주거문화와 생활패턴」, 『현대주택』, 주택문화사, 1985. 11. p.45.

16. 1960년대부터 1990년대까지 서울시에 지어진 단독주택 34건을 분석한 결과는 용적률과 건폐율의 지속적인 증가현상을 보여주고 있다. 이성만, 「한국 도시주택의 변천에 관한 연구: 60년이후 서울시에 지어진 민간업자주택을 중심으로」, 한양대학교산업대학원 석사학위논문, 1996, p.17.

시대별 평균 건폐율·용적률

	1960년대	1970년대	1980년대	1990년대
건폐율	47.41%	48.47%	45.48%	55.45%
용적률	65.70%	72.65%	90.09%	102.89%

17. 조준범·최찬환, 「필지분합을 통해 본 서울 북촌 도시조직의 변화 연구」, 대한건축학회, 『대한건축학회논문집(계획계)』 제19권 제2호(통권 제172호), 2003. 2, p.131.

18. 조용훈, 앞의 글, p.95.

19. 다가구주택은 단독주택으로부터 출발한 것이기 때문에 도입 초기에는 다세대 거주 단독주택으로 불렸다. 이것이 법제화되면서 다세대주택은 공동주택을 지칭하게 되었다.

20. 김명숙, 「다세대주택의 거주자실태 및 주거의식분석에 관한 연구」, 한양대학교대학원 석사학위논문, 1988, p.35.

21. 김선필, 「한국 소형주택의 공간구성에 관한 연구: 다세대주택 거주자들의 주생활행위를 중심으로」, 단국대학교대학원 석사학위논문, 1990, p.25.

22. 조용훈, 앞의 글, p.80.

23. 다가구주택은 저소득층의 전·월세 가구의 주거안정 및 주택공급 차원에서 1990년 2월에 단독주택의 유형으로 도입되었다. 주택건설촉진법상 단독주택으로 분류되며 660m^2 이내, 3층 이하로 지어진다. 다세대주택은 주택건설촉진법상 공동주택으로 분류되며 분양을 할 수 있는 주택이다. 660m^2 이내, 4층 이하로 지어지고 2세대 이상 19세대 이하로 이루어지며, 별도의 출입구와 부엌·화장실이 있으며, 다가구주택보다 세대 간 건축기준이 좀더 강화되어 있다.

24. 이는 방의 크기를 고려하지 않고 방의 개수를 늘리는 것을 선호하는 것에서 비롯된다. 따라서 1인실 기준 6.6m^2(2평) 이하의 실들이 상당 경우 발생하게 된다. 이것을 방지

하기 위해 한국주택은행의 융자기준에서 제한한 실 크기 제한은 단변의 길이 제한으로, 초기에는 2.4m, 1990년 이후에는 2.1m였다. 한 조사에 따르면, 총 41개 연립형 다세대주택 중에서 면적 6.6m² 미만으로 단변의 길이 2.1m 이상 2.4m 이하 실을 지닌 사례가 29호로 나타나고 있다. 김영택, 「다세대주택의 건축특성에 관한 연구: 망원동 지역의 사례조사를 중심으로」, 서울대학교대학원 석사학위논문, 1995, p.77.

제4장

1. 강영환, 『집의 사회사』, 웅진출판, 1992, pp.129~136.
2. 1916년 본격적인 건축교육을 실시한 경성공업전문학교는 1920년대 이후 활동하게 되는 한국인 고급 건축기술인들을 배출하는 모체가 되었다. 1925년 경성고등공업학교로 개칭되면서 건축사, 건축계획, 설계, 제도 및 실습, 건축재료, 건축구조, 응용역학, 일반구조 등 기술 위주의 교육을 실시하기 시작했다.
3. 한 주거문화의 변화과정을 보면 근대나 외래 주거 문화가 급진적으로 수용되는 초기의 이식단계와 우리의 것으로 재해석해 가는 토착화단계로 나눌 수 있는데, 이식단계는 주로 표면의 선구자들의 주도로 진행되고, 토착화단계에서는 주도적 집단과 민중 간의 상호작용과 조정을 거치면서 정착하게 된다. 유재우, 「광복전후 우리나라 단독주택의 변화특성 연구: 1920년대~1960년대, 개선주택안·주택현상공모안·공영주택을 중심으로」, 대한건축학회, 『대한건축학회논문집(계획계)』 제20권 제10호(통권 제192호), 2004. 10, pp.59~66.
4. 박길룡은 1898년생으로 1919년 경성공업전문학교를 졸업했다. 그는 한국의 근대 주거 도입기에 다방면으로 기여했다. 실무에서 활발히 활동하며 여러 작품을 남긴 건축가임과 동시에 활발한 저술활동으로 주택개량에 대한 견해를 피력했던 저술가였으며, 과학운동에 관여해 생활의 과학화를 전파하는 이론가였고, 여러 지역의 민가를 연구한 연구자이기도 했다. 우동선, 「과학운동과의 관련으로 본 박길룡의 주택개량론」, 대한건축학회, 『대한건축학회논문집(계획계)』 제17권 제5호(통권 제151호), 2001. 5, p.84.
5. 임창복, 「일제시대 한국인 건축가에 의한 주거근대화에 관한 연구」, 대한건축학회, 『대한건축학회논문집(계획계)』 제7권 제5호(통권 제37호), 1991. 10, p.144.
6. 박길룡의 자비출판 저서인 『재래식 주가개선에 대하여』에 실렸다. 이 저서는 제1편

(1936, 출판사 미상), 제2편(1937, 문이당) 등 두 권이 알려져 있다.

7. 우동선, 앞의 글, pp.85~86.
8. 김명선·이정우, 「'중부지방가구법'에 대한 박길룡의 평가와 개량안: 중부조선지방주가에 대한 고찰을 중심으로」, 대한건축학회, 『대한건축학회논문집(계획계)』 제19권 제7호 (통권 제177호), 2003. 7, p.168.
9. 예외적인 사례로 김연수주택은 집중식과 중정식이 결합된 형식이다.
10. 김명선·이정우, 앞의 글, p.168.
11. "氏의 건축사무소가 설계하는 주택은 3일에 한 채 지어지고 있다고 말해질 정도로 극히 번성하고 있다"라는 설명이 말해주듯이, 박길룡은 당시 가장 영향력 있는 건축가의 한 사람이었다. 우동선, 앞의 글, p.82.
12. 서귀숙, 「일제강점기 『朝鮮と建築』 권두그림에 게재된 조선인 개인주택에 대한 고찰」, 한국주거학회, 『한국주거학회논문집』 제15권 제4호, 2004. 8, p.79.
13. 김연수는, 동아일보의 사주로 해방 후 부통령을 지낸 김성수의 동생으로 1921년 교토제국대학 경제학부를 졸업한 후 경성방직, 삼양사, 조선신탁 등 다수의 기업대표를 지냈고, 조선공업협회 부회장과 일제강점 말기 각종 친일단체의 임원을 지낸 한국인 자본가다. 안성호·김순일, 「1930년대 한국근대주택에 나타난 속복도형 일식주택의 영향: 한국인 건축가의 주택개량안과 『朝鮮と建築』에 수록된 주택평면을 중심으로」, 한국건축역사학회, 『건축역사연구』 제6권 제2호(통권 제12호), 1997. 6, p.32.
14. 김용범, 「한국 도시주거의 변천과정에서 나타난 주거사상의 변화에 관한 연구」, 한양대학교대학원 석사학위논문, 2001, p.21.
15. 정이양, 「근대기의 한국인에 의한 2층주택의 발전과정에 관한 연구」, 성균관대학교대학원 석사학위논문, 2003, p.53.
16. 1957년 한국산업은행 산하에 조직된 ICA(International Cooperation Adminstration) 기술실은 주택문제 해결에 큰 역할을 한 곳으로, 엄덕문·안영배·김중업 등 후일 한국건축계를 이끌어갈 젊은 건축가들이 모여 주택건축에 관한 여러 기획실험을 하면서 한국 현대건축의 산실 역할을 했다. 「좌담 1: 한국 현대건축의 회상」, 『공간』 제16권 제12호, 공간사, 1981. 12, p.14.
17. 완전한 서양식 주택으로 대표적인 것은 장태환 설계의 오정섭주택(1956)을 들 수 있다. 현관을 들어서면 양쪽에 온돌방이 있고, 그 반층 아래에 거실과 식당·부엌이, 반층 위에는 안방과 응접실이 배치되어 엇바닥 평면skip floor을 구성했다. 식당은 거실과

개방되어 있는데, 온돌의 좌식과 입식의 겸용으로 거실과는 45cm 정도의 단차를 두었다. 가장 큰 방을 상부층에 배치하며 사적 공간들을 2층에 분리시킨 것인데, 안방이란 명칭 대신 베드룸이라 했으며 여기에 드로잉룸drawing room까지 딸려 계획했다.

18. 1955년 6월 창간된 대한건축학회지인 『건축』지에는 발행 초기 호에 전후 초창기 건축가들의 주택이 몇몇 소개되어 전쟁 후 새로운 주택들의 모습을 볼 수 있는 중요한 자료를 제공하고 있다.

19. 「좌담 1: 한국 현대건축의 회상」, 앞의 책, p.13.

20. 안영배는 서울대학교 공과대학을 졸업하고 1955년 종합건축사사무소를 거쳐 1958년부터 한국산업은행 ICA기술실에 근무했고, 이후 지속적인 건축활동을 통해 후대의 주택설계에 많은 영향을 미쳤다. 1960년대 초 활동 초기에 주택설계에 큰 관심을 갖고 1964년 『새로운 주택』이라는 편저를 내기도 했는데, 여기에 자신이 설계한 여러 작품을 소개했다.

21. 건축가주택의 평면 형상形狀 경향을 파악한 연구에 따르면, 1970년대에는 '가로 방향 장방형'이 조사대상 전체의 36%에 달했다. 손세관·전경화, 「평면의 형상으로 바라본 우리나라 단독주택의 공간구성적 특성에 관한 유형학적 연구」, 대한건축학회, 『대한건축학회논문집(계획계)』 제14권 제3호(통권 제113호), 1998. 3, p.38.

22. 이 시기의 외국유학파 건축인으로는 프랑스에 유학했던 김중업, 한미재단의 후원으로 한국부흥주택 설계를 위해 미국에 유학했던 이광노, 이건영, 이수영, 김태엽, 강정구, ICA 후원으로 미국 미네소타대학원에서 수학했던 김정수, 윤정섭, 김희춘 등이 있다. 윤아원, 「1960년 이후 작가주택의 유형변화와 특성연구」, 부산대학교대학원 석사학위논문, 2005, p.22.

23. 손세관·전경화, 앞의 글, p.39.

24. 이호정, 「주거 문화적 측면에서 본 한국 근현대 주거건축의 문화적 변이에 관한 연구: 작품주택의 평면구성을 중심으로」, 인하대학교대학원 박사학위논문, 2002, pp.130~131.

25. 김중업은 일본에서, 당시 프랑스의 근대건축을 공부하고 돌아온 나카무라 준페이中村順平에게 수학했다. 그는 해방 후 프랑스에 유학해 르코르뷔지에Le Corbusier 문하에서 수년간 수학하면서 그로부터 근대건축에 관한 많은 기법들을 배우게 된다. 홍승조, 「김중업 건축에서의 지역주의적 표현기법에 관한 연구」, 경기대학교대학원 석사학위논문, 2000, p.34.

26. 정인하, 『김중업 건축론: 시적 울림의 세계』, 산업도서출판공사, 1998, pp.160~161.
27. 작가는 도심의 숲속 경사진 대지에 "우주 속에 소우주를 담는 기분"으로 설계했다고 한다. 이 주택은 현재는 개조되어 한국미술관으로 사용되고 있다. 건축세계 편, 『Pro Architect: 세계건축가, 김중업 편』, 건축세계, 1997, p.164.
28. 김중업은 1971년 한국을 떠나 프랑스와 미국에서 작품활동을 한 후 1978년 다시 귀국하게 된다. 이 시기에는 김중업의 스케치를 기반으로 사무실 직원들이 설계한 홍명조 주택 외에는 김중업의 주택작품이 설계되지 못해 공백기를 갖게 된다.
29. 그는 "1979년은 나에게 창작의욕이 복받친 한 해였다. 오랜만에 하고 싶은 작업을 마음껏 할 수 있다는 즐거움이 나를 감쌌다"라고 표현했다. 건축세계 편, 『Pro Architect: 세계건축가, 김중업 편』, 건축세계, 1997, p.86.
30. 1층은 현관을 중심으로 거실영역과 식당, 부엌, 자녀실 영역으로 나뉘어 있고, 거실 상부에 위치한 2층공간은 부부중심의 영역이다. 이 주택은 연면적이 약 561m²으로 상당히 대규모이고, 자유로운 공간을 구성하고 있는데, 규모에서 오는 여유로 인해 기능성과 합리성에 대한 고려는 그다지 절실하지 않은 것처럼 보인다. 모든 가구는 빌트인 맞춤형으로 건축가의 특별한 미적 감흥에 걸맞게 제작·배치되었다.
31. 이승헌, 「김수근과 김중업 건축의 지역성구현에 관한 비교연구」, 한국건축역사학회, 『건축역사연구』제13권 제3호(통권 제39호), 2004. 9, p.44.
32. 그는 1950년 서울대학교 건축학과에 입학했는데, 한국전쟁으로 학업을 중단하게 된 이후 일본으로 건너가 도쿄예대 건축과에 입학해 자신의 건축인생에 큰 영향을 미친 요시무라 준조吉村順三 밑에서 수학했다. 김수근은 1960년 국회의사당 현상설계가 당선되면서 귀국한 후 건축사무소를 개설했고, 이후 30여 년간 한국 건축계에서 활발히 활동하며 후학에 많은 영향을 미쳤다.
33. 김수근은 일본에서 건축공부를 하면서 한국의 전통건축에서 존재하는 근대건축의 기본 원리들을 추출해 내고, 나아가 "지역성을 탈피한 사고의 보편화"를 통해 새로운 근대건축의 창조를 주장한 단게 겐조丹下健三를 건축적 이상으로 삼았다. 정인하, 「단게 겐죠와 요시무라 준조 그리고 김수근의 전통론 비교」, 대한건축학회, 『대한건축학회논문집』제11권 제7호(통권 제85호), 1995. 7, p.33.
34. 이승헌, 앞의 글, p.37.
35. 강윤식·이동언, 「김수근 건축에 나타난 복합적 영향관계: 헤롤드 블룸의 "영향이론"을 바탕으로」, 『대한건축학회논문집(계획계)』제20권 제7호(통권 제189호), 2004. 7,

p.174.

36. 정인하, 앞의 글, p.35.
37. 정인하, 앞의 글, p.37.
38. 김수근이 전통건축에서 추출해 낸 특징은 ① 건축과 자연의 조화, ② 특이한 외부공간의 특징과 형태와 공간이 갖는 휴먼 스케일, ③ 그 질박하게 표현되는 건물의 텍스처다. 정인하, 앞의 글, p.37.
39. 황일인, 「특집: 5개의 주택―생활의 틀, 재조직되는 공간: 부산 P씨택」, 『공간』 제11권 제2호, 공간사, 1976. 2, p.27.
40. 김원, 「특집: 5개의 주택―생활의 틀, 재조직되는 공간: 생활조직과 공간조직」, 『공간』 제11권 제2호, 공간사, 1976. 2, pp.8~9.
41. 윤승중, 「한국주택건축의 실상: 1970년대 주택건축양식」, 대한건축사협회, 『건축사』 통권 제150호, 1981. 9, p.38.
42. 「좌담 1: 한국 현대건축의 회상」, 앞의 책, p.17.
43. 김경수·김원·문신규·조성용, 「건축좌담: 작가주택과 주거문화―1960년대 후반부터 현재까지」, 『공간』 제24권 제12호, 공간사, 1989. 12, p.94.
44. 류춘수·민현식·안용식, 「작품노트: 전통주거의 이미지를 구현한 전원주택」, 『공간』 제21권 제10호, 공간사, 1986. 12, pp.127~133.
45. 이러한 작품들은 1980년대 강남시대를 맞아 더욱 유행을 타게 되었다. 신흥 부자들은 강남지역에 토지구획사업이 대대적으로 시행되면서 생겨난 단독주택지에 둥지를 틀었으며, 이들이 새로운 주택설계 수요자로 부상해 이른바 '졸부계층'을 형성한 것이다. 따라서 1980년대 건축가가 설계한 많은 단독주택들은 집장사집에서 단지 규모가 커지고, 외부 마감재가 고급화된 형태에서 벗어나지 못했다. 이러한 디자인 기법들은 결국 일반 군소 건설업자, 즉 집장사와 같은 하위의 건축에 단계적으로 전수되어 일관된 표현수단으로 토착화되었다.
46. 이호정, 앞의 글, pp.130~131.
47. 포스트모더니즘적 형태는 역사적 모티브를 인용하거나 장식적 모티브를 강조하는 방식으로도 이루어지는데, 특히 주택 외관에서의 한국성을 모색하는 과정에서 포스트모더니즘이 단편적으로 수용된 것으로 이해할 수 있다. 신경화, 「1990년대 이후 우리나라 작품주택에 나타난 전통성의 현대적 구현에 관한 연구」, 중앙대학교대학원 석사학위논문, 2003, p.13.

48. 김기석, 「서교동 오씨댁」, 『플러스』 통권 제1호, 플러스사, 1987. 5, p.97.

49. 조성룡, 「이달의 주택: 합정동 주택」, 『건축문화』 통권 제81호, 건축문화사, 1988. 2, p.24.

50. 조성룡, 「청담동 주택」, 『플러스』 통권 제22호, 플러스사, 1989. 2, p.76.

51. 최혜진, 「한국 건축가에 의한 단독주택 형태구성에 관한 유형학적 연구」, 중앙대학교 대학원 석사학위논문, 1996, pp.108~109.

52. 전경화, 「우리나라 작품주택의 공간구성적 특성 및 그 변화에 관한 유형학적 연구」, 중앙대학교대학원 석사학위논문, 1997, p.58.

53. 전경화, 앞의 글, p.57.

54. 전경화, 앞의 글, p.77.

55. 「1990~91년 한국 주거건축의 경향」, 『한국건축연감 1』, 플러스사, 1992. 12.

56. 신경화, 앞의 글, p.109.

57. 승효상은 "흙마당과 마루마당, 장독이 있는 뒷마당, 그리고 윗마당 등으로 구성된 이 공간은 서로의 구획을 넘나들며, 때로는 정원으로, 때로는 거실로, 때로는 전시장으로, 때로는 잔칫집 마당으로, 때로는 오브제로, 때로는 공허로, 때로는 침묵으로 다가올 것이다. 돌담, 흰 마루, 흰 벽, 한 그루의 나무…… '빈자의 미학'을 이야기하는 좋은 요소가 된다"라고 한다. 또한 그는 '가난함은 정신적 피폐와 물질문명에 대한 가난이며, 그 가난은 영적으로 가득 차 있는 것'이라고 말한다. 승효상, 「빈자의 미학」, 『건축과환경』 통권 제101호, 건축과환경, 1993. pp.86~89.

58. 승효상, 「수졸당」, 『건축문화』 통권 제146호, 건축문화사, 1993. 7, pp.100~110.

59. 김인철, 「분당 전람회단지 단독주택」, 『家-Housing I』, 건축세계, 2003, p.78.

60. 건축가는, 현대사회의 문명의 발달과 기계적·인위적 환경이 자연과 동떨어진 허구에 불과한 것이라는 전제하에 '무위'란 것을 자연과 인간과 건축의 관계를 설정할 때 쓰일 수 있는 개념으로 인식하였다.

61. 우경국은 이 주택에 대해 "이 주택에서는 영역을 설정하기 위해 경계를 해체하고, 자연과 공생하기 위해 담으로 막고, 빛을 만들기 위해 어두움을 만들고, 명확히 하기 위해 혼동시키고, 대상과의 관계를 명확히 하기 위해 시각을 왜곡시키고, 삶을 역동적으로 만들기 위해 느슨한 동선체계를 만들고, 보기 위해 막고, 막기 위해 트이고, 전체가 부분이고 부분이 전체이고, 하늘이 물이고, 물이 하늘이 된다. 이는 로고스 중심의 서구사상에 의한 건축의 명료성으로부터 벗어나기 위한 하나의 몸짓이다"라고 말한다.

우경국, 「평심정」, 『CA-현대건축』, 현대건축사, 2000, pp.103~105.

제5장

1. 최찬환, 「한국의 농촌과 도시주거양식의 비교연구」, 연세대학교대학원 박사학위논문, 1987, p.19~20.
2. 조용훈, 「한국 도시주택의 변천에 대한 연구: 60년이후 서울시에 지어진 민간업자주택을 중심으로」, 서울대학교대학원 석사학위논문, 1984, p.44.
3. 박철진·전봉희, 「1930년대 경성부 도시형한옥의 사회·경제적 배경과 평면계획의 특성」, 대한건축학회, 『대한건축학회논문집(계획계)』 제18권 제7호(통권 제165호), 2002. 7, pp.100~101.
4. 김주야, 「일본강점기의 건축단체 조선건축회의 관련지 『조선과건축』과 주택개량운동에 관한 연구」, 경도공예섬유대학 박사학위논문, 1998, pp.89~91.
5. 유재우, 「광복전후 우리나라 단독주택의 변화특성 연구: 1920년대~1960년대, 개선주택안·주택현상공모안·공영주택을 중심으로」, 대한건축학회, 『대한건축학회논문집(계획계)』 제20권 제10호(통권 제192호), 2004. 10, p.63.
6. 안채의 부엌 전면에 욕실을 ㄱ자형으로 붙여 내부화장실을 첨가한 제1안이다.
7. 제7안으로 전면부분에 3개 온돌방을 두고, 배면부분의 복도 양쪽 끝에 위생공간과 서비스공간을 둔 ㄷ자형이다.
8. 당시 경성을 비롯한 19개 도시의 주택부족이 심각해지는 상황에서 부족한 주택을 6만 호라고 보고, 그중 3분의 1인 2만 호를 1941년부터 1945년 6월 말까지 4년 동안 건설하기 위한 계획이었다. 19개 도시로는 경성, 부산, 대구, 인천, 대전, 수원, 군산, 진해(이상 이남지역), 평양, 청진, 함흥, 원산, 성진, 진남포, 신의주, 나진, 평강, 사리, 겸이포(이상 이북지역) 등이었다.
9. 대한주택공사 편, 『대한주택공사30년사』, 1992, p.59.
10. 「집장수 집: 새로운 주택문화의 발전을 기대한다」, 『현대주택』 통권 제100호, 주택문화사, 1984. 8, p.65.
11. 山田忠次, 「朝鮮住宅營團設立後の一年半を顧みて」, 조선사회사업협회, 『朝鮮社會事業』 제21권 제1호, 1943, p.30.

12. 대한주택공사 편, 앞의 책, p.63.
13. 이안, 『인천 근대도시 형성과 건축』, 다인아트, 2005, p.106.
14. 山田忠次, 앞의 글, p.30.
15. 조선건축회 편, 『朝鮮と建築』제23호, 1934. 3.
16. 첩수는 다다미 수를 말하는 것으로, 1첩수는 다다미 1장의 면적이며, 2첩수는 1평에 해당한다.
17. 도시형 일반주택은 민간에서 공영 표준형 도시주택을 생활여건에 따라 개별적으로 변경해 적용한 민간 도시주택으로, 주로 공영 표준형 주택과는 구분해 명명한다. 예를 들어 '민간 적응형 주택', '집장사 주택'이라고도 한다.
18. 유재우, 「광복전후 공영주택의 평면비교와 변화특성에 관한 연구」, 한국건축역사학회, 『건축역사연구』제11권 제2호(통권 제30호), 2002. 6, p.26.
19. 조선주택영단은 1941년 창설되어 1948년 정부수립과 함께 대한주택영단으로 명칭을 변경했고, 1962년 7월 대한주택공사로 새로 발족했다. 대한주택공사는 2009년 10월 한국토지공사와 통합되어 LH(한국토지주택공사)가 되었다.
20. 1957년부터는 구호용 간이주택정책에서 벗어난 장기적인 주택정책이 수립되었고 UNKRA(국제연합한국재건단)으로부터 산업은행에서 주택 자금과 행정을 운용하는 민영 ICA주택체제로 전환되었다. 1957년부터는 민영주택으로 명칭이 바뀐다. 민영주택이란 ICA주택자금, 즉 민영주택자금을 융자 받아 건축한 주택을 말한다.
21. 국민주택은 시멘트벽돌의 대량생산이 이루어지기 전까지는 그 대용품으로 석탄가루를 섞어 만든 아스벽돌을 내벽재료로 사용했는데, 시공 시 노동자들의 손과 얼굴 등 온몸이 검정투성이가 되기도 했다고 한다.
22. 한국슬레이트공업(현재 (주)벽산의 전신)에서 생산한 슬레이트는 1960~70년대 새마을운동을 시작으로 농어촌가옥 지붕개량작업이 진행되는 과정에서 전국의 초가지붕을 리모델링하는 주요 제품으로 사용되어 근대화 작업의 상징으로 여겨졌다. 『매일경제』, 2004. 12. 31.
23. 장성수·임서환·김원필·백혜선, 「공동주택 생산기술의 변천에 관한 연구」, 한국건설기술연구원, 1995. 11, p.19.
24. 「서민을 위한 표준주택설계도」, 『현대주택』통권 제88호, 주택문화사, 1983. 8, pp.180~186.
25. 윤장섭 외, 「주택의 표준화 계획에 관한 연구」, 대한건축학회, 『건축(대한건축학회지)』

제27권 제1호(통권 제110호), 1983. 2, pp.3~8.
26. 「중산층을 위한 단독주택 설계지침도」, 『현대주택』 통권 제107호, 주택문화사, 1985. 3, pp.213~225.
27. 『조선일보』, 1976. 2. 3.
28. 이정덕, 「서울근교 농촌표준주택설계 및 취락구조 개선에 관한 연구」, 대한건축학회, 『건축(대한건축학회지)』 제22권 제5호(통권 제84호), 1978, p.29.
29. 난방은 파이프에 더운물이 아니라 더운 공기를 순환시키는 방식으로서, 열효율이 높지 않다는 것이 단점이었지만, 당시 보기 드문 특별한 난방 방식이었다.
30. 부흥주택관리요령이란 준공된 주택의 가격결정과 동시에 대한주택영단이 인수해 입주희망자에게 분양·관리하게 하는 제도였다.
31. 한성프리패브주식회사, 삼환기업 등이 당시 조립식 건축자재를 적극적으로 도입 혹은 개발한 기업이었다.
32. 대한주택공사 편, 『아름다운 미래 행복을 짓는 사람들: 대한주택공사 47년의 발자취 1962~2009(연혁편)』, 대한주택공사, 2010, p.27.
33. 이민우, 「공업화에 의한 주택 양산화」, 대한주택공사, 『주택』 제13권 제1호, p.41.
34. 1971년도에 한성프리패브가 사원용 시험주택 16호를 국내 최초로 기계식으로 조립해 시공할 때는 그 조립광경을 지켜보려고 몰려든 인파가 인산인해를 이루었다고 한다. 한성 사사편찬위원회 편, 『한성20년사』, 한성, 1991, p.83.
35. 장성수·임서환·김원필·백혜선, 앞의 글, pp.97~98.
http://huri.jugong.co.kr/research/pds_list.asp?page=17&keytype1=&keytype=&key=
36. 장성수·임서환·김원필·백혜선, 앞의 글, p.38.
37. 대한주택공사 편, 앞의 책, p.46.

제6장

1. 장옥은 이와 같이 노무자를 위해 직장 부속으로 지어진 주택 외에도 난민정착사업으로 정부가 건설한 것도 있었다. 이러한 장옥은 국민주택의 한 종류로 지어졌는데, 1960년도까지 남아 있어, 서울에는 전체 주택의 2.9%인 6,500여 호가 있었다고 한다. 백세열, 「집계에 나타난 서울의 주택실태」, 대한주택영단, 『주택』 제5호, 1960. 12, p.34.

2. 구조는 막돌기단 위에 주춧돌을 놓아 그 위에 각형角形의 나무기둥을 세우고, 기둥 사이를 짚과 대나무로 엮어 댄 다음 진흙을 발라 벽체를 구성한 단순한 것이었다.
3. 이러한 형태는 영국의 노동자숙소인 백투백하우스back-to-back house와 비슷한 구조라 할 수 있다.
4. 『동아일보』, 1923. 12. 11.
5. 심우갑 외, 「일제강점기 아파트건축에 관한 연구」, 대한건축학회, 『대한건축학회논문집(계획계)』 제18권 제9호(통권 제167호), 2002. 9, p.160
6. 이 중 장진요·풍산요·협화장은 모두 지금의 한국전력공사 전신인 조선전업의 소유로서, 여기서 일했던 사람들을 위한 일종의 관사였다. 유영진, 「한국 공동주거형의 발전」, 대한건축학회, 『건축(대한건축학회지)』 제13권 제32호, 1969. 6, p.23.
7. 『한국일보』, 1983. 11. 13.
8. 이정수, 「1960년대 중층아파트의 '근대성' 표현에 관한 연구」, 대한건축학회, 『대한건축학회논문집(계획계)』 제11권 제6호(통권 제80호), 1995. 6, pp.23~32.
9. 대한주택영단 편, 『주택』 창간호, 대한주택영단, 1959. 7, p.29.
10. 건축요강은 다음과 같다. 대한주택영단 편, 『주택』 창간호, 대한주택영단, 1959. 7, p.29.
    ① 구조는 4층 이상의 철골 또는 철근콘크리트 구조로 한다.
    ② 1, 2층은 점포 또는 사무실, 3층 이상은 주택으로 한다.
    ③ 벽체는 내화구조로 한다.
    ④ 바닥과 지붕은 내화구조로 한다.
    ⑤ 도로 정면은 주요 간선도로에 상응한 미장을 하여야 한다.
    ⑥ 전기 급배수 시설을 하여야 한다.
    ⑦ 비상계단을 설치한다(계단의 폭은 4척 이상으로 한다).
    ⑧ 간선도로변에 연통을 세울 수 없다.
    ⑨ 변소는 수세식 또는 수세식에 준한 미장을 하여야 한다.
    ⑩ 옥상을 이용할 때는 난간을 설치해야 한다.
    ⑪ 주택부분에는 따로 변소를 설치한다.
    ⑫ '다스트-슈트'를 설치해야 한다.
    ⑬ 3, 4층 주택에는 세대수와 동일 수의 변소를 설치하여야 한다.
11. 송인호, 「고가도로와 도시풍경: 청계천로」, 서울특별시 편, 『서울: 도시와 건축』, 2000, p.119.

12. 박종우 외, 「1960년대 후반 1970년대 초반 서울의 구릉지 저소득층 공동주택에 관한 연구: 시민아파트와 정릉 스카이아파트를 중심으로」, 『대한건축학회논문집(계획계)』 제21권 제12호(통권 제206호), 2005. 12, p.49.
13. 박종우 외, 위의 글, p.49.
14. 장림종, 「우리주거 다시보기」, 공간사, 『공간』 제38권 9호, 2003. 9, p.90
15. 장림종·박진희, 『대한민국 아파트 발굴사: 종암에서 힐탑까지, 1세대 아파트 탐사의 기록』, 효형출판, 2009, pp.188~200.
16. 근린주구론(近隣住區論, Neighborhood Unit Theory)이란 어린 자녀들이 위험한 도로를 건너지 않고 멀지 않은 곳에 위치한 초등학교에 통학할 수 있는 단지 규모의 물리적 환경을 말한다. 하나의 초등학교는 근린주구의 중심이 된다. 양동양, 『도시·주거단지계획』, 기문당, 1994, p.101.
17. 1979년 5월 건설부령 제225호로 공포된 '도시계획시설기준에 관한 규칙'에서는 "국민학교는 근린주구 단위로 설치하되, 가급적 주구의 중심시설이 되도록 결정하여야 한다"라고 했으며, 한편 "새로이 개발되는 지역에 있어서는 2,500세대를 한 개 근린주거구역의 결정기준으로 함을 원칙으로 한다"라고 정했다. 1979년 10월 공포된 '아파트지구 개발 기본계획 수립에 관한 규정'에서는 근린주구를 "당해주민의 주거 또는 일상생활에 필요한 시설이 도보공간 내 설치되도록 구획된 일단의 범위를 말한다"라고 정의하고, 또한 "근린주구는 반경 400미터 이내이고 공동주택의 계획건설 세대수는 1,000 내지 3,000세대를 기준으로 구획하여야 한다"라고 규정하고 있다. 김창석, 「집합주거단지의 근린주구 계획」, 대한건축사협회, 『건축사』 통권 제271호, 1991. 11, p.54.
18. 1970년대 후반부터 1980년대 초반의 대표적 대규모 민간 아파트단지를 선도했던 대기업으로는 현대건설, 한보건설, 한신공영, 한양건설, 라이프주택, 삼익주택, 신동아건설, 삼호건설 등이 있었다. 이들 건설회사가 지은 아파트는 주로 개포동, 대치동, 방배동, 서초동, 잠원동 등 서울의 강남지역에도 많이 있었다. 건설 위주의 기업들이 건설한 이러한 아파트단지는 1980년대까지 시장을 선도하며 전성기를 구가했으나 고답적이고 안이한 계획이 지속되면서 더 이상 발전을 이루지 못했다. 1990년대 이후에는 브랜드를 앞세워 새로운 아파트 계획의 아이템을 가지고 시장에 진출한 삼성, 대우, LG(지금의 GS) 등 대기업들에 그 자리를 내어주게 되었다.
19. 이렇게 一자형 건물을 반복 배치하는 1970, 80년대의 단지계획 원리에 대해 김진애는, '땅과 건물이 연결되어 생각되기보다는 건축물 구성의 독자적인 논리가 우세한 오브

제적 접근방법, 다시 말해 형태적 구성compositional approach'이라 정의했다. 김진애, 「주택단지의 설계 혁신이란: 올림픽선수촌 입주 1년 후」, 대한건축사협회, 『건축사』 통권 제249호, 1990. 1, p.33.

20. 이정수, 앞의 글, p.28.
21. 안영배, 「최근의 아파트 설계에 대한 조사분석」, 대한건축학회, 『건축(대한건축학회지)』 제23권 제90호, 1979. 10, pp.3~8.
22. 강부성, 「우리나라 공동주택단지의 고밀화 특성에 관한 연구」, 대한건축학회, 『대한건축학회논문집(계획계)』 제14권 제8호(통권 제118호), 1998. 8, p.206.
23. 1970년대 우리나라의 인구밀도는 ha당 1,650명이었다. 한편, 1980년대 후반 이전까지 주로 지어졌던 중층아파트에서 ha당 호수밀도는 150호 전후가 대부분이었는데, 1985년 이후 본격적으로 고층아파트만 지어진 이후에는 ha당 200호에 이를 정도로 급격히 고밀화되었다. 1989년도에 지어진 중계·청구·한신아파트는 ha당 300호에 이를 정도로 초고밀화되었다. 이것은 1985년에 용적률 상한을 종래의 180%에서 250%로, 건폐율 상한을 20%에서 25%로 높인 법규적 완화가 고밀화의 기폭제 역할을 했음을 단적으로 보여준다. 박용환, 「집합주택계획과 주거밀도」, 대한건축사협회, 『건축사』 통권 제269호, 1991. 9, p.64.
24. 강부성, 앞의 글, p.206.
25. 법규에서 정하는 인동간격은 1979년 3월부터 서울시의 기준이 주거동 높이의 1.25배에서 1985년 10월부터 1.0배로 변화했고, 1989년 11월부터는 16층 이상의 남북방향이 아닌 탑상형은 0.8배로 축소되는 등 계속적으로 줄어들어 왔다.
26. 실제로 한 연구에 따르면, 5층 이하의 저층아파트에서는 인동간격이 짧고 측벽 간에 띄워야 할 거리 때문에 격자 배치가 용적률 상승에 오히려 불리하지만, 15층의 경우 60~70%의 용적률 상승효과가 있으며, 20층은 100~120%, 25층은 140~170%까지 용적률 상승효과가 있어, 격자 배치의 경우 고층으로 갈수록 상승효과가 급격히 커져 유리하다. 강부성, 앞의 글, p.207.
27. 재건축아파트의 경우에는 용적률이 300%를 훨씬 넘게 되었고, 법적 한계인 400%에도 육박하는 극단적 고밀단지의 사례도 나타났다.
28. 대한주택공사 편, 『단지계획과정』, 2000을 토대로 재구성.
29. 1997년의 외환위기 이후 건설경기 활성화의 목적으로 아파트 분양가가 자율화되었으며, 1998년 주상복합아파트의 주거비율이 90%로 늘어나게 되었다. 또한 1999년 상업

용지 내 일조권 기준을 폐지함으로써 주상복합아파트는 초고층아파트의 대명사가 되었다. 박현구·송혁·고성석, 「초고층 공동주택의 건축적 특성 분석」, 한국주거학회, 『한국주거학회논문집』 제18권 제1호, 2007. 2, p.11.

30. 1960년대 말의 서울 세운상가와 낙원상가가 1세대, 1980년대 간간이 지어진 1세대 후반세대, 본격적인 고층화와 '획기적인 스위트룸 개념'이 도입된 2세대, 2002년에 완공과 입주가 시작된 2세대 후반세대로 이어지고 있다. 장림종, 「우리주변의 거주 문화를 통해본 주상복합 아파트」, 대한건축학회, 『건축』 제46권 제12호(통권 제283호), 2002. 12, p. 34.

31. 박현구·송혁·고성석, 앞의 글, p.12.

32. 심우갑·이정우·여상진, 「국내 아파트 단지에 적용된 탑상형 주거동의 계획특성에 관한 연구: 90년대 중반 이후 최근 사례를 중심으로」, 대한건축학회, 『대한건축학회논문집』 제17권 제10호(통권 제156호), 2001. 10, p.49.

33. 심우갑·이정우·여상진, 앞의 글, p.51.

제7장

1. 하나의 단위세대가 완전한 구성요소를 모두 갖추지 못했던 이러한 초기 공동주택의 형식은 1960년대까지도 간혹 나타났다. 예를 들어 1960년대 초의 청운시민아파트는 개별 단위세대가 완전히 독립적인 단위세대로 진화해 가는 과도기적 과정을 보여주는데, 두 세대가 함께 쓰는 공동화장실을 계단실 옆에 배치하고 층별로 공동세탁장을 마련한 사례다.

2. 원래는 목욕탕 내부에 '후로바ふろば(風呂場)'라는 욕조 역할을 하는 팽이형의 철제 가마솥을 집집마다 설치하고자 했으나 당시 태평양전쟁으로 인한 물자부족으로 원활히 조달되지 못했다(山田忠次, 「朝鮮住宅營團設立後の一年半を顧みて」, 조선사회사업협회, 『조선사회사업』 제21권 제1호, 1943, p.30). 후로바는 외부에서 가마솥 밑에 직접 불을 넣어 가열하도록 되어 있었고, 욕조 내부에서는 나무판을 올려 그 위에서 목욕을 하는 형태였다. 일본인에게 목욕은 더러운 몸을 씻는다기보다는 뜨거운 물에 몸을 담그고 쉰다는 의미가 강하다. 또한 일본인은 항상 목욕을 즐기기 때문에 욕실을 냄새나는 화장실과 분리시키는 것이 일반적이었다.

3. 염재선, 「아파트 실태조사 분석」, 주택도시연구원, 『주택도시』 통권 제26호, 1970. 12,

p.111.
4. 대한주택공사 편, 『주택통계편람』, 대한주택공사, 2003을 토대로 재구성.
5. 대한주택공사 편, 『주택핸드북』, 대한주택공사, 1983을 토대로 재작성.
6. LK형(15평) 아파트 평면의 사용실태를 조사한 결과, 식사공간은 계절에 상관없이 안방인 것으로 나타났고, TV를 안방에 둠으로써 TV 보기와 가족대화 공간 역시 안방으로 조사되었다. 공동주택연구회, 『한국공동주택계획의 역사』, 세진사, 1999, p.339.
7. 대한주택공사(1971)에 의한 서울시 아파트 거주가구의 가족수 조사에 따르면, 3~4인이 가장 많았고(47.7%), 5~6인(32.3%), 7~8인(10.6%), 1~2인(7.7%) 순서로 분포했다. 다른 유형의 주택에서보다 아파트 아파트 거주 가구에서 핵가족화되는 현상을 뚜렷이 볼 수 있었다. 염재선, 앞의 글, p.94.
8. 식사공간이 도입되기 시작한 과도기에는 그 명칭이 다양했다. 취사공간은 1960년대 아파트에서는 예외 없이 '부엌'이라는 과거의 명칭이 그대로 사용되었는데, 1970년대 주공아파트를 비롯해 많은 민간아파트에서 '주방', 또는 '주방 및 식당', '식당'이라는 명칭이 나타나기 시작했다. 부엌이라고 불리는 경우는 모두 취사공간이 독립적으로 분리되어 구성된 유형이고, 주방이라고 불리는 경우는 보통 거실 쪽을 향해 개방된 유형이었다. 전남일 외, 『한국 주거의 미시사』, 돌베개, 2009, p.242.
9. 통계청 편, 『총인구 및 주택조사보고』, 통계청, 1986을 토대로 재구성.
10.

아파트별 1세대당 평수

아파트명	1세대당 평수
주택공사아파트	8~55평(26.4~181.8m²)
공무원아파트	10~25평(33.0~82.5m²)
상가아파트	8.5~54평(28.0~178.2m²)
맨션아파트	20~70평(66.0~231.0m²)
일반민영아파트	7.5~26평(24.8~85.8m²)
시민아파트	5~16평(16.5~52.8m²)
시중산층아파트	12~40평(39.6~132.0m²)

출처: 염재선, 앞의 글, p.113.

11. 전용면적 60m² 규모는 청약예금에는 관계가 없으나 국민주택기금을 지원받는 국민주

택 규모기준이 당초 85m² 이하에서 1986년부터는 60m² 이하로 변경되면서 또 하나의 규모기준으로 작용했다(공동주택연구회, 앞의 책, p.426). 이 규모는 분양면적 기준 25평형으로 자리 잡게 된다.
12. 1970년대에는 가정부실을 포함해 4개 침실을 구성한 경우도 간혹 있으나 침실이 너무 작게 되었고, 또한 거실의 전면 폭이 작아졌으므로 '넓은 거실'을 원하는 요구를 수용하자 못해 널리 확산되지 못했다.
13. 신중진·서기영·허지연·김홍룡·김창수, 「최근 초고층 아파트의 단위세대 평면계획특성에 관한 연구」, 대한건축학회, 『대한건축학회논문집(계획계)』 제18권 제8호(통권 제166호), 2002. 8, p.14.
14. 주상복합의 경우에는 일반 아파트보다 전용면적 비율이 많이 낮아 분양면적 50평은 기존 아파트의 40평형 이하의 전용면적을 보이고 있다.

제8장

1. 이를 자연지반과 직접적 관계를 맺는 1층의 경우와는 다르다는 점에서 준접지형이라고도 한다. 1층세대의 별도 전용출입구와 달리 2층세대는 두 세대가 함께 공유하는 지층까지의 직출입 계단을 둠으로써 접지성을 높이는 방법으로 주로 활용되어 왔다. 대한주택공사 편, 『주택도시 40년: 창립40주년 기념화보집』, 대한주택공사, 2002, p.48.
2. 서울특별시, 『목동신시가지개발』, 연도 미상, p.30.
3. 목동 신시가지 개발에서도 1983년 현상설계를 실시했으나, 목동 신시가지는 대단위 주거지를 건설하는 도시설계가 주목적이어서 아파트 설계경기 범주에는 넣지 않았다. 따라서 아파트단지를 대상으로 하는 설계경기는 아시아선수촌아파트가 최초라 할 수 있다.
4. 아시아선수촌아파트는 대지면적 15만 8,965m²에 연면적 27만 7,292m²의 규모로, 당선작은 우원종합건축사사무소의 조성룡과 문정일의 공동설계안이었다.
5. 아시아선수촌아파트는 여유 있는 외부공간과 다양한 공공시설이 강점이다. 단지 중심 광장을 에워싸는 약 1만 3,200m² 규모의 문화시설을 배치했는데, 문화시설은 대회가 끝나면서 아파트 입주민을 위한 쇼핑센터, 실내수영장, 동회, 파출소 등 단지 내의 커뮤니티 시설로 이용되었다.
6. 1984년 실시한 현상설계에서 황일인·우규승의 공동설계안이 당선되었다. 선수촌은 숙

소 3,850세대, 기자촌은 숙소 1,850세대로 이루어졌으며, 각각 식당과 쇼핑센터, 리셉션센터 등의 부속시설을 포함하고 있었다.

7. 『건축사』 통권 제196호, 대한건축사협회, 1985. 7, p.34.
8. 공동주택연구회 저, 『한국 공동주택 16제』, 토문, 2000, p.90.
9. 박광재·백혜선, 「한국 집합주택계획에 있어서 주거동 배치방식에 의한 공동생활공간 계획개념의 전개과정」, 대한건축학회, 『대한건축학회논문집(계획계)』 제15권 제12호 (통권 제134호), 1999. 12, p.187.
10. 유순선, 「설계경기 주거단지의 계획특성 비교연구」, 서울산업대학교 주택대학원 석사학위논문, 2003, p.93.
11. 김진애, 「주택단지의 설계 혁신이란: 올림픽선수촌 입주 1년 후」, 대한건축사협회, 『건축사』 통권 제249호, 1990. 1, pp.36∼37.
12. 200만 호 주택건설계획에 따라 택지개발과 아파트의 대량공급을 위해 1989년 2월 설립된 서울시도시개발공사(2004년 3월 지금의 SH공사로 이름을 바꿈)는 아파트 현상설계를 적극적으로 도입했다. 서울시도시개발공사의 주택공급은 1989년 1만 7,781호, 1990년 1만 9,394호, 1991년 1만 5,822호, 1992년 7,758호, 1993년 6,460호 등으로 주택을 대량으로 공급하고 있었으나, 설계업무를 담당하는 인력이 부족해 현상설계를 통해 일반 건축가들의 주거단지 설계 참여를 확대한 것이다. 박인석·김원필·박광재, 「공사설계방식 개선을 위한 조사연구」, 대한주택공사, 1993, pp.17∼21.
13. 하지만 이러한 주거동 형상과 배치의 변형은 날로 상향조정되는 용적률과 무관하지 않았다. 기존의 一자형 배치로는 건축법규상의 건물 간 대향거리 즉 인동간격을 유지하면서 200% 이상의 용적률을 달성하기 어려웠으므로 주거동의 방향과 층수를 조정하면서 주거동 사이를 서로 비껴서 배치하는 계획기법을 활용한 것이다.
14. 공간사, 「부산당감지구 주공아파트」, 『공간』, 제388호, 공간사, 2000. 3, pp.120∼121.
15. 대기업이 건설한 초기의 빌라로는 효성빌라(가나건축, 우남용, 반포동, 1987), 꽃마을 레지던스(장건축, 오택길, 서초동 1987), 그린빌라(진양건축, 한광수 외, 항동, 1983), 논현동 현대빌라(현대건설, 시흥동, 1989), 현대 구기빌라(환경동인, 박영화, 구기동, 1988) 등이 있었다.
16. 공동주택연구회 편, 『도시집합주택의 계획 11+44』, 발언, 1997, p.146.
17. http://www.kia.or.kr.
18. http://www.mycaan.com.

19. 현대건축사 편, 『CA-현대건축: No. 38 분당 전람회주택』, 현대건축사, 2001. 7, p.90.
20. 전연규 외, 『도시포럼 연구총서 5: 도시개발법과 뉴타운사업 해설』, 한국도시개발연구포럼, 2004, p.828.
21. 무영건축사사무소, 『Mooyoung』, 2010, pp.300~303.
22. 대한주택공사 편, 『아름다운 미래 행복을 짓는 사람들: 대한주택공사 47년의 발자취 1962~2009(화보편)』, 대한주택공사, 2010, p.242.
23. 대한주택공사 편, 『아름다운 미래 행복을 짓는 사람들: 대한주택공사 47년의 발자취 1962~2009(연혁편)』, 대한주택공사, 2010, p.271.

참고문헌

단행본

H. B. 드레이크, 신복룡·장우영 역주, 『일제시대의 조선생활상(한말 외국인기록 23)』, 집문당, 2000.

가와무라 미나토, 요시카와 나기 옮김, 『한양 경성 서울을 걷다: 일본인 가와무라 미나토가 본 서울』, 다인아트, 2004.

강영환, 『집의 사회사』, 웅진출판, 1992.

건축세계 편, 『家—Housing I』, 건축세계, 2003.

건축세계 편, 『Pro Architect: 세계건축가, 김중업 편』, 건축세계, 1997.

공동주택연구회 편, 『도시집합주택의 계획 11+44』, 발언, 1997.

공동주택연구회 편, 『한국공동주택계획의 역사』, 세진사, 1999.

김영자 편역, 『서울, 제2의 고향: 유럽인의 눈에 비친 100년 전 서울』, 서울시립대학교부설 서울학연구소, 1994.

대한주택공사 편, 『대한주택공사30년사』, 대한주택공사, 1992.

서울시정개발연구원 편, 『서울 20세기 공간변천사』, 서울시정개발연구원, 2001.

서울특별시 편, 『서울시 도시계획연혁』, 서울특별시, 1977.

손정목, 『일제강점기 도시계획연구』, 일지사, 1990.

양동양, 『도시·주거단지계획』, 기문당, 1994.

이규목, 『한국의 도시경관: 우리 도시의 모습, 그 변천·이론·전망』, 열화당, 2002.

이규숙·김연옥, 『이 '계동 마님'이 먹은 여든살: 반가 며느리 이규숙의 한평생』, 뿌리깊은나무, 1984.

이안, 『인천 근대도시 형성과 건축』, 다인아트, 2005.

장림종·박진희, 『대한민국 아파트 발굴사: 종암에서 힐탑까지, 1세대 아파트 탐사의 기록』, 효형출판, 2009.

전남일 외, 『한국 주거의 미시사』, 돌베개, 2009.

전남일 외, 『한국 주거의 사회사』, 돌베개, 2008.
정인하, 『김중업 건축론: 시적 울림의 세계』, 산업도서출판공사, 2000.
한성 사사편찬위원회 편, 『한성20년사』, 한성, 1991.
현대건축사 편, 『CA─현대건축』, 현대건축사, 2000.

논문

강대현, 「대도시 교외지역의 도시화 과정과 유형의 연구: 서울 동부를 중심으로」, 대한지리학회, 『대한지리학회지』 제6권 제1호, 1971. 5.
강부성, 「우리나라 공동주택단지의 고밀화 특성에 관한 연구」, 대한건축학회, 『대한건축학회논문집(계획계)』 제14권 제8호(통권 제118호), 1998. 8.
강성중, 「한국전통주거의 변용과 재해석에 의한 현대주거공간 디자인 모형연구: 도시형 주택의 공간구법을 중심으로」, 서울대학교대학원 석사학위논문, 2001.
강윤식·이동언, 「김수근 건축에 나타난 복합적 영향관계: 헤롤드 블룸의 "영향이론"을 바탕으로」, 『대한건축학회논문집(계획계)』 제20권 제7호(통권 제189호), 2004. 7.
김광언, 「조선시대 상류가옥과 풍수설」, 한국건축역사학회, 『한국건축역사학회 춘계학술발표대회 논문집』, 2004. 5.
김명선·이정우, 「'중부지방가구법'에 대한 박길룡의 평가와 개량안: 중부조선지방주가(中部朝鮮地方住家)에 대한 고찰을 중심으로」, 대한건축학회, 『대한건축학회논문집(계획계)』 제19권 제7호(통권 제177호), 2003. 7.
김명숙, 「다세대주택의 거주자실태 및 주거의식분석에 관한 연구」, 한양대학교대학원 석사학위논문, 1988.
김봉렬, 「조선후기 한옥변천에 관한 연구」, 서울대학교대학원 석사학위논문, 1982.
김선필, 「한국 소형주택의 공간구성에 관한 연구: 다세대주택 거주자들의 주생활행위를 중심으로」, 단국대학교대학원 석사학위논문, 1990.
김성우·윤동근, 「서울 사대문내의 전통 도시한옥주거지에 있어서 근대적 변화의 초기성격」, 대한건축학회, 『대한건축학회논문집(계획계)』 제13권 제1호(통권 제99호), 1997. 1.
김성욱, 「1920~50년대 서울지역 상점건축의 특성에 관한 실증적 연구」, 명지대학교대학원 석사학위논문」, 1998.

김영배, 「한말 한성부 주거형태의 사회적 성격: 호적자료의 분석을 중심으로」, 대한건축학회, 『대한건축학회논문집(계획계)』 제7권 제2호(통권 제34호), 1991. 4.

김영수, 「돈암지구(1940~1960) 도시한옥 주거지의 도시조직」, 서울시립대학교부설 서울학연구소, 『서울학연구』, 제22호, 2004. 3.

김영택, 「다세대주택의 건축특성에 관한 연구: 망원동지역의 사례조사를 중심으로」, 서울대학교대학원 석사학위논문, 1995.

김용범, 「한국 도시주거의 변천과정에서 나타난 주거사상의 변화에 관한 연구」, 한양대학교대학원 석사학위논문, 2001.

김의원, 「도시개발과 토지구획 정리: 우리나라 토지구획정리사업의 도입과 전개」, 대한지방행정공제회, 『도시문제』 제18권 제2호, 1983.

문세이·홍승재, 「근대 부농가의 부엌공간특성에 관한 연구: 영·호남지방을 중심으로」, 대한건축학회, 『대한건축학회논문집』 제18권 제3호(통권 제161호), 2002. 3.

문정기·송인호, 「삼선동5가 이층한옥상가에 대한 조사연구」, 대한건축학회, 『대한건축학회 학술발표대회 논문집(계획계)』, 제23권 제1호, 2003. 4.

박광재·백혜선, 「한국 집합주택계획에 있어서 주거동 배치방식에 의한 공동생활공간 계획개념의 전개과정」, 대한건축학회, 『대한건축학회논문집(계획계)』 제15권 제12호(통권 제134호), 1999. 12.

박기범, 「영동 시영주택의 단지 및 건축 계획적 특성에 관한 연구」, 대한건축학회, 『대한건축학회논문집(계획계)』 제23권 제1호(통권 제219호), 2007. 1.

박기범·최찬환, 「강남 단독주택지역 변화의 법제적 해석」, 대한건축학회, 『대한건축학회논문집(계획계)』 제21권 제7호(통권 제201호), 2005. 7.

박병주, 「주택지의 획지·가구의 계획적정규모 설정에 관한 연구」, 대한국토·도시계획학회, 『국토계획(대한국토도시계획학회지)』 제21권 제1호(통권 제44호), 1986. 5.

박제성, 「북촌 도시한옥 주거지의 지형과 도시조직에 관한 연구: 가회동과 계동의 1930년대에 개발된 대형 필지를 중심으로」, 서울시립대학교대학원 석사학위논문, 2001.

박제성·송인호, 「가회동과 계동 도시한옥 주거지의 도시조직 연구」, 대한건축학회, 『대한건축학회 학술발표대회 논문집(계획계)』, 제21권 제1호, 2001. 4.

박종우·최성환·양영준·하종효·이상준·장림종, 「1960년대 후반 1970년대 초반 서울의 구릉지 저소득층 공동주택에 관한 연구: 시민아파트와 정릉 스카이아파트를 중심으로」, 대한건축학회, 『대한건축학회논문집(계획계)』 제21권 제12호(통권 제 206호), 2005.

12.

박철진·전봉희, 「1930년대 경성부 도시형한옥의 사회·경제적 배경과 평면계획의 특성」, 대한건축학회, 『대한건축학회논문집(계획계)』, 제18권 제7호(통권 제165호), 2002. 7.

박춘식, 「'50년대' 이후 단독주택의 변천에 관한 연구: 서울지역 서민주택을 중심으로」, 홍익대학교대학원 석사학위논문, 1986.

박현구·송혁·고성석, 「초고층 공동주택의 건축적 특성 분석」, 한국주거학회, 『한국주거학회논문집』, 제18권 제1호, 2007. 2.

백혜선, 「일상의 수용과 공간의 변화: 공동주택 다용도실 공간의 변용과정을 중심으로」, 대한건축학회, 『건축(대한건축학회지)』 제48권 제3호(통권 제298호), 2004. 3.

서귀숙, 「일제강점기 『朝鮮と建築』 권두그림에 게재된 조선인 개인주택에 대한 고찰」, 한국주거학회, 『한국주거학회논문집』 제15권 제4호, 2004. 8.

성태원·송인호, 「서울 삼청동35번지 도시한옥주거지 필지구획에 관한 연구」, 대한건축학회, 『대한건축학회논문집(계획계)』, 제19권 제9호(통권 제179호), 2003. 9.

손세관·신진희, 「서울 주거지역내 주거블록의 공간구조에 관한 연구」, 대한건축학회, 『대한건축학회논문집(계획계)』 제19권 제4호(통권 제174호), 2003.

손세관·전경화, 「평면의 형상으로 바라본 우리나라 단독주택의 공간구성적 특성에 관한 유형학적 연구」, 대한건축학회, 『대한건축학회논문집(계획계)』, 제14권 제3호(통권 제113호), 1998. 3.

손세관·하재명·양우현·한기정, 「가로체계 및 필지조직을 중심으로 한 서울의 도시조직 변화과정에 관한 연구: 서울의 청계천 이북지역을 중심으로」, 대한국토·도시계획학회, 『국토계획(대한국토도시계획학회지)』 제31권 제3호(통권 제83호), 1996. 6.

송동준·정무웅, 「도시형 한옥의 지속과 변화에 관한 연구: 1950년대 서울시 마포구 개량한옥을 중심으로」, 대한건축학회, 『대한건축학회 제4회 우수졸업논문전 수상논문 개요집』 제4권 제1호(통권 제4호), 2008. 4.

송인호, 「도시형 한옥의 유형 연구: 1930년~1960년의 서울을 중심으로」, 서울대학교대학원 박사학위논문, 1990.

송인호, 「북촌 튼 ㅁ자형한옥의 유형연구」, 한국건축역사학회, 『건축역사연구(한국건축역사학회논문집)』 제13권 제4호(통권 제40호), 2004. 12.

송인호, 「북촌의 튼ㅁ자형 한옥」, 한국건축역사학회, 『한국건축역사학회 춘계학술발표 대회논문집』, 2004. 5.

신경화, 「1990년대 이후 우리나라 작품주택에 나타난 전통성의 현대적 구현에 관한 연구」, 중앙대학교대학원 석사학위논문, 2003.

신중진·서기영·허지연·김홍룡·김창수, 「최근 초고층 아파트의 단위세대 평면계획특성에 관한 연구」, 대한건축학회, 『대한건축학회논문집(계획계)』 제18권 제8호(통권 제166호), 2002. 8.

심우갑·강상훈·여상진, 「일제강점기 아파트건축에 관한 연구」, 대한건축학회, 『대한건축학회논문집(계획계)』, 제18권 제9호(통권 제 167호), 2002. 9.

심우갑·이정우·여상진, 「국내 아파트 단지에 적용된 탑상형 주거동의 계획특성에 관한 연구: 90년대 중반 이후 최근 사례를 중심으로」, 대한건축학회, 『대한건축학회논문집』 제17권 제10호(통권 제156호), 2001. 10.

안성호·김순일, 「1930년대 한국근대주택에 나타난 속복도형 일식주택의 영향: 한국인 건축가의 주택개량안과 『朝鮮と建築』에 수록된 주택평면을 중심으로」, 한국건축역사학회, 『건축역사연구』 제6권 제2호(통권 제12호), 1997. 6.

안영배, 「우리나라 주택건축 20년」, 대한건축학회, 『건축(대한건축학회지)』 제10권 제1호, 1966. 3.

안영배, 「최근의 아파트 설계에 대한 조사분석」, 대한건축학회, 『건축(대한건축학회지)』, 제23권 제90호, 1979. 10.

양상호, 「2층 한옥상가에 관한 사적 연구: 20세기 전반기 서울지역을 중심으로」, 명지대학교대학원 석사학위논문, 1985.

염복규, 「1930~40년대 경성시가지계획의 전개와 성격」, 서울대학교대학원 석사학위논문, 2001.

염복규, 「식민지 근대의 공간형성: 근대 서울의 도시계획과 도시공간의 형성, 변용, 확장」, 문화과학사, 『문화과학』 통권 제39호, 2004. 9.

염복규, 「일제말 경성지역의 빈민주거문제와 '시가지계획'」, 역사문제연구소, 『역사문제연구』 제8호, 2002. 6.

우동선, 「과학운동과의 관련으로 본 박길룡의 주택개량론」, 대한건축학회, 『대한건축학회논문집(계획계)』 제17권 제5호(통권 제151호), 2001. 5.

유순선, 「설계경기 주거단지의 계획특성 비교 연구」, 서울산업대학교 주택대학원 석사학위논문, 2003.

유영진, 「한국 공동주거형의 발전」, 대한건축학회, 『건축(대한건축학회지)』 제13권 제32

호, 1969. 6.

유영희, 「근대화 과정에서 전통한옥 주거양식의 변화과정 : 1930년대 이후 서울에 건축된 도시(개량)한옥을 중심으로」, 서울시립대학교부설 서울학연구소, 『서울학연구』 제7호, 1996. 10.

유은미·홍승재, 「함라마을 부농주거의 건축특성 연구」, 한국주거학회, 『한국주거학회논문집』 제17권 제6호, 2006. 12.

유재우, 「광복전후 공영주택의 평면비교와 변화특성에 관한 연구」, 한국건축역사학회, 『건축역사연구』 제11권 제2호(통권 제30호), 2002. 6.

유재우, 「광복전후 우리나라 단독주택의 변화특성 연구 : 1920년대~1960년대, 개선주택안·주택현상공모안·공영주택을 중심으로」, 대한건축학회, 『대한건축학회논문집(계획계)』 제20권 제10호(통권 제192호), 2004. 10.

유재우·조성기, 「광복이후 '도시형 표준주택'의 평면 특성과 그 영향」, 대한건축학회, 『대한건축학회논문집』, 제17권 제12호(통권 제158호), 2001. 12.

유재우·조성기, 「근대화 과정에 나타난 도시주택 평면형의 변화특성과 '토착화'에 관한 연구」, 대한건축학회, 『대한건축학회논문집(계획계)』 제18권 제7호(통권 제165호), 2002. 7.

윤아원, 「1960년 이후 작가주택의 유형변화와 특성연구」, 부산대학교대학원 석사학위논문, 2005.

윤장섭·박인호·송종석·이정덕·이명호·윤도근, 「주택의 표준화 계획에 관한 연구」, 대한건축학회, 『건축(대한건축학회지)』, 제27권 제1호(통권 제110호), 1983. 1.

윤주항, 「1940~50년대 2층 목조상점의 건축적 특성에 관한 연구 : 삼선동5가, 한강로1가, 2층 한옥상가를 중심으로」, 명지대학교 산업대학원 석사학위논문, 1998.

이강민, 「초기근대 전남지역 부농주거의 특성에 관한 연구」, 서울대학교대학원 석사학위논문, 2001.

이광노 외, 「조선주택영단의 주택지 및 주택에 관한 연구 : 서울 문래동(구 도림정) 주택지를 중심으로」, 대한건축학회, 『대한건축학회 학술발표대회 논문집(계획계)』 제10권 제1호, 1990. 4.

이민정·박언곤, 「아파트 주호의 욕실 변화에 관한 연구」, 대한건축학회, 『대한건축학회 추계학술발표대회 논문집(계획계)』 제20권 제2호, 2000. 10.

이성만, 「한국 도시주택의 변천에 관한 연구 : 60년이후 서울시에 지어진 민간업자주택을 중심으로, 한양대학교산업대학원 석사학위논문, 1995.

이수화, 「우리나라 중정형 주택의 공간구성적 특성에 관한 유형학적 연구: 60년대 이후의 건축가에 의한 중정형 주택을 중심으로」, 중앙대학교대학원 석사학위논문, 1998.

이숙임, 「서울시 거주지 공간분화에 관한 연구」, 이화여자대학교대학원 박사학위논문, 1987.

이승헌, 「김수근과 김중업 건축의 지역성구현에 관한 비교연구」, 한국건축역사학회, 『건축역사연구』 제13권 제3호(통권 제39호), 2004. 9.

이완철, 「일제강점기에 형성된 영단주택의 변화 및 그 원인에 관한 연구: 상도동 영단주택의 주택지 및 주공간의 변화를 중심으로」, 한양대학교대학원 석사학위논문, 2000.

이정덕, 「서울근교 농촌표준주택설계 및 취락구조 개선에 관한 연구」, 대한건축학회, 『건축(대한건축학회지)』, 제22권 제5호(통권 제84호), 1978. 9.

이정수, 「1960년대 중층 아파트의 '근대성' 표현에 관한 연구」, 대한건축학회, 『대한건축학회논문집(계획계)』, 제11권 제6호(통권 제80호), 1995. 6.

이해경·강경호, 「도시적 맥락에서 본 전통한옥의 공간구성 변화에 관한 연구」, 한국주거학회, 『한국주거학회논문집』, 제18권 제4호, 2007. 8.

이호열, 「주거사 연구: 한국 반가 연구의 성과와 과제」, 한국건축역사학회, 『한국건축역사학회 창립10주년기념 학술발표대회 자료집』, 2001. 6.

이호정, 「주거 문화적 측면에서 본 한국 근현대 주거건축의 문화적 변이에 관한 연구: 작품주택의 평면구성을 중심으로」, 인하대학교대학원 박사학위논문, 2002.

임창복, 「도시형 한옥과 도시주거문화」, 대한건축학회, 『건축(대한건축학회지)』, 제35권 제2호(통권 제159호), 1991. 3.

임창복, 「서울지방 '근대한옥'의 공간분석 연구」, 성균관대학교과학기술연구소 편, 『성균관대학교 논문집(과학기술 편)』, 제51권 제2호, 2000. 11.

임창복, 「일제시대 한국인 건축가에 의한 주거근대화에 관한 연구」, 대한건축학회, 『대한건축학회논문집(계획계)』 제7권 제5호(통권 제37호), 1991. 10.

임창복, 「한국 도시 단독주택의 유형적 지속성과 변용성에 관한 연구」, 서울대학교대학원 박사학위논문, 1989.

임창복·한경훈·김경완, 「가로조건에 따른 읍성마을의 좌향 및 배치특성에 관한 연구: 낙안읍성과 성읍마을을 중심으로」, 대한건축학회, 『대한건축학회논문집(계획계)』 제20권 제7호(통권 제189호), 2004. 7.

장림종, 「우리주변의 거주 문화를 통해본 주상복합 아파트」, 대한건축학회, 『건축』 제46권 제12호(통권 제283호), 2002. 12.

전경화, 「우리나라 작품주택의 공간구성적 특성 및 그 변화에 관한 유형학적 연구」, 중앙대학교대학원 석사학위논문, 1997.

전남일, 「한국 근대주거에서 나타나는 직주(職住)관계 변화 및 직주일치(職住一致) 주거공간의 특성: 1920~1940년대 서울의 사례를 중심으로」, 한국주거학회, 『한국주거학회논문집』 제20권 제5호, 2009. 10.

전남일, 「한국 근현대 주택작품에서 나타나는 전통성 해석의 시대적 경향」, 한국실내디자인학회, 『한국실내디자인학회논문집』 제19권 제1호(통권 78호), 2010. 2.

전병권·김형우, 「도시 단독주거지 확장에 따른 주거단지변천 특성에 관한 연구」, 대한건축학회, 『대한건축학회논문집(계획계)』 제18권 제12호(통권 제170호), 2002. 12.

전봉희, 「씨족마을의 공간구성원리」, 한국건축역사학회, 『한국건축역사학회 97 한·일 민가 심포지엄발표논문집』, 1997. 3.

전봉희, 「전남 보성지역의 凹자형 주거에 관한 연구」, 대한건축학회, 『대한건축학회논문집(계획계)』 제14권 제8호(통권 제118호), 1998. 8.

전봉희·권용찬, 「원형적 공간요소로 본 한국주택 평면형식의 통시적 고찰」, 대한건축학회, 『대한건축학회논문집(계획계)』 제24권 제7호(통권 제237호), 2008. 7.

정아선·최장순·최찬환, 「청량리 부흥주택의 특성 및 변화에 관한 연구」, 대한건축학회, 『대한건축학회논문집(계획계)』 제20권 제1호(통권 제183호), 2004. 1.

정이양, 「근대기의 한국인에 의한 2층주택의 발전과정에 관한 연구」, 성균관대학교대학원 석사학위논문, 2003.

정인하, 「단게 겐죠와 요시무라 준조 그리고 김수근의 전통론 비교」, 대한건축학회, 『대한건축학회논문집』 제11권 제7호(통권 제85호), 1995. 7.

조용훈, 「한국 도시주택의 변천에 대한 연구: 60년이후 서울시에 지어진 민간업자주택을 중심으로」, 서울대학교대학원 석사학위논문, 1984.

조용훈·손병남, 「한국 도시대중주택의 변화 및 도시·건축적 과제: 1983년 이후 서울 강남지역 다세대·다가구주택 평면을 중심으로」, 대한건축학회, 『대한건축학회논문집(계획계)』 제22권 제11호(통권 제217호), 2006. 11.

조준범·최찬환, 「필지 분합을 통해 본 서울 북촌 도시조직의 변화 연구」, 대한건축학회, 『대한건축학회논문집(계획계)』 제19권 제2호(통권 제172호), 2003. 2.

주남철, 「이조 말부터 1945년도까지의 한국의 주택변천」, 대한건축학회, 『건축(대한건축학회지)』 제14권 제38호, 1970. 12.

진영효, 「전통도시경관에서 골목의 특성과 의미: 종로와 돈화문로 일대를 사례연구지로 하여」, 서울시립대학교대학원 석사학위논문, 1994.

최장순, 「왕곡마을의 공간구조에 관한 연구」, 대한건축학회, 『대한건축학회논문집(계획계)』 제21권 제7호(통권 제201호), 2005. 7.

최재필·조형규·박인수·박영섭, 「국내아파트 단위주호 평면의 공간 분석: 1966년~2002년의 서울지역 아파트를 대상으로」, 대한건축학회, 『대한건축학회논문집(계획계)』 제20권 제6호(통권 제188호), 2004. 6.

최찬환, 「한국의 농촌과 도시주거양식의 비교연구」, 연세대학교대학원 박사학위논문, 1987.

최혜진, 「한국 건축가에 의한 단독주택 형태구성에 관한 유형학적 연구」, 중앙대학교대학원 석사학위논문, 1996.

홍승조, 「김중업 건축에서의 지역주의적 표현기법에 관한 연구」, 경기대학교대학원 석사학위논문, 2000.

기타

김경수·김원·문신규·조성용, 「건축좌담: 작가주택과 주거문화—1960년대 후반부터 현재까지」, 『공간』 제24권 제12호, 공간사, 1989. 12.

김기석, 「서교동 오씨댁」, 『플러스』 통권 제1호, 플러스사, 1987. 5.

김원, 「특집: 5개의 주택—생활의 틀, 재조직되는 공간: 생활조직과 공간조직」, 『공간』 제11권 제2호, 공간사, 1976. 2.

김진애, 「주택단지의 설계 혁신이란: 올림픽선수촌 입주 1년 후」, 대한건축사협회, 『건축사』 통권 제249호, 1990. 1.

김창석, 「집합주거단지의 근린주구 계획」, 대한건축사협회, 『건축사』 통권 제271호, 1991. 11.

대한주택공사 편, 『대한주택공사 주택단지총람: 1954~1970』, 대한주택공사,

대한주택공사 편, 『아름다운 미래 행복을 짓는 사람들: 대한주택공사 47년의 발자취 1962

~2009(연혁편)』, 대한주택공사, 2010

대한주택공사 편, 『아름다운 미래 행복을 짓는 사람들: 대한주택공사 47년의 발자취 1962
~2009(화보편)』, 대한주택공사, 2010.

대한주택공사 편, 『주택도시 40년: 창립40주년 기념화보집』, 대한주택공사, 2002.

대한주택공사 편, 『주택통계편람』, 대한주택공사, 2003.

대한주택공사 편, 『주택핸드북』, 대한주택공사, 1983.

대한주택공사·서울대학교공과대학주택문제연구회, 『전국주택실태조사: 제1차 서울지구 집계결과』, 대한주택공사, 1962.

류춘수·민현식·안용식, 「작품노트: 전통주거의 이미지를 구현한 전원주택」, 『공간』 제21권 제10호, 공간사, 1986. 12.

박용환, 「집합주택계획과 주거밀도」, 대한건축사협회, 『건축사』 통권 제269호, 1991. 9.

박인석·김원필·박광재, 「공사설계방식 개선을 위한 조사연구」, 대한주택공사, 1993.

山田忠次, 「朝鮮住宅營團設立後の一年半を顧みて」, 『조선사회사업』 제21권 제1호, 1943.

山田忠次, 「朝鮮住宅營團設立後の一年半を顧みて」, 조선사회사업협회, 『조선사회사업』 제21권 제1호, 1943.

서울시립대학교 편, 「서울의 도시한옥주거지」, 『'서울의 도시한옥 주거지 유형과 현황' 보고서』, 서울시립대학교, 2003.

서울특별시, 『목동신시가지개발』, 연도 미상.

송인호, 「고가도로와 도시풍경: 청계천로」, 서울특별시 편, 『서울: 도시와 건축』, 2000.

송인호, 「근대도시의 집합한옥」, 『SPACE』 제430호, 공간사, 2003. 9.

승효상, 「빈자의 미학」, 『건축과환경』 통권 제101호, 건축과환경, 1993. 1.

승효상, 「수졸당」, 『건축문화』 통권 제146호, 건축문화사, 1993. 7.

염재선, 「아파트 실태조사 분석」, 주택도시연구원, 『주택도시』 통권 제26호, 1970.

윤승중, 「한국주택건축의 실상: 1970년대 주택건축양식」, 대한건축사협회, 『건축사』 통권 제150호, 1981. 9.

이범재, 「비평: 1990~91년 한국 주거건축의 경향」, 『한국건축연감 1』, 플러스사, 1992. 12.

장림종, 「우리주거 다시보기」, 공간사, 『공간』 제38권 9호, 2003. 9.

장성수·임서환·김원필·백혜선, 「공동주택 생산기술의 변천에 관한 연구」, 한국건설기술

연구원, 1995. 11.

조선건축회 편, 『朝鮮と建築』 제23호, 1934. 3.

조성룡, 「이달의 주택: 합정동 주택」, 『건축문화』 통권 제81호, 건축문화사, 1988. 2.

조성룡, 「청담동 주택」, 『플러스』 통권 제22호, 플러스사, 1989. 2.

통계청 편, 『총인구 및 주택조사보고』, 통계청, 1986.

황일인, 「특집: 5개의 주택—생활의 틀, 재조직되는 공간: 부산 P씨택」, 『공간』 제11권 제2호, 공간사, 1976. 2.

『건축사』, 『공간』, 『매일경제』, 『조선일보』, 『주택』, 『플러스』, 『한국일보』, 『현대주택』

건축그룹 칸 http://www.mycaan.com/
건축정보연구센터 http://www.arick.or.kr
디지털 한양 http://digitalhanyang.culturecontent.com/
한국건축가협회 http://www.kia.or.kr

도판목록

1장

26쪽 **풍수지리설에 따른 명당의 조건.** 출처: 서유구 지음, 안대회 엮어옮김, 『산수간에 집을 짓고』, 돌베개, 2005, p.107.
전통주택의 주거관. 출처: 강영환, 『한국주거문화의 역사』, 기문당, 2002, p.189.

28쪽 **안동 하회마을의 주거지 배치방식.** 출처: 김용직, 『안동 하회마을』, 열화당, 1981, pp.44~45.

29쪽 **길을 만들고 영역을 정해 주는 담장.** ⓒ 전남일
고샅. ⓒ 전남일

31쪽 **1900년대 서울지역의 도시구조와 남촌 및 북촌.** 출처: 「1900년대 초 서울의 가로체계」, 서울특별시 편, 『서울 도시와 건축』, 서울특별시, 2000, p.23에서 재인용.

32쪽 **가회동과 계동의 가로.** 출처: 박제성, 「북촌 도시한옥 주거지의 지형과 도시조직에 관한 연구」, 서울시립대학교대학원 석사학위논문, 2001, pp.75~76.

33쪽 **구릉을 따라 형성된 가회동 주거지.** ⓒ 전남일

35쪽 **가회동 31번지.** ⓒ 전남일

36쪽 **북촌의 대비되는 두 도로체계.** 출처: 서울특별시, 『북촌가꾸기 기본계획 한옥실측 도면집』, 2001, p.80, 176.

39쪽 **인사동 지역과 무교정 지역의 가곽 정리.** 출처: 손정목, 『일제강점기 도시계획연구』, 일지사, 1990.

40쪽 **일제강점기부터 사용한 가구표준도와 필지구획 방식.** 출처: 신진희, 「서울 주거지역내 주거블록의 공간구조에 관한 시대적 비교연구도시형 한옥의 유형연구」, 중앙대학교대학원 석사학위논문, 2001, p.112, 108.

41쪽 **보문동과 용두동의 계획적 도시한옥 주거지.** 출처: 송인호, 「도시형 한옥의 유형연구」, 서울대학교대학원 박사학위논문, 1990, p.42.

42쪽   계획적 토지구획정리사업 지역의 도시한옥. ⓒ 조선일보사

43쪽   **돈암지구의 네 켜형 가구.** 출처: 서울시립대학교 역사도시연구실 편, 『서울의 도시한옥주거지 유형과 현황』, 서울시립대 역사도시연구실, 2003, p.154.
       돈암지구의 두 켜형 가구. 출처: 서울시립대학교 역사도시연구실 편, 앞의 책, p.162.

46쪽   **도림정의 영단주택단지 배치도.** 출처: 천단공, 「조선주택영단의 주택에 관한 연구」, 서울대학교대학원 석사학위논문, 1990, p.25.
       도림정 영단주택. 출처: 대한주택공사 편, 『대한주택공사 47년의 발자취』, 대한주택공사, 2010, p.29.

47쪽   **상도동 단지계획도.** 출처: 대한주택공사 편, 『대한주택공사 주택단지총람』, 대한주택공사, 1979, p.309.

48쪽   **청량리 부흥주택 전경.** 출처: 김진애, 「우리의 주거문화 어떻게 달라져야 하나?」, 서울포럼, 1994, 화보 p.10.

49쪽   **청량리 부흥주택 단지배치도.** 출처: 정아선 외, 「청량리 부흥주택의 특성 및 변화에 대한 연구」, 대한건축학회, 『대한건축학회지』 제20권 제1호, 2004. 1, p.125.
       청량리 부흥주택의 두 켜 필지 및 한 켜 필지 배치도. 출처: 정아선 외, 앞의 글, p.126.

50쪽   **1962년도 구로동 공영주택단지 전경.** ⓒ 조선일보사
       갈현동 국민주택. 출처: 대한주택공사 편, 『대한주택공사 주택단지총람』, 대한주택공사, 1979, 화보.

51쪽   **정릉 재건·희망주택 단지배치도.** 출처: 대한주택공사 편, 『대한주택공사 주택단지총람』, 대한주택공사, 1979, p.86.

54쪽   **삼성동 시영주택 단지배치도.** 출처: 박기범, 「영동 시영주택의 단지 및 건축 계획적 특성에 관한 연구」, 대한건축학회, 『대한건축학회논문집』 제23권 제1호, 2007. 1, p.103.

57쪽   **1960년대 조성된 서울지역 단독주택지.** 출처: 임창복, 「서울지방의 도시주거지 구조와 주거건물의 특성에 관한 연구」, 『대한건축학회논문집』 제16권 제12호, 2000, p.34, 35.

58쪽   **1980년대 조성된 서울지역 단독주택지.** 출처: 장미현, 「서울 주거지의 조성시기별 도시구조에 관한 연구」, 이화여자대학교대학원 석사학위논문, 2002, p.59, 67.

2장

64쪽   **양택 배치도.** 출처: 「동아시아 주거문화의 동질성과 이질성」, 『동아시아 주거문화 국제학술토론회』, 2001, p.25.

민택삼요. 출처: 앞의 글, p.27.

65쪽 **경북 안동 농암종택.** ⓒ 전남일

66쪽 **경북 봉화 쌍벽당.** ⓒ 쌍벽당 김두순.

67쪽 **경기 화성 박희서가옥.** 출처: 주남철, 『한국의 전통민가』, 아르케, 2002, p.200.
경성지방의 재래식 배치. 출처: 박길룡, 『조선과건축』 제20권 제4호, 1941, p.16.

69쪽 **삼청동 오위장 김춘영가옥.** 출처: 주남철, 『한국의 전통민가』, 아르케, 2002, p.110.

71쪽 **가회동 한씨가옥.** 출처: 한국주거학회, 『한국주거학회 춘계 학술발표대회 답사자료집』, 2010, p.15.

72쪽 **계동 민형기가옥.** 출처: http://digitalhanyang.culturecontent.com(위). ⓒ 전남일(아래)

75쪽 **전남 나주 홍기창가옥의 솟을대문.** ⓒ 은난순

76쪽 **전남 무안의 박봉기가옥.** 출처: 이강민, 「초기근대 전남지역 부농주거의 특성에 관한 연구」, 서울대학교대학원 석사학위논문, 2001, p.34.

77쪽 **전남 나주 도래마을의 홍기응가옥.** 출처: 한국주거학회, 『한국주거학회 추계학술논문발표대회 답사자료집』, 2004, p.2.

78쪽 **전남 보성 이금재가옥.** 출처: 주남철, 『한국의 전통민가』, 아르케, 2002, p.467.

79쪽 **전북 익산 함라마을 김안균가옥의 안채와 사랑채 평면.** 출처: 유은미·홍승재, 「함라마을 부농주거의 건축특성 연구」, 한국주거학회, 『한국주거학회논문집』제17권 제6호, 2006. 12, p.105.
전북 익산 함라마을의 김안균가옥 안채와 사랑채의 연결복도와 그 내부. ⓒ 은난순

82쪽 **원서동 백홍범가옥.** 출처: 강영환, 『새로 쓴 한국 주거문화의 역사』, 기문당, 2002, p.308.

83쪽 **북촌의 튼ㅁ자형 도시한옥.** 출처: 송인호, 「북촌의 튼ㅁ자형 한옥」, 한국건축역사학회, 『한국건축역사학회 춘계학술발표대회 논문집』, 2004. 5, p.85.

84쪽 **안채와 바깥채가 일체화된 도시한옥.** 출처: 유영희, 「근대화 과정에서 전통한옥 주거양식의 변화과정」, 서울시립대학교부설 서울학연구소, 『서울학연구』 제7호, 1996. 10. p.140.

87쪽 **도시한옥의 마당.** ⓒ 전남일

88쪽 도시한옥의 두 가지 진입방식. 출처: 서울특별시, 「북촌가꾸기 기본계획 한옥실측 도면집」, 2001, p.310, 134.

89쪽 종로 관수동의 갓공방. 출처: http://digitalhanyang.culturecontent.com.

91쪽 체부동의 2층 한옥상가. 출처: 양상호, 「2층 한옥상가에 관한 사적 연구」, 명지대학교대학원 석사학위논문, 1985, p.86.
1920년경의 남대문로. 출처: koreanity.com.

92쪽 숭인동 일대 대로변 상가와 도시한옥. 출처: 서울시립대학교 편, 「서울의 도시한옥주거지」, 「'서울의 도시한옥 주거지 유형과 현황' 보고서」, 2003. p.147.
보문동 2층 한옥상가의 현재 모습. ⓒ 전남일

93쪽 견지동의 세장형 2층 한옥상가. 출처: 양상호, 「2층 한옥상가에 관한 사적 연구, 명지대학교대학원 석사학위논문, 1985, p.80.

94쪽 보문동4가 도시한옥. 출처: 서울시립대학교 편, 「서울의 도시한옥주거지」, 「'서울의 도시한옥 주거지 유형과 현황' 보고서」, 2003. p.163.

96쪽 동서가로에 면한 안암동2가의 한옥. 출처: 김영수, 「돈암지구 도시한옥 주거지의 도시조직」, 서울시립대학부설 서울학연구소, 「서울학연구」 제22권, 2004. 3, p.184.
보문동 일대의 연립한옥. 출처: 서울시립대학교 편, 「서울의 도시한옥주거지」, 「'서울의 도시한옥 주거지 유형과 현황' 보고서」, 2003, p.169.

97쪽 용두동의 세장형 ㄷ자 한옥군. 출처: 이안, 「인천 근대도시 형성과 건축」, 다인아트, 2005, p.103에서 재인용.

3장

103쪽 재래식과 개량식 가구배치. 출처: 김명선·이정우, 「'중부지방가구법'에 대한 박길룡의 평가와 개량안」, 대한건축학회, 「대한건축학회논문집」 제19권 제7호, 2003. 7, p.168.

104쪽 1941년 조선주택개량시안의 계획안. 출처: 유재우, 「광복전후 우리나라 단독주택의 변화특성 연구」, 대한건축학회, 「대한건축학회논문집」, 제20권 제10호, 2004. 10, p.63.

106쪽 한국전쟁 직후 1950년대 말과 1960년대 초의 단독주택. 출처: 윤상헌, 「한국 도시 단독주택의 공간구조 변화에 관한 연구」, 중앙대학교대학원 석사학위논문, 1993, p.102.

107쪽　**1960년대 초반 이문동의 단독주택.** 출처: 조용훈, 「한국 도시주택의 변천에 대한 연구」, 서울대학교대학원 석사학위논문, 1984, p.75.
　　　1960년대 초반 장위동의 단독주택. 출처: 조용훈, 앞의 글, p.76.

108쪽　**1961년 서울 단독주택가 전경.** ⓒ 조선일보사

110쪽　**1954년도의 휘경동 재건·희망주택.** 출처: 대한주택공사 편, 「대한주택공사 주택단지총람」, 대한주택공사, 1979, p.184.
　　　1964년도의 갈현동 국민주택. 출처: 대한주택공사 편, 앞의 책, p.262.
　　　1954년도의 안암동 재건주택. 출처: 대한주택공사 편, 앞의 책, p.84.

111쪽　**1959년도의 불광동 국민주택.** 출처: 대한주택공사 편, 「대한주택공사 주택단지총람」, 대한주택공사, 1979, p.207.

112쪽　**1960년도의 우이동 국민주택 15평형의 전면 3간 측면 2간형.** 출처: 대한주택공사 편, 「대한주택공사 주택단지총람」, 대한주택공사, 1979, p.222.

113쪽　**1956년도의 공영주택에 나타난 다양한 현관의 위치와 형태.** 출처: 대한주택공사 편, 「대한주택공사 주택단지총람」, 대한주택공사, 1979, pp.186~188.

114쪽　**1958년도의 정릉 국민주택.** 출처: 대한주택공사 편, 「대한주택공사 주택단지총람」, 대한주택공사, 1979, p.203.

115쪽　**1962년도의 불광동 국민주택.** 출처: 대한주택공사 편, 「대한주택공사 주택단지총람」, 대한주택공사, 1979, p.245.

116쪽　**1962년도의 서울시 공영주택인 ICA주택.** 출처: 공간사 편, 「공영주택 평면도집」, 「공간」 제4권 제3호, 공간사, 1969. 3, p.100.

119쪽　**1970년대 중반의 불규칙한 평면형.** 출처: 윤상헌, 「한국 도시 단독주택의 공간구조 변화에 관한 연구」, 중앙대학교대학원 석사학위논문, 1993, p.34.

120쪽　**1976년도의 북가좌동 단독주택.** ⓒ 조선일보사
　　　1970년대 중반 지어진 단독주택. ⓒ 전남일

121쪽　**1970년대 후반의 정형화된 평면형.** 출처: 박춘식, 「'50년대' 이후 단독주택의 변천에 관한 연구」, 홍익대학교대학원 석사학위논문, 1986, p.49.

123쪽　**신월동의 단독주택.** ⓒ 전남일

124쪽 **1987년도 강남 주거지.** ⓒ 동아일보사

125쪽 **1980년대 초 북가좌동의 2층 단독주택.** 출처: 조용훈,「한국 도시주택의 변천에 대한 연구」, 서울대학교대학원 석사학위논문, 1984. p.87.

127쪽 **4세대형 다세대거주 단독주택.** 출처: 김명숙,「다세대 주택의 거주자 실태 및 주거의식분석에 관한 연구」, 한양대학교대학원 석사학위논문, 1988, p.17.

129쪽 **1980년대의 장안동 다세대거주 단독주택.** 출처: 박춘식,「'50년대' 이후 단독주택의 변천에 관한 연구」, 홍익대학교대학원 석사학위논문, 1986, p.51.

132쪽 **막다른 골목을 형성하는 거주지 조직 및 가구의 형태.** 출처: 조용훈,「한국 도시주택의 변천에 대한 연구」, 서울대학교대학원 석사학위논문, 1984, p.97.
가구 내 필지를 채우는 방식. 출처: 박기범·최찬환,「강남 단독주택 지역 변화의 법제적 해석」, 대한건축학회,『대한건축학회논문집』제21권 제7호, 2005. 7, p.79.

133쪽 **다세대주택 밀집지역.** ⓒ 동아일보사

134쪽 **다가구주택의 옥상.** ⓒ 박란준
외향적 성격의 공간구성. ⓒ 박란준

135쪽 **1980년대의 금호동 주거지 전경.** ⓒ 동아일보사

136쪽 **1986년 망원동에 지어진 연립형 다세대주택.** 출처: 김영택,「다세대주택의 건축특성에 관한 연구」, 서울대학교대학원 석사학위논문, 1995, p.86.
연립주택과 같이 변화한 다세대주택. ⓒ 박란준

137쪽 **2002년 강남의 수직 분화형 다가구주택.** 출처: 손병남,「서울 강남의 다세대 다가구주택의 도시·건축적 특성」, 한경대학교산업대학원 석사학위논문, 2003, 부록 p.34.

4장

142쪽 **김홍도의 〈기와 이기〉.** ⓒ 국립중앙박물관

145쪽 **C군주택.** 출처:『조선일보』, 1926. 11. 10.

146쪽 **소액수입자 주택시안.** 출처: 미상

147쪽	**개량주택 1안**. 출처: 동아일보사 편, 『신동아』 제6권 제6호, 1936. 6, p.130.
149쪽	**개선주택 1안 평면도와 입면도**. 출처: 박길룡, 『재래식 주가개선에 대하여』 제2편, 이문당, 1937(쪽수 미상).
152쪽	**박길룡, 성북동 김연수주택의 1층 평면도와 전경**. 출처: 조선건축회 편, 『조선과건축』 제8권 제12호, 조선건축회, 1929. 12, 口給.
153쪽	**박길룡, 윤씨주택**. 출처: 조선건축회 편, 『조선과건축』 제18권 제3호, 조선건축회, 1939. 3.
157쪽	**김순하, K씨주택**. 출처: 대한건축학회 편, 『건축』 제2호, 대한건축학회, 1956. 4, p.4. **이명철, 김원회주택**. 출처: 대한건축학회 편, 앞의 책, p.12.
158쪽	**김태식, 김태식주택**. 출처: 대한건축학회 편, 『건축』 제2호, 대한건축학회, 1956. 4, p.15.
160쪽	**강명구, 강명구주택**. 출처: 대한건축학회 편, 『건축』 제10권 제1호, 대한건축학회, 1966. 4, p.20.
161쪽	**안영배, 오씨주택**. 출처: 대한건축학회 편, 『건축』 제10권 제1호, 대한건축학회, 1966. 4, p.22.
163쪽	**안영배, 필동 Y씨주택**. 출처: 안영배·김선균 편, 『새로운 주택』, 보진재, 1964, p.10.
164쪽	**안영배, 휘경동 C씨주택의 평면도(위)와 내부모습(가운데)**. 출처: 안영배·김선균 편, 『새로운 주택』, 보진재, 1964, p.13. **안영배 주택의 외관**. 출처: 안영배·김선균 편, 『새로운 주택』, 보진재, 1964.
167쪽	**유걸, 성북동 K씨주택**. 출처: 공간사 편, 『공간』 제3권 제2호, 공간사, 1968. 2, pp.26~27.
169쪽	**김정철, K씨주택**. 출처: 공간사 편, 『공간』 제3권 제2호, 공간사, 1968. 2, p.30.
171쪽	**김중업, 가회동 이경호주택**. 출처: 정인하, 『김중업 건축론』, 산업도서출판공사, 2000, p.185.
172쪽	**김중업, 한남동 이강홍주택**. 출처: 정인하, 『김중업 건축론』, 산업도서출판공사, 2000, pp.92~93.
173쪽	**김중업, 방배동 민씨주택**. 출처: 건축세계 편, 『Pro Architect』, 건축세계, 1997, p.84.
175쪽	**김수근, 우촌장과 2층 평면도**. 출처: 공간사 편, 『공간』 제15권 제1호, 공간사, 1980. 1, p.166, 171.
176쪽	**김수근, 세이장**. 출처: 공간사 편, 『공간』 제15권 제1호, 공간사, 1980. 1, p.163. **김원석, 아리장**. 출처: 공간사 편, 앞의 책, p.200.

177쪽   **김수근, 창암장.** 출처: 공간사 편, 「공간」 제15권 제1호, 공간사, 1980. 1, p.154.

179쪽   **김원, 흑석동 S씨주택과 봉원동 K씨주택.** 출처: 공간사 편, 「공간」 제7권 제6호, 공간사, 1972. 7, p.16, 13.

180쪽   **황일인, 부산 남천동주택.** 출처: 공간사 편, 「공간」 제16권 제12호, 공간사, 1981. 12, p.254.
         공일곤, 반포동 J씨주택. 출처: 공간사 편, 「공간」 제16권 제12호, 공간사, 1981. 12, p.191.

182쪽   **강석원, L씨주택 전경과 2층 평면도, 1층 평면도.** 출처: 공간사 편, 「공간」 제16권 제12호, 공간사, 1981. 12, p.247.

184쪽   **윤승중, 이태원 K씨주택.** 출처: 공간사 편, 「공간」 제16권 제12호, 공간사, 1981. 12, p.187.

185쪽   **민현식, 방배동 서씨주택.** 출처: 공간사 편, 「공간」 제16권 제12호, 공간사, 1981. 12, p.299.

186쪽   **홍순인, 역삼동 임씨주택.** 출처: 대한건축가협회 편, 「건축사」 통권 제150호, 대한건축가협회, 1981. 9, p.67.

187쪽   **이건문, 성북동 이씨주택.** 출처: 건축문화사 편, 「건축문화」 통권 제48호, 건축문화사, 1985. 5, p.56.
         황일인, 방배동 B씨주택. 출처: 건축문화사 편, 「건축문화」 통권 제35호, 건축문화사, 1985. 10, p.118.

190쪽   **류춘수, 갈현동 소나무집.** 출처: 대한건축가협회 편, 「건축사」 통권 제180호, 대한건축가협회, 1984. 3, pp.10~11.

191쪽   **류춘수, 삼하리주택.** 출처: 공간사 편, 「공간」 제21권 제12호, 공간사, 1986. 12, p.127, 131.

192쪽   **승효상, 정릉 C씨주택.** 출처: 건축문화사 편, 「건축문화」 통권 제100호, 건축문화사, 1989. 9, p.94.

194쪽   **김기석, 지봉재.** 출처: 건축문화사 편, 「건축문화」 통권 제99호, 건축문화사, 1989. 8, p.38.

195쪽   **조성룡, 합정동주택과 청담동주택.** 출처: 플러스사 편, 「플러스」 통권 제22호, 플러스사, 1989. 2, p.77. 플러스사 편, 「플러스」 통권 제10호, 플러스사, 1988. 2, p.90. 건축문화사 편, 「건축문화」 통권 제81호, 건축문화사, 1988. 2, p.26.

196쪽   **조성룡, 합정동주택의 중정.** 출처: 플러스사 편, 「플러스」 통권 제10호, 플러스사, 1988.2. p.93.

198쪽   **배병길, 쇄암리주택.** 출처: 건축문화사 편, 「건축문화」 통권 제128호, 건축문화사, 1992. 1, p.110, 107~108.

199쪽　**김인철, 솔스티스.** 출처: 대한건축사협회, 『건축사』 통권 제248호, 대한건축사협회, 1989. 12, p.22.

200쪽　**조계순, 한운제.** 출처: 공간사 편, 『공간』 제32권 제4호, 공간사, 1988. 7, p.123.

201쪽　**조병수, 평창동ㄱ자집.** 출처: 현대건축사 편, 『CA-현대건축』, 현대건축사, 1996, 11, p.126.

202쪽　**김흥수, 자명당.** 출처: 대한건축사협회, 『건축사』 통권 제315호, 1995. 11, p.44.

203쪽　**이일훈, 탄현재.** 출처: 이일훈, 『모형 속을 걷다』, 솔출판사, 2005, 머리말

204쪽　**승효상, 수졸당.** 출처: 건축문화사 편, 『건축문화』 통권 제81호, 건축문화사, 1997. 3, p.109.

206쪽　**김인철, 분당 전람회단지주택.** 출처: 건축세계 편, 『家-Housing』, 건축세계, 2003, p.79, 88.

208쪽　**방철린, 미제루.** 출처: 현대건축사 편, 『CA-현대건축』, 현대건축사, 2000, p.189, 191.

209쪽　**우경국, 평심정.** 출처: 현대건축사 편, 『CA-현대건축』, 현대건축사, 2000, p.104, 108.

5장

215쪽　**대량생산된 도시한옥(돈암동 한옥주택지).** 출처: 김진애, 「우리의 주거문화 어떻게 달라져야 하나?」, 서울포럼, 1994, 화보 p.6.

218쪽　**공영 표준주택의 최초 사례인 1941년의 소주택표준도안.** 출처: 『조선과건축』 제20집 제4호, 1941, p.16.

219쪽　**서울 대방동 영단주택과 인천 산곡동 영단주택.** 출처: 대한주택공사 편, 『대한주택공사 47년의 발자취』, 대한주택공사, 2010, p.29.

220쪽　**연립형 영단주택의 평면.** 출처: 천단공, 「조선주택영단의 주택에 관한 연구」, 서울대학교대학원 석사학위논문, 2002, p.27~28

223쪽　**전시 주택규격.** 출처: 조선건축회 편, 『조선과건축』 제23집 제3, 4호, 1943, p.7.

226쪽　**광복 이후 조선주택영단의 주요 평면 유형.** 출처: 대한주택공사 편, 『대한주택공사 47년의 발자취』, 대한주택공사, 2010, p.27.

227쪽　**서울시 공영주택인 ICA주택의 대표적 평면 사례.** 출처: 「공영주택평면도집 I.C.A. 주택편」, 『공간』, 공간사, 1969.3, p.99, 100

229쪽 대구 수성동의 조립식 표준주택. 출처: 대한주택공사 편, 『주택도시 R&D 100』, 대한주택공사, 2010, p.27.

231쪽 **1970년도 서민용 표준주택설계도**. 출처: 대한주택공사 편, 『주택』 제11권 제1호, 대한주택공사, 1970, p.108.

232쪽 **1980년도 대한주택공사의 연립주택 표준설계도**. 출처: 대한주택공사 편, 『주택도시 R&D 100』, 대한주택공사, 2010, p.74.

233쪽 **1983년도 건설교통부의 도시 단독주택 표준설계도**. 출처: 윤장섭 외, 「주택의 표준화 계획에 관한 연구」, 대한건축학회, 『건축』 제27권 제1호, 1983. 2, p.10, 10, 11, 14, 12.

234쪽 **1985년도 중산층을 위한 단독주택 설계지침도 평면과 입면도**. 출처: 「중산층을 위한 단독주택 설계지침도」, 『현대주택』 통권 제107호, 주택문화사, 1985. 3, pp.214~215.

235쪽 **1989년도 대한주택공사의 다세대주택 표준설계도**. 출처: 대한주택공사 편, 『주택도시 R&D 100』, 대한주택공사, 2010, p.75.

237쪽 **1977~1978년도의 건설부의 표준형 농촌주택 설계도**. 출처: 이정덕, 「서울근교 농촌표준주택설계 및 취락구조 개선에 관한 연구」, 대한건축학회, 『건축』 제22권 제5호, 1978, p.34.

241쪽 **한미재단의 시범주택 행촌아파트**. 출처: 대한주택공사 주택연구소 편, 『공동주택 생산기술의 변천에 관한 연구』, 대한주택공사부설주택연구소, 1995. p.21.

242쪽 **마포아파트**. 출처: 대한주택공사 편, 『대한주택공사 주택단지총람』, 1979, 대한주택공사, p.73.

244쪽 **개봉동의 임대아파트 단지인 광복아파트**. 출처: 대한주택공사 편, 『주택』 제29호, 1972, 화보(왼쪽). 대한주택공사 편, 『주택도시 R&D 100』, 대한주택공사, 2010, p.64(오른쪽).

245쪽 **광명 철산아파트의 조립식주택 시공 장면**. 출처: 한성 사사편찬위원회, 『한성20년사』, 한성, 1991, p.16.

246쪽 **공사 중인 힐탑외인아파트**. 출처: 대한주택공사 편, 『주택』 제8권 2·3 병합호, 1967, 화보.
남산외인아파트. 출처: 대한주택공사 편, 『주택도시 R&D 100』, 대한주택공사, 2010, p.38.

247쪽 **잠실대단지 저층아파트군 전경**. 출처: 대한주택공사 편, 『주택』 제37호, 대한주택공사, 1978, 화보.
잠실아파트 5단지의 고층 주거동. 출처: 대한주택공사 편, 『주택도시 R&D 100』, 대한주택공사, 2010, p.31.
고층아파트군을 이루는 일산 신시가지아파트. ⓒ 조선일보사

6장

252쪽　**신의주의 노동자 연립주택.** 출처: 김성한 편, 『사진으로 보는 한국백년』, 동아일보사, 1978.

253쪽　**훈련원의 부영장옥.** 출처: 『동아일보』, 1923. 12. 11.
　　　　연극아파트. 『조선일보』 1939. 10. 7.

255쪽　**장진요, 풍산요, 협화장, 회심.** 출처: 『현대주택』 1990년 11월호, p.69.

256쪽　**요의 주거동 형식.** 유영진, 「한국 공동주거형의 발전」, 대한건축학회, 『건축』 제13권 제32호, 1969. 6, p.24.

257쪽　**회현동 미쿠니아파트와 후암동 미쿠니아파트.** 출처: 김정동, 「김정동의 문학동선 26」, 『(월간) Poar』, 2002. 6, p. 120, 122.
　　　　내자동 미쿠니아파트의 주거동 평면. 출처: 조선건축회 편, 『조선과건축』 제14집 6호, 1935, p.23.

258쪽　**이화동아파트 전경과 주거동 평면.** 출처: 대한주택공사 편, 『대한주택공사 주택단지총람』, 1979, 대한주택공사, p.7, 260.

259쪽　**동대문아파트 전경과 중정 및 내부복도.** ⓒ 김정진

260쪽　**마포아파트 배치도.** 출처: 대한주택공사 편, 『주택』 제11권 제1호, 대한주택공사, 1970, p.119.
　　　　마포아파트의 Y자형 주거동. 출처: 대한주택영단 편, 『주택』 제7호, 대한주택영단, 1961, p.49.

261쪽　**1960년대 아파트의 주거동 및 배치유형.** 출처: 대한주택공사 편, 「주택공사가 건설한 아파트건물 배치도」, 『주택』 제11권 제1호, 대한주택공사, pp.119~126.

262쪽　**홍제동아파트.** 출처: 대한주택공사 편, 『대한주택공사 주택단지총람』, 1979, 대한주택공사, p.17.

263쪽　**남대문상가주택.** ⓒ 박란준

264쪽　**대왕상가아파트 전경 및 입면도.** 출처: 대한건축사협회, 『건축사』 통권 제10호, 1968. 11, p.8
　　　　저동 시범 상가주택 평면. 출처: 대한주택영단 편, 『주택』제1호, 대한주택영단, 1959. 7. p.30.

265쪽　**세운상가아파트의 주거동 평면.** 출처: 대한건축학회, 『건축』 제12권 7호, 1968. 3, p.31.
　　　　세운상가아파트의 2002년 모습. ⓒ 조선일보사

267쪽　**연희시민아파트.** ⓒ 전남일

268쪽　대광아파트 진입로. ⓒ 박란준

269쪽　효창맨션아파트의 절곡형 주거동. ⓒ 전남일
　　　　광산맨션아파트의 외관. ⓒ 전남일

270쪽　남아현아파트의 옥상정원과 내부가로. 출처: 박진희, 「대한민국 아파트발굴사」, 효형출판, 2009, p.198.

271쪽　고은아파트의 변화 있는 입면구성. ⓒ 전남일
　　　　제일주택의 입면. ⓒ 전남일

272쪽　나홀로 아파트. ⓒ 김정진

274쪽　남서울아파트 배치도. 출처: 대한주택공사 편, 「주택」 제28호, 대한주택공사, 1971. 7, 화보.
　　　　반포아파트단지. 출처: 대한주택공사 편, 「대한주택공사 47년의 발자취」, 대한주택공사, 2010, p.161.

276쪽　여의도 아파트단지. ⓒ 동아일보사

277쪽　과천 10단지의 S형 평면과 N형 평면. 출처: 대한주택공사 편, 「대한주택공사 주택건설총람」, 대한주택공사, 1987, p.271.

280쪽　한남외인아파트의 중복도형 주거동. 출처: 대한주택공사 편, 「대한주택공사 주택단지총람」, 대한주택공사, 1981, p.219.

281쪽　부산 대연맨션아파트의 주거동 계획. 출처: 공간사 편, 「공간」, 공간사, 제174호, 1981. 12, p.286.

282쪽　방배동 임광아파트 전경. ⓒ 김다운

283쪽　상계주공아파트의 주거동 계획. 출처: 공동주택연구회 편, 「도시집합주택의 계획 11+44」, 발언, 2000, p.99.

284쪽　4호조합 주거동 평면. 출처: 공동주택연구회 편, 「도시집합주택의 계획 11+44」, 발언, 2000, p.105
　　　　신림주공아파트의 변형된 편복도형 주거동. 출처: 공동주택연구회 편, 앞의 책, p.119

288쪽　수원 영통지구 아파트 배치도. 출처: 대한주택공사 편, 「단지계획과정」, 대한주택공사, 1995, p.49.

289쪽　부산 금곡단지. 출처: 대한주택공사 편, 「단지계획과정」, 대한주택공사, 1992, p.133.
　　　　신림지구 재개발단지. 출처: 대한주택공사 편, 「단지계획과정」, 대한주택공사, 1996, p.32.

290쪽　용인 수지의 아파트군. ⓒ 조선일보사

292쪽   **봉천동 일대 재개발아파트.** ⓒ 한국경제

293쪽   **신트리아파트의 주거동 형태와 배치.** 출처: 무영건축사사무소, 「Mooyoung」, 2010, p. 308.

294쪽   **보라매공원 주변의 초고층 주상복합아파트군.** ⓒ 조선일보사
         도곡동 대림아크로빌 주상복합아파트. 출처: 공간사 편, 「공간」, 공간사, 제388호, 2000. 3, p.108.

295쪽   **K자형 주거동의 평면.** 김포풍무 꿈에그린. 출처: 대한건축학회 편, 「건축텍스트북」, 기문당, 2010, p.180.

296쪽   **삼각형 모양의 주상복합 주거동 계획안.** 출처: 현대건축사 편, 「CA-현대건축」, 2000. 3, 현대건축사, p.229.

298쪽   **도곡동 타워팰리스의 주거동 평면.** 출처: 현대건축사 편, 「CA-현대건축」, 2000. 3, 현대건축사, p.204.

299쪽   **초고층아파트의 단지배치.** 출처: 한화건설 논현2지구 10단지아파트 자료집 p.19.
         아파트의 고층 장벽화. ⓒ 한국경제

7장

304쪽   **요의 평면.** 출처: 유영진, 「한국 공동주거형의 발전」, 대한건축학회, 「건축」 제13권 제32호, 1969. 6, p.24.

305쪽   **이화동아파트 평면.** 출처: 대한주택공사 편, 「대한주택공사 주택단지총람」, 대한주택공사, 1979, p.261.

307쪽   **한미재단아파트 평면.** 출처: 대한건축학회 편, 「건축」 제2호, 대한건축학회, 1956. 4, p.36.

308쪽   **세로형 복도가 있는 1967년 문화촌아파트 평면.** 출처: 대한주택공사 편, 「대한주택공사 주택단지총람」, 대한주택공사, 1979, p.283.
         마루방이 있는 1977년 대한주택공사의 아파트 평면. 출처: 대한주택공사 편, 앞의 책, p.208.
         복도가 있는 1975년 대한주택공사의 아파트 평면. 출처: 대한주택공사 편, 앞의 책, p.200.

310쪽   **종암아파트의 평면.** 출처: 박진희, 「대한민국 아파트발굴사」, 효형출판, 2009, p.106.
         개명아파트의 평면. 출처: 공동주택연구회, 「한국 공동주택계획의 역사」, 세진사, 2001, p.389.
         연희아파트의 평면. 출처: 대한주택공사 편, 「대한주택공사 주택단지총람」, 대한주택공사, 1979, p.275.
         공무원아파트의 평면. 출처: 대한주택공사 편, 앞의 책, p.276.

312쪽   **마포아파트.** 출처: 공동주택연구회, 「한국공동주택계획의 역사」, 세진사, 1999, p.370.
         홍제인왕아파트. 출처: 대한주택공사 편, 「대한주택공사 주택단지총람」, 대한주택공사, p.290.

홍제인왕아파트. 출처: 대한주택공사 편, 앞의 책, p.291.

313쪽 **동부이촌동 공무원아파트 15평형.** 출처: 공동주택연구회, 「한국공동주택계획의 역사」, 세진사, 1999, p.390.
거실이 개방된 서서울아파트 평면. 출처: 대한주택공사 편, 『대한주택공사 주택단지총람』, 대한주택공사, p.306.

314쪽 **잠실1단지 10평형과 도곡 2단지 10평형.** 출처: 대한주택공사 편, 『대한주택공사 주택단지총람』, 1978, 대한주택공사, p.175~176.
잠실2단지 15평형. 출처: 대한주택공사 편, 앞의 책, p.201.

316쪽 **망원동 서민아파트와 공항동아파트.** 출처: 강명구, 「우리나라 아파트 평면의 형성과정을 지켜보며」, 『건축사』, 통권 제83호, 대한건축사협회, 1976. 2, p.39.

317쪽 **반포3단지아파트 N형과 S형 평면.** 출처: 대한주택공사 편, 『대한주택공사 주택단지총람』, 1978, 대한주택공사, p.231~232.

321쪽 **동부이촌동 공무원아파트 17평형.** 출처: 대한주택공사 편, 『대한주택공사 주택단지총람』, 1978, 대한주택공사, p.233.
잠실3, 4단지 17평형. 출처: 대한주택공사 편, 앞의 책, p.238.

322쪽 **반포2단지 18평형의 N형과 S형.** 출처: 대한주택공사 편, 『대한주택공사 주택단지총람』, 1978, 대한주택공사, p.241~242.

323쪽 **한강맨션 32평형.** 출처: 대한주택공사 편, 『대한주택공사 주택단지총람』, 1978, 대한주택공사, p.272.
반포1단지 32평형. 출처: 대한주택공사 편, 앞의 책, p.275.

326쪽 **여의도 시범아파트.** 출처: 장성수, 「1960~1970년대 한국 아파트의 변천에 관한 연구」, 서울대학교대학원 박사학위논문, 1994, p.118.
압구정동 현대1차아파트. 출처: 공동주택연구회 편, 「한국공동주택계획의 역사」, 세진사, 1999, p.392.

327쪽 **한강청탑아파트 33평형.** 출처: 장성수, 「1960~1970년대 한국 아파트의 변천에 관한 연구」, 서울대학교대학원 박사학위논문, 1994, p.172.

330쪽 **전형적인 25평형 평면형.** 출처: 공동주택연구회 편, 『도시집합주택의 계획 11+44』, 발언, 2000, p.94.

331쪽 **전형적인 32평형 계단실형 기본형. 전형적인 42평형 계단실형 기본형.** 출처: 공동주택연구회 편, 『도시집합주택의 계획 11+44』, 발언, 2000, p.94.

335쪽　**단위세대 내 융통형 평면.** 출처: 공동주택연구회 편, 『도시집합주택의 계획 11+44』, 발언, 2000, p.78.

336쪽　**복층형 아파트인 목동1단지아파트.** 출처: 공동주택연구회 편, 『도시집합주택의 계획 11+44』, 발언, 2000, p.88.

337쪽　**올림픽선수촌아파트의 복층형 주거동 평면.** 출처: 공동주택연구회 편, 『한국공동주택 16제』, 토문, 2000, p.94.
　　　올림픽선수촌아파트 복층형 외관. ⓒ 김다운

338쪽　**기흥 영덕지구 세종 그랑시아 평면.** 출처: 현대건축사 편, 『CA-현대건축』, 2000. 3, 현대건축사, p.162.
　　　세종 그랑시아 복층형 내부. 출처: 현대건축사 편, 앞의 책, p.161.

342쪽　**도곡동 타워팰리스 72평형.** 출처: 공간사 편, 『공간』, 공간사, 제388호, 2000. 3, p.105.

8장

348쪽　**구미 형곡단지의 10평형 1, 2층 평면.** 출처: 대한주택공사 편, 『대한주택공사 주택단지총람』, 대한주택공사, 1981, p.236.
　　　구미 형곡단지 전경. 출처: 대한주택공사 편, 『대한주택공사 47년의 발자취』, 대한주택공사, 2010, p.165.

349쪽　**화곡 구릉단지의 복층형 연립주택 평면.** 출처: 대한주택공사 편, 『대한주택공사 주택단지총람』, 대한주택공사, 1979, p.260.
　　　화곡 구릉단지 전경. 출처: 대한주택공사 편, 『대한주택공사 47년의 발자취』, 대한주택공사, 2010, p.166.

350쪽　**과천 연립주택의 엇바닥 평면.** 출처: 대한주택공사 편, 『대한주택공사 주택건설총람』, 대한주택공사, 1987, p.297.
　　　과천 연립주택 전경. 출처: 대한주택공사 편, 『주택도시 40년』, 2002, p.121.

351쪽　**부산 망미 테라스하우스의 주거동과 단위세대 평면.** 출처: 대한주택공사 편, 『대한주택공사30년사』, 대한주택공사, 1992, p.269.

353쪽　**목동 신시가지 계획구상도.** 출처: 서울시자료, 해당 서지사항 미상, p.32.
　　　목동 신시가지아파트 전경. ⓒ 김정진

354쪽　**목동 신시가지 주차공간과 보행광장.** ⓒ 김다운

355쪽　**아시아선수촌아파트 배치도.** 출처: 공간사 편, 『공간』 제28권 제7호, 공간사, 1993. 8, p.72.

356쪽   아시아선수촌아파트 주거동. ⓒ 김다운
       주거동 하부 필로티. 필로티 측면의 보행로. ⓒ 김정진

358쪽   올림픽선수촌아파트 배치도. ⓒ 김정진
       올림픽선수촌아파트 주차공간과 전경. ⓒ 전남일

360쪽   용인 신갈 새천년단지 전경. 출처: 대한주택공사 편, 『대한주택공사 47년의 발자취』, 대한주택공사, 2010, p.229.
       용인 상갈지구 저층부 주거동. 출처: 대한주택공사 편, 앞의 책, p.229.

362쪽   광명 철산지구 주거환경개선사업 주공아파트 전경과 인공지반. 출처: http://www.tomoon.co.kr/m32.php?pn=3&sn=1

363쪽   신정동 신트리지구 아파트. 출처: 무영건축사사무소, 『Mooyoung』, 2010, p.309.

364쪽   거여지구 3단지아파트 곡면형 주거동과 저층·고층 결합부. 출처: 공간사 편, 『공간』 제35권 제11호, 공간사, 2000. 11, p.198, 200.
       거여지구 3단지아파트 배치도. 출처: 공간사 편, 앞의 책, p.198.

365쪽   부산 당감지구 주공아파트. 출처: 공간사 편, 『공간』, 공간사, 제388호, 2000. 3, p.120.

367쪽   서울 항동의 그린빌라. ⓒ 박란준

368쪽   이태원 삼호빌라 단면도와 평면도. 출처: 공동주택연구회 편, 『도시집합주택의 계획 11+44』, 발언, 2000, p.14.
       이태원 삼호빌라 전경. ⓒ 김다운

372쪽   염리동 시티빌 주거동 평면. 출처: http://www.arick.or.kr
       염리동 시티빌 계단실. 출처: http://www.kia.or.kr/architect/archidb_01_list.asp

373쪽   연남동 스텝의 열린 계단실. 출처: http://www.mycaan.com/blog/74?category=8
       연남동 스텝 평면도. 출처: http://www.mycaan.com/blog/74?category=8

376쪽   분당 전람회단지 한솔빌라 2층 평면도와 배치도 및 1층 평면도. 출처: 현대건축사 편, 앞의 책, pp.90~91.
       한솔빌라 전경. 출처: 현대건축사 편, 『CA-현대건축』, 현대건축사, 2001. 7, p.93, 97.

377쪽   분당 전람회단지 한울빌라 전경. 출처: 현대건축사 편, 『CA-현대건축』, 현대건축사, 2001. 7, p.199.
       한울빌라 평면도. 출처: 현대건축사 편, 앞의 책, p.202.

378쪽   파주 출판단지의 헤르만하우스 전경. ⓒ 김다운
       헤르만하우스 배치도. 단지 배치도와 평면도. 출처: 헤르만하우스 분양 팸플릿.

381쪽   은평뉴타운 전경, 저층주거동, 친환경개념. ⓒ 전남일

374쪽   의정부 녹양지구 중정형 저층 주거동과 중정 내부. ⓒ 전남일
       의정부 녹양지구 단지 배치도. 출처: 건축도시공간연구소 편, 「제2회 건축도시포럼 답사: 의정부 녹양 및 은평 뉴타운 지역 답사 자료집」, 2010, p.1.

* 도판 게재를 허락해 주신 분들과 자료를 제공해 주신 분들께 감사드립니다.
* 이 책에 실린 도판 중 저작권자를 찾지 못해 허가를 받지 못한 것에 대해서는 저작권자가 확인되는 대로 절차에 따라 허가를 받고 적절한 저작권료를 지불하겠습니다.

찾아보기

ㄱ

가곽표준도 38, 44, 56
가회동 한씨가옥 → 한씨가옥
강명구 159, 160
    강명구주택 160
강석원 181, 182
    L씨주택(송현동) 181, 182
거실 107, 110, 115, 117~121, 122, 136, 158, 168, 183, 189, 237, 310, 313~315, 320, 323, 332, 339, 343
건축가주택 19, 21, 156, 159, 162, 165, 166, 169, 178, 181, 188, 387
겹집화 74, 75, 107, 112, 115, 123, 133, 134
경사지주택 349~351, 365, 369
경성공업전문학교 142
경성도시계획연구회 37
경성시가지계획 39, 42
경성시구개수예정계획노선京城市區改修豫定計畫路線 31, 37
경운동 민병옥가옥 → 민병옥가옥
계단실형 아파트 278~280, 283, 285, 308, 316, 330~332, 339
계동 민형기가옥 → 민형기가옥
고샅 29, 70
고은아파트 270, 271

골목길 26, 27, 29, 32, 35, 56, 87, 88, 131
곱은자집 66
공동주택 45, 48, 128, 130, 214, 239, 240, 242, 252, 253, 259, 260, 282, 303, 307, 347, 366, 374
공영주택 109, 112, 115, 118, 155, 217, 225, 226
공영표준형주택안 219
공일곤 180
    J씨주택(반포동) 180
국민주택 157, 169, 226, 228, 229, 243, 328, 329
    갈현동 50
    우이동 52, 111, 116, 227
근대한옥 36, 42, 68, 98
근린주구론近隣住區論 15, 273, 352, 353
김기석 194
    지봉재(돈암동) 194
김수근 170, 174~177
    세이장(신영동) 174~176
    우촌장(삼선동) 174, 175
    창암장(평창동) 176, 177
김순하 156, 157
    K씨주택 156, 157
김안균가옥金晏均家屋(익산시 함라마을) 79, 80
김원 178, 179

K씨주택(봉원동) 178, 179
S씨주택(흑석동) 178, 179
김인철 197, 199, 205, 206
　솔스티스(팔탄면) 197, 199
　전람회단지주택(분당동) 205, 206
김중업 170~174, 176
　이경호주택(가회동) 171, 173
　이강홍주택(한남동) 172, 173
김춘영가옥 → 김홍기가옥
김태식 158
　김태식주택 158
김홍기가옥金洪基家屋(삼청동) 69
김홍수 202
　자명당(신영동) 202

ㄴ

나주 홍기응가옥 → 홍기응가옥
남산외인아파트 245, 246, 292
남아현아파트 265, 268~270
남촌 21, 30, 31
농촌 표준주택 설계 236
뉴타운(개발) 21, 380, 381

ㄷ

다가구주택 125, 128, 130, 235, 370
다세대주택 127, 128, 235, 370
다세대·다가구 주택 127, 131, 132, 134~137, 369, 371, 372, 380

단독주택 41, 44, 50, 52, 53, 55, 105, 113, 117, 118, 122, 126, 128, 131, 133, 137, 159, 188, 215, 225, 228, 230
담(담장) 29
대연맨션아파트 281
대청 66, 67, 73, 82, 87, 95, 98, 101, 108, 113, 145, 158
대한주택공사大韓住宅公社 53, 105, 229, 232, 235, 238, 241~246, 259, 260, 267, 274, 278, 283, 287, 291, 308, 311, 324, 335, 347, 348, 359, 365, 366, 370
대한주택영단大韓朝鮮住宅營團 48, 226, 228, 240, 241, 262, 263
도시한옥 34, 36, 42, 43, 70, 81, 84, 86, 89, 94, 101, 102, 108, 119, 214, 215, 228
　가회동 87
　돈암지구 94, 95
　ㄷ자형 82, 84~88, 95
　북촌 35, 42, 81, 98
　삼청동 37
　용두동 97, 98
　튼ㅁ자형 67, 82~85, 88
도시형 표준설계도 231
도요타아파트 → 유림아파트
동대문아파트 259, 269
ㄷ자형 도시한옥 82, 84~88, 95

ㄹ

류춘수 189, 190, 191, 194
    삼하리주택(장흥면) 190, 191
    소나무집(갈현동) 189, 190

ㅁ

마당 63~65, 67, 81, 86, 87, 96, 101, 102, 106, 112, 118, 122, 123, 132, 134, 188, 200, 207, 324
    바깥마당 70, 84
    사랑마당 65, 70, 81, 85
    안마당 65, 70, 73, 82~84, 93, 101, 108, 119, 122
    행랑마당 65
마루 66, 73, 75, 92, 106, 108, 110, 114, 116, 118, 122, 145, 156, 159, 237, 310, 332
    누마루 73, 74, 207
    쪽마루 93, 101, 110, 114, 116
    찬마루 73, 109
    툇마루 70, 78, 112, 146, 148, 156, 190
마루방 231, 308, 309, 313
마스터존master zone 162, 164, 168, 178, 185, 186, 340~343, 367
마포아파트 241, 242, 246, 258~260, 262, 273, 286, 311, 312
막힌 골목 28, 29, 32, 34, 35, 38, 39, 43, 51, 56

목동 신시가지아파트 336, 352, 353, 359, 361
무안 박봉기가옥 → 박봉기가옥
문간채 36, 70, 81, 84, 86, 108, 125
문형식가옥文瀅植家屋(보성) 78
미니 2층집 123, 126
미쿠니아파트 255, 257, 306
    내자동 254, 256, 257
    회현동 254, 256, 257
민간주택 109, 115, 117, 119
민병옥가옥閔丙玉家屋(경운동) 73
민현식 183, 185
    3세대를 위한 집(삼성동) 183
    서씨주택(방배동) 183, 185
민형기가옥閔亨基家屋(계동) 71~73

ㅂ

박길룡 33, 94, 102, 103, 142, 144, 147, 148, 150, 153, 154
    개량주택안 144, 147
    개량주택 1안 147
    개선주택 1안 103, 148, 149
    김연수주택 151~152
    소액수입자주택시안 146
    C군주택 145, 147, 153
    윤씨주택 153
    중정식 평면 102~104, 148, 150, 151
    집중식 평면 102, 104, 145, 147, 150, 151
박동진 102

박봉기가옥朴鳳基家屋(무안) 75, 76
발코니 123, 162, 165, 168~170, 177, 180, 193, 197, 268~271, 313, 355, 362, 371
방철린 208
   미제루(송해면) 208
백홍범가옥白鴻範家屋 81, 82
변소 73, 85, 98, 101, 106, 109, 113, 120, 122, 150, 223, 231, 238, 256, 306, 315
보성 문형식가옥 → 문형식가옥
보성 이금재가옥 → 이금재가옥
복거관卜居觀 27
복도형 아파트 278~280, 283, 285, 330~332
부농주거 74~76, 78
부부침실 160, 162, 168, 169, 325, 340, 341
부엌 66, 73, 77, 82, 85, 98, 101, 106, 109, 112, 114, 119, 122, 124, 126, 135, 137, 219, 238, 298, 303, 306, 308, 311, 316, 320, 326, 328
부엌꺾음집 67
부영장옥府營長屋 252, 253
북촌 21, 30~36, 41, 42, 72, 81~83, 98, 174
블록형 집합주택block housing 380, 383
빌라 366, 369, 372

ㅅ

사랑방 78, 84, 106, 146, 156
사랑채 65, 67, 69, 73, 78, 84, 85, 151, 158, 208
사직동 정재문가옥 → 정재문가옥
삼청동 김홍기가옥 → 김홍기가옥
상가아파트 262, 265, 279, 324, 325
상가주택 92, 262~266
상계 신시가지아파트 247, 293
새마을운동 236
서민용 표준주택 설계도 230
성북동 이재준가 → 이재준가
성북동 이태현가 → 이태현가
세운상가아파트 265, 279, 325
셋집 109, 125~128, 134, 370
소주택표준도안 217~219, 222
속복도 70, 103, 111, 307, 309, 311
속복도형 아파트 306, 317
스카이라인 292, 293, 354, 358~360, 363, 365, 381
승효상 192, 204, 205
   빈자의 미학 204
   C씨주택(정릉) 192
   수백당(남양주시) 205
   수졸당(학동) 204
시민아파트 266, 267, 324, 325

ㅇ

아시아선수촌아파트 354~356

안방 73, 76, 77, 82, 83, 92, 102, 106, 107, 114, 114, 117, 118, 123, 146, 150, 312, 315, 322, 340
안영배 160~166
 오씨주택 160~162
안채 36, 66, 70, 73, 76, 78, 81, 85, 98, 106, 115, 201, 208
양택론陽宅論 63, 65, 87
엘리베이터 241, 245, 260, 276, 279, 280, 285, 295, 339, 341
여의도 시범아파트 326
연극아파트 252, 253
연립주택 52, 136, 220, 231, 240, 251, 252, 347, 366, 369
연립한옥 95, 96
영단주택營團住宅 21, 45, 46, 48, 217, 219~221, 224, 306
옛 산업은행관리가 → 한씨가옥
오위장 김춘영가옥 → 김홍기가옥
오택길 183
 3세대를 위한 집(삼성동) 183
옥상 134
옥상정원 270, 337, 355, 371, 379
온돌 66, 102, 103, 217, 221, 224, 231, 237, 303, 304, 306, 307
올림픽선수촌아파트 336, 337, 357, 358
요窯 254~256, 303~305
 장진요 255, 256, 304
 풍산요 255, 256, 304, 305
 협화장 255, 256, 304
 회심 255, 256, 304, 305
욕실 103, 111, 116, 120, 122, 223, 231, 237, 240, 306, 308, 325
우경국 208, 209
 평심정(와부읍) 208, 209
웃방꺾음집 66, 67, 69, 82, 92
원룸 130, 137
원서동 백홍범가옥 → 백홍범가옥
유걸 167, 168
 K씨주택(성북동) 167, 168
유림아파트 256
윤승중 183, 184
 K씨주택(이태원) 183, 184
은평뉴타운 381
음양사상(음양론) 63, 65
이건문 186, 187
 이씨주택(성북동) 186, 187
이금재가옥李錦載家屋(보성) 78
이기인 142
이명철 156, 157
 김원회주택 156, 157
이배원가옥李培源家屋(익산시 함라마을) 80
이성관 377
 한울빌라 377
이일훈 203, 208
 탄현재(퇴촌면) 203
 궁리채(춘천) 203, 208
이종석별장 → 이재준가
2층 한옥상가 90~93
이화동아파트 258, 259, 305
일실一室주거 126, 258, 303, 304, 388

ㅈ

잠실대단지 247
장옥 251~254, 303, 304
전시戰時 주택규격 222~224
전통마을 25, 27, 29, 64
전통한옥 63, 65, 66, 68, 73, 86, 108, 141, 143, 148, 158, 228
정재문가옥鄭在文家屋(사직동) 73
조계순 200
　　한운제(논현동) 200
조립식주택 229, 236, 239, 243, 245, 247
조선건축회朝鮮建築會 103, 142, 217, 218, 222, 223
『조선과건축』朝鮮と建築 222, 255
조선시가지계획령朝鮮市街地計劃令 39, 41, 45, 51
조선주택개량시안朝鮮住宅改良試案 103, 104, 218
조선주택영단朝鮮住宅營團 45, 51, 115, 219, 222, 225, 226, 256, 306
조선총독부朝鮮總督府 37~39, 45, 150, 219, 222
조성룡 194~196, 354
　　합정동주택 195, 196
　　청담동주택 195~197
종암아파트 241, 309, 310
좌향坐向 28, 63
주상복합아파트 21, 247, 283, 294, 341, 343
중복도 255, 279, 296, 304
중산층을 위한 단독주택 설계지침도 232, 234
중앙아파트 241

ㅊ

철산아파트 243~245, 309
청량리 부흥주택 48, 49
청약제도 329
초고층아파트 246~247, 275, 288, 290, 292, 294~299, 365

ㅌ

타운하우스 348, 349, 366~369, 379
탑상형 아파트 283, 286, 288, 292, 293, 295, 296, 360, 362, 380, 382
테라스 125, 153, 159, 168, 177, 190, 193, 197, 205, 237, 337, 349, 351, 360, 365, 368, 369, 381
튼ㅁ자형 한옥 67, 82~85, 88

ㅍ

판상형 아파트 54, 244, 246, 259, 268, 273, 275, 278, 288, 290, 292, 295, 362, 364, 366, 380
편복도 103, 148
편복도형 아파트 240, 241, 259, 278, 279, 280, 317, 326, 330

풍수지리사상 25~27, 63, 65
프라이버시 문제 101

ㅎ

한미재단아파트 307
한씨가옥 70, 71
행랑채 70, 85, 90
행촌아파트 240, 241
현관 70, 73, 103, 107, 108, 109, 112, 114, 118, 125, 126, 128, 136, 145, 154, 183, 223, 237, 251, 305, 308, 316, 339
현상설계 아파트 359
혜화아파트 256
홍기응가옥洪起膺家屋(나주) 77
홍순인 184, 186
    임씨주택(역삼동) 184, 186
화장실 106, 115, 116, 122, 123, 126, 135, 237, 309, 316
황일인 179, 180, 186, 187, 375
    B씨주택(방배동) 186, 187
    P씨주택(남천동) 179
    한솔빌라(분당동) 375, 376
힐탑외인아파트 245, 246, 261, 279

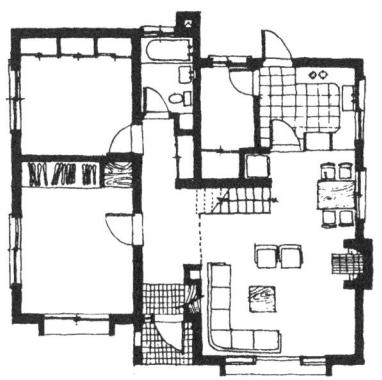